高等教育工程造价系列规划教材

建 筑 工 程 计 价

第 2 版

主　编　李　伟
副主编　孙宝庆　马　旻
参　编　常有政　袁志阳　金景慧　陈丽娟　王月志
　　　　汪冶冰　韩丽红　伏　玉　杨如秀　姜　保
主　审　谭敬胜

机 械 工 业 出 版 社

本书是工程造价专业和工程管理专业的核心专业课程教材，是根据国家现行清单计价规范、工程量计算规范、建筑面积计算规范和基础定额的工程量计算规则，在第 1 版的基础上修订而成的。全书共分为 8 章，内容包括：概述、工程造价的构成、建筑工程定额及其单位估价表、施工图预算的编制方法（包括定额计价和工程量清单计价）、投资估算和设计概算、施工预算、工程结算与竣工决算等。

本书既可作为普通高等院校工程造价专业、工程管理专业、土木工程专业的本科教材和教学参考书，也可供建筑施工承包企业或工程咨询企业的工程技术人员和经营管理人员学习参考。

图书在版编目（CIP）数据

建筑工程计价/李伟主编．—2 版．—北京：机械工业出版社，2016.8
（2023.1 重印）
高等教育工程造价系列规划教材
ISBN 978-7-111-54624-5

Ⅰ.①建…　Ⅱ.①李…　Ⅲ.①建筑造价-工程造价-工程计算-高等学校-教材　Ⅳ.①TU723.32

中国版本图书馆 CIP 数据核字（2016）第 198246 号

机械工业出版社（北京市百万庄大街 22 号　邮政编码 100037）
策划编辑：冷　彬　责任编辑：冷　彬　臧程程　责任校对：陈延翔
封面设计：张　静　责任印制：郜　敏
北京盛通商印快线网络科技有限公司印刷
2023 年 1 月第 2 版第 5 次印刷
184mm×260mm·19.25 印张·495 千字
标准书号：ISBN 978-7-111-54624-5
定价：49.80 元

电话服务　　　　　　　　　网络服务
客服电话：010-88361066　　机 工 官 网：www.cmpbook.com
　　　　　010-88379833　　机 工 官 博：weibo.com/cmp1952
　　　　　010-68326294　　金 书 网：www.golden-book.com
封底无防伪标均为盗版　机工教育服务网：www.cmpedu.com

高等教育工程造价系列规划教材
编 审 委 员 会

主 任 委 员：齐宝库

副主任委员：陈起俊

委　　　员(按姓氏笔画排序)：

于英乐	于香梅	马　楠	王东欣	王秀燕
王俊安	王炳霞	王　赫	白丽华	刘亚臣
刘　迪	刘　钦	庄　丽	朱　峰	闫　瑾
齐宝库	冷　彬	吴信平	张国兴	张爱勤
李旭伟	李希胜	李锦华	杨会云	邵军义
陈起俊	房树田	郑润梅	赵秀臣	都沁军
崔淑杰	曹晓岩	董　立	赖少武	

序

　　伴随着人类社会经济的发展和物质、文化生活水平的提高，人们一方面对工程项目的功能和质量要求越来越高，另一方面又期望工程项目建设投资尽可能少、效益尽可能好。随着经济体制改革和经济全球化进程的加快，现代工程项目建设呈现出投资主体多元化、投资决策分权化、工程发包方式多样化、工程建设承包市场国际化以及项目管理复杂化的发展态势。工程项目所有参建方的根本目的都是追求自身利益的最大化。因此，工程建设领域对具有合理的知识结构、较高的业务素质和较强的实践技能，胜任工程建设全过程造价管理专业人才的需求量越来越大。

　　高等院校肩负着培养和造就大批满足社会需求的高级人才的艰巨任务。目前，全国300多所高等院校开设的工程管理专业几乎都设有工程造价专业方向，并有近50所院校独立设置工程造价（本科）专业。要保证和提高专业人才培养质量，教材建设是一个十分关键的因素。但是，由于高等院校的工程造价（本科）专业教育才刚刚起步，尽管许多专家、学者在工程造价教材建设方面付出了大量心血，但现有教材仍存在诸多不尽如人意之处，并且均未形成能够满足工程造价专业人才培养需要的系列教材。

　　机械工业出版社审时度势，于2007年下半年在全国范围内对工程造价专业教学和教材建设的现状进行了广泛的调研，并于2007年底在北京召开了"工程造价系列规划教材编写研讨会"，成立了"高等教育工程造价系列规划教材编审委员会"。我同与会的各位同仁就该系列教材的体系以及每本教材的编写框架进行了讨论，在随后的两三个月内，详细研读了陆续收到的各位作者提供的教材编写大纲，并提出自己的修改意见和建议。许多作者在教材编写过程中与我进行了较为充分的沟通。

　　该套系列教材是作者们在广泛吸纳各方面意见，认真总结以往教学经验的基础上编写的，充分体现了以下特色：

　　（1）强调知识体系的系统性。工程项目建设全过程造价管理是一项十分复杂的系统工程，要求其专业人才具有较为扎实的工程技术、管理、经济和法律四大平台知识。该套系列教材注重四大平台知识的融汇、贯通，构建了全面、完整、系统的专业知识体系。

　　（2）突出教材内容的实践性。近年来，我国建设工程计价模式、方法和管理体制发生了深刻的变化。该套系列教材紧密结合我国现行工程量清单计价和定额计价并存的特点；注重以定额计价为基础，突出工程量清单计价方法，并对《建设工程工程量清单计价规范》在工程造价专业教学与工程实践中的应用与执行进行了较好的诠释；同时，教材内容紧密结合我国造价工程师等执业资格考试和注册制度的要求，较好地体现出培养工程造价专业应用型人才的特色。

（3）注重编写模式的创新性。作者们结合多年对该学科领域的理论研究与教学和工程实践经验，在该套系列教材中引入和编写了大量工程造价案例、例题与习题；力求做到理论联系实际、深入浅出、图文并茂和通俗易懂。

（4）兼顾学生就业的广泛性。工程造价专业毕业生可以广泛地在国内外土木建筑工程项目建设全过程的投资估算、经济评价、造价咨询、房地产开发、工程承包、招标代理、建设监理、项目融资与项目管理等诸多岗位从业，同时也可以在政府、行业、教学和科研单位从事教学、科研和管理工作。该套系列教材所包含的知识体系较好地兼顾了不同行业各类岗位工作所需的各方面知识，同时也兼顾了本专业课程与相关学科课程的关联与衔接。

在本套系列教材即将面世之际，我谨代表高等教育工程造价系列规划教材编审委员会，向在教材撰写中付出辛劳和心血的同仁们表示感谢，还要向机械工业出版社高等教育分社的领导和编辑表示感谢，正是他们的适时策划和精心组织，为我们教学一线上的同仁们创建了施展才能的平台，也为我国高等院校工程造价专业教育做了一件好事。

工程造价在我国还是一个年轻的学科领域，其学科内涵和理论与实践知识体系尚在不断发展之中，加之时间有限，尽管作者们付出了极大努力，但该套系列教材仍难免存在不妥之处，恳请各高校广大教师和读者对此提出宝贵意见。我坚信，该套系列教材在大家的共同呵护下，一定能够成为极具影响力的精品教材，在高等院校工程造价专业人才培养中起到应有的作用。

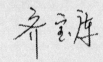

前言

　　随着我国市场经济体制的建立和完善，建筑业和建筑市场也有了长足的发展，亟待建立起符合我国国情、与国际惯例接轨的建设工程造价管理体制和计价模式。随着建设工程造价的计价理论和方法体系的日趋完善，建筑行业对建设工程造价管理人员的需求在质量和数量，知识、能力和素质结构方面已经发生了根本的变化。站在时代前沿，适应市场变化，尽快培养出一批工程造价管理领域具有扎实的理论基础和较强的实践能力的应用型专门人才，是我们编写本书的宗旨。

　　本书以工程造价的全过程计价为主线，以现行的规范、标准和定额为依据，尤其是以《建筑安装工程费用项目组成》（建标［2013］44号）、《全国统一建筑工程预算工程量计算规则》（GJDGZ-101-95）、《建设工程工程量清单计价规范》（GB 50500—2013）、《房屋建筑与装饰工程工程量计算规范》（GB 50854—2013）、《建筑工程建筑面积计算规范》（GB/T 50353—2013）为依据，按照"政府宏观调控、市场竞争形成价格"的指导思想，系统阐述了施工图预算与施工预算、投资估算与设计概算、工程结算与竣工决算的基本概念、基本理论和基本方法。

　　本书在编写中注重吸收建设工程造价管理的理论研究、工程实践与教学实践的成果经验，力争做到理论与实践紧密结合，使读者既能掌握一定深度的理论知识，提高政策水平，又能增强实际应用能力。同时，本书针对高等院校相关专业学生的特点和未来职业的特点，在注重理论阐述深度和广度的同时，兼顾了可操作性和适用性。

　　本书既可作为应用型普通高等院校工程造价专业、工程管理专业、土木工程专业的本科教材和教学参考书，也可供建筑施工承包企业或工程咨询企业的工程技术与管理人员学习使用。

　　本书由李伟主编并负责统稿，孙宝庆、马旻担任副主编。全书具体的编写分工为：

　　第1章由李伟编写；第2章由王月志、马旻合编；第3章由汪冶冰、孙宝庆合编；第4章4.1~4.3节由袁志阳编写，4.4节由孙宝庆编写，4.5节由孙宝庆、金景慧、陈丽娟合编，4.6节由杨如秀编写；第5章由李伟、伏玉、姜保合编；第6章由韩丽红编写；第7章由王月志编写；第8章由常有政编写。

　　本书在编写过程中参考了有关专家、学者的论著、文献和教材，吸取了一些最新的研究成果，在此表示衷心的感谢。

　　由于作者的学识水平和实践经验有限，书中难免存在不足之处，恳请有关专家、学者和广大读者多加批评和指正。

编者

目 录

第1章

概述

主要内容　本章主要介绍了建设工程及其计价的基本概念、基本理论和基本方法。

学习要求　掌握工程造价与工程计价的含义、工程造价的计价内容与特性；熟悉工程建设及内容、工程建设项目划分、工程建设程序；了解国内外工程造价管理的发展历程。

1.1　工程建设及内容

工程建设是指固定资产扩大再生产的新建、扩建、改建、恢复工程及与之相连带的其他工作，过去通常称为基本建设。它是一种综合性的经济活动，其中新建和扩建是主要形式，即把一定的建筑材料、机械设备通过购置、建造与安装等活动，转化为固定资产的过程，以及与之相连带的工作（如征用土地、勘察设计等）。所谓固定资产，是指在生产和消费领域中实际发挥效能并长期使用着的劳动资料和消费资料，是使用年限在1年以上，且单位价值在规定限额以上的一种物质财富。国家强调要充分发挥现有企业的作用，有计划、有步骤、有重点地对现有企业进行设备更新和技术改造，这类工程统称更新改造，以便同基本建设相区别。固定资产扩大再生产主要是通过基本建设和更新改造两个方面实现的，另外还可包括房地产开发。工程建设的内容包括以下几个方面：

（1）建筑工程　建筑工程是指永久性和临时性的建筑物、构筑物的土建、采暖、通风、给水排水、照明工程、动力、电信管线的敷设工程、设备基础、工业炉砌筑、厂区竖向布置工程、铁路、公路、桥涵、农田水利工程以及建筑场地平整、清理和绿化工程等。

（2）安装工程　安装工程是生产、动力、电信、起重、运输、医疗、试验等设备的装配、安装工程，附属于被安装设备的管线敷设、金属支架、梯台和有关保温、油漆、测试、试车等工作。

（3）设备、工器具及生产家具的购置　设备、工器具及生产家具的购置是指车间、实验室、医院、学校、车站等所应配备的各种设备、工具、器具、生产家具及实验仪器的购置。

（4）其他工程建设工作　指上述以外的各种工程建设工作。如征用土地、拆迁安置、勘察设计和地质勘探、生产人员培训、科学研究、施工队伍调迁及大型临时设施等。

1.2　工程建设项目划分

1. 建设项目

建设项目是指在一个场地上或几个场地上，按照一个总体设计进行施工的各个工程项目的总体。建设项目可由一个工程项目或几个工程项目构成。建设项目在经济上实行独立核算，在行政上具有独立的组织形式。在我国，建设项目的实施单位一般称为建设单位，实行建设项目法人负责制。如新建一个工厂、矿山、学校、农场，新建一个独立的水利工程或一条铁路等，由项目法人单位实行统一管理。

2. 单项工程

单项工程是建设项目的组成部分。单项工程又称工程项目，是指具有独立的设计文件、竣工后可以独立发挥生产能力并能产生经济效益或效能的工程，如工业建筑中的车间、办公室和住宅。能独立发挥生产能力或满足生产和生活需要的每个构筑物、建筑物是一个工程项目。

3. 单位工程

单位工程是工程项目的组成部分。单位工程是指不能独立发挥生产能力，但具有独立设计的施工图和组织施工的工程。如土建工程（包括建筑物、构筑物）、电气设备安装工程（包括动力、照明等）、工业管道工程（包括蒸汽、压缩空气、煤气等）、暖卫工程（包括采暖、给水排水等）、通风工程和电梯工程等。

4. 分部工程

分部工程是单位工程的组成部分，它是按照单位工程的各个部位由不同工种的工人利用不同的工具和材料完成的部分工程。例如土石方工程、桩基础工程、砖石工程、钢筋混凝土工程、金属结构工程、构件运输及安装工程、木结构工程、楼地面工程、屋面工程和装修工程等。

5. 分项工程

分项工程是分部工程的组成部分，它是将分部工程进一步更细地划分为若干部分。如土石方工程可划分为沟槽挖土、土方运输、回填土等分项工程。

分项工程是建筑安装工程的基本构造要素，它是为了便于计算和确定单位工程造价而设定出来的一种产品。施工管理中，对编制预算、计划用料分析、编制施工作业计划、统计工程量完成情况、成本核算等方面都是不可缺少的。

综上所述，一个建设项目是由一个或几个单项工程所组成的，一个单项工程是由几个单位工程组成的，一个单位工程又可分为若干个分部、分项工程，而工程预算的编制工作就是从分项工程开始着手的。建设项目的这种划分，既有利于编制概预算文件，也有利于项目的组织管理。

1.3　工程建设程序

所谓建设程序，是建设项目从设想、选择、评估、决策、设计、施工到竣工验收、投入生产等的整个建设过程中，各项工作必须遵循的先后次序的法则。这个法则是指按照建设项目发展的内在联系和发展过程，将建设过程分为若干阶段，这些阶段有严格的先后次序，不能任意颠倒。我国的工程项目建设程序可概括为四个阶段和八个环节，如图1-1所示。

1. 项目决策阶段

项目决策阶段的内容包括项目建议书、可行性研究报告。

（1）项目建议书　项目建议书是要求建设某一具体项目的建议文件，是建设程序中最初阶段的工作，是投资决策前对拟建项目的轮廓设想。项目建议书批准后，可以进行详细的可

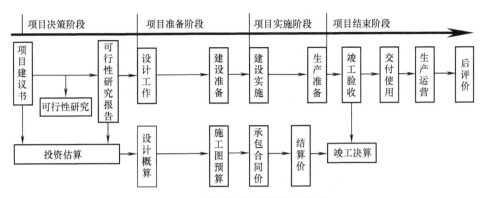

图 1-1 我国现行基本建设程序

行性研究工作。项目建议书按要求编制完成后，按照建设总规模和限额的划分审批权限报批。

（2）可行性研究报告 可行性研究报告是确定建设项目、编制设计文件的重要依据，其主要从市场研究、技术研究和效益研究等三大方面综合分析项目是否具有可行性。可行性研究报告根据项目投资额大小和投资来源的不同，分别由不同的主管部门审批。可行性研究报告批准后，不得随意修改和变更。

2. 项目准备阶段

项目准备阶段内容包括设计、建设准备（包含施工招标投标）。

（1）设计工作 设计是对拟建工程的实施在技术上和经济上所进行的全面而详尽的安排，是基本建设计划的具体化，是组织施工的依据。根据建设项目的不同情况，设计过程一般划分为两个阶段，即初步设计和施工图设计。重大项目和技术复杂项目，可根据不同行业的特点和需要，增加技术设计。初步设计由主要投资方组织审批。初步设计文件经批准后，全厂总平面布置、主要工艺流程、主要设备、建筑面积、建筑结构、总概算等不得随意修改、变更。

（2）建设准备工作 项目在开工建设之前要切实做好各项准备工作，主要内容有：征地、拆迁和场地平整；完成施工用水、电、道路等工程；组织设备、材料订货；准备必要的施工图；组织施工招标投标，择优选定施工单位。

3. 项目实施阶段

项目实施阶段内容包括施工（包括项目的安全质量监督和监理）及生产准备工作。建设项目经批准开工建设，项目即进入了建设实施阶段。这一阶段是投资项目实体的形成阶段，也是各阶段中消耗投资额最大的一个阶段。生产准备则是指建设单位要根据建设项目或主要单项工程生产技术特点，及时地组成专门班子或机构，有计划地抓好生产准备工作，保证项目或工程建成后能及时投产。

4. 项目结束阶段

项目结束阶段内容包括竣工验收、后评价。

（1）竣工验收 竣工验收是工程建设过程的最后一环，是全面考核基本建设成果、检验设计和工程质量的重要步骤，也是基本建设转入生产或使用的标志。通过竣工验收，一是检验设计和工程质量，保证项目按设计要求的技术经济指标正常生产；二是有关部门和单位可以总结经验教训；三是建设单位对经验收合格的项目可以及时移交固定资产，使其由基建系统转入生产系统或投入使用。建设项目全部完成，经过各单项工程的验收符合设计要求，并具备竣工图表、竣工决算、工程总结等必要文件资料，由项目主管部门或建设单位向负责验收的单位提出竣工验收申请报告。

（2）后评价　建设项目后评价是在工程项目竣工投产、生产运营一段时间后，再对项目的立项决策、设计施工、竣工投产、生产经营等全过程进行系统评价的一种技术经济活动，是固定资产投资管理的一项重要内容，也是固定资产投资管理的最后一个环节。通过建设项目后评价可以达到肯定成绩、总结经验、研究问题、吸取教训、提出建议、改进工作、不断提高项目决策水平和投资效果的目的。

1.4　工程造价与工程计价的含义

1. 工程造价的含义

工程造价有两层含义：一是指建设项目（或单项工程）的建设成本，即完成一个建设项目所需投资费用的总和；二是指建筑产品价格，即建设工程的承发包价格。建设成本是对应于项目法人（业主）而言的，承发包价格是对于承发包双方而言的。因此，在我国"工程造价"中的"造价"，既有"成本"（cost）的含义，也有"买价"（price）的含义。

从投资者（业主）的角度来定义工程造价，就是指建设一项工程预期开支或实际开支的全部固定资产投资费用。从这个意义上说，工程造价就是工程投资费用，建设项目工程造价与建设项目投资中的固定资产投资等量。在投资者（业主）的视角上，在决策时他们的注意力必然在工程的全生命周期成本控制上，应当考虑建筑设施全生命周期的成本，而不仅仅是建筑物的建造成本。如果建筑设施的运营成本很高或者不能满足设施在功能上的需求，在施工阶段节省一点钱就显得不那么值得。

从承发包双方交易的角度来定义工程造价，就是指建筑产品价格，或称为工程价格。它以工程这种特定的商品形式作为交易对象，通过招标投标，承发包或其他交易方式，在进行多次性预估的基础上，最终由市场形成价格。工程价格形成于发包方和承包方的承发包关系。在具体工程上，双方都在通过市场谋求有利于自身的合理承包价格，并保证价格的兑现和风险的补偿，因此双方都有对具体工程项目的价格管理问题。这种管理明确属于价格管理范畴。

2. 工程计价的含义

工程计价的概念来源于国外，英文为 Construction Estimation，其基本含义就是在工程项目实际施工前将任何特定工程项目的大概成本确定下来。实际上：

1）从投资者的角度来看，工程计价强调的是包括可行性研究、方案设计、详细设计以及开标前等发包前各阶段的工程计价。计价的主要目的是服务于决策和投资费用管理。

2）从承包商的角度来看，工程计价主要是指依据工程量清单进行的投标报价。计价的主要目的是进行工程投标，以期中标并获得盈利。

3）从承发包双方的角度来看，工程计价主要是指合同价格的形成，以及履行合同过程中双方对工程合同价格的控制。计价的主要目的是有效地进行成本控制。

因此，美国造价工程师协会将工程计价定义为：运用科学理论和技术，根据工程判断和经验，解决成本估算、成本控制和盈利能力等问题的活动。

在国内，工程计价突出的是全过程的工程计价，该概念涵盖了工程造价规划（即在拟建项目的项目建议书、可行性研究、设计等阶段对项目的投资费用进行的估算）、工程合同价格的形成、工程计量与支付、竣工结算等阶段的计价依据和计价方法。

由于不同的计价主体的要求不同，对工程计价就存在不同的观点。借鉴国外对工程计价的理解，结合我国实际情况，根据不同计价阶段、计价主体和计价目的，依据建设程序将工程计价分为以下三个部分：

（1）项目前期阶段的工程计价　这主要是对业主或他指定的设计者而言，在工程项目的规划、决策和设计阶段进行的计价活动，也有的称为造价规划阶段。其主要内容包括：概念估算、初步估算、详细估算以及基于施工计划和说明的估算等内容，在国内则表现为投资估算和设计概预算。由于在项目生命周期早期设计方面的决策比后期更加具有不确定性，所以也就不能期望早期阶段的计价会准确。这一阶段多采用一些初步估算方法。总的来说，计价的准确程度将取决于计价时所获得的信息。

（2）项目交易阶段的工程计价　从工程交易过程来看，业主的主要任务是招标和评标，选择合适的承包商以及合同价格类型，对承包商而言则是进行投标报价。承包商提交给业主的投标报价的目的是竞争的需要或者是与业主谈判的需要，投标报价中包括直接建造成本、间接费、利润和税金。因此，承包商需要根据招标文件中的要求进行询价、计价、报价决策等工作，依据工程量清单、施工方案等进行投标报价。这一阶段，多数承包商会选择较为精确的详细估算方法，对成本的预测也就更为可靠。

（3）合同履行阶段的工程计价　在合同签订之后的阶段，主要是签订合同的当事人对合同价格的控制。在工程建设过程中，由于各种不确定性因素，会导致合同价格调整、合同变更、索赔等事件出现，从而影响到合同价格。此阶段的主要工作是根据施工进程进行工程结算，并根据合同进行变更计价、索赔计算以及合同价格的调整，确保项目完工前的成本估算的准确性，并进行竣工决算的编制，形成最终的工程造价。

因此，工程计价是指在工程项目建设的各个阶段，根据不同目的，综合运用技术、经济、管理的手段，对特定的工程项目的造价进行预测、优化、计算、分析等一系列活动的总和。因此，对工程计价的概念可以从以下三个方面进行理解：

（1）工程计价是全过程的　不仅局限于工程项目发包前的各个阶段，从项目设想到竣工验收都有工程计价活动，只不过不同主体、不同阶段工程计价的目的不同，其具体工作内容、工作方法等也有所差异。

（2）工程计价是全方位的　工程计价不仅是工程建设中业主方、承包方等项目参与方的工作，它还包括工程投资费用、工程价格的管理所涉及的投资管理和价格管理体系，因此政府主管部门要在国家利益的基础上进行宏观的指导和管理工作，行业协会和中介机构要从技术角度进行专业化的业务指导和管理。

（3）工程计价是复杂的管理活动　工程计价涵盖了对未来工程造价的预测、优化、计算、分析等多种活动。

1.5　工程造价的计价内容与特性

我国全过程工程计价就是在项目建设程序的各个阶段，采用科学的计算方法和切合实际的估价依据，按照一定的计价模式，合理确定估算、概算、预算、招标控制价、投标报价、合同价、结算、决算等各种形式的工程造价。

　1. 项目建设各阶段的计价内容

（1）投资估算　在项目建议书及可行性研究阶段，对工程造价所做的测算称之为投资估算。建设项目投资估算对工程总造价起控制作用。建设项目的投资估算是项目决策的重要依据之一，可行性研究报告一经批准，其投资估算应作为工程造价的最高限额，不得任意突破。此外，一般以此估算作为编制设计文件的重要依据。

根据《关于控制建设工程造价的若干规定》（计标［1988］30号）的规定，各主管部门应根据国家的统一规定，结合专业特点，对投资估算的准确度、可行性研究报告的深度和投资估算的编制办法做出具体明确的规定。目前，大部分省市或国务院工业部门都编制有投资估算指标，供编制投资估算使用。

投资估算由项目建设单位（业主）编制。

（2）设计概算　项目经过决策阶段后，在初步设计、技术设计阶段（针对一些大型复杂的工程项目设立该阶段）所预计和核定的工程造价称为设计概算。设计概算是设计文件不可分割的组成部分。初步设计、技术简单项目的设计方案均应有概算，技术设计应有修正概算。

在计划经济时期，设计概算经审查批准后，不能随意突破，它既是控制建设投资的依据，也是建设银行办理工程拨款或贷款的依据。进入20世纪90年代以后，设计概算的某些功能被淡化，而投资控制的功能则在设计概算被用作招标标底编制的依据中得到体现。目前，随着工程计价依据和计价模式的改革以及无标底招标方式的推行，设计概算作为招标标底编制依据的功能也将随之消失。设计概算由设计单位编制。

（3）施工图预算　施工图预算是在施工图设计完成后，施工开始前，根据施工图和相关资料、文件、规定等所确定的工程项目的造价。过去对于实行招标、投标的工程来说，施工图预算是确定标底的基础。自从2003年7月1日《建设工程工程量清单计价规范》（GB 50500—2003）开始实施以来，施工图预算作为确定标底的基础的作用也不复存在。施工图预算一般由设计单位编制。

（4）招标控制价　工程招标控制价是业主掌握工程造价、控制工程投资的基础数据，并以此为依据测评各投标单位工程报价的准确与否。在实施工程量清单报价的工程造价计价模式下，投标人自主报价，经评审低价中标。招标控制价格的编制应依据《建设工程工程量清单计价规范》、消耗量定额、招标文件的商务条款、工程设计文件、有关工程施工质量验收规范、施工组织设计及施工方案、施工现场地质、水文、气象以及地上情况的有关资料、招标期间建筑安装材料、工程设备及劳动力市场的市场价格，由招标方采购的材料、设备的到货及工期计划等。

（5）投标报价　工程量清单计价模式下投标报价的编制由投标人组织完成，作为投标文件的重要组成部分。工程量清单计价格式由下列内容组成：封面，扉页，总说明，建设项目投标报价汇总表，单项工程投标报价汇总表，单位工程投标报价汇总表，分部分项工程量和单价措施项目清单与计价表，总价措施项目清单与计价表，其他项目清单与计价表，规费、税金项目计价表，综合单价分析表，综合单价调整表。

（6）合同价格　根据《中华人民共和国合同法》《建设工程施工合同（示范文本）》以及住房和城乡建设部的有关规定，依据招标文件，招、投标双方签订施工合同。合同的类型划分为三种：固定价格合同、可调价格合同和成本加酬金合同。

（7）竣工结算　工程竣工结算是指施工企业按照合同规定的内容全部完成所承包的工程，经验收质量合格，并符合合同要求之后，向发包单位进行的最终工程价款结算。结算双方应按照合同价款及合同价款调整内容以及索赔事项进行工程竣工结算。竣工结算由承包人编制，发包人审核后予以支付。通过竣工结算，承包人实现了全部工程合同价款收入，工程成本得以补偿。在进行内部成本核算的基础上，可以考核实际的工程费用是降低还是超支、预期利润是否得以实现。

（8）竣工决算　竣工验收的同时，要编制竣工决算。它是反映竣工项目的建设成果和项目财务收支情况的文件。竣工决算可用来正确地核定新增固定资产的价值，及时办理账务及财产移动，考核建设项目成本，分析投资效果，并为今后积累已完工程资料。从造价的角度考查，竣工决算是反映工程项目的实际造价和建成交付使用的固定资产及流动资产的详细情况。通过竣工决算所显示的完成一个工程项目所实际花费的费用，就是该建设工程的实际造价。竣工决算由项目建设单位（业主）编制。

从投资估算到竣工决算的形成过程，实际上就是工程造价全过程计价的编制流程和程序。一方面，这些计价内容和造价表现形式是一个连续过程中的不同"里程碑"，它们之间相互关联、相互影响，一起构成了工程计价的客体；另一方面，它与工程项目建设的特点相联系，工程计价的内容表现出以下规律：

1）计价深度逐渐增加、计价精度越来越高等。

2）前一阶段的计价内容和成果是下一阶段计价的基础和依据，下一阶段的计价内容和成果则是对上一阶段（或若干阶段）计价工作的具体化和准确化。

3）前一阶段的计价对后面的计价都具有控制作用，常说的"三超"（设计概算超投资估算、施工图预算超设计概算、竣工结算超施工图预算）就是这一控制作用的反面例证。

2. 工程计价的特性

建筑产品具有的单件性、固定性和建造周期长等特点，决定了工程计价具有单件性、多次性和组合性等特点。

（1）计价的单件性　建筑产品的个体差别决定了建筑产品生产的单件性和分别计价的特点，从而也决定了工程计价的单件性。

由于建设目的、要求的不同，建筑产品从内容到形式都要进行个别设计和施工；即便采用同一设计进行施工，也会因为客观条件、众多影响因素的约束使得施工过程、方法等有所差异。因此，对建筑产品必须进行单件计价，这与一般工业产品的批量生产、系列生产完全不同。

（2）计价的多次性　建筑产品生产的长周期、大规模和生产的阶段性决定了工程计价的多次性。建设期工程计价过程如图 1-2 所示。

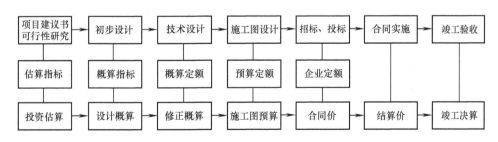

图 1-2　工程计价的多次性

建设工程的生产周期一般都相当长，少则几个月，多则几年甚至几十年，投资规模也从几十万元人民币至上亿元人民币不等，而且前已述及工程项目建设是分阶段进行、逐步加深的，为了有效确定各建设阶段的工程造价并加以控制，相应地也要在不同阶段多次计价，以保证工程计价的准确性和控制的有效性。多次性计价是一个逐步深化、逐步细化和逐步接近实际造价的过程。

（3）计价的组合性　工程项目的组合性决定了工程计价的组合性。工程项目的组合性是指一个建设项目可以分解为若干单项工程，而每一单项工程又可以分解为若干单位工程，每一单位工程还可以继续分解为若干分部分项工程。从估价和工程管理的角度，分部分项工程尚可继续分解（第 3 章将对工程项目的分解进行深入的阐述）。由此可见，工程计价必然要顺应工程项目的这种组合性和分解性，表现为一个逐步组合的过程。其计算过程和计算顺序是：分部分项工程造价→单位工程造价→单项工程造价→建设项目总造价。

此外，工程计价还有其他一些特性，如计价方法的多样性（单价法和实物法等）、计价依据的复杂性、计价的动态性等。

1.6　国内外工程造价管理的发展

人们对工程造价管理的认识是随着生产力的发展、市场经济的发展和现代科学管理的发展不断加深的。

1. 我国工程造价管理的发展历程

在我国漫长的封建社会中，曾建有不少规模宏大、技术要求很高的官府建筑，历代工匠积累了丰富的经验，逐步形成了一套工料限额管理制度，即现在我们所说的人工、材料定额。据《辑古纂经》等书记载，我国唐代就已有夯筑城台的用工定额——功。北宋将作少监（主管建筑的大臣）李诫所著《营造法式》（公元 1103 年）一书共 34 卷、3555 条，包括释名、各作制度、功限、料例、图样共五部分。其中"功限"就是现在所说的劳动定额，"料例"就是材料消耗限额。该书实际上是官府颁布的建筑规范和定额。它汇集了北宋以前的技术精华，吸取了历代工匠的经验，对控制工料消耗、加强设计监督和施工管理起了很大作用，一直沿袭到明清。清代管辖官府建筑的工部所编著的《工程做法则例》则一直流传至今。2000多年来，我国也不乏把技术与经济相结合大幅度降低工程造价的实例。北宋大臣丁谓在主持修复被大火烧毁的汴京宫殿时提出的一举三得的方案就是一个典型。

新中国成立后，在长期施行的计划经济体制下，建筑行业也不被看作生产行业，建筑产品不被当作商品，建筑产品的价格由政府规定，背离了价值规律。那时，既没有合格的市场主体，也没有作为市场交换对象的客体，更无法形成供求机制、竞争机制、价格机制等市场机制，因此不存在建筑市场。人们所认识和接受的，完全是计划经济理论和实践。1978 年实行改革开放以来，建筑市场开始萌芽和发展，到 20 世纪 80 年代后才开始形成。

1984 年以后，建筑业作为城市改革的突破口，率先进行管理体制的改革，推行了大量以市场为取向的改革措施。这其中，尤以推行工程招标承包制度为关键，招标投标制的建立和活动的开展改革了建筑业的计划经济体制，使供求关系及价格确定均迈向市场化。1992 年党的十四大报告提出"我国经济体制改革的目标是建立社会主义市场经济体制"，从此，建筑企业全面启动了市场经济体制的建设。1994 年建设部、国家体改委印发了《全面深化建筑市场体制改革的意见》的通知（建字 552 号文），明确提出：加快改革定额取费制度，建立由市场形成价格的新机制。1999 年，《中华人民共和国招标投标法》的颁布标志着我国建筑市场雏形的实际建立。我国加入 WTO 后，建筑业的改革力度加大，建筑市场也进一步放开。

在上述建筑市场建立、发展、开放的过程中，我国建筑产品价格的市场化经历了"国家定价—国家指导价—国家调控价"三个阶段。我国建筑产品价格市场化经历了三个发展阶段，其最终目标是要建立以市场形成价格的价格机制。2003 年 2 月 13 日，建设部正式发布了《建设工程工程量清单计价规范》，提出从 2003 年 7 月 1 日起全面推行工程量清单计价的管理模式，我国工程造价管理工作由此跨入了一个新的发展阶段。在自推行工程量清单计价模式后的几年内，定额计价模式和工程量清单计价模式形成两者并存的状况，形成了"双轨并行"的局面。近些年，在企业定额体系尚未建立起来，而传统计价模式尚存影响的情况下，双轨并行是我国工程建设市场改革过程中的必然形式。可以预见，随着国家对工程造价管理体制改革的不断深入，相应的法律、规范的建立，工程造价信息的收集、整理和发布的加强，以及各个建筑企业的企业定额体系的建立，我国建筑市场的工程造价最终必然能够实现工程交易的市场定价。

2. 国外工程造价管理的发展历程

资本主义社会化大生产的发展，使共同劳动的规模日益扩大，劳动分工和协作越来越细、越来越复杂，对工程建设的消耗进行科学管理也就越加重要。以英国为例，16 ~ 18 世纪是英国工程造价管理发展的第一阶段。这个时期，随着设计和施工分离并各自形成一个独立专业以后，施工工匠需要有人帮助他们对已完成的工程进行测量和估价，以确定应得的报酬。这些人在英国被称为工料测量师（Quantity Surveyor）。这时的工料测量师是在工程设计和工程完工以后才去测量工程量和估算工程造价的，并以工匠小组的名义与工程委托人和建筑师进行洽商。从 19 世纪初期开始，资本主义国家在工程建设中开始推行招标承包制。形势要求工料测量师在工程设计以后和开工以前就进行测量和估价，根据设计图算出实物工程量并汇编成工程量清单，为招标者制定标底或为投标者做出报价。从此，工程造价管理逐步形成独立的专业。1881 年英国皇家测量师学会成立。这个时期通常称为工程造价管理发展的第二个阶段，完成了工程造价管理的第一次飞跃。至此，工程委托人能够在工程开工之前，预先了解到需要支付的投资额，但是他还不能在设计阶段就对工程项目所需的投资进行准确预计，并对设计进行有效的监督控制。招标时，往往设计已经完成，业主才发现由于工程费用过高、投资不足，不得不停工或修改设计。业主为了使投资花得明智和恰当，为了使各种资源得到最有效的利用，迫切要求在设计的早期阶段以至在投资决策时，就开始进行投资估算，并对设计进行控制。另一方面，由于工程造价规划技术和分析方法的应用，使工料测量师在设计过程中有可能相当准确地进行概预算，甚至在设计之前就做出估算，并可根据工程委托人的要求使工程造价控制在限额以内。因此，从 20 世纪 40 年代开始，一个"投资计划和控制制度"在英国等商品经济发达国家应运而生。工程造价管理的发展进入了第三阶段，完成了工程造价管理的再一次飞跃。

从上述工程造价管理发展简史中不难看出，工程造价管理是随着工程建设的发展、随着商品经济的发展而日臻完善的。归纳起来有以下特点：

1）从事后算账发展到事先算账。即从最初只是消极地反映已完工程的价格，逐步发展到在开工前进行工程量的计算和估算，进而发展到在初步设计时提出概算、在可行性研究时提出投资估算，这成为业主进行投资决策的重要依据。

2）从被动地反映设计和施工发展到能动地影响设计和施工。最初负责施工阶段工程造价的确定和结算，以后逐步发展到在设计阶段、投资决策阶段对工程造价做出预测，并对设计和施工过程投资的支出进行监督和控制，进行工程建设全过程的造价控制和管理。

3）从依附于施工者或建筑师发展成一个独立的专业。如在英国，有专业学会，有统一的业务职称评定和职业守则。不少高等院校也开设了工程造价管理专业，培养专业人才。

　　站在不同的角度对工程造价的理解会有所不同：项目法人（业主）所关注的是建设项目（或单项工程）的建设成本，即完成一个建设项目所需投资费用的总和；而承发包双方则关注于建筑产品价格，即建设工程的承发包价格。工程计价是全过程、全方位、复杂的管理活动，具有单件性、多次性和组合性等特性。我国建筑产品价格的市场化经历了"国家定价—国家指导价—国家调控价"三个阶段。

1. 简述工程造价的含义。
2. 工程造价的计价具有哪些特性？
3. 简述我国建筑产品价格的市场化进程。
4. 简述工程建设的含义。工程建设的内容包括哪几个方面？
5. 工程建设项目是如何划分的？
6. 简述我国的工程项目建设程序。

第 2 章

工程造价的构成

主要内容 本章主要介绍了建设项目总投资及其构成、工程造价的费用组成与费用计算等内容。

学习要求 熟悉建设项目总投资及其构成；掌握设备及工器具购置费、建筑安装工程费的构成与计算方法；掌握预备费、建设期贷款利息的组成和计算方法；了解工程建设其他费用的构成；为学习工程计价打下基础。

2.1 建设项目总投资的构成

建设项目总投资是指在工程项目建设阶段所需要的全部费用的总和。生产性建设项目总投资包括建设投资、建设期利息和流动资金三部分；非生产性建设项目总投资包括建设投资和建设期贷款利息两部分。其中，建设投资和建设期贷款利息之和对应于固定资产投资，固定资产投资与建设项目的工程造价在量上相等。

工程造价是指进行一项工程建造所需要花费的全部费用，即从工程项目确定建设意向到建成竣工验收为止的整个建设期所支付的全部费用，这是保证工程项目建设正常进行的必要资金，是建设项目投资中最主要的部分。工程造价的主要构成部分是建设投资，根据《建设项目经济评价方法与参数（第三版）》（发改投资［2006］1325 号）的规定，建设投资包括工程费用、工程建设其他费用和预备费三部分。工程费用是指直接构成固定资产实体的各种费用，可以分为建筑安装工程费和设备及工器具购置费。工程建设其他费用是指根据国家有关规定应在投资中支付，并列入建设项目总造价或单项工程造价的费用。预备费是指为了保证工程项目的顺利实施，避免在难以预料的情况下造成投资不足而预先安排的一笔费用。

1. 建设项目总投资及其构成

建设项目总投资是投资主体为获取预期收益，在选定的建设项目上投入所需全部资金的经济行为。我国现行建设项目总投资的具体构成内容如图 2-1 所示。通常把建筑安装工程费、设备及工器具购置费、工程建设其他费、基本预备费称为静态投资，即以某一基准年、月的建设要素的价格为依据所计算出的建设项目投资的瞬时值。而把完成一个工程项目建设预计投资的总和称为动态投资，它除了包括静态投资外，还包括建设期利息，价差预备费等。动态投资适应了市场价格运行机制的要求，符合经济运动规律。建设项目总造价（工程造价）

是项目总投资中的固定资产投资总额，是保证项目建设活动正常进行的必要资金。固定资产投资是投资主体为了特定的目的，以达到预期收益（效益）的资金垫付行为。它是指形成企业固定资产的投资。

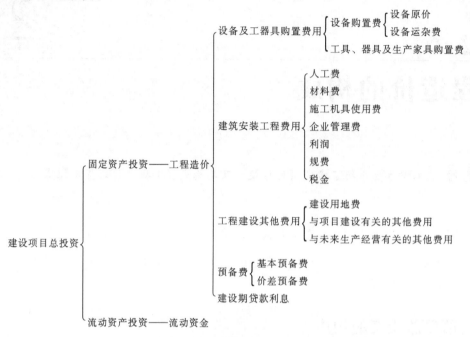

图 2-1　我国现行建设项目总投资的构成

固定资产是指使用期限超过一年的房屋、建筑物、机器、机械、运输工具以及与生产经营有关的设备、器具、工具等。不属于生产经营主要设备的物品，单位价值在 2000 元以上，且使用年限超过 2 年的，也应作为固定资产。固定资产投资是指，用于建筑、安装和购置固定资产，以及与之相关联的其他工作的投资。通常可以通过扩大生产能力或增加工程效益的新建和改扩建等方式进行固定资产投资，也可以通过零星购置和建造等其他形式增加固定资产。

在我国，固定资产投资包括基本建设投资、更新改造投资、房地产开发投资和其他固定资产投资四部分。其中，基本建设投资是用于新建、改建、扩建和重建项目的资金投入行为，是形成固定资产的主要手段，在固定资产投资中占的比重最大。更新改造投资是在保证固定资产简单再生产的基础上，通过以先进科学技术改造原有技术以实现其内涵为主的、固定资产扩大化再生产的资金投入行为，是固定资产再生产的主要方式之一。房地产开发投资是房地产企业开发厂房、宾馆、写字楼、仓库和住宅等房屋设施和开发土地的资金投入行为。其他固定资产投资，是按规定不纳入投资计划、用专项资金进行基本建设、更新改造的资金投入行为，它占固定资产投资的比重较小。

基本建设投资是形成新增固定资产、扩大生产能力和工程效益的主要手段。在投资构成中建筑安装工程费用约占 60%。而在生产性基本建设投资中，设备费则占有较大的份额，随着社会的发展和科学技术的进步，设备安装工程费用随之而有增大的趋势。

建设项目的固定资产投资与建设项目的工程造价，两者在量上是等同的。其中建筑安装工程投资费用与建筑安装工程造价，两者在量上也是等同的。这意味着工程投资和工程造价两种含义的同一性，前者是从投资者的角度而言的，后者则是从工程承包者的角度上而言的。

2. 工程造价的费用组成

从工程造价的含义和内容上，工程造价应理解为工程项目建造所需的全部花费。准确地划分和确定工程造价的内容，是进行建设工程价格计算的前提和基础。

工程造价的费用组成按工程项目建设过程中各类费用支出或花费的性质、途径等来确定，通过费用划分和汇集，形成了工程造价的费用分解结构。工程造价基本构成中，包括用于购买工程项目所含各种设备的费用，用于建筑工程和安装工程所需支出的费用，用于委托工程勘察设计应支付的费用，用于使用土地所需的费用，也包括用于建设单位自身进行项目筹建和项目管理所花费的费用等。总之，工程造价是工程项目按照确定的建设内容、建设规模、建设标准、功能要求和使用要求等全部建成并验收合格、交付使用所需的全部费用。

我国现行工程造价的费用组成主要划分为设备及工器具购置费用、建筑安装工程费用、工程建设其他费用、预备费、建设期贷款利息等几项。

2.2 设备及工器具购置费用

设备及工器具购置费用是由设备购置费和工具、器具及生产家具购置费组成的，它是固定资产投资中的积极部分。在生产性工程建设中，设备及工器具购置费用占工程造价比重的增大，意味着生产技术的进步和资本有机构成的提高。

2.2.1 设备及工器具购置费的构成及计算

设备及工器具购置费是指为建设项目购置或自制的达到固定资产标准的设备、工具、器具及生产家具等所需的费用。所谓固定资产标准，是指使用年限在一年以上，单位价值在国家或各主管部门规定限额以上，但新建项目和扩建项目的新建车间购置或自制的全部设备、工具、器具，不论是否达到固定资产标准，均计入设备、工具、器具购置费中，它由设备原价和设备运杂费构成。

设备原价指国产设备或进口设备的原价（抵岸价）；设备运杂费指设备供销部门手续费、包装费、包装材料费、运输费、装卸费、采购及仓库保管费等。如果设备是由设备成套公司供应的，成套公司的服务费也应计入设备运杂费用中。

1. 国产设备原价的构成

国产设备原价一般指的是设备制造厂的交货价或订货合同价。它一般根据生产厂或供应商的询价、报价、合同价确定，或采用一定的方法计算确定。国产设备原价分为国产标准设备原价和国产非标准设备原价。

（1）国产标准设备原价 国产标准设备是指按照主管部门颁布的标准图和技术要求，由我国生产的、符合国家质量检测标准的设备。国产标准设备原价有两种，即带有备件的原价和不带备件的原价。在计算时，一般采用带有备件的原价。国产标准设备一般有完善的设备交易市场，因此可通过查询相关交易市场价格或向设备生产厂家询价得到国产标准设备原价。

（2）国产非标准设备原价 国产非标准设备是指国家尚无定型标准，各设备生产厂不可能在生产过程中采用批量生产,只能按订货要求并根据具体的设计图制造的设备。非标准设备由于单件生产、无定型标准,所以无法获取市场交易价格,只能按其成本构成或相关技术参数估算其价格。非标准设备原价有多种不同的计算方法,如成本计算估价法、系列设备插入估价法、分部组合估价法、定额估价法等。但无论采用哪种方法,都应该使非标准设备计价接近实际出厂价,并且计算方法要简便。

2. 进口设备原价的构成及计算

进口设备的原价是指进口设备的抵岸价,通常是由进口设备到岸价(CIF)和进口从属费构成。进口设备的到岸价,即抵达买方边境港口或边境车站的价格。在国际贸易中,交易双方所使用的交货类别不同,则交易价格的构成内容也有所差别。进口从属费用包括银行财务费、外贸手续费、进口关税、消费税、进口环节增值税等,进口车辆的还需缴纳车辆购置税。

(1) 进口设备的交易价格   在国际贸易中,较为广泛使用的交易价格术语有 FOB、CFR 和 CIF。

1) FOB(free on board)。意为装运港船上交货,亦称为离岸价格。FOB 术语是指当货物在指定的装运港越过船舷,卖方即完成交货义务。风险转移,以在指定的装运港货物越过船舷时为分界点。费用划分与风险转移的分界点相一致。

在 FOB 交货方式下,卖方的基本义务有:办理出口清关手续,自负风险和费用,领取出口许可证及其他官方文件;在约定的日期或期限内,在合同规定的装运港,按港口惯常的方式,把货物装上买方指定的船只,并及时通知买方;承担货物在装运港越过船舷之前的一切费用和风险;向买方提供商业发票和证明货物已交至船上的装运单据或具有同等效力的电子单证。买方的基本义务有:负责租船订舱,按时派船到合同约定的装运港接运货物,支付运费,并将船期、船名及装船地点及时通知卖方;负担货物在装运港越过船舷后的各种费用以及货物灭失或损坏的一切风险;负责获取进口许可证或其他官方文件,以及办理货物入境手续;受领卖方提供的各种单据,按合同规定支付货款。

2) CFR(cost and freight)。意为成本加运费,或称为运费在内价。CFR 是指在装运港货物越过船舷卖方即完成交货,卖方必须支付将货物运至指定的目的港所需的运费和费用,但交货后货物灭失或损坏的风险,以及由于各种事件造成的任何额外费用,由卖方转移到买方。与 FOB 价格相比,CFR 的费用划分与风险转移的分界点是不一致的。

在 CFR 交货方式下,卖方的基本义务有:提供合同规定的货物,负责订立运输合同并租船订舱,在合同规定的装运港和规定的期限内,将货物装上船并及时通知买方,支付运至目的港的运费;负责办理出口清关手续,提供出口许可证或其他官方批准的文件;承担货物在装运港越过船舷之前的一切费用和风险;按合同规定提供正式有效的运输单据、发票或具有同等效力的电子单证。买方的基本义务有:承担货物在装运港越过船舷以后的一切风险及运输途中因遭遇风险所引起的额外费用;在合同规定的目的港受领货物,办理进口清关手续,交纳进口税;受领卖方提供的各种约定的单证,并按合同规定支付货款。

3) CIF(cost insurance and freight)。意为成本加保险费、运费,习惯称到岸价格。在 CIF 术语中,卖方除负有与 CFR 相同的义务外,还应办理货物在运输途中最低险别的海运保险,并应支付保险费。如买方需要更高的保险险别,则需要与卖方明确地达成协议,或者自行做出额外的保险安排。除保险这项义务外,买方的义务与 CFR 相同。

(2) 进口设备到岸价的构成及计算   具体如下。

进口设备到岸价（CIF）=离岸价格（FOB）+国际运费+运输保险费

　　　　　　　　　　　=运费在内价（CFR）+运费保险费　　　　　　　　　（2-1）

1）货价。一般指装运港船上交货价（FOB）。设备货价分为原币货价和人民币货价，原币货价一律折算为美元表示，人民币货价按原币货价乘以外汇市场兑换人民币汇率中间价确定。进口设备货价按有关生产厂商询价、报价、订货合同价计算。

2）国际运费。即从装运港（站）到达我国目的港（站）的运费。我国进口设备大部分采用海洋运输，小部分采用铁路运输，个别采用航空运输。其中，运费率或单位运价参照有关部门或进出口公司规定执行。

3）运输保险费。对外贸易货物运输保险是由保险人（保险公司）与被保险人（出口人或进口人）订立保险契约，在被保险人交付议定保险费后，保险人根据保险契约的规定对货物在运输过程中发生的承保责任范围内的损失给予经济上的补偿。这是一种财产保险。

（3）进口从属费的构成及计算　具体如下。

进口从属费=银行财务费+外贸手续费+关税+消费税+进口环节增值税+车辆购置税

　　　　　　　　　　　　　　　　　　　　　　　　　　　　　　　　　　（2-2）

1）银行财务费。一般是指在国际贸易结算中，中国银行为进出口商提供金融结算服务所收取的费用。

2）外贸手续费。指按原对外经济贸易部规定的外贸手续费率计取的费用，外贸手续费率一般取 1.5%。

3）关税。由海关对进出国境或关境的货物和物品征收的一种税。

到岸价格作为关税的计征基数时，通常又可称为关税完税价格。进口关税税率分为优惠和普通两种。优惠税率适用于与我国签订关税互惠条款的贸易条约或协定的国家的进口设备；设备税率适用于与我国未签订有关税互惠条款的贸易条约或协定的国家的进口设备。进口关税税率按我国海关总署发布的进口关税税率计算。

4）消费税。仅对部分进口设备（如轿车、摩托车等）征收。

其中，消费税税率根据规定的税率计算。

5）进口环节增值税。这是对从事进口贸易的单位和个人，在进口商品报关进口后征收的税种。我国增值税条例规定，进口应税产品均按组成计税价格和增值税税率直接计算应纳税额。

6）车辆购置税。进口车辆需缴进口车辆购置税。

3. 设备运杂费的构成及计算

设备运杂费通常由下列各项构成：

（1）运费和装卸费　国产设备由设备制造厂交货点起至工地仓库（或施工组织设计指定的需要安装设备的堆放地点）止所发生的运费和装卸费；进口设备则由我国到岸港口或边境车站起至工地仓库（或施工组织设计指定的需要安装设备的堆放地点）止所发生的运费和装卸费。

（2）包装费　在设备原价中没有包含的，为运输而进行的包装支出的各种费用。

（3）设备供销部门的手续费　按有关部门规定的统一费率计算。

（4）采购与仓库保管费　指采购、验收、保管和收发设备所发生的各种费用，包括设备采购人员、保管人员和管理人员的工资、工资附加费、办公费、差旅交通费，设备供应部门办公和仓库所占固定资产使用费、工具用具使用费、劳动保护费、检验试验费等。这些费用可按主管部门规定的采购与保管费费率计算。

2.2.2 工具、器具及生产家具购置费的构成及计算

工具、器具及生产家具购置费，是指新建或扩建项目初步设计规定的，保证初期正常生产必须购置的没有达到固定资产标准的设备、仪器、工卡模具、器具、生产家具和备品备件等的购置费用。一般以设备购置费为计算基数，按照部门或行业规定的工具、器具及生产家具费率计算。

2.3 建筑安装工程费用

2.3.1 建筑安装工程费用内容及构成

在工程建设中，建筑安装工程是创造价值的生产活动。建筑安装工程费用亦被称为建筑安装工程造价，是建筑安装工程价值的货币表现形式，它由建筑工程费用和安装工程费用两部分组成。

1. 建筑安装工程费用内容

（1）建筑工程费用内容

1）各类房屋建筑工程和列入房屋建筑工程预算的供水、供暖、卫生、通风、煤气等设备费用及其装饰、油饰工程的费用，列入建筑工程预算的各种管道、电力、电信和电缆导线敷设工程的费用。

2）设备基础、支柱、工作台、烟囱、水塔、水池、灰塔等建筑工程以及各种炉窑的砌筑工程和金属结构工程的费用。

3）为施工而进行的场地平整，工程和水文地质勘察，原有建筑物和障碍物的拆除，以及施工临时用水、电、气、路和完工后的场地清理，环境绿化、美化等工作的费用。

4）矿井开凿、井巷延伸、露天矿剥离，石油、天然气钻井，修建铁路、公路、桥梁、水库、堤坝、灌渠及防洪等工程的费用。

（2）安装工程费用内容

1）生产、动力、起重、运输、传动和医疗、试验等各种需要安装的机械设备的装配费用，与设备相连的工作台、梯子、栏杆等设施的工程费用，附属于被安装设备的管线敷设工程费用，以及被安装设备的绝缘、防腐、保温、油漆等工作的材料费和安装费。

2）为测定安装工程质量，对单台设备进行单机试运转、对系统设备进行系统联动无负荷试运转的调试费。

2. 我国现行建筑安装工程费用项目组成

建筑安装工程费是建设投资的重要构成，根据《住房城乡建设部、财政部关于印发〈建筑安装工程费用项目组成〉的通知》（建标〔2013〕44号），按照费用构成要素划分，建筑安装工程费用由人工费、材料（含工程设备）费、施工机具使用费、企业管理费、利润、规费和税金组成。

2.3.2 人工费

建筑安装工程费中的人工费，是指按工资总额构成规定，支付给从事建筑安装工程施工

的生产工人和附属生产单位工人的各项费用。内容包括：

（1）计时工资或计件工资　计时工资或计件工资是指按计时工资标准和工作时间或对已做工作按计件单价支付给个人的劳动报酬。

（2）奖金　奖金是指对超额劳动和增收节支支付给个人的劳动报酬。如节约奖、劳动竞赛奖等。

（3）津贴补贴　津贴补贴是指为了补偿职工特殊或额外的劳动消耗和因其他特殊原因支付给个人的津贴，以及为了保证职工工资水平不受物价影响支付给个人的物价补贴。如流动施工津贴、特殊地区施工津贴、高温（寒）作业临时津贴、高空津贴等。

（4）加班加点工资　加班加点工资是指按规定支付的在法定节假日工作的加班工资和在法定日工作时间外延时工作的加点工资。

（5）特殊情况下支付的工资　特殊情况下支付的工资是指根据国家法律、法规和政策规定，因病、工伤、产假、计划生育假、婚丧假、事假、探亲假、定期休假、停工学习、执行国家或社会义务等原因按计时工资标准或计时工资标准的一定比例支付的工资。

2.3.3　材料费

建筑安装工程费中的材料费，是指施工过程中耗费的构成工程实体的原材料、辅助材料、构配件、零件、半成品或成品、工程设备的费用。内容包括：

（1）材料原价　材料原价是指材料、工程设备的出厂价格或商家供应价格。

（2）运杂费　运杂费是指材料、工程设备自来源地运至工地仓库或指定堆放地点所发生的全部费用。

（3）运输损耗费　运输损耗费是指材料在运输装卸过程中不可避免的损耗。

（4）采购及保管费　采购及保管费是指组织采购、供应和保管材料、工程设备的过程中所需要的各项费用。包括采购费、仓储费、工地保管费、仓储损耗。

工程设备是指构成或计划构成永久工程一部分的机电设备、金属结构设备、仪器装置及其他类似的设备和装置。

2.3.4　施工机具使用费

建筑安装工程费中的施工机具使用费，是指施工机械作业所发生的机械、仪器仪表使用费或其租赁费。

1. 施工机械使用费

施工机械使用费是指施工机械作业所发生的机械使用费以及机械安拆费和场外运费。内容包括：

（1）折旧费　折旧费是指施工机械在规定的使用年限内，陆续收回其原值的费用。

（2）大修理费　大修理费是指施工机械按规定的大修理间隔台班进行必要的大修理，以恢复其正常功能所需的费用。

（3）经常修理费　经常修理费是指施工机械除大修理以外的各级保养和临时故障排除所需的费用。包括为保障机械正常运转所需替换设备与随机配备工具附具的摊销和维护费用，机械运转中日常保养所需润滑与擦拭的材料费用及机械停滞期间的维护和保养费用等。

（4）安拆费及场外运费　安拆费指施工机械（大型机械除外）在现场进行安装与拆卸所需的人工、材料、机械和试运转费用以及机械辅助设施的折旧、搭设、拆除等费用；场外运费指施工机械整体或分体自停放地点运至施工现场或由一施工地点运至另一施工地点的运输、装卸、辅助材料及架线等费用。

（5）人工费　人工费是指机上司机（司炉）和其他操作人员的人工费。

（6）燃料动力费　燃料动力费是指施工机械在运转作业中所消耗的固体燃料（煤、木柴）、液体燃料（汽油、柴油）及水、电等。

（7）税费　税费是指施工机械按照国家规定应缴纳的车船使用税、保险费及年检费等。

2. 仪器仪表使用费

仪器仪表使用费是指工程施工所需使用的仪器仪表的摊销及维修费用。

2.3.5　企业管理费

企业管理费是指建筑安装企业组织施工生产和经营管理所需费用。内容包括：

（1）管理人员工资　管理人员工资是指按规定支付给管理人员的计时工资、奖金、津贴补贴、加班加点工资及特殊情况下支付的工资等。

（2）办公费　办公费是指企业管理办公用的文具、纸张、账表、印刷、邮电、书报、会议、水电、烧水和集体取暖降温（包括现场临时宿舍取暖降温）等费用。

（3）差旅交通费　差旅交通费是指职工因公出差、调动工作的差旅费、住勤补助费，市内交通费和误餐补助费，职工探亲路费，劳动力招募费，职工退休、退职一次性路费，工伤人员就医路费，工地转移费以及管理部门使用的交通工具的油料、燃料费。

（4）固定资产使用费　固定资产使用费是指管理和试验部门及附属生产单位使用的属于固定资产的房屋、设备仪器等的折旧、大修、维修或租赁费。

（5）工具用具使用费　工具用具使用费是指企业施工生产和管理使用的不属于固定资产的生产工具、器具、家具、交通工具和检验、试验、测绘、消防用具等的购置、维修和摊销费。

（6）劳动保险和职工福利费　劳动保险和职工福利费是指由企业支付的职工退职金、按规定支付给离休干部的经费，集体福利费、夏季防暑降温、冬季取暖补贴、上下班交通补贴等。

（7）劳动保护费　劳动保护费是企业按规定发放的劳动保护用品的支出。如工作服、手套、防暑降温饮料以及在有碍身体健康的环境中施工的保健费用等。

（8）检验试验费　检验试验费是指施工企业按照有关标准规定，对建筑以及材料、构件和建筑安装物进行一般鉴定、检查所发生的费用，包括自设实验室进行试验所耗用的材料等费用。不包括新结构、新材料的试验费，对构件做破坏性试验及其他特殊要求检验试验的费用和建设单位委托检测机构进行检测的费用，对此类检测发生的费用，由建设单位在工程建设其他费用中列支。但对施工企业提供的具有合格证明的材料进行检测不合格的，该检测费用由施工企业支付。

（9）工会经费　工会经费是指企业按《工会法》规定的全部职工工资总额比例计提的工会经费。

（10）职工教育经费　职工教育经费是指按职工工资总额的规定比例计提，企业为职工进行专业技术和职业技能培训，专业技术人员继续教育、职工职业技能鉴定、职业资格认定以及根据需要对职工进行各类文化教育所发生的费用。

（11）财产保险费　财产保险费是指施工管理用财产、车辆等的保险费用。

（12）财务费　财务费是指企业为施工生产筹集资金或提供预付款担保、履约担保、职工工资支付担保等所发生的各种费用。

（13）税金　税金是指企业按规定缴纳的房产税、车船使用税、土地使用税、印花税等。

（14）其他　其他包括技术转让费、技术开发费、投标费、业务招待费、绿化费、广告费、公证费、法律顾问费、审计费、咨询费、保险费等。

2.3.6　利润

利润是指施工企业完成所承包工程获得的盈利。它不包括施工企业由于降低工程成本而获得的经营利润。利润的设立，不仅可以增加施工企业收入，改善职工的福利待遇和技术装备，调动施工企业广大职工的积极性，而且可以增加社会总产值的国民收入。按国家规定，为了适应招标承包制的需要，将施工企业原有的法定利润改为利润，其实质同企业管理费一样，允许施工企业在投标报价时向下浮动，以利于建筑市场的公平、合理竞争。

在建筑产品的市场定价过程中，应根据市场的竞争状况适当确定利润水平。取定的利润水平过高可能会导致丧失一定的市场机会，取定的利润水平过低又会面临很大的市场风险，相对于成本水平来说，利润率的选定体现了企业的定价政策，利润率的确定是否合理也反映出企业的市场成熟度。

2.3.7　规费

规费是指按国家法律、法规规定，由省级政府和省级有关权力部门规定必须缴纳或计取的费用，包括以下几种。

1. 社会保险费

（1）养老保险费　养老保险费是指企业按照规定标准为职工缴纳的基本养老保险费。

（2）失业保险费　失业保险费是指企业按照规定标准为职工缴纳的失业保险费。

（3）医疗保险费　医疗保险费是指企业按照规定标准为职工缴纳的基本医疗保险费。

（4）生育保险费　生育保险费是指企业按照规定标准为职工缴纳的生育保险费。

（5）工伤保险费　工伤保险费是指企业按照规定标准为职工缴纳的工伤保险费。

2. 住房公积金

住房公积金是指企业按规定标准为职工缴纳的住房公积金。

3. 工程排污费

工程排污费是指按规定缴纳的施工现场工程排污费。

其他应列而未列入的规费，按实际发生计取。

2.3.8　税金

建筑安装工程费用中的税金是指国家税法规定的应计入建筑安装工程造价内的营业税、城市维护建设税、教育费附加以及地方教育附加。

（1）营业税　营业税是按计税营业额乘以营业税税率确定。其中，建筑安装企业营业税税率为3%。计算公式为：

$$应纳营业税 = 计税营业额 \times 3\% \tag{2-3}$$

计税营业额是含税营业额，指从事建筑、安装、修缮、装饰及其他工程作业收取的全部收入，包括建筑、修缮、装饰工程所用原材料及其他物资和动力的价款。当安装的设备的价值为安装工程产值时，亦包括所安装设备的价款。但建筑安装工程总承包方将工程分包给他人时，其营业额中不包括付给分包或转包方的价款。营业税的纳税地点为应税劳务的发生地。

（2）城市维护建设税   城市维护建设税是为筹集城市维护和建设资金，稳定和扩大城市、乡镇维护建设的资金来源，而对有经营收入的单位和个人征收的一种税。

城市维护建设税按应纳营业税额乘以适用税率确定，计算公式为：

$$应纳税额 = 应纳营业税额 × 适用税率（\%） \tag{2-4}$$

城市维护建设税的纳税地点在市区的，其适用税率为营业税的7%；所在地为县镇的，其适用税率为营业税的5%；所在地为农村的，其适用税率为营业税的1%。城市维护建设税的纳税地点与营业税纳税地点相同。

（3）教育费附加   教育费附加是按应纳营业税额的3%确定，计算公式为：

$$应纳税额 = 应纳营业税额 × 3\% \tag{2-5}$$

建筑安装企业的教育费附加要与其营业税同时缴纳。即使办有职工子弟学校的建筑安装企业，也应当先缴纳教育费附加，教育部门可根据企业的办学情况，酌情返还给办学单位，作为对办学经费的补助。

（4）地方教育附加   大部分地区地方教育附加按应纳营业税额的2%确定。计算公式为：

$$应纳税额 = 应纳营业税额 × 2\% \tag{2-6}$$

地方教育附加应专项用于发展教育事业，不得从地方教育附加中提取或列支征收或代征手续费。

（5）税金的综合计算   在工程造价的计算过程中，四种税金通常一并计算。由于营业税的计税依据是含税营业额，城市维护建设税、教育费附加及地方教育附加的计税依据是应纳营业税额，而在计算税金时，往往已知条件是税前造价，因此，税金的计算往往需要将税前造价先转化为含税营业额，再按相应的公式计算缴纳税金。

综合税率的计算因纳税所在地的不同而不同。

1）纳税地点在市区的企业综合税率的计算：

$$税率（\%） = \frac{1}{1-3\% - (3\% × 7\%) - (3\% × 3\%) - (3\% × 2\%)} - 1 = 3.48\% \tag{2-7}$$

2）纳税地点在县城、镇的企业综合税率的计算：

$$税率（\%） = \frac{1}{1-3\% - (3\% × 5\%) - (3\% × 3\%) - (3\% × 2\%)} - 1 = 3.41\% \tag{2-8}$$

3）纳税地点不在市区、县城、镇的企业综合税率的计算：

$$税率（\%） = \frac{1}{1-3\% - (3\% × 1\%) - (3\% × 3\%) - (3\% × 2\%)} - 1 = 3.28\% \tag{2-9}$$

2.3.9   建筑安装工程费用的取费程序

建筑安装工程费用是由如上所述的各项费用构成的，它们之间存在着密切的内在联系，如某些费用是其他费用的计算基础。因此，费用计算必须按照一定的程序进行，避免重项或漏项，做到计算清晰、结果准确。此外，由于各地区的具体情况不同，取费的项目、内容可能发生变化，而且费用的归类也可能不同，如寒冷地区应计取的冬季施工增加费在南方就不计取；有的地区列入其他费用计算时，要按照当地当时的费用项目构成、费用计算方法、取费标准等，遵照一定的程序进行计算。

建设工程发包与承包价的计算方法分为工料单价法和综合单价法，计算程序介绍如下。

1. 工料单价法取费程序

使用工料单价法，建设工程取费程序见表2-1。

表 2-1　建设工程取费程序

序号	项　目	建筑工程	安装工程
			装饰工程
		市政工程 其中:道路、桥涵、隧道、 机械土石方工程	市政工程 其中:管道、人工土石方 及其他工程
一	人工费		
二	材料费		
三	机械费		
四	企业管理费	(人工费 + 施工机具费)×费率	人工费×费率
五	措施项目费	1 + 2 + … + 9	
1	安全文明施工费	(人工费 + 施工机具费)×费率	人工费×费率
2	夜间施工增加费	按规定计取	
3	非夜间施工增加费	按规定计取	
4	二次搬运费	人工费×费率	
5	冬季施工增加费	按规定计取	
6	雨季施工增加费	人工费×费率	
7	地上、地下设施、建筑物的临时保护设施费	按规定计取	
8	已完工程保护费(含越冬维护费)	按规定计取	
9	工程定位复测费	(人工费 + 施工机具费)×费率	人工费×费率
六	规费	1 + 2 + 3 + 4 + 5 + 6	
1	社会保险费	(1) + (2) + (3) + (4) + (5) + (6)	
(1)	养老保险费	人工费×费率	
(2)	失业保险费	人工费×费率	
(3)	医疗保险费	人工费×费率	
(4)	住房公积金	人工费×费率	
(5)	生育保险费	人工费×费率	
(6)	工伤保险费	人工费×费率	
2	工程排污费	人工费×费率	
3	防洪基础设施建设资金	按规定计取	
4	副食品价格调节基金	按规定计取	
5	残疾人就业保障金	人工费×费率	
6	其他规费	按规定计取	
七	利润	人工费×费率	
八	价差(包括人工、材料、机械)	按规定计算	
九	其他项目费	按规定计取	
十	税金	(一 + 二 + 三 + 四 + 五 + 六 + 七 + 八 + 九)×费率	
十一	工程造价	一 + 二 + 三 + 四 + 五 + 六 + 七 + 八 + 九 + 十	

2. 综合单价法取费程序

综合单价法亦称工程量清单计价法。工程量清单计价的基本原理可以描述为：按照《建设工程工程量清单计价规范》规定，在各相应专业工程计量规范规定的工程量清单项目设置和工程量计算规则基础上，针对具体工程的施工图和施工组织设计计算出各个清单项目的工程量，根据规定的方法计算出综合单价，并汇总各清单合价得出工程总价。

$$分部分项工程费 = \sum(分部分项工程量 \times 相应分部分项综合单价) \qquad (2\text{-}10)$$

$$措施项目费 = \sum 各措施项目费 \qquad (2\text{-}11)$$

$$其他项目费 = 暂列金额 + 暂估价 + 计日工 + 总承包服务费 \qquad (2\text{-}12)$$

$$单位工程报价 = 分部分项工程费 + 措施项目费 + 其他项目费 + 规费 + 税金 \qquad (2\text{-}13)$$

$$单项工程报价 = \sum 单位工程报价 \qquad (2\text{-}14)$$

$$建设项目总报价 = \sum 单项工程报价 \qquad (2\text{-}15)$$

上述公式中，综合单价是指完成一个规定清单项目所需的人工费、材料和工程设备费、施工机具使用费和企业管理费、利润，以及一定范围内的风险费用。风险费用是隐含于已标价工程量清单综合单价中，用于化解发承包双方在工程合同中约定内容和范围内的市场价格波动风险的费用。

2.4　工程建设其他费用

工程建设其他费用，是指从工程筹建起到工程竣工验收交付使用止的整个建设期间，除建筑安装工程费用和设备及工器具购置费用以外的，为保证工程建设顺利完成和交付使用后能够正常发挥效用而发生的各项费用。

工程建设其他费用，按其内容包含建设用地费、与项目建设有关的其他费用，以及与未来生产经营有关的其他费用。

2.4.1　建设用地费

由于建设项目固定于一定的地点与大地相连接，必须占用一定量的土地，也就必然要发生为获得建设用地而支付的费用，这就是建设用地费。它是指通过划拨方式取得土地使用权而支付的土地征用及迁移补偿费，或者通过土地使用权出让方式取得土地使用权而支付的土地使用权出让金。

根据《中华人民共和国城市房地产管理法》规定，获得国有土地使用权的基本方式有两种：一是出让方式，二是划拨方式。建设用地如通过行政划拨方式取得，则须承担征地补偿费用或对原用地单位或个人的拆迁补偿费用；若通过市场机制取得，则不但承担以上费用，还须向土地所有者支付有偿使用费，即土地出让金。建设用地费构成包括以下内容。

（1）征地补偿费用　征地补偿费用是指建设项目通过划拨方式取得无限期的土地使用权，依照《中华人民共和国土地管理法》等规定所支付的费用。其总和一般不得超过被征土地年产值的30倍，土地年产值则按该地被征用前三年的平均产量和国家规定的价格计算。其内容包括：

1）土地补偿费。征用耕地（包括菜地）的补偿标准，按政府规定，为该耕地被征用前三年平均年产值的6~10倍，具体补偿标准由省、自治区、直辖市人民政府在此范围内制定。征用园地、鱼塘、藕塘、苇塘、宅基地、林地、牧场、草原等的补偿标准，由省、自治区、直辖市参照征用耕地的土地补偿费制定。征收无收益的土地，不予补偿。土地补偿归农村集体经济组织所有。

2）青苗补偿费和地上附着物补偿费。青苗补偿费是因征地时对其正在生长的农作物受到损害而做出的一种补偿。地上附着物是指房屋、水井、树木、涵洞、桥梁、公路、水利设施、林木等地面建筑物、构筑物、附着物等。这些补偿费的标准由省、自治区、直辖市人民政府制定。地上附着物及青苗补偿费归其所有者所有。

3）安置补助费。征用耕地、菜地的，其安置补助费按照需要安置的农业人口数计算。每一个需要安置的农业人口的安置补助费标准，为该耕地被征用前三年平均年产值的 4～6 倍。但是，每公顷被征用耕地的安置补助费，最高不得超过被征用前三年平均年产值的 15 倍。征用土地的安置补助费必须专款专用，不得挪作他用。

4）新菜地开发建设基金。新菜地开发建设基金是指征用城市郊区商品菜地时支付的费用。这项费用交给地方财政，作为开发建设新菜地的投资。在蔬菜产销放开后，能够满足供应，不再需要开发新菜地的城市，不收取此项费用。

5）耕地占用税。耕地占用税是指对占用耕地建房或者从事其他非农业建设的单位和个人征收的一种税收，目的是合理利用土地资源、节约用地，保护农田。

6）土地管理费。土地管理费主要用作征地工作中所发生的办公、会议、培训、宣传、差旅、借用人员工资等必要的费用。

（2）拆迁补偿费用　在城市规划区内国有土地上实施房屋拆迁，拆迁人应当对被拆迁人给予补偿、安置。

1）拆迁补偿。拆迁补偿的方式可以实行货币补偿，也可以实行房屋产权调换。

2）搬迁、安置补助费。搬迁补助费和临时安置补助费的标准，由省、自治区、直辖市人民政府规定。有些地区规定，拆除非住宅房屋，造成停产、停业引起经济损失的，拆迁人可以根据被拆除房屋的区位和使用性质，按照一定标准给予一次性停产停业综合补助费。

（3）出让金、土地转让金　指建设项目通过土地使用权出让方式，取得有限期的土地使用权，依照《中华人民共和国城镇国有土地使用权出让和转让暂行条例》规定支付的土地使用出让金。

1）明确国家是城市土地的唯一所有者，并分层次、有偿、有限期地出让、转让城市土地。第一层次是城市政府将国有土地使用权出让给用地者，该层次由城市政府垄断经营。出让对象可以是有法人资格的企事业单位，也可以是外商。第二层次及以下层次的转让则发生在使用者之间。

2）城市土地的出让和转让可采用协议、招标、公开拍卖等方式。

① 协议方式是由用地单位申请，经市政府批准同意后双方洽谈具体地块及地价。该方式适用于市政工程、公益事业用地以及需要减免地价的机关、部队用地和需要重点扶持、优先发展的产业用地。

② 招标方式是在规定的期限内，由用地单位以书面形式投标，市政府根据投标报价、所提供的规划方案以及企业信誉综合考虑，择优而取。该方式适用于一般工程建设用地。

③ 公开拍卖是指在指定的地点和时间，由申请用地者叫价应价，价高者得。这完全是由市场竞争决定，适用于盈利高的行业用地。

3）在有偿出让和转让土地时，政府对地价不做统一规定，但应坚持以下原则：

① 地价对目前的投资环境不产生大的影响。

② 地价与当地的社会经济承受能力相适应。

③ 地价要考虑已投入的土地开发费用、土地市场供求关系、土地用途和使用年限。

4）关于政府有偿出让土地使用权的年限，各地可根据时间、区位等各种条件做不同的规定。土地使用权出让最高年限按下列用途确定：

① 居住用地 70 年。

② 工业用地 50 年。

③ 教育、科技、文化、卫生、体育用地 50 年。

④ 商业、旅游、娱乐用地 40 年。

⑤ 综合或者其他用地 50 年。

5）土地有偿出让和转让，土地使用者和所有者要签约，明确使用者对土地享有的权利和对土地所有者应承担的义务。

① 有偿出让和转让使用权，要向土地受让者征收契税。

② 转让土地如有增值，要向转让者征收土地增值税。

③ 在土地转让期间，国家要区别不同地段、不同用途向土地使用者收取土地占用费。

2.4.2　与项目建设有关的其他费用

1. 建设管理费

建设管理费是指建设单位从项目筹建开始直至工程竣工验收合格或交付使用为止发生的项目建设管理费用。

（1）建设管理费的内容

1）建设单位管理费。建设单位管理费是指建设单位发生的管理性质的开支。包括：工作人员工资、工资性补贴、施工现场津贴、职工福利费、住房基金、基本养老保险费、基本医疗保险费、失业保险费、工伤保险费、办公费、差旅交通费、劳动保护费、工具用具购置费、固定资产使用费、必要的办公及生活用品购置费、必要的通信设备及交通工具购置费、零星固定资产购置费、招募生产工人费、技术图书资料费、业务招待费、设计审查费、工程招标费、合同契约公证费、法律顾问费、咨询费、完工清理费、竣工验收费、印花税和其他管理性质开支。

2）工程监理费。工程监理费是指建设单位委托工程监理单位实施工程监理的费用。此项费用应按《建设工程监理与相关服务收费管理规定》（发改价格［2007］670 号）计算。依法必须实行监理的建设工程施工阶段的监理收费实行政府指导价；其他建设工程施工阶段的监理收费和其他阶段的监理与相关服务收费实行市场调节价。

（2）建设单位管理费的计算　建设单位管理费按照工程费用之和（包括设备工器具购置费和建筑安装工程费）乘以建设单位管理费费率计算。

建设单位管理费费率按照建设项目的不同性质、不同规模确定。有的建设项目按照建设工期和规定的金额计算建设单位管理费。

2. 可行性研究费

可行性研究费是指在建设项目投资决策阶段，编制和评估项目建议书（或预可行性研究报告）、可行性研究报告所需的费用。

3. 研究试验费

研究试验费是指为建设项目提供和验证设计参数、数据、资料等所进行的必要的试验费用以及设计规定在建设过程中必须进行试验、验证所需费用。包括自行或委托其他部门研究试验所需人工费、材料费、试验设备及仪器使用费等。这项费用按照设计单位根据本工程项目的需要提出的研究试验内容和要求计算。在计算时要注意不应包括以下项目：

1）应由科技三项费用（即新产品试验费、中间试验费和重要科学研究补助费）开支的项目。

2）应在建筑安装费用中列支的施工企业对建筑材料、构件和建筑物进行一般鉴定、检查所发生的费用及技术革新的研究试验费。

3）应由勘察设计费或工程费用中开支的项目。

4. 勘察设计费

勘察设计费是指为了特定项目提供项目建议书、可行性研究报告及设计文件等所需费用，内容包括：

1）编制项目建议书、可行性研究报告及投资估算、工程咨询、评价以及为编制上述文件所进行的勘察、设计、研究试验所需费用。

2）委托勘察设计单位进行工程水文地质勘察、工程设计所发生的各项费用。包括：工程勘察费、初步设计费（基础设计费）、施工图设计费（详细设计费）、设计模型制作费。

3）在规定范围内由建设单位自行完成的勘察、设计工作所需费用。

此项费用应按《关于发布〈工程勘察设计收费管理规定〉的通知》（计价格〔2002〕10号）的规定计算。

5. 环境影响评价费

环境影响评价费是指按照《中华人民共和国环境保护法》《中华人民共和国环境影响评价法》等规定，为全面、详细评价本建设项目对环境可能产生的污染或造成的重大影响所需的费用。包括编制环境影响报告书（含大纲）、环境影响报告表以及对环境影响报告书（含大纲）、环境影响报告表进行评估等所需的费用。

6. 劳动安全卫生评价费

劳动安全卫生评价费是指按照《建设项目（工程）劳动安全卫生监察规定》和《建设项目（工程）劳动安全卫生预评价管理办法》的规定，为预测和分析建设项目存在的职业危险、危害因素的种类和危险危害程度，并提出先进、科学、合理、可行的劳动安全卫生技术和管理对策所需的费用。包括编制建设项目劳动安全卫生预评价大纲和劳动安全卫生预评价报告书以及为编制上述文件所进行的工程分析和环境现状调查等所需费用。

7. 场地准备及临时设施费

（1）场地准备及临时设施费的内容

1）建设项目场地准备费是指建设项目为达到工程开工条件的场地平整和对建设场地余留的有碍于施工建设的设施进行拆除清理的费用。

2）建设单位临时设施费是指建设单位为满足工程项目建设、生活、办公的需要，用于临时设施建设、维修、租赁、使用所发生或摊销的费用。

（2）场地准备及临时设施费的计算

1）场地准备及临时设施应尽量与永久性工程统一考虑。建设场地的大型土石方工程应进入工程费用中的总图运输费用中。

2）新建项目的场地准备和临时设施费应根据实际工程量估算，或按工程费用的比例计算。改扩建项目一般只计拆除清理费。

3）发生拆除清理费时可按新建同类工程造价或主材费、设备费的比例计算。凡可回收材料的拆除工程采用以料抵工方式冲抵拆除清理费。

4）此项费用不包括已列入建筑安装工程费用中的施工单位临时设施费用。

8. 引进技术和引进设备其他费

引进技术和引进设备其他费是指引进技术和设备发生的但未计入设备购置费中的费用。

1）引进项目图样资料翻译复制费、备品备件测绘费。可根据引进项目的具体情况计列或引进货价（FOB）的比例估列；引进项目发生备品备件测绘费时按具体情况估列。

2）出国人员费用。包括买方人员出国设计联络、出国考察、联合设计、监造、培训等所发生的差旅费、生活费等。依据合同或协议规定的出国人次、期限以及相应的费用标准计算。生活费按照财政部、外交部规定的现行标准计算，差旅费按中国民航公布的票价计算。

3）来华人员费用。包括卖方来华工程技术人员的现场办公费用、往返现场交通费用、接待费用等。依据引进合同或协议有关条款及来华技术人员派遣计划进行计算。来华人员接待费用可按每人次费用指标计算。引进合同价款中已包括的费用内容不得重复计算。

4）银行担保及承诺费。指引进项目由国内外金融机构出面承担风险和责任担保所发生的费用，以及支付贷款机构的承诺费用。应按担保或承诺协议计取。投资估算和概算编制时可以担保金额或承诺金额为基数乘以费率计算。

9. 工程保险费

工程保险费是指建设项目在建设期间根据需要对建筑工程、安装工程、机器设备和人身安全进行投保而发生的保险费用。包括建筑安装工程一切险、引进设备财产保险和人身意外伤害险等。

根据不同的工程类别，分别以其建筑、安装工程费乘以建筑、安装工程保险费费率计算。民用建筑（住宅楼、综合性大楼、商场、旅馆、医院、学校）占建筑工程费的2‰～4‰；其他建筑（工业厂房、仓库、道路、码头、水坝、隧道、桥梁、管道等）占建筑工程费的3‰～6‰；安装工程（农业、工业、机械、电子、电器、纺织、矿山、石油、化学及钢铁工业、钢结构桥梁）占建筑工程费的3‰～6‰。

10. 特殊设备安全监督检验费

特殊设备安全监督检验费是指在施工现场组装的锅炉及压力容器、压力管道、消防设备、燃气设备、电梯等特殊设备和设施，由安全监察部门按照有关安全监察条例和实施细则以及设计技术要求进行安全检验，应由建设项目支付的、向安全监察部门缴纳的费用。此项费用按照建设项目所在省（自治区、直辖市）安全监察部门的规定标准计算。无具体规定的，在编制投资估算和概算时可按受检设备现场安装费的比例估算。

11. 市政公用设施费

市政公用设施费是指使用市政公用设施的建设项目，按照项目所在地省一级人民政府有关规定建设或缴纳的市政公用设施建设配套费用，以及绿化工程补偿费用。此项费用按工程所在地人民政府规定标准计列。

2.4.3　与未来生产经营有关的其他费用

1. 联合试运转费

联合试运转费是指新建项目或新增加生产能力的工程项目，在交付生产前按照批准的设计文件所规定的工程质量标准和技术要求，进行整个生产线或装置的负荷联合试运转或局部联动试车所发生的费用净支出（试运转支出大于收入的差额部分费用）。

2. 专利及专有技术使用费

（1）专利及专有技术使用费的主要内容

1）国外设计及技术资料费，引进有效专利、专有技术使用费和技术保密费。

2）国内有效专利、专有技术使用费。

3）商标权、商誉和特许经营权费等。

（2）专利及专有技术使用费的计算　在专利及专有技术使用费计算时应注意以下问题：

1）按专利使用许可协议和专有技术使用合同的规定计列。

2）专有技术的界定应以省、部级鉴定批准为依据。

3）项目投资中只计取建设期支付的专利及专有技术使用费。协议或合同规定在生产期支付的使用费应在生产成本中核算。

4）一次性支付的商标权、商誉及特许经营权费按协议或合同规定计列。协议或合同规定在生产期支付的使用费应在生产成本中核算。

5）为项目配套的专用设施投资，包括专用铁路线、专用公路、专用通信设施、送变电站、地下管道、专用码头等，如由项目建设单位负责投资但产权不归属本单位的，应做无形资产处理。

3. 生产准备及开办费

（1）生产准备及开办费的内容　生产准备及开办费是指建设项目为保证正常生产（或营业、使用）而发生的人员培训费、提前进厂费以及投产使用必备的生产办公、生活家具用具及工器具等购置费用。包括：

1）人员培训费及提前进厂费。包括自行组织培训或委托其他单位培训的人员工资、工资性补贴、职工福利费、差旅交通费、劳动保护费、学习资料费等。

2）为保证初期正常生产（或营业、使用）所必需的生产办公、生活家具用具购置费。

3）为保证初期正常生产（或营业、使用）必需的第一套不够固定资产标准的生产工具、器具、用具购置费。不包括备品备件费。

（2）生产准备及开办费的计算

1）新建项目按设计定员为基数计算，改扩建项目按新增设计定员为基数计算：

$$生产准备费 = 设计定员 \times 生产准备费指标(元/人) \qquad (2-16)$$

2）可采用综合的生产准备费指标进行计算，也可以按费用内容的分类指标计算。

2.5　预备费和建设期贷款利息

1. 预备费

按我国现行规定，预备费包括基本预备费和价差预备费。

（1）基本预备费　基本预备费是指针对项目实施过程中可能发生难以预料的支出而事先预留的费用，又称工程建设不可预见费，主要指设计变更及施工过程中可能增加工程量的费用，费用内容包括：

1）在批准的初步设计范围内，技术设计、施工图设计及施工过程中所增加的工程费用，设计变更、工程变更、材料借用、局部地基处理等增加的费用。

2）一般自然灾害造成的损失和预防自然灾害所采取的措施费用。实行工程保险的工程项目费用应适当降低。

3）竣工验收时为鉴定工程质量对隐蔽工程进行必要的挖掘和修复费用。

4）超规超限设备运输增加的费用。

（2）价差预备费　价差预备费是指为建设期内利率、汇率或价格等因素的变化而预留的可能增加的费用，亦称为价格变动不可预见费。费用内容包括：人工、设备、材料、施工机械的价差费，建筑安装工程费及工程建设其他费用调整，利率、汇率调整等增加的费用。

价差预备费的测算方法，一般根据国家规定的投资综合价格指数，按估算年份价格水平的投资额为基数，采用复利方法计算。

2. 建设期贷款利息

建设期贷款利息包括向国内银行和其他非银行金融机构贷款、出口信贷、外国政府贷款、国际商业银行贷款以及在境内外发行的债券等在建设期间内应偿还的贷款利息。建设期贷款利息实行复利计算。

国外贷款利息的计算中，还应包括国外贷款银行根据贷款协议向贷款方以年利率的方式收取的手续费、管理费、承诺费；以及国内外代理机构经国家主管部门批准的以年利率的方式向贷款单位收取的转贷费、担保费、管理费等。

本章阐述了建设项目总投资的构成和一些基本概念，介绍了设备及工器具购置费、建筑安装工程费、工程建设其他费用和预备费、建设期贷款利息的构成与计算，着重介绍建筑安装工程费用的取费程序。

1. 简述我国建设工程造价的构成。

2. 简述我国工程造价中的设备及工器具购置费用的组成。

3. 工程建设其他费用由哪些费用组成？

4. 试述我国现行建筑安装工程费用的组成。

5. 预备费中的基本预备费和价差预备费有何区别？

6. 建筑工程费用与安装工程费用有何不同？

7. 试述建筑安装工程费用的取费程序和方法。

第 3 章

建筑工程定额及其单位估价表

主要内容　本章主要介绍了建筑工程施工定额、预算定额、概算定额与概算指标和企业定额的概念和作用，各种定额的编制原则和确定方法以及单位估价表的编制。

学习要求　熟悉建筑工程定额的概念、性质和作用，了解定额的分类，从而达到对"定额"的概念有充分的认识；了解工时研究的概念、施工过程的组成、工作时间的分析以及工时研究的方法；掌握各种定额的编制原则和确定方法，人工、材料、机械台班价格的确定以及单位估价表的编制，以求达到熟练掌握定额，为编制概预算打下良好基础。

3.1　建筑工程定额概述

3.1.1　工程定额的概念

广义上讲，定额是一种规定的额度，是人们根据不同的需要，对某一事物规定的消耗标准，是对事物、对资金、对时间在质和量上的规定。它存在于生产、流通、分配的各个领域。人们利用它对复杂多样的事物进行评价和管理，同时利用它提高生产效率，增加产量，利用它调控经济、决定分配、维护社会公平。定额是科学管理的基础。

工程定额是诸多定额中的一类，它是研究一定时期建设工程范围内的生产消耗规律后得出的具体结论。它和度量衡一样是一种衡量的标准，是一种评判的尺度，在工程计价活动中起着不可替代的作用。

工程定额是指在正常的工程施工条件、先进合理的施工工艺和施工组织的条件下，采用科学的方法制定每完成一定计量单位的质量合格产品所必须消耗的人工、材料、机械设备及其价值的数量标准。该标准是在一定的社会发展水平条件下，完成建筑工程中的某项合格产品与各种生产消耗之间特定的数量关系，它反映出一定时期建筑安装工程的施工管理和技术水平。

正常的施工条件、先进合理的施工工艺和施工组织，就是指生产过程按生产工艺和施工验收规范操作，施工条件完善，劳动组织合理，机械运转正常，材料储备合理。在这样的条件下，采用科学的方法对完成单位产品进行的定员、定质、定量、定价，同时还规定了应完成的工作内容、达到的质量标准和安全要求等。

3.1.2　工程定额的性质

工程定额具有科学性、系统性、统一性、指导性、群众性、稳定性和时效性等性质。

1. 科学性

工程定额的科学性表现在定额是在认真研究客观规律的基础上，遵循客观规律的要求，实事求是地运用科学的方法制定的，也是在总结广大工人生产经验的基础上根据技术测定和统计分析等资料，经过综合分析研究后制定的。工程定额还考虑了已经成熟推广的先进技术和先进的操作方法，正确反映当前生产力水平的单位产品所需要的生产消耗量。

2. 系统性

工程定额是相对独立的系统。它是由多种形式的定额结合而成的有机的整体。它的结构复杂，有鲜明的层次，有明确的目标。

建设工程是一个庞大的实体系统，工程定额是为这个实体系统服务的。建设工程本身的多种类、多层次就决定了以它为服务对象的工程定额的多种类、多层次。建设工程都有严格的项目划分，如建设项目、单项工程、单位工程、分部分项工程；在计划和实施过程中有严密的逻辑阶段，如可行性研究、设计、施工、竣工交付使用以及投入使用后的维修，与此相适应必然形成工程定额的多种类、多层次。

3. 统一性

工程定额的统一性主要是由国家对经济发展的有计划的宏观调控职能决定的。为了使国民经济按照既定的目标发展，就需要借助于某些标准、定额、规范等，对建设工程进行规划、组织、调节、控制。而这些标准、定额、规范必须在一定范围内是一种统一的尺度，才能实现上述职能，才能利用它对项目的决策、设计方案、投标报价、成本控制进行比选和评价。为了建立全国统一的建设市场和规范计价行为，国家颁布《建设工程工程量清单计价规范》，统一了分部分项工程的项目名称、计量单位、工程量计算规则和项目编码。

4. 指导性

随着我国建设市场的不断成熟和规范，工程建设定额，尤其是统一定额原具备的法令性特点逐渐弱化，转而成为对整个建设市场和具体建设产品交易的指导性。

工程定额的指导性表现为在企业定额还不完善的情况下，为了有利于市场公平竞争、优化企业管理、确保工程质量和施工安全制定的统一计价标准，规范工程计价行为，指导企业自主报价，为实行市场竞争形成价格奠定了坚实的基础。企业可在基础定额的基础上，自行编制企业内部定额，逐步走向市场化，与国际计价方法接轨。

5. 群众性

工程定额的群众性是指定额来自于群众，又贯彻于群众。工程定额的制定和执行，具有广泛的群众基础。定额的编制采用工人、技术人员和定额专职人员相结合的方式，使得定额能从实际水平出发，并保持一定的先进性。又能把群众的长远利益和当前利益、广大职工的劳动效率和工作质量以及国家、企业和劳动者个人三者的物质利益结合起来，充分调动广大职工的积极性，完成和超额完成工程任务。

6. 稳定性

工程定额中的任何一种定额都是一定时期技术发展和管理水平的反映，因而在一段时间内都表现为稳定的状态。根据具体情况不同，稳定的时间有长有短，一般为5～8年。保持工程定额的稳定性是有效地贯彻工程定额所必需的。如果某种工程定额处于经常修改变动之中，那么必然造成执行中的困难和混乱。工程定额的不稳定也会给工程定额的编制工作带来极大的困难。然而，工程定额的稳定性是相对的。

7. 时效性

工程定额中的任何一种定额都只能反映出一定时期的生产力水平，当生产力向前发展了，工程定额就会变得不适用。当工程定额不再起到它应有的作用时，工程定额就要重新编制和进行修订。所以说，工程定额具有显著的时效性，新的工程定额一旦诞生，旧的工程定额就停止使用。

3.1.3　工程定额的产生和发展

定额属于管理的范畴，是随着生产的社会化和科学技术的不断进步而发展起来的。定额的产生与管理科学的产生和发展密切相关。

我国工程定额的管理制度是随着工程技术的产生而发展起来的，既有其必然性，也有其可行性，而且有着非常悠久的历史。

我国封建社会，官府宫殿建筑规模宏大，技术要求很高，历代工匠积累了丰富的经验，逐步形成了一套工料限额管理制度。据《辑古篡经》等书记载，唐代就有夯筑城台的用功定额——功。公元 1103 年，北宋著名的古代土木建筑家李诫修编的《营造法式》，不仅是土木建筑工程技术的巨著，也是古代工料计量方面的巨著。《营造法式》共有三十四卷，分为释名、各作制度、功限、料例和图样五个部分。第一、二卷是名词术语的考证；第三至十五卷是石作、木作、瓦作等制作的施工技术和方法；第十六至二十五卷是各工种计算用工量的规定；第二十六至二十八卷是各工种计算用料的规定；第二十九至三十四卷是图样。从上述内容可以看出，在《营造法式》三十四卷中有十三卷是关于算工算料的规定。该书实际上是官府颁布的建筑规范和定额，并一直沿用到明清。清代管辖官府建筑的工部所编著的《工程做法则例》中，有很多内容是关于工料计算规定的，甚至可以说它主要是一部算工算料的定额和定额计算规则，也是现今编制仿古建筑工程预算定额的依据之一。

1949 年新中国成立后，三年经济恢复时期和第一个"五年计划"时期，我国面临着大规模的恢复重建工作，基本建设任务十分繁重。如何将有限的基本建设资金更加合理地利用，成为该阶段工程造价管理的核心任务。

在这种工程造价管理制度下，我国引进了苏联的一套定额计价制度。所有的工程项目均是按照事先编制好的国家统一颁发的各项工程建设定额标准进行计价，体现了政府对工程项目的投资管理。由于长期"管制价格"的影响，各种建设要素（例如人工、材料、机械等）的价格长期保持固定不变。因此，要素价格和消耗量标准被长期固定下来，量价合一的工程计价定额由政府主管部门统一颁布，实现对工程造价的有效管理。

20 世纪 80 年代末开始，建设要素市场逐步放开，各种建筑材料不再统购统销，随之人力、机械市场等也逐步放开，使得人工、材料、机械台班的要素价格随市场供求的变化而上下浮动。而定额的编制和颁布需要一定的周期，因此在定额中所提供的要素价格资料总是与市场实际价格不相符合。可见，按照统一定额计算出的工程造价已经不能很好地实现投资控制的目的，从而引起了定额计价制度的改革。

工程造价计价模式第一阶段改革的核心思想是"量价分离"。"量价分离"是指国务院建设行政主管部门制定符合国家有关标准、规范，并反映一定时期施工水平的人工、材料、机械等消耗量标准，实现国家对消耗量标准的宏观管理。对人工、材料、机械的单价等，由工程造价管理机构依据市场价格的变化发布工程造价相关信息和指数，将过去完全由政府计划统一管理的定额计价改变为"控制量、指导价、竞争费"。但是在这一阶段改革中，对建筑产品的商品属性的认识还不够，改革主要围绕定额计价制度的一些具体操作的局部问题展开，并没有涉及其本质内容，工程造价依然停留在政府定价阶段，没有实现"市场形成价格"这一工程造价管理体制改革的最终目标。

工程造价计价模式改革的第二阶段的核心问题是推行彻底的市场定价模式。20世纪90年代中后期，是我国建设市场迅猛发展的时期。1999年《中华人民共和国招标投标法》的颁布标志着我国建设市场的基本形成，人们充分认识到建筑产品的商品属性，并且随着计划经济制度的不断弱化，政府已经不再是工程项目唯一的或主要的投资者。而定额计价制度依然保留着政府对工程造价统一管理的色彩。因此在建筑市场的交易过程中，传统的定额计价制度与市场主体要求拥有自主定价权之间发生了矛盾和冲突。

自2000年初开始，广东、吉林、天津等地相继开展了工程量清单计价的试点，在有些省市和行业的世界银行贷款项目也实行国际通用的工程量清单投标报价，其效果得到了各级工程造价管理部门和各有关方面的赞同，也得到了工程建设主管部门的认可。随着各地试点工作的不断展开，建设部2002年的工作部署以及建设部标准定额司工程造价管理工作的要点中都重点强调了应在全国推行这一计价制度。建设部标准定额研究所受标准定额司的委托，于2002年2月28日开始组织有关部门和地区工程造价专家编制《全国统一工程量清单计价办法》，后为了增强工程量清单计价办法的权威性和强制性，改为《建设工程工程量清单计价规范》，经建设部批准为国家规范，于2003年7月1日正式施行。这标志着清单计价制度在我国的真正建立。

总而言之，建设工程定额的形成和发展，是随着生产力的提高而形成，随着管理科学的发展而发展的一门学科，是协调发展社会生产力和提高经济效益的有效工具。它是技术与经济的结合，是管理学科和工程学科的结合，是以建筑工程技术作为基础的技术管理的重要依据，是研究建设工程范围内生产消耗规律的经济技术标准。人们借助它去衡量劳动生产率的高低，评价生产和消耗的关系，是一种衡量的尺度和标准，是为了衡量劳动生产率的高低而产生的，随着劳动生产率的提高而发展起来的一种评判标准和计算规则。它与经济体制和社会制度无关，只是一种客观事物的综合反映。

3.1.4　工程定额的分类

工程定额是工程建设中各类定额的总称，包括许多种类的定额。为了对工程定额能有一个全面的了解，可以按照不同的原则和方法对它进行科学的分类。

1）按定额反映的生产要素消耗内容分类。可以把定额划分为劳动消耗定额、材料消耗定额、机械消耗定额。

2）按定额的编制程序和用途分类。可以把工程定额分为施工定额、预算定额、概算定额、概算指标、投资估算指标五种。

3）按照投资的费用性质分类。可以把工程建设定额分为建筑工程定额、设备安装工程定额、建筑安装工程费用定额、工器具定额以及工程建设其他费用定额等。

4）按照专业性质和通用程度划分。定额可以分为全国通用定额、行业通用定额和专业专用定额三种。

5）按主编单位和管理权限分类。定额可以分为全国统一定额、行业统一定额、地区统一定额、企业定额、补充定额五种。

3.1.5 工程定额的作用

1. 工程定额在工程价格形成中的作用

工程定额是经济生活中诸多定额中的一类。工程定额是一种计价依据，也是投资决策依据，又是价格决策依据，能够从这两方面规范市场主体的经济行为，对完善固定资产投资市场和建筑市场都能起到作用。

在市场经济中，信息是其中不可或缺的要素，它的可靠性、完备性和灵敏性是市场成熟和市场效率的标志。工程定额就是把处理过的工程造价数据积累转化成一种工程造价信息，主要是指资源要素消耗量的数据，包括人工、材料、施工机械的消耗量。定额管理是对大量市场信息的加工，也是对大量信息进行市场传递，同时还是市场信息的反馈。

在工程承发包过程中，投标者知道自己的实力，而招标者不知道，因此两者之间存在信息不对称问题。根据信息传递模型，投标者可以采取一定的行动来显示自己的实力。然而，为了使这种行动起到信号传递的功能，投标者必须为此付出足够的代价。也就是说，只有付出成本的行动才是可信的。根据这一原理，可以根据甲乙双方的共同信息和投标企业的私人信息设计出某种市场进入壁垒机制，把不合格的竞争者排除在市场之外。这样形成的市场进入壁垒不同于地方保护主义所形成的进入壁垒，可以保护市场的有序竞争。

根据工程招标投标信息传递模型，造价管理部门一方面要制定统一的工程量清单中的项目和计算规则，另一方面要加强工程造价信息的收集与发布。同时，还要加快建立企业内部定额体系，并把是否具备完备的私人信息作为企业的市场准入条件。施工企业内部定额既可以作为企业进行成本控制和自主报价的依据，还可以发挥企业实力的信号传递功能。

2. 工程定额在建设工程管理中的作用

建设工程的特点决定了建设工程投资的特点，建设工程投资的特点又决定了建设工程投资的形成必须依靠工程定额来进行计算。

1) 每个建设工程都是由单项工程、单位工程、分部分项工程组成的，需分层次计算，而分层次计算则离不开工程定额。

2) 国家应制定统一的工程量计算规则、项目划分、计量单位，企业在这三个统一的基础上，在国家定额指导下，结合本企业的管理水平、技术装备程度和工人的操作水平等具体情况，编制本企业的企业计价定额，依据企业定额形成的报价才能在市场竞争中获取较大的优势。

3) 在建设工程投资的形成过程中，工程定额有其特定的地位和作用。

4) 工程定额编制的依据之一是有代表性的已完工程价格资料，通过对其整理、分析、比较，作为编制的依据和参考，有其真实性、合理性和适用性，对建设工程投资的形成也有指导意义。

3.2 施工过程、工时分析及技术测定法

3.2.1 施工过程的含义和分类

1. 施工过程的含义

施工过程有广义和狭义之分。广义的施工过程是指从施工技术准备至生产出建筑、安装

产品的全过程；狭义的施工过程是指在建筑、安装工程施工现场范围内，从活劳动与物化劳动投入施工直至生产出建筑、安装产品的全过程。

施工过程的基本内容是劳动过程，即不同工种、不同技术等级的建筑安装工人，使用各种劳动工具（手动工具、小型机具和大中型机械等），按照一定的施工工序和操作方法，直接地或间接地作用于各种劳动对象（各种建筑材料、半成品、预制品和各种设备、零配件等），使其按照人们预定的目的，生产出建筑、安装合格产品的过程。

每一个施工过程的完成，均须具备下述四个条件：

1）具有完成施工过程的劳动者、劳动工具和劳动对象。

2）具有完成施工过程的劳动地点，即指施工过程所在地点、活动空间。

3）具有为完成施工过程的空间组织，指施工现场范围内的"三通一平"、建筑材料、工器具的存放等空间相对位置的布置。

4）具有为完成施工过程的指挥、协调等管理工作地点的选择等方面的组织工作。

只有具备上述条件，施工过程的组织与管理才能顺利进行。

2. 施工过程的分类

1）按施工过程在建安产品形成中所起作用分类，此分类如图 3-1 所示。

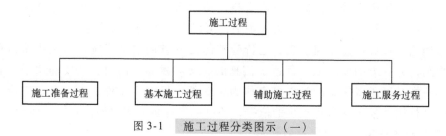

图 3-1　　施工过程分类图示（一）

① 施工准备过程。指建筑、安装工程开工前或建筑材料、机械设备投入施工前所进行的一系列技术组织工作。包括施工现场范围内水、电、道路的铺设，施工机械进场、劳动力的调配，以及施工组织设计和工程预算的编制等方面的准备。

② 基本施工过程。指对劳动对象进行加工、制作或经过自然力作用使其成为不同结构类型、合格的建筑安装产品所必须进行的施工活动。如土建工程中的土石方、墙体砌筑等，安装工程中的管道敷设等。

③ 辅助施工过程。指为了保证基本施工过程正常进行所必需的各种辅助的施工活动。

④ 施工服务过程。指为保证各类施工过程的顺利进行所需要的各种服务性活动。如建筑材料和各种零配件的供应、保管和运输等。

2）按其不同专业性质、不同的工艺性质、不同的劳动分工、不同的完成方法及不同的复杂程度分类，此分类如图 3-2 所示。

按施工工艺性质不同进行分类，施工过程可分为循环施工过程和非循环施工过程。

循环施工过程是指施工过程的组成部分，是以同样工艺次序不断重复，而每重复一次都生产出同样的产品。如挖土机挖土方、起重机吊装楼板等。

非循环施工过程是指施工过程的组成部分，不是以同样工艺次序不断重复，或生产出来的产品也不相同。如汽车运输、设备安装等。

任何一种建筑、安装产品的完成，都要经过一定的施工过程。然而，任何一个施工过程从劳动过程的角度进行分解，又都由若干个工序所组成。

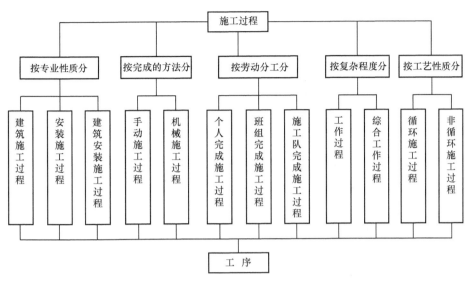

图 3-2　施工过程分类图示（二）

工序是指组织上分不开而技术上相同，并由一个或一组工人在同一施工地点上对同一劳动对象所进行的一个操作接着一个操作的总和。工序的主要特点是：劳动者、工作地点、施工工具和材料均不发生变化。如果其中有一个条件发生变化，就意味着从一个工序转移到另一个工序，即工序转移。工序是施工过程中的基本环节，在用技术测定法来编制施工定额时，工序是主要的研究对象。

施工过程中最基本的组成部分是工序。如钢筋制作这一施工过程，是由运输钢筋、钢筋调直、下料、切断、弯曲、绑扎成型六道工序组成的。

3.2.2　工作时间的含义和分类

3.2.2.1　工作时间的含义

工作时间是指施工过程中的工作班延续时间（不含午休时间）。我国现行劳动制度规定，建筑、安装企业一个工作班的延续时间为 8 小时。

为了研究和分析施工过程中工作时间消耗的数量和特征，就必须对工时消耗的性质进行科学的分类。其目的在于编制或测定定额时，要充分考虑哪些工作时间的消耗是必需的，哪些工作时间的消耗是不必需的，以便分析研究各种影响因素，减少和消除工时损失，提高劳动生产率。否则，无法对定额的测定进行定性和定量的分析，更不可能制定出科学定额的标准额度。

由于工人工作和机械工作的特点不同，工作时间应按工人工作时间和机械工作时间两部分进行分析。

3.2.2.2　工人工作时间消耗的分类

工人工作时间消耗是指工人在同一工作班内，全部劳动时间的消耗。工人在工作班内消耗的工作时间，按其消耗的性质可分为两大类：定额时间和非定额时间（损失时间）。图 3-3 为工人工作时间分析图。

1. 定额时间

定额时间是指工人在正常施工条件下，为完成一定产品所消耗的时间。它是制定定额的

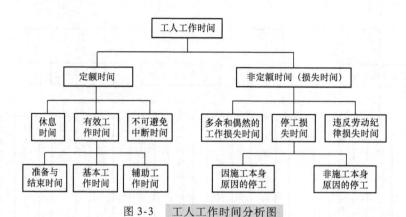

图 3-3　工人工作时间分析图

主要依据。它由有效工作时间、休息时间、不可避免的中断时间三部分组成。

（1）有效工作时间　有效工作时间是从生产效果来看与产品生产直接有关的时间消耗，包括基本工作时间、辅助工作时间、准备与结束工作时间的消耗。

1）基本工作时间，是指工人完成基本工作所消耗的时间。即完成能生产一定产品的施工过程中的工艺过程所消耗的时间。基本工作时间所包括的内容依工作性质而各不相同，基本工作时间的长短和工作量大小永远成正比。如抹灰工的基本工作时间包括准备工作时间、润湿表面时间、抹灰时间、抹平灰层和抹光的时间。

2）辅助工作时间，是指为了保证基本工作能顺利完成所消耗的时间。在辅助工作时间里，不能使产品的形状大小、性质或位置发生变化。辅助工作时间的结束，往往就是基本工作时间的开始。辅助工作时间的长短与工作量大小有关。如工作过程中工具的矫正和小修，机器的上油，机械的调整等。

3）准备与结束工作时间，是指执行任务前或任务完成后所消耗的工作时间。准备与结束工作时间的长短与所担负的工作量大小无关，但往往与工作的内容有关。如工人每天从工地仓库领取工具、设备的时间，交接班时间等。

（2）休息时间　指工人在工作过程中为恢复体力所必需的短暂休息和生理需要的时间消耗。休息时间的长短和劳动条件有关，劳动繁重紧张，劳动条件差（如高温），则需要长一些休息时间。

（3）不可避免的中断时间　指由于施工工艺特点引起的工作中断所必需的时间。与施工工艺特点有关的工作中断时间，应包括在定额时间内，但应尽量缩短此项时间消耗。与施工工艺特点无关的工作中断时间，是由劳动组织不合理所引起的，属于损失时间，不能计入定额时间。如起重机吊预制构件时安装工等待的时间。

2. 非定额时间（损失时间）

非定额时间（损失时间）是指与产品生产无关，而与施工组织和技术上的缺点有关，与工人在施工过程中的个人过失或某些偶然因素有关的时间消耗。

从图 3-3 中可以看出，非定额时间包括多余和偶然工作时间、停工损失时间、违反劳动纪律损失的时间三种情况。

（1）多余和偶然工作损失时间　多余和偶然工作损失时间包括多余工作引起的工时损失和偶然工作引起的时间损失两种情况。所谓多余工作，是指工人进行了任务以外的工作而不能增加产品数量的工作。多余工作的工时损失一般都是由工程技术人员和工人的差错而引起的修补废品和多余加工造成的。因此，定额时间内不计入。如重砌质量不合格的不平整的墙体等。所谓偶然工作，也是指工人在任务外进行的工作，但能够获得一定的产品。在定额中不考虑它所占用的时间，但由于偶然工作能获得一定的产品，拟定定额时要适当考虑它的影响。如电工在铺设电缆时需要临时在墙上开洞等。

（2）停工损失时间　停工损失时间是指工作班内停止工作造成的工时损失。若是因为施工本身造成的停工时间（如施工组织不善、材料供应不及时等情况），拟定定额时不应该计算；若是因为非施工本身造成的停工时间（如气候条件或水源、电源的中断引起的停工），定额中应给予合理的考虑。

（3）违反劳动纪律损失的时间　违反劳动纪律造成的工作时间的损失定额内是不给予考虑的。如工作班的开始和午休后的迟到、工作时间内聊天等情况造成的工时损失。

3.2.2.3　机械工作时间消耗的分类

机械工作时间消耗（也称台班消耗）是指机械在正常运转情况下，在一个工作班内的全部工作时间消耗。机械在工作班内消耗的工作时间，按其消耗的性质可分为两大类：定额时间和非定额时间（损失时间），如图 3-4 所示。

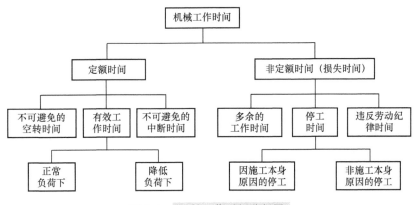

图 3-4　机械工作时间分析图

1. 定额时间

定额时间包括有效工作时间、不可避免的空转时间和不可避免的中断时间。

（1）有效工作时间　指机械直接为施工生产而进行工作的工时消耗。在有效工作时间消耗中包括正常负荷下的工作时间、降低负荷下的工作时间消耗。

正常负荷下的工作时间是指机器在正常荷载能力下进行工作的时间。这一时间在机械的技术说明书中或该机器的标牌中均有说明。

降低负荷下的工作时间是指在个别情况下由于技术上的原因，机器在低于计算负荷下工作的时间。如汽车运输重量轻而体积大的货物时，不能充分利用汽车的载重吨位等。

（2）不可避免的空转时间　指由施工过程的特点和机械结构的特点造成的机械无负荷工作时间。如筑路机在工作区的末端调头、载重汽车在工作班时间内的单程"放空车"等。

（3）不可避免的中断时间　指与工艺过程的特点、机械的使用及保养和工人休息有关的工作中断时间。所以，它又分为以下三种：

1）由工艺过程的特点引起的不可避免的中断时间又分为循环的和非循环的两种。循环的不可避免的中断时间是指在机械工作的每一个循环中重复一次，如汽车装货和卸货时的停车时间。非循环的不可避免的中断时间是指经过一定时间重复一次，如将砂浆搅拌机从一个工作地点转移到另一个工作地点时，引起机械工作中断的时间。

2）由机械的使用及保养而引起的不可避免的中断时间是指由于使用机械工作的工人在维护保养机械时，必须使机械停止工作而发生的中断时间。

3）工人休息时间（前面已做说明）。要注意的是，要尽量利用与工艺过程有关的和与机器有关的不可避免的中断时间进行休息，以充分利用工作时间。

2. 非定额时间

机械非定额时间包括多余工作时间、停工时间、违反劳动纪律时间三部分。

（1）机械的多余工作时间　指机械进行任务内和工艺过程内未包括的工作而延续的时间。如搅拌机搅拌灰浆超过规定而多延续的时间等。定额中是不给予考虑的。

（2）机械的停工时间　若是由于施工本身造成的停工（如由于施工组织得不好而发生的停工），定额中是不给予考虑的。若是由于非施工本身造成的停工（如气候突变、停电等），定额中是给予合理考虑的。

（3）违反劳动纪律时间　指由于工人迟到早退或擅离岗位等原因引起的机械停工而损失的时间，定额中是不给予考虑的。

3.2.3　技术测定法

1. 技术测定法的含义

技术测定法也称计时观察法，或者称为现场观察法，是研究工作时间消耗的一种技术测量方法。它是以现场观察为特征，以各种不同的技术方法为手段，通过对施工过程中具体活动的实地观察，详细地记录施工中的人工、机械等各种工时消耗，完成产品的数量及各种有关影响因素，然后将记录结果加以整理，分析各种因素对工时消耗的影响，在取舍和分析的基础上取得技术数据的一种方法。

运用技术测定法进行实地观察的目的，在于查明工作时间消耗的性质和数量；分析各种施工因素对工作时间消耗数量的影响；找出工时损失的原因，在分析整理的基础上，取得技术测定资料，为编制施工定额、标准工时消耗规范提供科学的依据。

2. 技术测定方法

在技术测定中通常采用的方法有测时法、写实记录法、工作日写实法、简易测定法等。

（1）测时法　测时法是直接在施工现场以操作或动作为组成部分，按操作或动作的顺序来观察、研究施工过程循环组成部分的工作时间消耗的一种方法。它是一种测定精确度比较高的方法。主要适用于机械循环施工过程中的操作。测时法不适用于研究工人休息、准备与结束及其他非循环组成部分的工时消耗。按照使用表和记录时间的方法不同，测时法分为选择测时法和接续测时法两种。

（2）写实记录法　写实记录法是一种研究非循环施工过程中全部工作时间消耗的方法。全部工作时间包括基本工作时间、辅助工作时间、准备与结束时间、工人休息时间、不可避免的中断时间及各种损失时间。采用这一方法可获得分析工时消耗和制定定额所必需的全部资料，此方法较简便，易于掌握，并且精度也比较高。所以，写实记录法在实际工作中是一种常用的方法。写实记录法按记录时间的方法不同，有数示法、图示法、混合法写实记录三种。

（3）工作日写实法　工作日写实法是一种研究工人在整个工作班内，按时间消耗的顺序进行现场写实记录来分析工时利用情况的一种测定方法。包括有效工作时间、工人休息时间、不可避免的中断时间及各种损失时间在内的全部工时利用情况的研究。

（4）简易测定法 简易测定法是指当采用前述三种方法（测时法、写实记录法、工作日写实法）中的某一种方法在现场观察时，将观察对象的组成部分简化，只测定额组成时间的某一种定额时间，如基本工作时间（含辅助工作时间），然后借助工时消耗规范获得所需数据的一种简易方法。

3.3 施工定额

3.3.1 施工定额的概念和作用

1. 施工定额的概念

施工定额是指以同一性质的施工过程为测定对象，规定在正常生产条件下，完成单位产品所需消耗的人工、材料和机械台班的限额标准数值。

施工定额由劳动定额、材料消耗定额、施工机械台班定额三大基础定额构成。确定劳动定额、材料消耗定额、施工机械台班定额，主要是分别确定人工消耗量、材料消耗量、机械台班消耗量，并确定分项工程的单价。

2. 施工定额的作用

施工定额的作用主要表现在合理组织施工生产和按劳分配两个方面。

（1）施工定额是企业编制施工组织设计和制订施工作业计划的依据 施工企业利用施工组织设计，全面安排和指导施工生产，以确保生产顺利进行。企业编制施工组织设计，大致确定两部分主要内容：确定工程施工方案；计算所需的人工、材料和机械设备等的用量，确定这些资源使用的最佳时间，进行施工规划。要确定出工程所需的人工、材料和机械等的需要量，必须使用施工定额。

施工作业计划是施工企业进行计划管理的重要环节，它能对施工中劳动力的需求量和施工机械的使用进行平衡，同时又能计算材料的需要量和实物工程量等。要进行这些工作，都要以施工定额为依据。

（2）施工定额是衡量企业劳动生产率的依据 施工定额中的劳动定额是衡量和分析企业劳动生产率的主要尺度。企业可以通过施工定额来衡量每一个工人在生产劳动中的成绩和效率，调动劳动者的积极性和创造性，促使他们超额完成定额水平要求的合格产品数量，不断提高劳动生产率。

（3）施工定额是编制施工预算的主要依据，是加强企业成本核算的基础 根据施工定额编制的施工预算，是施工企业用来确定单位工程产品上的人工、机械、材料以及资金等消耗量的一种计划性文件。运用施工预算，企业可以有效地控制在生产中消耗的资源，达到控制成本、降低费用的目的。同时，企业可以运用施工定额进行成本核算，挖掘企业潜力，提高劳动生产率，降低成本，提高竞争力。

（4）施工定额是编制预算定额和单位估价表的基础 预算定额是以施工定额为基础编制的，这样能使预算定额符合现实的施工生产和经营管理的要求，进而使施工生产中所消耗的各种资源能够得到合理的补偿。当前工程施工中，由于应用新材料、采用新工艺而使预算定额缺项时，就必须以施工定额为依据，制定补充预算定额和补充单位估价表。

3.3.2　施工定额的编制原则

1. 平均先进性原则

平均先进是指定额的水平。定额水平是指规定消耗在单位产品上的人工、材料和机械数量的多少。所谓平均先进水平，就是在正常的施工条件下，大多数施工队组和大多数生产工人经过努力能够达到和超过的水平。这种水平使先进者感到一定压力，使处于中间水平的工人感到定额水平可望可及，对于落后工人不迁就，使他们认识到必须要花大力气去改善施工条件，提高技术操作水平，珍惜劳动时间，降低材料消耗，尽快达到定额的水平。所以平均先进水平是一种可以鼓励先进、勉励中间、鞭策落后的定额水平，是编制施工定额的理想水平。

施工定额根据其执行范围的大小，反映的劳动生产率水平是企业的总体水平，而不是个别施工队组和个别生产者的水平。因为就每个施工队组和每个生产者来说，劳动生产率水平是和各自的生产技术水平、施工组织条件、施工队伍素质和工人劳动态度相关联的。

2. 简明适用性原则

简明适用是指定额的内容和形式要方便于定额的贯彻和执行。简明适用性原则，要求施工定额内容要能满足组织施工生产和计算工人劳动报酬等多种需要。同时，又要简单明了，容易掌握，便于查阅、计算、携带。定额的简明性和适用性，是既有联系，又有区别的两个方面。

3. 以专家为主编制定额的原则

编制施工定额，要以专家为主，这是实践经验的总结。施工定额的编制要求有一支经验丰富、技术与管理知识全面、有一定政策水平的稳定的专家队伍。贯彻这项原则，第一，必须保持队伍的稳定性。有了稳定的队伍，才能积累资料、积累经验，保证编制施工定额的延续性。第二，必须注意培训专业人才。使他们既有施工技术、施工管理知识和实践经验，具有编制定额的工作能力，又懂得国家技术经济政策和联系工人群众的工作作风。贯彻以专家为主编制施工定额的原则，必须注意走群众路线，因为广大建筑安装工人既是施工生产的实践者又是定额的执行者，最了解施工生产的实际和定额的执行情况及存在的问题，要虚心向他们求教。

4. 独立自主的原则

独立自主的原则是指企业独立自主地制定定额，主要是自主地确定定额水平，自主地划分定额项目，自主地根据需要增加新的定额项目。但是，施工定额毕竟是一定时期内企业生产力水平的反映，它不可能也不应该割断历史，因此企业定额应是对国家、部门和地区性原有施工定额的继承和发展。

3.3.3　劳动定额消耗量的确定

1. 劳动定额的含义和作用

（1）劳动定额的含义　劳动消耗定额简称劳动定额，也称为人工定额，是指施工企业在正常施工条件下，完成单位合格产品规定的活劳动消耗的数量标准；或规定在一定劳动时间内，生产合格产品的数量标准。如 1.5 工日$/m^3$ 一砖混水砖墙。

（2）劳动定额的作用　劳动定额反映产品生产中活劳动消耗的数量标准，它是施工定额中极其重要的一部分。它关系到施工生产中劳动力计划、组织和调配，在生产和分配两个方面都起着巨大的作用。在组织生产方面，如签发施工任务书、编制施工进度计划和施工预算，必须以它为依据；企业改善劳动组织、提高劳动生产率、挖掘生产潜力也必须以它为基础。在分配方面，计算计件工资和奖金也必须以劳动定额为根据。劳动定额是衡量建筑安装工人劳动成果的主要尺度。它把工人的劳动成果和劳动报酬紧密地联系在一起。

2. 劳动定额的表现形式

劳动定额有时间定额和产量定额两种表现形式。

（1）时间定额　指在正常的施工技术和组织条件下，某种专业的工人班组或个人完成符合质量要求的单位产品所必需的工作时间（工日）。1 个工日即一个建筑安装工人工作一个工作班（8h）。

时间定额的计算公式如下：

$$单位产品时间定额 = \frac{1}{每工日产量} \tag{3-1}$$

或

$$单位产品时间定额 = \frac{小组成员工日数总和}{班组完成产品数量} \tag{3-2}$$

（2）产量定额　指在正常的施工技术和组织条件下，每种专业的工人班组或个人在单位工日内应完成符合质量要求的产品数量。产量定额的计量单位是多种多样的，通常是以 1 个工日完成合格产品数量来表示的。

产量定额的计算公式如下：

$$产量定额 = \frac{1}{单位产品时间定额} \tag{3-3}$$

或

$$产量定额 = \frac{小组成员工日数总和}{单位产品时间定额} \tag{3-4}$$

（3）时间定额与产量定额的关系　时间定额和产量定额在数值上互为倒数关系，即：

$$时间定额 = \frac{1}{产量定额} \tag{3-5}$$

时间定额和产量定额虽然以不同的形式表示同一个劳动定额，但却有不同的用途。时间定额是以工日为计量单位，便于计算某分部（项）工程所需的总工日数，也易于核算工资和编制施工进度计划。产量定额是以产品数量为计量单位，便于施工小组分配任务，考核工人劳动生产率。

3. 劳动定额消耗量的确定

（1）分析基础资料，拟定编制方案

1）确定影响工时消耗的因素。影响工时消耗的因素共有两类：第一类是技术因素，包括完成产品的类别，材料、构配件的种类和型号等级，机械和机具的种类、型号和尺寸，产品质量等；第二类是组织因素，包括操作方法和施工的管理与组织，工作地点的组织，人员组成和分工，工资与奖励制度，原材料和构配件的质量及供应的组织，气候条件等。

2）计时观察资料的整理。整理观察资料的方法大多是采用平均修正法。平均修正法是一种在对测时数列进行修正的基础上，求出加权平均值的方法。修正测时数列就是剔除或修正那些偏高、偏低的可疑数值，目的是保证不受偶然性因素的影响。

3）日常积累资料的整理和分析。日常积累的资料主要有四类：第一类是现行定额的执行情况及存在问题的资料；第二类是企业和现场补充定额资料，如因现行定额漏项而编制的补充定额资料，因解决采用新技术、新结构、新材料和新机械而产生的定额缺项所编制的补充定额资料；第三类是已采用的新工艺和新操作方法的资料；第四类是现行的施工技术规范、操作规程、安全规程和质量标准等。

4）拟定定额的编制方案。编制方案的内容包括：第一，提出对拟编定额的定额水平总的设想；第二，拟定定额分章、分节、分项的目录；第三，选择产品和人工、材料、机械的计量单位；第四，设计定额表格的形式和内容。

（2）确定正常的施工条件　拟定施工的正常条件包括：

1）拟定工作地点的组织。工作地点是工人施工活动场所。拟定工作地点的组织时，要特别注意使工人在操作时不受妨碍，所使用的工具和材料应按使用顺序放置于工人最便于取用的地方，以减少疲劳和提高工作效率，工作地点应保持清洁和秩序井然。

2）拟定工作组成。拟定工作组成就是将工作过程按照劳动分工的可能划分为若干工序，以达到合理使用技术工人的目的。

3）拟定施工人员编制。拟定施工人员编制即确定小组人数、技术工人的配备，以及劳动的分工和协作。

（3）确定劳动定额消耗量的方法　时间定额和产量定额是劳动定额的两种表现形式。拟定出时间定额，也就可以计算出产量定额。时间定额和产量定额互为倒数。

时间定额是在拟定基本工作时间、辅助工作时间、不可避免中断时间、准备与结束的工作时间以及休息时间的基础上制定的。

1）拟定基本工作时间。基本工作时间在必需消耗的工作时间中所占的比重最大。在确定基本工作时间时，必须细致、精确。基本工作时间消耗的确定方法，一般采用计时观察资料来确定。

2）拟定辅助工作时间和准备与结束工作时间。辅助工作时间和准备与结束工作时间的确定方法有两种：方法一，同基本工作时间，即采用计时观察资料来确定；方法二，采用工时规范或经验数据来确定（如果在计时观察时不能取得足够的资料）。

3）拟定不可避免中断时间。在确定不可避免中断时间的定额时，必须注意由工艺特点所引起的不可避免中断才可列入工作过程的时间定额。不可避免中断时间的确定方法有两种：方法一，同基本工作时间，即采用计时观察资料来确定；方法二，根据工时规范或经验数据，以占工作日的百分比表示此项工时消耗的时间定额。

4）拟定休息时间。休息时间应根据工作班作息制度、经验资料、计时观察资料，以及对工作的疲劳程度做全面分析来确定。同时，应考虑尽可能利用不可避免中断时间作为休息时间。从事不同工种、不同工作的工人，疲劳程度有很大的区别。在我国往往按工作轻重、工作条件的好坏，将各种工作划分为不同的等级，划分出疲劳程度的等级，就可以合理规定休息所需要的时间。休息时间占工作日的比重可参见表 3-1。

表 3-1　休息时间占工作日的比重参考表

疲劳程度	轻便	较轻	中等	较重	沉重	最沉重
等级	1	2	3	4	5	6
占工作日比重（%）	4.16	6.25	8.33	11.45	16.7	22.9

5）根据计时观察资料确定时间定额。确定的基本工作时间、辅助工作时间、不可避免中

断时间、准备与结束的工作时间和休息时间之和，就是劳动定额的时间定额。计算公式为：

$$时间定额 = 基本工作时间 + 辅助工作时间 + 不可避免中断时间 +$$
$$准备与结束的工作时间 + 休息时间 \tag{3-6}$$

（4）劳动定额消耗量的确定示例

【例 3-1】 人工挖土方，土壤为黏性土，按土壤分类属二类土。测试资料表明挖 $1m^3$ 土方需消耗基本工作时间 60min，辅助工作时间占工作延续时间的 2%，准备与结束工作时间占 2%，不可避免中断时间占 1%，休息时间占 20%。计算挖 $1m^3$ 土方的时间定额。

【解】：设挖 $1m^3$ 土方的时间定额为 x。

据：时间定额 = 基本工作时间 + 辅助工作时间 + 不可避免中断时间 + 准备与结束的工作时间 + 休息时间

则：$x = 60 + (2\% + 2\% + 1\% + 20\%)x$

$$x = \frac{60}{1 - (2\% + 2\% + 1\% + 20\%)} min = 80 min$$

时间定额为 0.1667 工日/m^3。

3.3.4 材料消耗定额消耗量的确定

3.3.4.1 材料消耗定额的含义和作用

1. 材料消耗定额的含义

材料消耗定额简称材料定额，是指在节约和合理使用材料的条件下，完成单位合格产品必须消耗的一定品种规格的材料、半成品、构配件的数量标准。例如：540 块黏土砖/m^3 一砖混水砖墙；0.224m^3 砂浆/m^3 一砖混水砖墙。

材料定额消耗量的单位，多以材料、设备的自然、物理计量单位表示。自然计量单位，主要以实物自身为计量单位，如以"个""件""台""组""块"等作为计量单位；物理计量单位，主要是指物质的物理属性，以国际统一的计量标准为计量单位，如体积以立方米（m^3）、面积以平方米（m^2）、长度以延长米（m）为计量单位等。

2. 材料消耗定额的作用

对材料消耗实行定额管理，是工程建设中不可忽视的环节。在工程建设中材料的供应量与使用量的多少，主要取决于材料消耗定额。以材料消耗定额为依据，就为在节约和合理使用材料的条件下，保证材料的合理供应、调配和使用，对减少材料积压和浪费，按质按期地完成施工任务，提供了可靠的保障。对施工企业节约材料，降低成本，加速流动资金周转及减少资金占用都具有十分重要的现实意义。

3.3.4.2 材料消耗分类及材料消耗定额的组成

合理确定材料消耗定额，必须研究和区分材料在施工过程中消耗的性质。施工中材料的消耗可分为必须的材料消耗和损失的材料两类。

必须消耗的材料是指在合理用料的条件下，生产合格产品所需消耗的材料。其中，直接用于建筑和安装工程的材料数量，称为材料净用量；不可避免的施工废料和不可避免的材料损耗数量，称为材料损耗量。

必须消耗的材料属于施工正常消耗，是确定材料消耗定额的基本数据。其中，直接用于建筑和安装工程的材料，编制材料净用量定额；不可避免的施工废料和材料损耗，编制材料损耗定额。所以，材料定额是由材料净用量定额和材料损耗定额两部分组成的。

材料损耗量用材料损耗率来表示。计算公式为：

$$材料损耗率 = \frac{材料损耗量}{材料净用量} \times 100\% \qquad (3\text{-}7)$$

材料损耗率确定后，材料消耗定额可用下式表示：

$$材料消耗量 = 材料净用量 + 材料损耗量 \qquad (3\text{-}8)$$

或

$$材料消耗量 = 材料净用量 \times (1 + 材料损耗率) \qquad (3\text{-}9)$$

3.3.4.3　材料定额消耗量的确定

1. 确定正常的施工条件

确定材料消耗的正常施工条件，也就是要考虑现场材料的存放场地、库房和现场材料正常供应的管理机构及人员组成。只有这样才能形成合理和节约使用材料的正常施工条件。

2. 确定计算方法

确定材料净用量和材料损耗的计算数据，是通过现场技术测定、实验室试验、现场统计和理论计算等方法获得的。

（1）现场技术测定法　主要是编制材料损耗定额，也可以提供编制材料净用量定额的参考数据。其优点是能通过现场观察、测定，取得产品产量和材料消耗的情况，为编制材料定额提供技术根据。

（2）实验室试验法　主要是编制材料净用量定额，通过试验，能够对材料的结构、化学成分和物理性能以及按强度等级控制的混凝土、砂浆配比做出科学的结论，给编制材料消耗定额提供有技术根据的、比较精确的计算数据。用于施工生产时，须加以必要的调整后方可作为定额数据。

（3）现场统计法　它是通过对现场进料、用料的大量统计资料进行分析计算，获得材料消耗的数据。这种方法由于不能分清材料消耗的性质，因而不能作为确定材料净用量定额和材料损耗定额的依据。

（4）理论计算法　它是运用一定的数学公式计算材料消耗定额。

1）一次性材料。具体如下。

① 砌筑砖墙工程中砖和砂浆净用量一般都采用下式计算：

计算每立方米一砖墙砖的净用量：

$$砖数（块） = \frac{1}{（砖宽 + 灰缝） \times （砖厚 + 灰缝） \times 砖长} \qquad (3\text{-}10)$$

计算砂浆净用量：

$$砂浆（m^3） = （1m^3 \ 砌体体积 - 砖的体积） \qquad (3\text{-}11)$$

② 铺贴每平方米块料面层块料的净用量的计算公式如下：

$$面砖的块数（块） = \frac{1}{（面砖长 + 灰缝） \times （面砖宽 + 灰缝）} \qquad (3\text{-}12)$$

2）施工周转材料。施工中使用的周转材料是指在施工过程中多次周转使用的材料，也称为材料型工具或称工具性材料。如钢、木脚手架，模板，挡土板，活动支架等材料。

在编制材料消耗定额时，应按多次使用、分次摊销的办法确定。为使周转材料的周转次数确定接近合理，应根据工程类型和使用条件，采用各种测定手段进行实地观察，结合有关的原始记录、经验数据加以综合取定。影响周转次数的主要因素有以下几个方面：

① 材质及功能对周转次数的影响，如金属制的周转材料比木制的周转次数多十倍，甚至百倍。

② 使用条件的好坏，对周转材料使用次数的影响。

③ 施工速度的快慢，对周转材料使用次数的影响。

④ 对周转材料的保管、保养和维修的好坏，对周转材料使用次数的影响。

确定出最佳的周转次数是十分不容易的。材料消耗量中应计算材料摊销量，为此，应根据施工过程中各工序计算出一次使用量和摊销量。其计算式为：

$$一次使用量 = 材料净用量 \div (1 - 材料损耗量) \tag{3-13}$$

$$材料摊销量 = 周转使用量 - 回收量 \tag{3-14}$$

$$周转使用量 = \frac{一次使用量 + 一次使用量 \times (周转次数 - 1) \times 损耗率}{周转次数} \tag{3-15}$$

$$损耗率 = \frac{平均每次损耗量}{一次使用量} \tag{3-16}$$

$$回收量 = \frac{一次使用量 \times (1 - 损耗率)}{周转次数} \tag{3-17}$$

3. 材料定额消耗量的确定示例

【例3-2】 求10m³墙体中标准砖和水泥砂浆的用量。已知砖的损耗率为3%，砂浆的损耗率为1%，灰缝宽10mm。

【解】：每10m³墙体中标准砖消耗量

$$= \frac{10}{砖长 \times (砖宽 + 灰缝) \times (砖厚 + 灰缝)} \times (1 + 损耗率)$$

$$= \frac{10}{0.24 \times (0.115 + 0.01) \times (0.0053 + 0.01)} 块 \times (1 + 3\%)$$

$$= 5291 块 \times (1 + 3\%)$$

$$= 5450 块$$

每10m³墙体中砂浆消耗量 $= (10 - 0.24 \times 0.115 \times 0.053 \times 5291) m^3 \times (1 + 1\%)$

$$= 2.28 m^3$$

【例3-3】 石膏装饰板规格为500mm×500mm，其灰缝宽度为2mm，损耗率为1%，计算100m²需用石膏装饰板的块数。

【解】：石膏装饰板消耗量 $= \frac{100}{(0.5 + 0.002) \times (0.5 + 0.002)} \times (1 + 0.01) 块 = 401 块$

3.3.5 机械消耗定额消耗量的确定

1. 机械消耗定额的含义和作用

（1）机械消耗定额的含义 机械消耗定额简称机械定额，是指在正常的施工条件下，某种施工机械为完成单位合格产品所必须消耗的机械台班的数量标准。例如，0.022台班灰浆搅拌机/m³ 砂浆。

机械定额消耗量的计量单位为"台班"。1个"台班"即为一台施工机械工作一个工作班（8h）。

（2）机械消耗定额的作用　机械台班定额是建筑机械化施工中一种十分重要的定额，它对于考核机械工作效率、编制施工作业计划和签发施工任务书等方面与劳动定额起着同样的作用。机械台班定额标志着建筑施工机械生产率水平的高低，随着建筑施工向构配件生产工厂化、装配化和施工现场机械化的发展，要逐步加强机械台班定额的管理，使其在组织施工生产方面发挥更大的作用。

2. 机械消耗定额的表现形式

在使用某种施工机械完成施工任务时，必然要反映出与机械配合共同完成一定单位合格产品的数量和所需要的工作时间。因此，机械台班定额按其内涵，也存在机械时间定额和机械产量定额两种表现形式。时间定额和产量定额互为倒数关系。

机械时间定额是指技术条件正常和人机劳动组织合理的条件下，使用某种施工机械为完成质量合格的单位产品所需的"必须消耗时间"的数量标准。例如：0.176台时/m³ 砂浆，即一台灰浆搅拌机完成1m³ 质量合格的砂浆搅拌所需的"必须消耗的时间"为0.176h。

机械产量定额是指技术条件正常和人机劳动组织合理的条件下，使用某种施工机械在单位时间内所生产质量合格产品的数量标准。例如：5.682 m³ 砂浆/台时，即一台灰浆搅拌机在1h 内生产5.682m³ 质量合格的砂浆。

为了便于综合和核算，机械定额大都采用产品的消耗量来计算机械消耗的数量，所以，机械定额是用产量定额这一表现形式来计算机械消耗数量的。

3. 机械定额消耗量的确定

（1）确定正常的施工条件　确定正常的施工条件，主要是拟定合理的机械作业地点和合理的工人编制。

拟定合理的机械作业地点，就是对施工地点机械和材料的放置位置、工人从事操作的场所做出科学合理的平面布置和空间安排。它要求施工机械和操纵机械的工人在最小范围内移动，但又不阻碍机械运转和工人操作；应使机械的开关和操纵装置尽可能集中地装置在操纵工人的近旁，以节省工作时间和减轻劳动强度；应最大限度发挥机械的效能，减少工人的手工操作。

拟定合理的工人编制，就是根据施工机械的性能和设计能力，工人的专业分工和劳动工效，合理确定操纵机械的工人和直接参加机械化施工过程的工人的编制人数。拟定合理的工人编制，应要求保持机械的正常生产率和工人正常的劳动工效。

（2）确定机械1h 纯工作正常生产率　确定机械正常生产率时，必须首先确定出机械纯工作1h 的正常生产效率。

机械纯工作时间，就是指机械的必须消耗时间。机械1h 纯工作正常生产率，就是在正常施工组织条件下，具有必需的知识和技能的技术工人操纵机械1h 的生产率。

根据机械工作特点的不同，机械1h 纯工作正常生产率的确定方法也有所不同。对于循环动作机械，确定机械纯工作1h 正常生产率的计算式如下：

$$机械一次循环的正常延续时间 = \sum（循环各组成部分正常延续时间）- 交叠时间 \quad (3\text{-}18)$$

$$机械纯工作1h 循环次数 = 60 \times \frac{60s}{一次循环的正常延续时间} \quad (3\text{-}19)$$

$$机械纯工作1h 正常生产率 = 机械纯工作1h 循环次数 \times 一次循环生产的产品数量$$
$$(3\text{-}20)$$

对于连续动作机械，确定机械纯工作1h 正常生产率要根据机械的类型和结构特征，以及工作过程的特点来进行。计算式如下：

$$连续动作机械纯工作 1h 正常生产率 = \frac{工作时间内生产的产品数量}{工作时间} \tag{3-21}$$

工作时间内的产品数量和工作时间的消耗，要通过多次现场观察和机械说明书来获得数据。

（3）确定施工机械的正常利用系数　施工机械的正常利用系数是指施工机械在工作班内对工作时间的利用率。机械的利用系数和机械在工作班内的工作状况有着密切的关系。所以，要确定机械的正常利用系数，首先要拟定机械工作班的正常工作状况。

确定机械正常利用系数，要计算工作班正常状况下开始与结束工作，机械起动、机械维护等工作所必须消耗的时间，以及机械有效工作的开始与结束时间。从而进一步计算出机械在工作班内的纯工作时间和机械正常利用系数。机械正常利用系数的计算公式如下：

$$机械正常利用系数 = \frac{机械在一个工作班内纯工作时间}{一个工作班延续时间（8h）} \tag{3-22}$$

（4）计算施工机械台班定额　用下列计算式计算施工机械的台班产量定额。

$$施工机械台班产量定额 = 机械纯工作 1h 正常生产率 \times 工作班纯工作时间 \tag{3-23}$$

或

$$施工机械台班产量定额 = 机械纯工作 1h 正常生产率 \times 工作班延续时间 \times$$
$$机械正常利用系数 \tag{3-24}$$

$$施工机械时间定额 = \frac{1}{机械台班产量定额} \tag{3-25}$$

（5）机械定额消耗量的确定示例

【例 3-4】 已知某挖土机的一个工作循环需 2min，每循环一次挖土 0.5m³，工作班的延续时间为 8h，时间利用系数为 0.85，计算台班产量定额。

【解】：$1h$ 挖土机工作的循环次数 $= \dfrac{60min/h}{2min/次} = 30$ 次$/h$

$$每小时挖土机正常生产率 = 30 \ 次/h \times 0.5m^3/次 = 15m^3/h$$

$$台班产量定额 = 15m^3/h \times 8h/台班 \times 0.85 = 102m^3/台班$$

3.4　预算定额

3.4.1　预算定额的概念和作用

1. 预算定额的概念

预算定额是指单位合格产品（分项工程或结构构件）所需的人工、材料和机械消耗的数量标准，是计算建筑安装产品价格的基础。如，16.08 工日$/10m^3$ 一砖混水砖墙，5.3 千块$/10m^3$ 一砖混水砖墙，0.38 台班灰浆搅拌机$/10m^3$ 一砖混水砖墙等。预算定额的编制基础是施工定额。

预算定额是工程建设中一项重要的技术经济文件，它的各项指标反映了完成单位分项工程消耗的活劳动和物化劳动的数量限度。编制施工图预算时，需要按照施工图和工程量计算规则计算工程量，还需要借助于某些可靠的参数计算人工、材料和机械（台班）的消耗量，并在此基础上计算出资金的需要量，计算出建筑安装工程的价格。

2. 预算定额的性质

预算定额是在编制施工图预算时，计算工程造价和计算工程中人工、材料和机械台班消耗量使用的一种定额。预算定额是一种计价性质的定额，在工程建设定额中占有很重要的地位。

3. 预算定额的作用

（1）预算定额是编制施工图预算、确定建筑安装工程造价的基础　施工图设计完成以后，工程预算就取决于工程量计算是否准确，预算定额水平，人工、材料、机械台班的单价，取费标准等因素。所以，预算定额是确定建筑安装工程造价的基础之一。

（2）预算定额是编制施工组织设计的依据　施工组织设计的重要任务之一是确定施工中人工、材料、机械的供求量，并做出最佳安排。施工单位在缺乏企业定额的情况下根据预算定额也能较准确地计算出施工中的人工、材料、机械的需要量，为有计划组织材料采购和预制构件加工、劳动力和施工机械的调配提供了可靠的计算依据。

（3）预算定额是工程结算的依据　工程结算是建设单位和施工单位按照工程进度对已完成的分部分项工程实现货币支付的行为。按进度支付工程款，需要根据预算定额将已完成工程的造价计算出来。单位工程验收后，再按竣工工程量、预算定额和施工合同规定进行竣工结算，以保证建设单位建设资金的合理使用和施工单位的经济收入。

（4）预算定额是施工单位进行经济活动分析的依据　预算定额规定的人工、材料、机械的消耗指标是施工单位在生产经营中允许消耗的最高标准。在目前，预算定额决定着施工单位的收入，施工单位就必须以预算定额作为评价企业工作的重要标准，作为努力实现的具体目标。只有在施工中尽量降低劳动消耗、采用新技术、提高劳动者的素质、提高劳动生产率，才能取得较好的经济效果。

（5）预算定额是编制概算定额的基础　概算定额是在预算定额的基础上经综合扩大编制的。利用预算定额作为编制依据，不但可以节约编制工作所需的大量人力、物力和时间，收到事半功倍的效果，还可以使概算定额在定额的水平上保持一致。

（6）预算定额是合理编制招标标底、招标控制价、投标报价的基础　在招标投标阶段，建设单位所编制的标底、招标控制价，须参照预算定额编制。随着工程造价管理改革的不断深化，对于施工单位来说，预算定额的指令性作用正日益削弱，施工企业报价按照企业定额来编制。只是目前施工单位尚无企业定额，因而还在参照预算定额进行投标报价。

3.4.2　预算定额的内容

预算定额一般以单位工程为对象编制，按分部工程分章，章以下为节，节以下为定额子目。每一个定额子目代表一个与之相对应的分项工程，所以分项工程是构成预算定额的最小单元。预算定额为方便使用，一般表现为"量""价"合一，再加上必要的说明与附录，这样就组成了一套预算定额手册。完整的预算定额手册，一般由以下内容构成：

1）建设行政主管部门发布的文件。该文件是预算定额具有法令性的必要依据。该文件明确规定了预算定额的执行时间、适用范围，并说明了预算定额手册的解释权和管理权。

2）预算定额手册的总说明。主要包括：

① 预算定额的指导思想、目的和作用，以及适用范围。

② 预算定额的编制原则、编制的主要依据及有关编制精神。

③ 预算定额的一些共性问题。如，人工、材料、机械台班消耗量如何确定；人工、材料、

机械台班消耗量允许换算的原则；预算定额考虑的因素、未考虑的因素及未包括的内容；其他的一些共性问题等。

3）建筑面积计算规则。

4）分部工程定额说明。主要包括：

① 分部工程各定额项目的工程量计算规则。

② 分部工程定额内综合的内容及允许换算的有关规定。

③ 本分部各调整系数使用规定。

5）分部分项工程定额说明。主要包括：

① 在定额上部表头上方说明本节工程工作内容及施工工艺标准。

② 说明本节工程项目包括的主要工序及操作方法。

6）预算定额项目表。这是定额的核心部分，包括：

① 分部分项工程的定额编号、项目名称。

② 各定额子目的"基价"，包括：人工费、材料费、机械费。

③ 各定额子目的人工、材料、机械的名称、单位、单价、数量标准。

④ 预算定额项目表下方可能有些说明和附注等。

7）预算定额附录。

3.4.3 预算定额的编制

1. 预算定额的编制原则

为保证预算定额的质量，充分发挥预算定额的作用，使之在实际使用中简便、合理、有效，在编制工作中应遵循以下原则。

（1）取社会平均水平的原则 预算定额是确定和控制建筑安装工程造价的主要依据。因此它必须遵照价值规律的客观要求，即按生产过程中所消耗的社会必要劳动时间确定定额水平，按照"在现有的社会正常的生产条件下，在社会平均的劳动熟练程度和劳动强度下制造某种使用价值所需要的劳动时间"来确定定额水平。所以预算定额的平均水平，是在正常的施工条件、合理的施工组织和工艺条件、平均劳动熟练程度和劳动强度下，完成单位分项工程基本构造要素所需的劳动时间。

预算定额的水平以施工定额水平为基础，两者有着密切的联系。但是，预算定额绝不是简单地套用施工定额的水平。首先，这里要考虑预算定额中包含了更多的可变因素，需要保留合理的幅度差。如人工幅度差、机械幅度差、材料的超运距、辅助用工及材料堆放、运输、操作损耗和由细到粗综合后的量差等。其次，预算定额是平均水平，施工定额是平均先进水平。所以两者相比预算定额水平要相对低一些，大约为10%。

（2）简明适用原则 编制预算定额贯彻简明适用原则是对执行定额的可操作性便于掌握而言的。为此，编制预算定额时，对于那些主要的、常用的、价值量大的项目，分项工程划分宜细。次要的、不常用的、价值量相对较小的项目则可以放粗一些。要注意补充那些因采用新技术、新结构、新材料和先进经验而出现的新的定额项目。项目不全，缺漏项多，就使建筑安装工程价格缺少充足的、可靠的依据，即补充的定额一般因受资料所限，且费时费力，可靠性较差，容易引起争执。同时要注意合理确定预算定额的计量单位，简化工程量的计算，尽可能避免同一种材料用不同的计量单位，以及减少留活口和减少换算工作量。

（3）统一性和差别性相结合原则 所谓统一性，就是从培育全国统一市场规范计价行为出发，计价定额的制定规划和组织实施由国务院建设行政主管部门归口管理，并负责全国统一定额制定或修订、颁发有关工程造价管理的规章制度办法等。这样就有利于通过定额和工程造价的管理实现建筑安装工程价格的宏观调控。通过编制全国统一定额，使建筑安装工程具有一个统一的计价依据，也使考核设计和施工的经济效果具有一个统一的尺度。

所谓差别性，就是在统一性基础上，各部门和省、自治区、直辖市建设行政主管部门可以在自己的管辖范围内，根据本部门和地区的具体情况，制定部门和地区性定额、补充性制度和管理办法，以适应我国幅员辽阔，地区间、部门间发展不平衡和差异大的实际情况。

2. 预算定额的编制依据

1）现行的劳动定额和施工定额。

2）现行的设计规范、施工验收规范、质量评定标准和安全操作规程。

3）具有代表性的典型工程施工图及有关图集。

4）新技术、新结构、新材料和先进的施工方案等。

5）有关科学试验、技术测定的统计、经验资料。

6）现行的预算定额、材料预算价格及有关文件规定等。

3. 预算定额的编制步骤

预算定额的编制步骤主要有五个阶段，如图3-5所示。

4. 预算定额的编制方法

在定额基础资料完备可靠的条件下，编制人员应反复阅读和熟悉并掌握各项资料，在此基础上计算各个分部分项工程的人工、机械和材料的消耗量。预算定额的编制主要包括以下几部分工作。

（1）确定预算定额的计量单位　预算定额的计量单位关系到预算工作的繁简和准确性，因此，要正确地确定各分部分项工程的计量单位。一般可以依据建筑结构构件形体的特点确定。

一般说来，结构的三个度量都经常发生变化时，选用"m³"作为计量单位，如砖石工程和混凝土工程；如果结构的三个度量中有两个度量经常发生变化，厚度有一定规格，选用"m²"为计量单位，如地面、屋面工程等；当物体断面有一定形状和大小，但是长度不定时，采用"延长

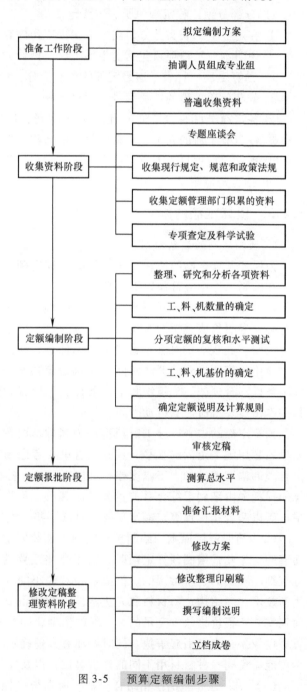

图3-5　预算定额编制步骤

米"为计量单位，如管道、线路安装工程等；如果工程量主要取决于设备或材料的质量时，还可以按"t""kg"作为计量单位；如果建筑结构没有一定规格，其构造又较为复杂时，可按"个""台""座""组"为计量单位，如卫生洁具安装、铸铁水斗等。

定额单位确定以后，有时人工、材料、机械台班消耗量很小，可能到小数点后好几位。为减少小数位数和提高预算定额的准确性，通常采用扩大单位的办法，把 $1m^3$、$1m^2$、$1m$ 扩大 10、100、1000 倍，这样可达到相应的准确度。

预算定额中各项人工、机械、材料的计量单位选择相对比较固定，人工按"工日"、机械按"台班"计量，各种材料的计量单位与产品计量单位基本一致。预算定额中的小数位数的取定，主要取决于定额的计算单位和精确度的要求。

（2）按典型设计图和资料计算工程量　计算工程量的目的是通过分别计算典型设计图所包括的施工过程的工程量，以便在编制预算定额时，有可能利用施工定额或劳动定额的劳动、机械和材料消耗指标确定预算定额所含工序的消耗量。

（3）确定预算定额各分项工程的人工、材料、机械台班消耗指标　确定预算定额人工、材料、机械台班消耗量指标时，必须先按施工定额的分项逐项计算出消耗量指标，然后，再按预算定额的项目加以综合。但是，这种综合不是简单的合并和相加，而需要在综合过程中增加两种定额之间的适当水平差。预算定额的水平取决于这些消耗量的合理确定。

（4）定额项目表和拟定有关说明　定额项目表的一般格式是：横向排列为各分项工程的项目名称，竖向排列为分项工程的人工、材料、机械台班消耗量指标。有的项目表下部还有附注，以及说明设计有特殊要求时怎样进行调整和换算。如表 3-2 为《全国统一建筑工程基础定额》（土建：上册）中砌筑工程的砖基础、砖墙预算定额表。

表 3-2　砖基础、砖墙预算定额表

工作内容：砖基础：调运砂浆、铺砂浆、运砖、清理基坑槽、砌砖等。
　　　　　砖墙：调运、铺砂浆、运砖。
　　　　　砌砖包括窗台虎头砖、腰线、门窗套；安放木砖、铁件等。

（计量单位：$10m^3$）

定额编号			4-1	4-10	4-11
项目		单位	砖基础	混水砖墙	
				一砖	一砖半
人工	综合工日	工日	12.18	16.08	15.63
材料	水泥砂浆 M5	m^3	2.36		
	水泥混合砂浆 M2.5	m^3		2.25	2.40
	普通黏土砖	千块	5.236	5.314	5.35
	水	m^3	1.05	1.06	1.07
机械	灰浆搅拌机 200L	台班	0.39	0.38	0.40

5. 预算定额人工工日消耗量的确定

（1）含义　预算定额人工工日消耗量是指在正常施工条件下，完成单位合格产品所必须消耗的人工工日数量。如表 3-2 中，定额子目 4-10：16.08 工日/$10m^3$ 一砖混水砖墙。

（2）确定方法　预算定额人工工日消耗量确定的方法有：方法一，以劳动定额为基础确定；方法二，以现场观察测定资料为基础确定。

以现场观察测定资料为基础来确定预算定额中人工工日消耗量的方法，同前面讲述的

"施工定额"中"劳动定额"的确定方法一样（见3.3节）。这里主要讲述第一种方法：以施工定额的劳动定额为基础确定。

（3）人工工日消耗量组成　以劳动定额为基础确定预算定额人工工日消耗量组成见表3-3。

表3-3　预算定额人工消耗量指标的组成内容

基本用工	指完成单位合格产品所必须消耗的技术工种用工。按技术工种相应劳动定额工时定额计算，以不同工种列出定额工日
辅助用工	指技术工种劳动定额内不包括而在预算定额内又必须考虑的工时。如机械土方工程配合用工、电焊着火用工
超运距用工	指预算定额的平均水平运距超过劳动定额规定水平运距部分
人工幅度差	指在劳动定额作业时间之外预算定额应考虑的正常施工条件下所发生的各种工时损失。内容如下： （1）各工种间的工序搭接及交叉作业互相配合所发生的停歇用工； （2）施工机械在单位工程质检转移及临时水电线路移动所造成的停顿； （3）质量检查和隐蔽工程验收工作的影响； （4）班组操作地点转移用工； （5）工序交接时对前一工序不可避免的修整； （6）施工中不可避免的其他零星用工

（4）人工工日消耗量的确定

预算定额人工工日消耗量=（基本用工+超运距用工+辅助用工）×（1+人工幅度差系数）

$$(3-26)$$

6. 预算定额材料消耗量的确定

（1）含义　预算定额材料消耗量是指在正常施工条件下，完成单位合格产品所必须消耗的各种材料数量。如表3-2中，定额子目（4-10）：5.314千块黏土砖/10m³一砖混水砖墙；2.25m³砂浆/10m³一砖混水砖墙；1.06m³水/10m³一砖混水砖墙。

（2）材料分类　材料按用途可划分为以下四种：

1）主要材料。指直接构成工程实体的材料，其中也包括成品、半成品的材料。

2）辅助材料。除主要材料以外的构成工程实体的其他材料，如垫木、钉子、钢丝等。

3）周转性材料。指脚手架、模板等多次周转使用的不构成工程实体的摊销性材料。

4）其他材料。指用量较少、难以计量的零星用料，如编号用的油漆等。

（3）确定方法　预算定额材料消耗量确定方法主要有四种，见表3-4。

表3-4　材料消耗量确定方法

现场观测法	对新材料、新结构有不能用其他方法计算的定额耗用量时，需用现场测定方法来确定，根据不同条件可以采用写实记录法和观察法，得出定额消耗量
试验室试验法	指各种强度等级的混凝土及砌筑砂浆配合比的耗用原材料数量的计算，须按规范要求试配，试压合格并经必要的调整后得出的水泥、砂子、石子、水的用量
换算法	各种胶结、涂料等材料的配合比用料，根据设计要求条件换算，得出材料用量
理论公式计算法	凡有标准规格的材料，按规范要求计算定额计量单位耗用量，如砖、防水卷材、块料面层等； 凡设计图标注尺寸及下料要求的，按设计图示尺寸计算材料净用量，如门窗制作用材料、方、板料等

（4）材料消耗量组成　预算定额材料消耗量由材料净用量和材料损耗量组成。材料净用量是指直接用于建筑和安装工程的材料；材料损耗量是指不可避免的施工废料和不可避免的

材料损耗，如现场内材料运输损耗及施工操作过程中的损耗等（注：指施工现场内的损耗）。

（5）材料消耗量的确定　具体如下。

$$预算定额材料消耗量 = 材料净用量 + 材料损耗量 \qquad (3-27)$$

$$预算定额材料消耗量 = 材料净用量 \times (1 + 损耗率) \qquad (3-28)$$

$$材料损耗率 = \frac{损耗量}{净用量} \times 100\% \qquad (3-29)$$

（6）其他材料的确定　一般按工艺定额测算，在定额项目材料计算表内列出名称、数量，并依据编制期价格与其他材料占主要材料的比率计算，列在定额栏之下，定额内可不列材料名称及消耗量。

7. 预算定额机械台班消耗量的确定

（1）含义　预算定额机械台班消耗量是指在正常施工条件下，完成单位合格产品所必须消耗的机械台班数量。如表 3-2 中，定额子目 4-10：0.38 台班灰浆搅拌机/$10m^3$ 一砖混水砖墙。

（2）确定方法　预算定额机械台班消耗量确定的方法有：方法一，以施工定额的机械定额为基础确定；方法二，以现场观察测定资料为基础确定。

以现场观察测定资料为基础来确定预算定额中机械台班消耗量的方法，同前面讲述的"施工定额"中"机械定额"的确定方法一样（见 3.3 节）。这里主要讲述第一种方法：以施工定额的机械定额为基础来确定的方法。

（3）机械台班消耗量的确定方法　这种方法是以施工定额中的机械定额的机械台班消耗量加上机械幅度差计算预算定额的机械台班消耗量。其计算式为：

$$预算定额机械台班消耗量 = 施工定额机械消耗台班 + 机械幅度差 \qquad (3-30)$$

$$预算定额机械台班消耗量 = 施工定额机械消耗台班 \times (1 + 机械幅度差率) \qquad (3-31)$$

注：如遇施工定额（劳动定额）缺项者，则须以现场观察测定资料为基础确定。

3.5　企业定额

3.5.1　企业定额的概念和作用

1. 企业定额的概念

企业定额是指施工企业根据本企业的施工技术和管理水平而编制的人工、材料和施工机械台班等的消耗标准。

企业定额适应了我国工程造价管理体制和管理制度的改革，是实现工程造价管理改革目标不可或缺的一个重要环节。要实现工程造价管理的市场化，由市场形成价格是关键。以各企业的企业定额为基础做出报价，能真实地反映出企业成本的差异，能在施工企业之间形成实力的竞争，从而真正达到市场形成价格的目的。可以说，企业定额的编制和运用是我国工程造价领域改革迈出的关键而重要的一步。

企业定额是由企业自行编制，只限于本企业内部使用的定额，它使用的目的是提高企业劳动生产率，降低材料消耗，正确计算劳动成果，加强企业管理，对外进行投标报价。企业定额是反映企业素质的一个标志，企业定额水平一般应高于国家现行统一定额的水平，以满足生产技术发展、企业管理和市场竞争的需要。

企业定额在内容和形式上要满足施工管理和投标报价的各种需要，以便于应用为原则；要通过实践和长期积累大量统计资料，并应用科学的方法编制。

企业定额必须具备以下特点：

1）其各项平均消耗要比社会平均水平低，体现其先进性。

2）可以表现本企业在某些方面的技术优势。

3）可以表现本企业局部或全面管理方面的优势。

4）所有匹配的单价都是动态的，具有市场性。

5）与施工方案能全面接轨。

2. 企业定额的作用

1）企业定额是施工企业计划管理的依据。施工作业计划是施工单位计划管理的中心环节，其内容主要包括资源需用量、资源供应最佳时间的安排和平面规划三部分。施工作业计划编制要用企业定额计算实物工程量，进而计算劳动量和施工机械使用量，合理安排施工形象进度。要用企业定额计算材料、构件等需用量，并根据形象进度确定分期需用量和供应时间。

2）企业定额是组织和指挥施工生产的有效工具。施工企业组织和指挥施工班组进行施工，须按照作业计划通过下达施工任务单和限额领料单来实现。而施工任务单上的工程计量单位、产量定额和计价单位，均取自企业定额中的劳动定额，且班组工资结算也要根据企业定额中劳动定额的完成情况来计算。限额领料单中领料的数量，同样需要根据施工任务和企业定额中的材料定额来填写。

3）企业定额是计算工人劳动报酬的依据。企业定额是衡量工人劳动数量和质量的标准，是计算工人计件工资的基础，也是计算奖励工资的依据。完成定额好，工资报酬就多；达不到定额，工资报酬就会减少。按劳分配可以促使工人尽可能发挥个人潜力，以实现自我价值。

4）企业定额有利于推广先进技术。企业定额水平包含着某些已经成熟的先进的施工技术和经验，工人要达到和超过定额，就必须掌握和运用这些先进技术。当企业定额明确要求采用较先进的施工工具和施工方法时，贯彻企业定额就意味着推广先进技术。

5）企业定额是编制施工预算、加强成本管理和经济核算的基础。施工预算以企业定额为编制基础，既要反映设计图的要求，也要考虑在现有条件下可能采取的节约人工、材料和降低成本的具体措施。严格执行企业定额可以控制成本、降低费用开支，也能为企业加强班组核算和增加盈利创造良好的条件。

6）企业定额是编制工程投标报价的基础和主要依据。投标报价应当依据企业定额和市场价格信息，并按照国务院和省、自治区、直辖市人民政府建设行政主管部门发布的工程造价计价办法进行编制。而且，自 2003 年 7 月开始实行工程量清单计价后，实现工程量清单计价的关键和核心就在于企业采用企业定额进行自主报价。

企业定额反映的是企业的生产力水平和市场竞争力，是形成企业个别成本的基础，根据企业定额进行的投标报价能有效提升企业投标报价的竞争力。

3.5.2　企业定额的编制的原则和依据

1. 企业定额编制的原则

1）与国家规范保持一致性原则。

2）平均先进水平原则。

3) 内容和形式简明适用性原则。

4) 以专家为主全员参与原则。

5) 独立自主编制原则。

6) 量价费分离原则。

7) 实事求是的动态管理原则。

8) 稳定性和时效性原则。

9) 保密性原则。

2. 企业定额编制的依据

定额的编制依据主要有：国家的有关法律、法规，政府的价格政策，现行的建筑安装工程施工及验收规范，安全技术操作规程和现行劳动保护法律、法规，国家设计规范，各种类型具有代表性的标准图集，施工图，企业技术与管理水平，工程施工组织方案，现场实际调查和测定的有关数据，工程具体结构和难易程度状况，以及采用新工艺、新技术、新材料、新方法的情况等。

根据目前大部分建筑施工企业的定额管理水平和建设工程项目的特点，建筑施工企业要凭自己的力量完成企业内部定额的编制具有相当大的难度。因此，建筑施工企业要在短期内编制出反映企业自身施工技术管理水平和经营管理水平的企业定额，必须采用"借鸡下蛋"的方式才能实现。在成熟的统一定额基础上进行改编是一种行之有效的方法，当前可参照的依据主要有：

1)《建设工程工程量清单计价规范》。

2)《全国统一建筑工程基础定额》。

3)《建筑工程消耗量定额》。

4)《建筑工程施工工料定额》。

5)《全国建筑安装工程统一劳动定额》。

6)《全国统一施工机械台班费用定额》。

7)《建筑安装费用定额》。

3.5.3 企业定额的制定方法

企业定额的制定方法与其他定额的制定方法基本一致。概括起来，主要有定额修正法、统计分析法、经验估计法、写实测定法、理论计算法等。

1. 定额修正法

定额修正法的思路是以已有的全国定额、地方定额或行业定额等为蓝本，结合企业实际情况和工程量清单计价规范的要求，调整定额的结构、项目范围等，在自行测算的基础上形成企业定额。这种方法的优点是继承了全国定额、地方定额或行业定额的精华，使企业定额有模板可依，并有改进的基础。在各施工单位企业定额尚未建立的今天，采用定额修正法建立部分定额，不失为一种捷径。这种方法在假设条件下，把变化的条件罗列出来进行适当的增减，既比较简单易行，又相对准确，是编制企业一般工程项目的人工、材料、机械和管理费标准的较好方法之一，不过这种方法制定的定额水平要在实践中得到检验和完善。

2. 统计分析法

统计分析法是企业对在建和完工项目的资料数据，运用抽样统计的方法，进行有关项目的消耗数据统计测算，最终形成企业定额消耗数据。这种方法充分利用了企业的实际数据，对于常见的项目有较高的准确性，使用时简单易行，方便快捷，但这种方法对于企业历史资料和数据的要求较高，依赖性较强，一旦数据有误，造成的误差相当大。这种方法对设计方案较规范的民用建筑工程，如一般住宅等常用项目的人工、材料、机械消耗及管理费测定较为适用。

3. 经验估计法

经验估计法是在没有任何施工资料的情况下，由具有丰富施工经验的定额人员、工程技术人员、技术工人共同根据各自的施工实践经验，结合现场观察和设计施工图分析，考虑设备、工具和其他施工组织条件，直接估计定额消耗量的一种方法。这种方法一般仅限于次要的定额项目或临时性、一次性的定额项目的估定，以及在定额缺项，又急于使用且不易计算工作量的零星项目中采用。

4. 写实测定法

写实测定法是以研究施工过程为对象，以观察写实测定为手段，对施工现场的施工组织、技术条件和施工工艺等的不合理之处采取相应的技术、组织改进措施后，制定消耗量定额的一种方法。这种方法不仅能为编制定额提供基础数据，而且也能为改善施工组织管理，改善工艺过程和操作方法，消除不合理的损失和进一步挖掘生产潜力提供依据。该方法技术简便，应用广泛，资料全面，适用于对工程造价影响较大的主要项目及新技术、新工艺、新方法的人工、材料和机械台班水平的测定。但这种方法费时、费工，需要较长的周期才能建立起企业定额。

5. 理论计算法

理论计算法是根据施工图、施工规范及材料规格等，用理论计算的方法求出定额中的理论消耗量，将理论消耗量加上材料的合理损耗或人工、机械幅度差，得出定额实际消耗水平的方法。实际的损耗量或人工、机械幅度差又要经过现场实际统计测算才能获得。所以理论计算法在编制定额时不能独立使用，只有与统计分析法（用来测算损耗率或人工、机械幅度差）相结合才能共同完成定额子目的编制。所以，理论计算法编制施工企业定额有一定的局限性。但这种方法可以节约大量的人力、物力和时间。

上述这些方法各有优缺点，企业可以根据项目的特殊性，所占工程造价的比重，技术含量等因素选择合适的方法。任何一种方法都不是绝对独立的，在实际工作过程中也可以将多种方法结合起来使用，互为补充，互为验证。

3.5.4　企业定额与统一定额的联系与区别

1. 联系

企业定额编制时往往以统一定额作为控制的参考依据。企业定额的编制水平一般高于统一定额的水平，它们之间有一定的关联性，都规定了完成单位合格产品所需的人工、材料和机械台班消耗的数量标准。

2. 区别

（1）编制单位和使用范围不同　统一定额由国家、行业或地区建设主管部门编制，是国家、行业或地区建设工程造价计价法规性标准。企业定额由企业编制，是企业内部使用的定额。

（2）编制时考虑的因素不同　统一定额综合考虑了众多企业的一般情况，考虑了施工过程中对前面施工工序的检验，对后继施工工序的准备，以及相互搭接中的技术间歇、零星用工及停工损失等人工、材料和机械台班消耗量的增加因素。企业定额是依据本企业的技术经济状况和施工水平编制的,考虑的是本企业施工的情况。

(3) 编制水平不同   统一定额采用社会平均水平编制,反映的是社会平均水平;企业定额采用企业自身水平编制,反映的是平均先进水平和个别成本。

3.6   概算定额与概算指标

3.6.1   概算定额

1. 概算定额的概念

概算定额,又称为扩大结构定额,是在预算定额基础上,确定完成合格的单位扩大分项工程或单位扩大结构构件所需消耗的人工、材料和机械台班的数量标准。

由于概算定额是在预算定额基础上综合扩大而成的,为了防止综合的内容、数量不够全面和准确,因此,概算定额与预算定额之间必然产生并允许留有一定的概算幅度差(一般控制在5%以内),以便按照概算定额编制的初步设计概算能够控制施工图预算。

2. 概算定额的作用

1) 概算定额是编制一般工业与民用建筑新建、扩建工程初步设计概算和技术修正概算的主要依据。经主管部门批准或有关单位同意,也可作为编制施工图预算的依据。

2) 概算定额是选择设计方案,进行经济比较,衡量设计是否经济合理的依据。一个投资项目或单项工程的确定,首先必须是技术上可行,其次是经济上合理。各设计方案出来以后,就可以利用概算定额中的有关指标进行比较,进行技术经济分析,可以促使设计人员进一步改进设计,使设计方案更加完善。

3) 概算定额是编制设计任务书,投资估算,进行投资大包干以及编制工程项目主要材料申报计划的依据。在市场经济体制下,企业作为投资主体在决策投资项目时要编制设计任务书,设计任务书中的投资概算是根据概算定额来制定的,施工企业也可以依据概算定额来编制投标报价进行竞价投标,同时根据概算定额中的有关资料来计算工程项目主要材料的需要量,以主要材料的需要量作为材料的申报计划指标。

4) 概算定额是编制概算指标的计算基础。正确合理编制概算定额对提高设计概算的质量,加强投资项目管理,合理使用建设资金,降低建设成本,充分发挥投资效果,提高企业经济效益等方面,都具有重要的作用。

3. 概算定额的编制依据

1) 现行的设计标准及规范和施工及验收规范。

2) 现行的建筑安装工程预算定额。

3) 标准设计和有代表性的设计图等。

4) 现行的人工工资标准、材料预算价格、机械台班预算价格及其他的价格资料。

4. 概算定额的编制原则

首先,确定预算定额水平的原则适用于概算定额。但在概、预算定额水平之间应保留必要的幅度差,以便依据概算定额编制的设计概算能起到控制投资的作用。其次,概算定额项目划分,同样要贯彻社会平均水平和简明适用的原则。总之,应使概算定额达到简化、准确和适用。

5. 概算定额的编制步骤

概算定额的编制一般分三阶段进行，即准备阶段、编制初稿阶段和审查定稿阶段。

（1）准备阶段　该阶段主要是确定编制机构和人员组成，进行调查研究，了解现行概算定额执行情况和存在问题，明确编制的目的，制定概算定额的编制方案和确定概算定额的项目。

（2）编制初稿阶段　该阶段是根据已经确定的编制方案和概算定额项目，收集和整理各种编制依据，对各种资料进行深入细致的测算和分析，确定人工、材料和机械台班的消耗量指标，最后编制概算定额初稿。

（3）审查定稿阶段　该阶段要对概算定额和预算定额进行水平测算，以保证两者在水平上的一致性。

6. 概算定额的编制方法

编制概算定额时要确定概算定额表的形式、计量单位及小数位数、概算定额的幅度差和原始计算表的设计。概算定额表格形式原则上以竖表编列，表中应包括人工费、材料费、机械费以及主要材料消耗量费用。概算定额幅度差由国家或各省、自治区、直辖市结合本地实际情况确定。

概算定额的编制方法一般有以下两种情况：

1）有的地区编制概算定额时，采用预算定额的工程量计算规则。当采用此方法编制概算定额时，将有关预算定额合成一个项目后，其概算定额综合价格还应包括事先确定的概（预）算定额幅度差。

2）有的地区在编制概算定额时，先对预算定额的工程量计算规则进行简化、调整。如预算定额计算规则中内墙、内墙基础、钢筋混凝土梁等，均按净长尺寸计算，而编制概算定额则采用设计图注轴线尺寸计算，减少了净长尺寸的计算，也就是说简化了计算规则，扩大了工程量。当采用此方法编制定额时，将有关预算定额项目综合组成一个项目即可。

3.6.2　概算指标

1. 概算指标的概念

建筑工程概算指标是指以建筑面积平方米、体积立方米或成套设备装置的台班为计量单位，以整个建筑物或构筑物为依据，确定其按规定计量单位所消耗的人工、材料和机械台班的数量标准。概算指标比概算定额具有更大的综合性和概括性。

2. 概算指标的分类及表现形式

（1）概算指标的分类　概算指标可分为两类：一类是建筑工程概算指标，另一类是安装工程概算指标，具体如图3-6所示。

（2）概算指标的表现形式　概算指标在具体内容的标示方法上，分综合概算指标和单项概算指标两种形式。

1）综合概算指标。综合概算指标是按照工业或民用建筑及其结构类型而制定的概算指标。综合概算指标的概括性较大，其准确性、针对性均不如单项指标。

2）单项概算指标。单项概算指标是指为某建筑物或构筑物而编制的概算指标。单项概算指标的针对性较强，故指标中对工程结构形式要做介绍。只要工程项目的结构形式及工程内容与单项指标中的工程概况相吻合，编制出的设计概算就比较准确。

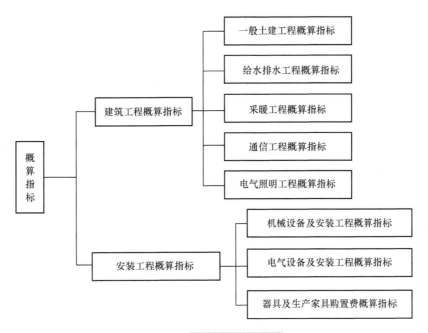

图 3-6　　概算指标的分类

3. 概算指标的编制原则

概算指标应符合价值规律的要求，其水平也应是社会必要消耗量的平均水平，概算指标与概算定额水平之间应保留一定的幅度差。概算指标项目的划分，应在保证具有一定的准确性的前提下，做到简明易懂、项目齐全、计算简单、准确可靠。本着不留活口或少留活口的原则进行。

综上所述，编制概算指标应贯彻平均水平和简明实用的原则。

4. 概算指标的编制依据

1）标准设计图和各类工程典型设计。

2）国家颁布的建筑标准、设计规范、施工规范等。

3）各类工程造价资料。

4）现行的概算定额和预算定额及补充定额。

5）人工工资标准、材料预算价格、机械台班预算价格及其他价格资料。

5. 概算指标的编制步骤

以房屋建筑工程为例，概算指标可按以下步骤进行编制：

1）首先成立编制小组，拟定工作方案，明确编制原则和方法，确定指标的内容及表现形式，确定基价所依据的人工工资单价、材料预算价格、机械台班单价。

2）收集整理编制指标所必需的标准设计、典型设计以及有代表性的工程设计图，设计预算等资料，充分利用有使用价值的已经积累的工程造价资料。

3）按指标内容及表现形式的要求进行具体的计算分析，工程量尽可能利用经过审定的工程竣工结算的工程量，以及可以利用的可靠的工程量数据。按基价所依据的价格要求计算综合指标，并计算必要的主要材料消耗指标，用于调整价差的工、料、机消耗指标，一般可按不同类型工程划分项目进行计算。

4）最后经过核对审核、平衡分析、水平测算、审查定稿。随着有使用价值的工程造价资料积累制度和数据库的建立，以及电子计算机、网络的充分发展与利用，概算指标的编制工作将得到根本改观。

6. 概算指标的应用

概算指标的应用比概算定额具有更大的灵活性。由于它是一种综合性很强的指标，不可能与拟建工程的建筑特征、结构特征、自然条件、施工条件完全一致。因此在选用概算指标时要十分慎重，选用的指标与设计对象在各个方面应尽量一致或接近，不一致的地方要进行换算，以提高准确性。

概算指标的应用一般有两种情况：

1）当设计对象的结构特征与概算指标一致时，可以直接套用。

2）当设计对象的结构特征与概算指标的规定局部不同时，要对指标的局部内容进行调整后再套用。用概算指标编制工程概算，工程量的计算工作量很小，也节省了大量的定额套用和工料分析工作，因此比用概算定额编制工程概算的速度要快，但是准确性差一些。

3.7　人工、材料、机械价格的构成

3.7.1　人工单价的组成和确定方法

1. 人工工日单价的概念及其组成

人工工日单价也称日工资单价，简称人工单价。它是指在工程计价中一个建筑安装工人完成一个工作日的工作后应当获得的全部人工费用，基本上反映的是建筑安装生产工人的工资水平和一个工人在一个工作日中可以得到的报酬。合理确定人工工日单价是正确计算人工费和工程造价的前提和基础。

建筑工程价目表中的人工费是指根据消耗量定额中规定的完成该子项工程或结构构件合格产品所消耗的人工数量与相应的人工工日单价的乘积。

按照我国建设行政主管部门的统一规定，人工工日单价主要由基本工资、工资性津贴、生产工人辅助工资、职工福利费、生产工人劳动保护费组成。

2. 人工工资单价的计算

计算式为：

日工资单价 = 基本工资 + 工资性津贴 + 生产工人辅助工资 + 职工福利费 +

　　　　生产工人劳动保护费　　　　　　　　　　　　　　　　　　　　　　(3-32)

　　　　基本工资 = 生产工人平均月工资 ÷ 年平均每月法定工作日　　　　(3-33)

　　　　年平均每月法定工作日 = （全年日历日 − 法定假日）÷ 12　　　　(3-34)

全年日历日为365天。

法定假日指双休日和法定节日，全年共52个星期，每星期休假2天，全年双休日共计52×2天 = 104天；法定节日：春节3天，新年1天，劳动节1天，国庆节3天，清明节、端午节、中秋节各放假1天，共计11天。

全年日历日减法定假日称为年法定工作日。年法定工作日为：（365 − 104 − 11）天 = 250天；年平均每月法定工作日为：250天 ÷ 12 = 20.83天。

工资性津贴 = ∑年发放标准 ÷ （全年日历日 − 法定假日）+ ∑月发放标准 ÷

　　　　年平均每月法定工作日 + 每工作日发放标准　　　　　　　　　　　(3-35)

　　　　生产工人辅助工资 = 全年无效工作日 × （基本工资 + 工资性津贴）÷

$$（全年日历日 － 法定假日） \tag{3-36}$$

全年无效工作日（非工人原因停工）按 26 天计。包括气候影响停工 12 天，开会学习 4 天，其他 10 天。

$$职工福利费 =（基本工资 ＋ 工资性津贴 ＋ 生产工人辅助工资）× 福利费计提比例（\%） \tag{3-37}$$

$$生产工人劳动保护费 = 生产工人年平均支出的劳动保护费 ÷（全年日历日 － 法定假日） \tag{3-38}$$

近几年国家陆续出台了养老保险、医疗保险、住房公积金、失业保险等社会保障的改革措施，上述费用将逐步纳入工人的工资标准内。

3.7.2 材料单价的组成和确定方法

1. 材料价格的概念及其组成

材料价格是指材料（包括构件、成品及半成品等）从其来源地（或交货地点）到达施工工地仓库或堆放场地后的出库价格。材料价格一般由材料原价（或供应价格）、材料运杂费、运输损耗费、采购及保管费和检验试验费等组成。

2. 材料单价的计算

$$材料费 =（材料消耗量 × 材料单价）＋ 检验试验费 \tag{3-39}$$

$$材料单价 =（供应价格 ＋ 运杂费）×（1 ＋ 运输损耗率）×（1 ＋ 采购保管费率） \tag{3-40}$$

1）材料原价（或供应价格）。采取加权平均的方法计算其材料原价。

2）材料运输费。采用加权平均的方法计算运输费。

3）运输损耗费。计算式为：

$$运输损耗费 =［材料原价（或供应价）＋ 运杂费］× 相应材料损耗率 \tag{3-41}$$

4）采购及保管费。计算式为：

$$采购及保管费 =（供应价格 ＋ 运杂费）×（1 ＋ 运输损耗率）× 采购保管费率 \tag{3-42}$$

或

$$采购及保管费 =（供应价格 ＋ 运杂费 ＋ 运输损耗费）× 采购保管费率 \tag{3-43}$$

5）检验试验费。计算式为：

$$检验试验费 = 单位材料量检验试验费 × 材料消耗量 \tag{3-44}$$

$$单位材料量检验试验费 = 按给定每批材料抽验所需费用 ÷ 该批材料数量 \tag{3-45}$$

【例3-5】 某建筑工地需要建筑水泥，该水泥需要在甲乙两地间进行运输。已知从甲地运输水泥 100t（50kg/袋），水泥原价为 315 元/t，运输距离为 8km，运输费为 8 元/t；从乙地运输水泥 80t，水泥原价为 320 元/t，运输距离为 14km，运输费为 11 元/t。运输损耗率为 1%，装卸费为 6 元/t，采购保管费率为 2.5%，不考虑水泥袋的回收和水泥的包装费用。试求每吨水泥的预算价格。

【解】：（1）每吨水泥的加权平均原价 $= \dfrac{315 × 100 ＋ 320 × 80}{100 ＋ 80}$ 元/t ＝ 317. 22 元/t

（2）每吨水泥的加权平均运费 $= \dfrac{8 × 100 ＋ 11 × 80}{100 ＋ 80}$ 元/t ＝ 9. 33 元/t

（3）每吨水泥的运输损耗 ＝（317. 22 ＋ 9. 33 ＋ 6）元/t × 1% ＝ 3. 33 元/t

（4）每吨水泥的采购保管费 ＝（317. 22 ＋ 9. 33 ＋ 6）元/t × 2. 5% ＝ 8. 40 元/t

（5）每吨水泥的预算价格 ＝（317. 22 ＋ 9. 33 ＋ 6 ＋ 3. 33 ＋ 8. 40）元/t ＝ 344. 28 元/t

3.7.3　机械台班单价的组成和确定方法

1. 机械台班单价的概念及其组成

施工机械使用费是根据施工中耗用的施工机械台班数量和施工机械台班单价确定的。施工机械台班耗用量按消耗量定额规定计算；施工机械台班单价是指一台施工机械，在正常运转条件下一个工作班中所发生的分摊和支出的全部费用，每台班按8h工作制计算。正确制定施工机械台班单价是合理控制工程造价的重要方面。

机械台班单价由台班折旧费、台班大修理费、台班经常修理费、安拆费及场外运输费、台班人工费、台班燃料动力费、台班养路费及车船使用税七部分组成。

其中，折旧费、大修理费、经常修理费、安拆费及场外运输费四项费用称为第一类费用，属于分摊性质的费用，也称为不变费用。人工费、燃料动力费、养路费及车船使用税三项费用称为第二类费用，属于支出性质的费用，也称为可变费用。

2. 机械台班单价的计算

$$施工机械使用费 = \sum（施工机械台班消耗量 × 机械台班单价）\tag{3-46}$$

$$\begin{aligned}机械台班单价 = &台班折旧费 + 台班大修理费 + 台班经常修理费 + \\ &台班安拆费及场外运输费 + 台班人工费 + 台班燃料动力费 + \\ &台班养路费及车船使用税\end{aligned}\tag{3-47}$$

（1）折旧费计算　折旧费计算公式为：

$$台班折旧费 = \frac{机械预算价格 ×（1 - 残值率）× 贷款利息系数}{耐用总台班}\tag{3-48}$$

（2）大修理费计算　大修理费计算公式为：

$$台班大修理费 = \frac{一次大修理费 × 寿命期内大修理次数}{耐用总台班}\tag{3-49}$$

$$寿命期内大修理次数 = 使用周期数 - 1\tag{3-50}$$

（3）经常修理费计算　经常修理费计算公式为：

$$台班经常修理费 = \frac{\sum（各级保养一次费用 × 寿命期内各级保养次数）+ 临时故障排除费}{耐用总台班} +$$
$$替换设备台班摊销费 + 工具附具台班摊销费 + 例保辅料费$$
$$\tag{3-51}$$

为了简化计算，也可按下列公式计算：

$$台班经常修理费 = 台班大修费 × K\tag{3-52}$$

式中　K——台班经常修理费系数。

（4）安拆费和场外运输费计算　安拆费及场外运输费根据施工机械不同分为计入台班单价、单独计算和不计算三种类型。

1）工地间移动较为频繁的小型机械及部分中型机械，其安拆费及场外运输费应计入台班单价。台班安拆费及场外运输费计算公式为：

$$台班安拆费及场外运输费 = 一次安拆费及场外运输费 × 年平均安拆次数 ÷ 年工作台班$$
$$\tag{3-53}$$

2）移动有一定难度的特、大型（包括少数中型）机械，其安拆费及场外运输费应单独计算。

单独计算的安拆费及场外运输费除应计算安拆费、场外运费外，还应计算辅助设施（包括基础、底座、固定锚桩、行走轨道枕木等）的折旧、搭设和拆除等费用。

自升式塔式起重机安装、拆卸费用的超高起点及其增加费，各地区（部门）可根据具体情况确定。

3）不需安装、拆卸且自身又能开行的机械和固定在车间不需安装、拆卸及运的机械，其安拆费及场外运输费不计算。

（5）人工费计算　人工费计算公式为：

$$台班人工费 = 年工作台班机上人工消耗数量 \times 人工单价 \times$$
$$（1 + 法定工作日 \times 年工作台班） \div 年工作台班 \tag{3-54}$$

（6）燃料动力费计算　燃料动力费计算公式为：

$$台班燃料动力费 = 台班燃料动力消耗数量 \times 相应燃料动力单价 \tag{3-55}$$

（7）养路费及车船使用税计算　养路费及车船使用税计算公式为：

$$台班养路费及车船使用税 = （年养路费 + 车船使用税 + 年保险费 + 年检费用）/年工作台班 \tag{3-56}$$

3.8　单位估价表的编制

3.8.1　工程单价和单位估价表的概念

1．工程单价的概念

工程单价是指建筑工程单位产品的基本直接费用。通常是指分部分项工程的预算单价，也称为定额基价。

工程单价是传统概预算编制制度中采用定额工料单价法编制工程概预算的重要依据。

2．单位估价表的概念

单位估价表又称为地区基价表，它是基础定额的价格表现形式。单位估价表是将全国统一定额或地区基础定额中的综合工日、材料耗用量、施工机械台班的消耗数量，结合本地区的人工单价、材料价格和施工机械台班单价，计算出完成单位分项工程或结构构件的合格产品的单价。单位估价表是现行建筑工程基础定额在某一地区的具体表现和运用。

3．工程单价与市场价格

工程单价是指通过定额消耗量确定建筑安装工程概预算直接工程费的基本计价依据。它属于计划价格，是国家或地区建设工程造价管理部门有计划地制定和调整的价格。

市场价格则是市场经济规律作用下的市场成交价，是完整商品意义上的商品价值的货币表现。它属于自由价格，是受市场调节制约的一种市场价。

3.8.2　单位估价表的编制

1．单位估价表的编制原理

单位估价表是以货币形式确定定额计价单位某分部分项工程或结构构件直接工程费的文件。它是由完全合格产品的人工费、材料费和施工机械使用费组成的，根据预算定额所确定的人工、材料和机械台班消耗数量乘以人工工日单价、材料预算价格和机械台班预算价格汇总而成。

编制单位估价表就是把三种"量"与"价"分别结合起来，得出分项工程的人工费、材料费和施工机械使用费，三者汇总即为工程预算单价（基价）。

2. 单位估价表的编制依据

1）现行的预算定额。

2）地区现行的预算工资标准。

3）地区各种材料的预算价格。

4）地区现行的施工机械台班费用定额。

3. 单位估价表的主要内容

单位估价表的内容主要有以下三部分：

1）完成分项工程所需消耗的人工、材料、施工机械的实物数量。这一内容在单位估价表中用数量一栏表示，从需要编制单位估价表的相应预算定额中摘录。

2）该分项工程消耗的人工、材料、施工机械的相应预算价格，及相应的工日单价、材料预算价格和施工机械台班使用费。这一内容在单位估价表中用单价一栏表示，从为编制单位估价表而编制的日工资级差单价表、材料预算价格汇总表和施工机械台班使用费计算表中摘录。

3）该分项工程直接费用的人工费、材料费和施工机械使用费。这一内容在单位估价表中用合价一栏表示。它是根据第一部分中的三个"量"和第二部分中的三个"价"对应相乘计算求得。将人工费、材料费和施工机械使用费相加，即得该定额计量单位建筑安装产品的工程预算单价。

4. 单位估价表的形式

单位估价表可以是一个分项工程编一张表，也可以将几个分项工程编在一张表上。

（1）表头　表头包括分项工程项目名称、预算定额编号、工作内容以及定额计量单位。

（2）表格的设计　单位估价表为项目、单位、单价、数量、合价横向多栏式。如一张表上编制几个分项工程的单位估价表，可只列一栏共同使用的单价，而每一分项工程只列数量和合价两栏。单位估价表的纵向依次为人工费、材料费、机械使用费和合计栏，材料费和机械使用费应按材料和机械种类分列项目。

3.8.3　单位估价表的编制示例

【例3-6】　某省建筑工程编制一砖内墙分项工程的地区统一单位估价表，地区统一预算定额中该分项工程的实物消耗量标准如下：

综合工日：15.22 工日

材料用量：M2.5 混合砂浆 2.35m³

　　　　　红砖 5.26 千块

　　　　　水 1.06m³

机械台班：200L 砂浆搅拌机 0.28 台班

　　　　　塔式起重机 0.47 台班

该省统一的相应预算价格资料如下：

人工工日单价：16.75 元/工日

材料预算价格：红砖 177.00 元/千块

　　　　　　　M2.5 混合砂浆 115.61 元/m³

　　　　　　　水 0.50 元/m³

施工机械台班使用费：200L 灰浆搅拌机，37.64 元/台班

塔式起重机 462.38 元/台班

根据上述资料，按规定的表格编制单位估价表，见表3-5。

表3-5　单位估价表

砖石工程

定额编号及名称：03—166　　　　　　一砖内墙　　　　　　（定额单位：每 10m³ 砌体）

项目		单位	单价	数量	合价
人工费		工日	16.75	15.22	254.94
材料费	红砖	千块	177.00	5.26	931.02
	M2.5 混合砂浆	m³	115.61	2.35	271.68
	水	m³	0.50	1.06	0.53
	小计				1203.23
机械费	200L 灰浆搅拌机	台班	37.64	0.28	10.54
	塔式起重机	台班	462.38	0.47	217.32
	小计				227.86
合计		元			1686.03

3.8.4　单位估价汇总表的编制

在单位估价表编制完成以后，应编制单位估价汇总表。单位估价汇总表是指把单位估价表中分项工程的主要货币指标（计价、人工费、材料费、机械费）及主要工料消耗指标汇总在统一格式的简明表格内。

单位估价汇总表的特点是：所占篇幅少，查找方便，简化了工程预算编制工作。单位估价汇总表的内容主要包括单位估价表的定额编号、项目名称、计量单位，以及预算单价和其中的人工费、材料费、机械费和综合费等。

在编制单位估价汇总表时，要注意计量单位的换算。如果单位估价汇总表是按预算定额编制的，其计量单位多数是 100m²、10 套等。但是，实际编制预算时的计量单位，多数是采用 "m²" "套" 等单位。因此，为了便于套用单位估价汇总表的预算单价，一般都在编制单位估价汇总表时，将单位估价表的计量单位（100m²、10 个、10 套或 10 组等）折算成个位单位（m²、m、个、套或组等）。

本　章　小　结

工程造价的确定与计算，必须依赖可靠、有效的计价依据才能完成。本章介绍的计价依据有：施工定额、预算定额、企业定额、概算定额、概算指标、单位估价表。在编制概算、预算和结算时，都是以建设工程定额为标准依据的，所以定额是建设工程设计、施工、竣工验收等工作取得最佳经济效益的有效工具和杠杆。

思　考　题

1. 什么是工程定额？如何进行分类？

2. 简述建设工程定额的作用。

3. 预算定额的概念、性质、编制原则是什么？

4. 工人工作时间是如何划分的？机械工作时间是如何划分的？

5. 人工工日单价的概念和组成内容是什么？

6. 施工定额的主要作用是什么？

7. 企业定额与统一定额有何区别？

8. 机械台班单价的概念和组成内容是什么？

9. 已知某现浇混凝土工程共浇筑混凝土 3.0m³，其基本工作时间为 350min，准备与结束时间为 20min，必需的休息时间为 12min，不可避免的中断时间为 10min，损失时间 95min。求浇筑混凝土的时间定额和产量定额。

10. 已知 20m³ 标准砖 370mm 墙，砂浆、砖的损耗率均为 1%，用理论计算法确定砖和砂浆的消耗量。

11. 结合本地区单位估价表，试计算 150m³ M7.5 水泥砂浆砖基础的基价、人工费、机械费和各种主要材料用量。

12. 某工程要购买钢筋，从甲单位购买 100t，单价 4000 元/t；从乙单位购买 200t，单价 3800 元/t；从丙单位购买 500t，单价 3700 元/t。采用汽车运输，运输单价 0.60 元/(t·km)，甲地离工地 40km，乙地离工地 60km，丙地离工地 80km。装卸费 15 元/t，采购保管费率 2.5%。求该钢筋的预算价格。

13. 按下列所给每 10m³ 一砖（标准红砖）的工、料、机实物消耗，编制其单位估价表。

(1) 人工：基本用工 8.5 工日，辅助用工 4.0 工日，超运距用工 3.5 工日；平均月工资标准 750 元，全年有效工作天数 252 天。

(2) 标准红砖每千块 150 元，M5 混合砂浆 110 元/m³，砂浆和红砖损耗 2%；水需要 1m³，价格为 1.90 元/m³。

(3) 施工机械：砂浆搅拌机（200L）产量定额为 12m³/台班，台班价为 85 元/台班，定额幅度差系数为 1.25；塔式起重机需要 0.39 台班，台班价为 260 元/台班。

第4章

施工图预算的编制方法1——定额计价

主要内容　本章主要介绍了定额计价方法编制施工图预算的编制依据、编制方法与步骤。

学习要求　掌握施工图预算编制方法与步骤及工程量计算规则。

4.1　施工图预算概述

4.1.1　施工图预算的基本概念

1. 施工图预算的含义

施工图预算是施工图设计预算的简称，又叫设计预算。它是由设计单位在施工图设计完成后，根据设计图、现行预算定额、费用定额以及地区设备、材料、人工、施工机械台班等预算价格编制和确定的建筑安装工程造价的文件。

2. 施工图预算的作用

1）建设工程施工图预算是招标投标的重要基础，既是工程量清单的编制依据，也是标底编制的依据。《中华人民共和国招标投标法》实施以来，市场竞争日趋激烈，施工企业一般根据自身特点确定报价，传统的施工图预算在投标报价中的作用将逐渐弱化，但是，施工图预算的原理、依据、方法和编制程序，仍是投标报价的重要参考资料。

2）施工图预算是施工单位在施工前组织材料、机具、设备及劳动力供应的重要参考，是施工企业编制进度计划、统计完成工作量、进行经济核算的参考依据，是甲乙双方办理工程结算和拨付工程款的参考依据，也是施工单位拟定降低成本措施和按照工程量清单计算结果编制施工预算的依据。

3. 施工图预算的内容

施工图预算有单位工程预算、单项工程预算和建设项目总预算。单位工程预算是根据施工图设计文件、现行预算定额、费用定额以及人工、材料、设备、机械台班等预算价格资料，编制单位工程的施工图预算，然后汇总所有各单位工程施工图预算，成为单项工程施工图预算；再汇总各所有单项工程施工图预算，便是一个建设项目建筑安装工程的总预算。

单位工程预算包括建筑工程预算和设备安装工程预算。建筑工程预算按其工程性质分为一般土建工程预算、室内外给水排水工程预算、采暖通风工程预算、煤气工程预算、电气照明工程预算、弱电工程预算、特殊构筑物（如炉窑等）工程预算和工业管道工程预算等。设备安装工程预算可分为机械设备安装工程预算、电气设备安装工程预算和热力设备安装工程预算等。

4.1.2　施工图预算的编制依据

1）国家有关工程建设造价管理的法律、法规和方针政策。

2）施工图设计项目一览表、各专业施工图设计的设计图和文字说明、工程地质勘察资料。

3）主管部门颁布的现行建筑工程和安装工程预算定额、材料与构配件预算价格、工程费用定额和有关费用规定等文件。

4）现行的有关设备原价及运杂费率。

5）现行的其他费用定额、指标和价格。

6）建设场地中的自然条件和施工条件。

4.1.3　施工图预算的编制方法与步骤

施工图预算、招标标底和投标报价由成本、利润和税金构成。其编制可以采用工料单价法和综合单价法两种计价方法。工料单价法是传统定额计价模式采用的计价方式。综合单价法是工程量清单计价模式采用的计价方式。

工料单价法是指以分部分项工程单价为直接工程费单价，用分部分项工程量乘以对应分部分项工程单价后的合计为单位工程直接工程费。直接工程费汇总后另加措施费、间接费、利润、税金生成工程承发包价。

按照分部分项工程单价产生方法的不同，工料单价法又可以分为预算单价法和实物法。

1. 预算单价法

预算单价法就是用地区统一单位估价表中的各分项工料预算单价乘以相应的各分项工程的工程量，求和后得到包括人工费、材料费和施工机械使用费在内的单位工程直接工程费。措施费、间接费、利润和税金可根据统一规定的费率乘以相应的计取基数求得。将上述费用汇总后得到单位工程的施工图预算。

预算单价法编制施工图预算的基本步骤如下。

（1）准备资料，熟悉施工图　准备施工图、施工组织设计、施工方案、现行建筑安装定额、取费标准、统一工程量计算规则和地区材料预算价格等各种资料。在此基础上详细了解施工图，全面分析工程各分部分项工程，充分了解施工组织设计和施工方案，注意影响费用的关键因素。

（2）计算工程量　工程量计算一般按如下步骤进行：

1）根据工程内容和定额项目，列出需计算工程量的分部分项工程。

2）根据一定的计算顺序和计算规则，列出分部分项工程量的计算式。

3）根据施工图上的设计尺寸及有关数据，代入计算式进行数值计算。

4）对计算结果的计量单位进行调整，使之与定额中相应的分部分项工程的计量单位保持一致。

（3）套入预算单价，计算直接工程费　核对工程量计算结果后，利用地区统一单位估价表中的分项工程预算单价，计算出各分项工程合价，汇总求出单位工程直接工程费。单位工程直接工程费计算公式如下：

$$单位工程直接工程费 = \sum (分项工程量 \times 预算单价)$$

计算直接工程费时需注意以下几项内容：

1）分项工程的名称、规格、计量单位与预算单价或单位估价表中所列内容完全一致时，可以直接套用预算单价。

2）分项工程的主要材料品种与预算单价或单位估价表中规定材料不一致时，不能直接套用预算单价，需要按实际使用材料价格换算预算单价。

3）分项工程施工工艺条件与预算单价或单位估价表不一致而造成人工、机械的数量增减时，一般调量不换价。

4）分项工程不能直接套用定额或不能换算和调整时，应编制补充单位估价表。

（4）编制工料分析表　根据各分部分项工程项目实物工程量和预算定额项目中所列的用工及材料数量，计算各分部分项工程所需人工及材料数量，汇总后算出该单位工程所需各类人工、材料的数量。

（5）按计价程序计取其他费用，汇总造价　根据规定的税率、费率和相应的计取基础，分别计算措施费、间接费、利润、税金。将上述费用累计后与直接工程费进行汇总，求出单位工程预算造价。

（6）复核　对项目填列、工程量计算公式、计算结果、套用的单价、采用的取费费率、数字计算、数据精确度等进行全面复核，以便及时发现差错，及时修改，提高预算的准确性。

（7）填写封面、编制说明　封面应写明工程编号、工程名称、预算总造价和单方造价、编制单位名称、负责人和编制日期，以及审核单位的名称、负责人和审核日期等。

编制说明主要应写明预算所包括的工程内容范围、依据的图纸编号、承包方式、有关部门现行的调价文件号、套用单价需要补充说明的问题及其他需说明的问题等。

2. 实物法

实物法编制施工图预算是按工程量计算规则和预算定额确定分部分项工程的人工、材料、机械消耗量，再按照资源的市场价格计算出各分部分项工程的工料单价，以工料单价乘以工程量汇总得到直接工程费，再按照市场行情计算措施费、间接费、利润和税金等，汇总得到单位工程费用。实物法中单位工程直接工程费的计算公式为：

$$分部分项工程工料单价 = \sum (材料预算定额用量 \times 当时当地材料预算价格) +$$
$$\sum (人工预算定额用量 \times 当时当地人工工资单价) +$$
$$\sum (施工机械预算定额台班用量 \times 当时当地机械台班单价)$$
$$单位工程直接工程费 = \sum (分部分项工程量 \times 分部分项工程工料单价)$$

通常采用实物法计算预算造价时，在计算出分部分项工程的人工、材料、机械消耗量后，先按类相加求出单位工程所需的各种人工、材料、施工机械台班的消耗量，再分别乘以当时当地各种人工、材料、机械台班的实际单价，求得人工费、材料费和施工机械使用费并汇总求和。

实物法编制施工图预算的步骤具体为：

（1）准备资料、熟悉施工图　全面收集各种人工、材料、机械的当时当地的实际价格，应包括不同品种、不同规格的材料预算价格；不同工种、不同等级的人工工资单价；不同种类、不同型号的机械台班单价等。要求获得的各种实际价格应全面、系统、真实、可靠。具体可参考预算单价法相应步骤。

（2）计算工程量　本步骤与预算单价法相同，不再赘述。

（3）套用消耗定额，计算人、材、机消耗量　定额消耗量中的"量"在相关规范和工艺水平等未有较大突破性变化之前具有相对稳定性，据此确定符合国家技术规范和质量标准要求并反映当时施工工艺水平的分项工程计价所需的人工、材料、施工机械的消耗量。

根据预算人工定额所列各类人工工日的数量，乘以各分项工程的工程量，计算出各分项工程所需各类人工工日的数量，统计汇总后确定单位工程所需的各类人工工日消耗量。同理，根据预算材料定额、预算机械台班定额分别确定出工程各类材料消耗数量和各类施工机械台班数量。

（4）计算并汇总人工费、材料费、机械使用费　根据当时当地工程造价管理部门定期发布的或企业根据市场价格确定的人工工资单价、材料预算价格、施工机械台班单价分别乘以人工、材料、机械消耗量，汇总即为单位工程人工费、材料费和施工机械使用费。计算公式为：

单位工程直接工程费 = $\sum$（工程量×材料预算定额用量×当时当地材料预算价格）+

$\sum$（工程量×人工预算定额用量×当时当地人工工资单价）+

$\sum$（工程量×施工机械预算定额台班用量×当时当地机械台班单价）

（5）计算其他各项费用，汇总造价　对于措施费、间接费、利润和税金等的计算，可以采用与预算单价法相似的计算程序，只是有关的费率是根据当时当地建筑市场供求情况予以确定。将上述单位工程直接工程费与措施费、间接费、利润、税金等汇总即得出单位工程造价。

（6）复核　检查人工、材料、机械台班的消耗量计算是否准确，有无漏算、重算或多算；套取的定额是否正确；检查采用的实际价格是否合理。其他内容可参考预算单价法相应步骤的介绍。

（7）填写封面、编制说明　本步骤的内容和方法与预算单价法相同。

实物法编制施工图预算的步骤与预算单价法基本相似，但在具体计算人工费、材料费和机械使用费及汇总三种费用之和方面有一定区别。实物法编制施工图预算所用人工、材料和机械台班的单价都是当时当地的实际价格，编制出的预算可较准确地反映实际水平，误差较小，适用于市场经济条件下价格波动较大的情况。由于采用该方法需要统计人工、材料、机械台班消耗量，还需收集相应的实际价格，因而工作量较大、计算过程烦琐。

4.2　工程量计算的原则和方法

4.2.1　工程量的概念

工程量，就是以物理计量单位或自然单位所表示的各个分项工程和结构配件的数量。物理计量单位，一般是指以公制度量表示的长度、面积、体积、质量等。如建筑物的建筑面积，楼面的面积（m^2），墙基础、墙体及混凝土梁、板、柱的体积（m^3），管道、线路的长度（m），钢柱、钢梁、钢屋架的质量（t）等。自然计量单位是指以施工对象本身自然组成情况为计量单位，如"台""套""组""个"等。

4.2.2　工程量计算的原则

工程量是编制施工图预算的基础数据，同时也是施工图预算中最烦琐、最细致的工作。

而且工程量计算项目是否齐全，结果准确与否，直接影响着预算编制的质量和进度。为快速准确地计算工程量，计算时应遵循以下原则：

1）熟悉基础资料。在工程量计算前，应熟悉现行预算定额、施工图、有关标准图、施工组织设计等资料，因为它们都是计算工程量的直接依据。

2）计算工程量的项目应与现行定额的项目一致。工程量计算时，只有当所列的分项工程项目与现行定额中分项工程的项目完全一致时，才能正确使用定额的各项指标。尤其当定额子目中综合了其他分项工程时，更要特别注意所列分项工程的内容是否与选用定额分项工程所综合的内容一致，不可重复计算。

例如，现行定额楼地面工程找平层子目中，均包括刷素水泥浆一道，在计算工程量时，不可再列刷素水泥浆子目。

3）工程量的计量单位必须与现行定额的计量单位一致。现行定额中各分项工程的计量单位是多种多样的。有的是"m^3"，有的是"m^2"，还有的是"延长米""t"和"个"等。所以，计算工程量时，所选用的计量单位应与之相同。

4）必须严格按照施工图和定额规定的计算规则进行计算。计算工程量必须在熟悉和审查施工图的基础上，严格按照定额规定的工程量计算规则，以施工图所标注尺寸（另有规定者除外）为依据进行计算，不能随意加大或缩小构件尺寸，以免影响工程量的准确性。

5）工程量的计算应采用表格形式。

4.2.3　工程量计算的一般方法

为了防止漏项、减少重复计算，在计算工程量时应该按照一定的顺序，有条不紊地进行。下面分别介绍土建工程中工程量计算通常采用的几种顺序。

1. 按施工顺序计算

按施工先后顺序依次计算工程量，即按平整场地、挖地槽、基础垫层、砖石基础、回填土、砌墙、门窗、钢筋混凝土楼板安装、屋面防水、外墙抹灰、楼地面、内墙抹灰、粉刷、油漆等分项工程进行计算。

2. 按定额顺序计算

按当地定额中的分部分项编排顺序计算工程量，即从定额的第一分部第一项开始，对照施工图，凡遇定额所列项目，在施工图中有的，就按该分部工程量计算规则算出工程量。凡遇定额所列项目，在施工图中没有，就忽略，继续看下一个项目。若遇到有的项目，其计算数据与其他分部的项目数据有关，则先将项目列出，其工程量待有关项目工程量计算完成后再进行计算。例如：计算墙体砌筑，该项目在定额的第四分部，而墙体砌筑工程量为：（墙身长度×高度－门窗洞口面积）×墙厚－嵌入墙内混凝土及钢筋混凝土构件所占体积＋垛、附墙烟道等体积。这时可先将墙体砌筑项目列出，工程量计算可暂缓，待第五分部混凝土及钢筋混凝土工程及第七分部门窗工程等工程量计算完毕后，再利用该计算数据补算出墙体砌筑工程量。

这种按定额编排顺序计算工程量的方法，对初学者可以有效地防止漏算重算现象。

3. 按施工图拟订一个有规律的顺序依次计算

1）按顺时针方向计算。从平面图左上角开始，按顺时针方向依次计算。如图 4-1 所示，外墙从左上角开始，依箭头所指示的次序计算，绕一周后又回到左上角。此方法适用于外墙、外墙基础、外墙挖地槽、楼地面、顶棚、室内装饰等工程量的计算。

2）按先横后竖、先上后下、先左后右的顺序计算。以平面图上的横竖方向分别从左到右或从上到下依次计算，如图4-2所示。此方法适用于内墙、内墙挖地槽、内墙基础和内墙装饰等工程量的计算。

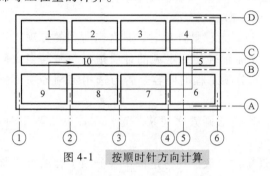

图4-1　按顺时针方向计算

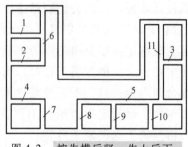

图4-2　按先横后竖，先上后下，先左后右的顺序计算

3）按照施工图中的构、配件编号顺序计算。在图上注明记号，按照各类不同的构、配件，如柱、梁、板等编号，顺序地按柱 Z1、Z2、Z3、Z4···，梁 L1、L2、L3···，板 B1、B2、B3 等构件编号依次计算，如图4-3所示。

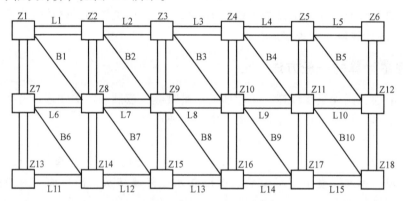

图4-3　按构、配件编号顺序计算

4）根据平面图上的定位轴线编号顺序计算。对于复杂工程，计算墙体、柱子和内外粉刷时，仅按上述顺序计算还可能发生重复或遗漏，这时，可按图中轴线的顺序进行计算，并将其部位以轴线号表示出来。如位于Ⓐ轴线上的外墙，轴线长为①~②，可标记为 A：①~②。此方法适用于内外墙挖地槽、内外墙基础、内外墙砌体、内外墙装饰等工程量的计算。

4.3　统筹法计算工程量

4.3.1　统筹法计算工程量的基本原理

一个单位工程是由几十个甚至上百个分项工程组成的。在计算工程量时，无论按哪种计算顺序，都难以充分利用项目之间数据的内在联系及时地编出预算，而且还会出现重算、漏算和错算现象。

运用统筹法计算工程量，就是分析工程量计算中各分项工程量计算之间的固有规律和相互之间的依赖关系，运用统筹法原理和统筹图图解来合理安排工程量的计算程序，以达到节约时间、简化计算、提高工效，为及时准确地编制工程预算提供科学数据的目的。

根据统筹法原理，对工程量计算过程进行分析，可以看出各分项工程量之间，既有各自的特点，也存在着内在联系。例如在计算工程量时，挖地槽体积为墙长乘以地槽横断面面积，基础垫层是按墙长乘以垫层断面面积，基础砌筑是按墙长乘以基础断面面积，墙基防潮层是用墙长乘以基础宽度，混凝土地圈梁是墙长乘以圈梁断面面积，在这五个分项工程中，都要用到墙体长度，外墙计算外墙中心线，内墙计算内墙净长线。又如，平整场地为建筑物底层建筑面积每边各加 2m，地面面层和找平层为建筑物底层建筑面积减去墙基防潮层面积，在这三个分项工程中，底层建筑面积是其工程量计算的共同依据。再如，外墙勾缝、外墙抹灰、散水、勒脚等分项工程量的计算，都与外墙外边线长度有关。虽然这些分项工程工程量的计算各有其不同的特点，但都离不开墙体长度和建筑物的面积。这里的"线"和"面"是许多分项工程计算的基数，它们在整个工程量计算中反复运用，找出了这个共性因素，再根据预算定额的工程量计算规则，运用统筹法的原理进行仔细分析，统筹安排计算程序和方法，省略重复计算过程，从而快速、准确地完成工程量计算工作。

4.3.2　统筹法计算工程量的基本要点

　　运用统筹法计算工程量的基本要点是："统筹程序，合理安排；利用基数，连续计算；一次算出，多次使用；结合实际，灵活机动。"

　　1. 统筹程序，合理安排

　　工程量计算程序的安排是否合理，关系着预算工作的效率高低，进度快慢。按施工顺序或定额顺序进行工程量计算，往往不能充分利用数据间的内在联系，从而形成重复计算，浪费时间和精力，有时还易出现计算差错。

　　例如：某室内地面有地面垫层、找平层及地面面层三道工序，如按施工顺序或定额顺序计算则为：地面垫层体积（m³）= 长 × 宽 × 垫层厚；找平层面积（m²）= 长 × 宽；地面面层面积（m²）= 长 × 宽。

　　这样，要三次重复计算"长 × 宽"，这是因为没有抓住各分项工程量计算中的共性因素。而按照统筹法原理，根据工程量自身计算规律，按先主后次统筹安排，把地面面层放在其他两项的前面，利用它得出的数据供其他工程项目使用。即：

　　地面面层面积（m²）= 长 × 宽；找平层面积（m²）= 地面面层面积；地面垫层体积（m³）= 地面面层面积 × 垫层厚。

　　按这样的程序计算，抓住地面面层这道工序，只需计算一次"长 × 宽"，还可把另两道工序的工程量带算出来，且计算的数字结果与上一种方法相同，从而减少了重复计算。这个简单的实例说明了统筹程序的意义。

　　2. 利用基数，连续计算

　　就是以"线"或"面"为基数，利用连乘或加减，算出与它有关的分项工程量。基数就是"线"和"面"的长度和面积。

　　1）"线"是某一建筑物平面图中所示的外墙中心线、外墙外边线和内墙净长线。根据分项工程量的不同需要，分别以这三条线为基数进行计算。

　　外墙外边线：用 $L_{外}$ 表示。

　　外墙中心线：用 $L_{中}$ 表示，$L_{中} = L_{外}$ - 外墙厚 × 4。

　　内墙净长线：用 $L_{内}$ 表示。

　　与"线"有关的项目有：

$L_{中}$：外墙基础挖地槽、外墙基础垫层、外墙基础砌筑、外墙基础防潮层、外墙圈梁、外墙墙身砌筑等分项工程。

$L_{外}$：勒脚、腰线、外墙勾缝、外墙抹灰、散水等分项工程。

$L_{内}$：内墙基础挖地槽、内墙基础垫层、内墙基础砌筑、内墙基础防潮层、内墙圈梁、内墙墙身砌筑、内墙抹灰等分项工程。

2）"面"是指某一建筑物的底层建筑面积，用 $S_{底}$ 表示：

$$S_{底} = 建筑物底层平面外墙勒脚以上结构外围水平投影面积$$

与"面"有关的计算项目有：平整场地、天棚面、楼地面及屋面等分项工程。

一般工业与民用建筑工程，都可在这三条"线"和一个"面"的基础上，连续计算出工程量。也就是说，把这三条"线"和一个"面"先计算好，作为基数，然后利用这些基数再计算与它们有关的分项工程量。

3. 一次算出，多次使用

在工程量计算过程中，往往有一些不能用"线""面"基数进行连续计算的项目，如木门窗、屋架、钢筋混凝土预制标准构件等，可事先将常用数据一次算出，汇编成土建工程量计算手册（即"册"），其次也要把那些规律较明显的如槽、沟断面、砖基础大放脚断面等都预先一次算出编入手册。当需计算有关的工程量时，只要查手册就可很快算出所需要的工程量。这样可以减少那种按图逐项地进行烦琐而重复的计算，亦能保证计算的及时与准确性。

4. 结合实际，灵活机动

用"线""面""册"计算工程量，是一般常用的工程量基本计算方法，实践证明，在一般工程上完全可以利用。但在特殊工程上，由于基础断面、墙厚、砂浆强度等级和各楼层的面积不同，就不能完全用"线"或"面"的一个数作为基数，而必须结合实际灵活地计算。

一般常遇到的几种情况及采用的方法如下：

1）分段计算法。当基础断面不同，在计算基础工程量时，就应分段计算。

2）分层计算法。如遇多层建筑物，各楼层的建筑面积或砌体砂浆强度等级不同时，均可分层计算。

3）补加计算法。即在同一分项工程中，遇到局部外形尺寸或结构不同时，为便于利用基数进行计算，可先将其看作相同条件计算，然后再加上多出部分的工程量。如基础深度不同的内外墙基础、宽度不同的散水等工程。

假设前后墙散水宽度为 1.20m，两山墙散水宽为 0.80m，那么应先按 0.80m 计算，再将前后墙 0.40m 散水宽度进行补加。

4）补减计算法。与补加计算法相似，只是在原计算结果上减去局部不同部分工程量。如在楼地面工程中，各层楼面除每层浴厕间为水磨石面层外，其余均为水泥砂浆面层，则可先按各楼层均为水泥砂浆面层计算，然后补减浴厕间的水磨石地面工程量。

4.4　建筑面积的计算

全国统一的建筑面积计算规则，自 2014 年 7 月 1 日起，以《建筑工程建筑面积计算规范》（GB/T 50353—2013）为准执行。

4.4.1　建筑面积的含义

建筑面积是指建筑物（包括墙体）所形成的楼地面面积。它是根据建筑平面图在统一规则下计算出来的一项重要经济指标，例如单方造价、商品房售价的确定，以及基本建设计划面积、房屋竣工面积、在建房屋建筑面积等指标。同时，建筑面积也是计算某些分部分项工程量的基本数据，如综合脚手架、建筑物超高施工增加费、垂直运输等工程量都是以建筑面积计算的。

建筑面积计算是否正确不仅关系工程量计算的准确性，而且对于控制基建投资规模、设计、施工管理方面都具有重要意义。所以在计算建筑面积时，要认真对照《建筑工程建筑面积计算规范》中的计算规则，弄清楚哪些部位该计算、哪些不该计算、如何计算。

4.4.2　不应计算建筑面积的范围

根据《建筑工程建筑面积计算规范》的规定，下列内容不应计算建筑面积：

1）与建筑物内不相连通的建筑部件。

2）骑楼、过街楼底层的开放公共空间和建筑物通道。

3）舞台及后台悬挂幕布和布景的天桥、挑台等。

4）露台、露天游泳池、花架、屋顶的水箱及装饰性结构构件。

5）建筑物内的操作平台、上料平台、安装箱和罐体的平台。

6）勒脚、附墙柱、垛、台阶、墙面抹灰、装饰面、镶贴块料面层、装饰性幕墙，主体结构外的空调室外机搁板（箱）、构件、配件，挑出宽度在 2.10m 以下的无柱雨篷和顶盖高度达到或超过两个楼层的无柱雨篷。

7）窗台与室内地面高差在 0.45m 以下且结构净高在 2.10m 以下的凸（飘）窗，窗台与室内地面高差在 0.45m 及以上的凸（飘）窗。

8）室外爬梯、室外专用消防钢楼梯。

9）无围护结构的观光电梯。

10）建筑物以外的地下人防通道，独立的烟囱、烟道、地沟、油（水）罐、气柜、水塔、储油（水）池、储仓、栈桥等构筑物。

4.4.3　计算建筑面积的范围

根据《建筑工程建筑面积计算规范》的规定，下列内容应计算建筑面积：

1）建筑物的建筑面积应按自然层外墙结构外围水平面积之和计算。结构层高在 2.20m 及以上的，应计算全面积；结构层高在 2.20m 以下的，应计算 1/2 面积。

2）建筑物内设有局部楼层时，对于局部楼层的二层及以上楼层，有围护结构的应按其围护结构外围水平面积计算，无围护结构的应按其结构底板水平面积计算，且结构层高在 2.20m 及以上的，应计算全面积，结构层高在 2.20m 以下的，应计算 1/2 面积。建筑物内的局部楼层如图 4-4 所示。

3）对于形成建筑空间的坡屋顶，

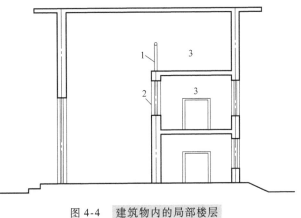

图 4-4　建筑物内的局部楼层
1—围护设施　2—围护结构　3—局部楼层

结构净高在 2.10m 及以上的部位应计算全面积；结构净高在 1.20m 及以上至 2.10m 以下的部位应计算 1/2 面积；结构净高在 1.20m 以下的部位不应计算建筑面积。

4）对于场馆看台下的建筑空间，结构净高在 2.10m 及以上的部位应计算全面积；结构净高在 1.20m 及以上至 2.10m 以下的部位应计算 1/2 面积；结构净高在 1.20m 以下的部位不应计算建筑面积。室内单独设置的有围护设施的悬挑看台，应按看台结构底板水平投影面积计算建筑面积。有顶盖无围护结构的场馆看台应按其顶盖水平投影面积的 1/2 计算面积。

5）地下室、半地下室应按其结构外围水平面积计算。结构层高在 2.20m 及以上的，应计算全面积；结构层高在 2.20m 以下的，应计算 1/2 面积。

6）出入口外墙外侧坡道有顶盖的部位，应按其外墙结构外围水平面积的 1/2 计算面积。地下室出入口如图 4-5 所示。

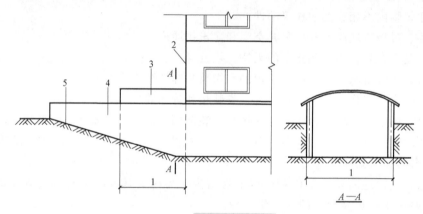

图 4-5　地下室出入口

1—计算 1/2 投影面积部位　2—主体建筑　3—出入口顶盖　4—封闭出入口侧墙　5—出入口坡道

7）建筑物架空层及坡地建筑物吊脚架空层，应按其顶板水平投影计算建筑面积。结构层高在 2.20m 及以上的，应计算全面积；结构层高在 2.20m 以下的，应计算 1/2 面积。建筑物吊脚架空层如图 4-6 所示。

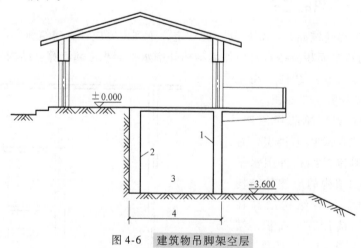

图 4-6　建筑物吊脚架空层

1—柱　2—墙　3—吊脚架空层　4—计算建筑面积部位

8）建筑物的门厅、大厅应按一层计算建筑面积，门厅、大厅内设置的走廊应按走廊结构底板水平投影面积计算建筑面积。结构层高在 2.20m 及以上的，应计算全面积；结构层高在

2.20m 以下的，应计算 1/2 面积。

9）对于建筑物间的架空走廊，有顶盖和围护设施的，应按其围护结构外围水平面积计算全面积；无围护结构、有围护设施的，应按其结构底板水平投影面积计算 1/2 面积。

10）对于立体书库、立体仓库、立体车库，有围护结构的，应按其围护结构外围水平面积计算建筑面积；无围护结构、有围护设施的，应按其结构底板水平投影面积计算建筑面积。无结构层的应按一层计算，有结构层的应按其结构层面积分别计算。结构层高在 2.20m 及以上的，应计算全面积；结构层高在 2.20m 以下的，应计算 1/2 面积。

11）有围护结构的舞台灯光控制室，应按其围护结构外围水平面积计算。结构层高在 2.20m 及以上的，应计算全面积；结构层高在 2.20m 以下的，应计算 1/2 面积。

12）附属在建筑物外墙的落地橱窗，应按其围护结构外围水平面积计算。结构层高在 2.20m 及以上的，应计算全面积；结构层高在 2.20m 以下的，应计算 1/2 面积。

13）窗台与室内楼地面高差在 0.45m 以下且结构净高在 2.10m 及以上的凸（飘）窗，应按其围护结构外围水平面积计算 1/2 面积。

14）有围护设施的室外走廊（挑廊），应按其结构底板水平投影面积计算 1/2 面积；有围护设施（或柱）的檐廊，应按其围护设施（或柱）外围水平面积计算 1/2 面积。檐廊如图 4-7 所示。

15）门斗应按其围护结构外围水平面积计算建筑面积，且结构层高在 2.20m 及以上的，应计算全面积；结构层高在 2.20m 以下的，应计算 1/2 面积。门斗如图 4-8 所示。

16）门廊应按其顶板的水平投影面积的 1/2 计算建筑面积；有柱雨篷应按其结构板水平投影面积的 1/2 计算建筑面积；无柱雨篷的结构外边线至外墙结构外边线的宽度在 2.10m 及以上的，应按雨篷结构板的水平投影面积的 1/2 计算建筑面积。

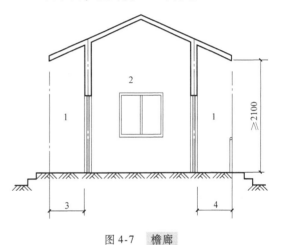

图 4-7　檐廊

1—檐廊　2—室内　3—不计算建筑面积部位
4—计算 1/2 建筑面积部位

17）设在建筑物顶部的、有围护结构的楼梯间、水箱间、电梯机房等，结构层高在

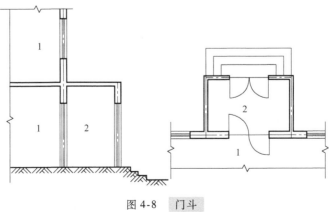

图 4-8　门斗

1—室内　2—门斗

2.20m 及以上的应计算全面积；结构层高在 2.20m 以下的，应计算 1/2 面积。

18）围护结构不垂直于水平面的楼层，应按其底板面的外墙外围水平面积计算。结构净高在 2.10m 及以上的部位，应计算全面积；结构净高在 1.20m 及以上至 2.10m 以下的部位，应计算 1/2 面积；结构净高在 1.20m 以下的部位，不应计算建筑面积。斜围护结构如图 4-9 所示。

19）建筑物的室内楼梯、电梯井、提物井、管道井、通风排气竖井、烟道，应并入建筑物的自然层计算建筑面积。有顶盖的采光井应按一层计算面积，且结构净高在 2.10m 及以上的，应计算全面积；结构净高在 2.10m 以下的，应计算 1/2 面积。地下室采光井如图 4-10 所示。

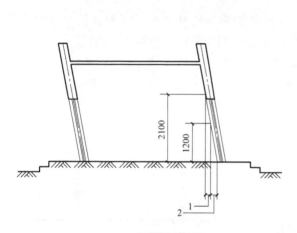

图 4-9　斜围护结构

1—计算 1/2 建筑面积部位　2—不计算建筑面积部位

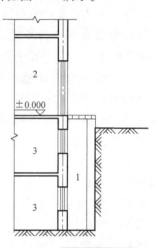

图 4-10　地下室采光井

1—采光井　2—室内　3—地下室

20）室外楼梯应并入所依附建筑物自然层，并应按其水平投影面积的 1/2 计算建筑面积。

21）在主体结构内的阳台，应按其结构外围水平面积计算全面积；在主体结构外的阳台，应按其结构底板水平投影面积计算 1/2 面积。

22）有顶盖无围护结构的车棚、货棚、站台、加油站、收费站等，应按其顶盖水平投影面积的 1/2 计算建筑面积。

23）以幕墙作为围护结构的建筑物，应按幕墙外边线计算建筑面积。

24）建筑物的外墙外保温层，应按其保温材料的水平截面积计算，并计入自然层建筑面积。

25）与室内相通的变形缝，应按其自然层合并在建筑物建筑面积内计算。对于高低联跨的建筑物，当高低跨内部连通时，其变形缝应计算在低跨面积内。

26）对于建筑物内的设备层、管道层、避难层等有结构层的楼层，结构层高在 2.20m 及以上的，应计算全面积；结构层高在 2.20m 以下的，应计算 1/2 面积。

4.5　工程量计算规则

4.5.1　土石方工程

4.5.1.1　相关说明

土石方工程主要包括平整场地、人工（机械）挖沟槽、挖基坑、挖土方、原土打夯、各种材料和类型的基础及垫层、回填土及运土等工程项目。

（1）平整场地　场地挖、填土方厚度在 ±30cm 以内的挖填找平。

（2）挖沟槽　底宽在 3m 以内，且槽长大于槽宽 3 倍以上的土方。

（3）挖基坑　底面积在 20m² 以内的土方。

（4）挖土方　沟槽底宽 3m 以上，坑底面积 20m² 以上，平整场地挖土方厚度在 ±30cm 以上的土方。

（5）原土打夯　要在原来较松软的土质上做地坪、道路、球场等，需要对松软的土质进行夯实。这种施工过程叫原土打夯。它的工作内容包括碎土、平土、找平、洒水、机械打夯。

（6）回填土及运土　具体如下：

1）回填土：分基础回填土、房心回填土两部分。

2）运土：包括余土外运和取土回填两种情况。

（7）人工土石方　具体如下：

1）土壤分类：详见"土壤、岩石分类表"。表列 Ⅰ、Ⅱ 类为定额中一、二类土壤（普通土）；Ⅲ 类为定额中三类土壤（坚土）；Ⅳ 类为定额中四类土壤（砂砾坚土）。人工挖沟槽、基坑定额深度最深为 6m，超过 6m 时，可另作补充定额。

2）场地竖向布置挖填土方时，不再计算平整场地的工程量。

（8）机械土石方　具体如下：

1）岩石分类，详见"土壤、岩石分类表"。表列 Ⅴ 类为定额中松石，Ⅵ～Ⅷ 类为定额中次坚石；Ⅸ、Ⅹ 类为定额中普坚石；Ⅺ～Ⅻ 类为特坚石。

2）机械上下行驶坡道土方，合并在土方工程量内计算。

4.5.1.2　工程量计算规则

1. 土方工程

（1）一般规定　具体如下：

1）土方体积，均以挖掘前的天然密实体积为准计算。如遇有必须以天然密实体积折算时，可按表 4-1 所列数值换算。

表 4-1　土方体积折算表

虚方体积	天然密实度体积	夯实后体积	松填体积
1.00	0.77	0.67	0.83
1.30	1.00	0.87	1.08
1.50	1.15	1.00	1.25
1.20	0.92	0.80	1.00

2）挖土一律以设计室外地坪标高为准计算。

（2）平整场地及碾压工程量计算　具体如下：

1）人工平整场地是指建筑场地挖、填土方厚度在 ±30cm 以内及找平。挖、填土方厚度超过 ±30cm 以外时，按场地土方平衡竖向布置图另行计算。

2）平整场地工程量按建筑物外墙外边线每边各加 2m，以"m²"计算。

3）建筑场地原土碾压以"m²"计算，填土碾压按图示填土厚度，以"m³"计算。

（3）挖掘沟槽、基坑土方工程量计算　具体如下：

1）沟槽、基坑划分：

① 凡图示沟槽底宽在 3m 以内，且沟槽长大于槽宽 3 倍以上的，为沟槽。

② 凡图示基坑底面积在 20m² 以内的为基坑。

③ 凡图示沟槽底宽 3m 以外，坑底面积 20m² 以外，平整场地挖土方厚度在 ±30cm 以外，均按挖土方计算。

图 4-11 为挖沟槽示意图。

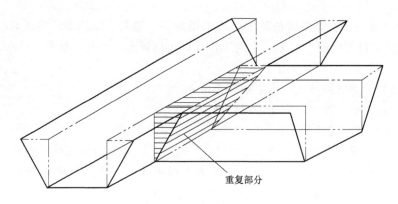

图 4-11 挖沟槽示意图

2）计算挖沟槽、基坑、土方工程量需放坡时，放坡系数按表 4-2 规定计算。

表 4-2 放坡系数

土壤类别	放坡起点 /m	人工挖土	机械挖土	
			在坑内作业	在坑上作业
一、二类土	1.20	1:0.5	1:0.33	1:0.75
三类土	1.50	1:0.33	1:0.25	1:0.67
四类土	2.00	1:0.25	1:0.10	1:0.33

注：1. 沟槽、基坑中土的类别不同时，分别按其放坡起点、放坡系数，依不同土的厚度加权平均计算。

2. 计算放坡时，在交接处的重复工程量不予扣除，原槽、坑作基础垫层时，放坡自垫层上表面开始计算。

3）挖沟槽、基坑需支挡土板时，其宽度按图示沟槽、基坑底宽，单面加 10cm，双面加 20 cm 计算。挡土板面积，按槽、坑垂直支撑面积计算，支挡土板后，不得再计算放坡。

$$外墙沟槽：V_{挖} = S_{断} \times L_{中} \tag{4-1}$$

$$内墙沟槽：V_{挖} = S_{断} \times L_{内(基底净长)} \tag{4-2}$$

$$管道沟槽：V_{挖} = S_{断} \times L_{中} \tag{4-3}$$

其中沟槽断面有如下形式。

① 钢筋混凝土基础有垫层。

a. 两面放坡（见图 4-12a）：

$$S_{断} = [(b + 2 \times 0.3) + mh]h + (b' + 2 \times 0.1)h' \tag{4-4}$$

b. 不放坡无挡土板（见图 4-12b）：

$$S_{断} = (b + 2 \times 0.3)h + (b' + 2 \times 0.1)h' \tag{4-5}$$

c. 不放坡加两面挡土板（见图 4-12c）：

$$S_{断} = (b + 2 \times 0.3 + 2 \times 0.1)h + (b' + 2 \times 0.1)h' \tag{4-6}$$

d. 一面放坡一面挡土板（见图 4-12d）：

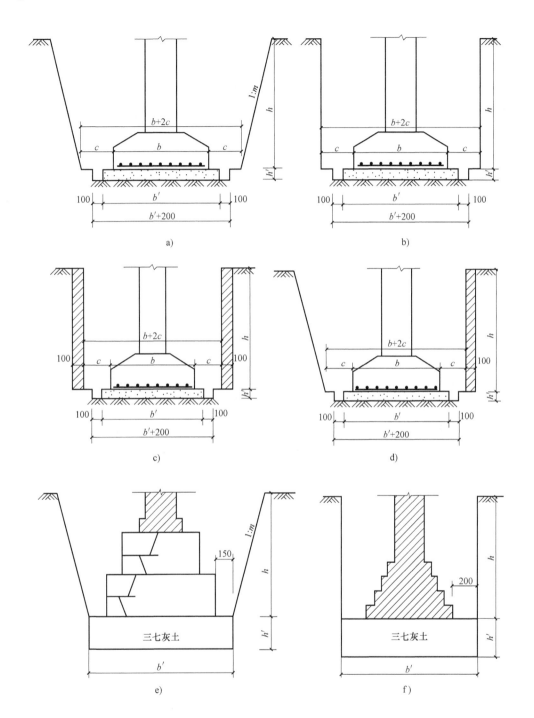

图 4-12　有垫层沟槽断面

$$S_{断} = (b + 2 \times 0.3 + 0.1 + 0.5mh)h + (b' + 2 \times 0.1)h' \qquad (4\text{-}7)$$

② 基础有其他垫层。

a. 两面放坡（见图 4-12e）：

$$S_{断} = [(b' + mh)]h + b'h' \qquad (4\text{-}8)$$

b. 不放坡无挡土板（见图 4-12f）：

$$S_{断} = b'(h + h') \qquad (4-9)$$

③ 基础无垫层。

a. 两面放坡（见图 4-13a）：

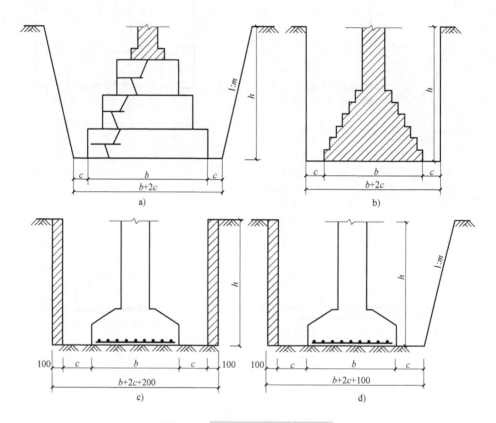

图 4-13　无垫层沟槽断面示意图

$$S_{断} = \left[(b + 2c) + mh \right] h \qquad (4-10)$$

b. 不放坡无挡土板（见图 4-13b）：

$$S_{断} = (b + 2c) h \qquad (4-11)$$

c. 不放坡加两面挡土板（见图 4-13c）：

$$S_{断} = (b + 2c + 2 \times 0.1) h \qquad (4-12)$$

d. 一面放坡一面挡土板（见图 4-13d）：

$$S_{断} = (b + 2c + 0.1 + 0.5mh) h \qquad (4-13)$$

式中　$S_{断}$——沟槽断面面积（m^2）；

　　　m——放坡系数；

　　　c——工作面宽度（m）；

　　　h——从室外设计地面至基础底深度，即垫层上基槽开挖深度（m）；

　　　h'——基础垫层高度（m）；

　　　b——基础底面宽度（m）；

　　　b'——垫层宽度（m）。

4）基础施工所需工作面，按表 4-3 规定计算。

表 4-3　基础施工所需工作面宽度计算表

基础材料	每边各增加工作面宽度/mm
砖基础	200
浆砌毛石、条石基础	150
混凝土基础垫层支模板	300
混凝土基础支模板	300
基础垂直面做防水层	800（防水层面）

5）挖沟槽长度，外墙按图示中心线长度计算；内墙按图示基础底面之间净长线长度计算；内外突出部分（垛、附墙烟囱等）体积并入沟槽土方工程量内计算。

6）人工挖土方深度超过 1.5m 时，增加工日。

7）挖管道沟槽按图示中心线长度计算，沟底宽度，设计有规定的，按设计规定尺寸计算，设计无规定的，可按表 4-4 规定宽度计算。

表 4-4　管道地沟沟底宽度计算表　　　（单位：m）

管径/mm	铸铁管、钢管、石棉水泥管	混凝土、钢筋混凝土、预应力混凝土管	陶土管
50 ~ 70	0.60	0.80	0.70
100 ~ 200	0.70	0.90	0.80
250 ~ 350	0.80	1.00	0.90
400 ~ 450	1.00	1.30	1.10
500 ~ 600	1.30	1.50	1.40
700 ~ 800	1.60	1.80	
900 ~ 1000	1.80	2.00	
1100 ~ 1200	2.00	2.30	
1300 ~ 1400	2.20	2.60	

注：1. 按上表计算管道沟土方工程量时，各种井类及管道（不含铸铁给水排水管）接口等处需加宽增加的土方量不另行计算，底面积大于 20m² 的井类，其增加工程量并入管沟土方内计算。

2. 铺设铸铁给水排水管道时其接口等处土方增加量，可按铸铁给水排水管道地沟土方总量的 2.5% 计算。

8）沟槽、基坑深度，按图示槽、坑底面至室外地坪深度计算；管道地沟按图示沟底至室外地坪深度计算。

（4）人工挖孔桩土方工程量计算　具体如下：

按图示桩断面面积乘以设计桩孔中心线深度计算。

（5）井点降水工程量计算　具体如下：

井点降水区别轻型井点、喷射井点、大口径井点、电渗井点、水平井点按不同井管深度的井管安装、拆除，以"根"为单位计算，使用按"套""天"计算。

井点套组成如下。

轻型井点：50 根为 1 套；喷射井点：30 根为 1 套；大口径井点：45 根为 1 套；电渗井点阳极：30 根为 1 套；水平井点：10 根为 1 套。

井管间距应根据地质条件和施工降水要求，依施工组织设计确定，施工组织设计没有规定时，可按轻型井点管距 0.8 ~ 1.6m、喷射井点管距 2 ~ 3m 确定。

使用天应以每昼夜 24 小时为一天，使用天数应按施工组织设计规定的使用天数计算。

2. 石方工程

岩石开凿及爆破工程量，区别石质按下列规定计算：

1）人工凿岩石，按图示尺寸以"m³"计算。

2）爆破岩石按图示尺寸以"m³"计算，其沟槽、基坑深度、宽允许超挖量：次坚石为200mm，特坚石为150mm，超挖部分岩石并入岩石挖方量之内计算。

3. 土（石）方运输与回填

（1）土（石）方回填 回填土区分夯填、松填，按图示回填体积并依下列规定，以"m³"计算。

1）沟槽、基坑回填土，沟槽、基坑回填体积以挖方体积减去设计室外地坪以下埋设砌筑物（包括：基础垫层、基础等）体积计算。

2）管道沟槽回填，以挖方体积减去管径所占体积计算。管径在500mm以下的不扣除管道所占体积；管径超过500mm以上时，按表4-5规定扣除管道所占体积计算。

表4-5 管道扣除土方体积表　　　　　　　　　　　（单位：m³/m）

管道名称	管道直径/mm					
	501~600	601~800	801~1000	1001~1200	1201~1400	1401~1600
钢管	0.21	0.44	0.71			
铸铁管	0.24	0.49	0.77			
混凝土管	0.33	0.60	0.92	1.15	1.35	1.55

3）房心回填土，按主墙之间的面积乘以回填土厚度计算。

4）余土或取土工程量，可按下式计算：

$$余土外运体积 = 挖土总体积 - 回填土总体积 \qquad (4-14)$$

式中计算结果为正值时为余土外运体积，负值时为取土体积。

5）地基强夯按设计图示强夯面积，区分夯击能量，夯击遍数，以"m²"计算。

（2）土方运距计算 具体如下：

1）推土机推土运距：按挖方区重心至回填区重心之间的直线距离计算。

2）铲运机运土运距：按挖方区重心至卸土区重心加转向距离45m计算。

3）自卸汽车运土运距：按挖方区重心至填土区（或堆放地点）重心的最短距离计算。

4. 边坡土方

为了保持土体的稳定和施工安全，挖方和填方的周边都应修筑成适当的边坡。

边坡的坡度系数（边坡宽度:边坡高度）根据不同的填挖高度（深度）、土的物理性质和工程的重要性，在设计文件中应有明确的规定。常用的挖方边坡坡度和填方高度限值，见表4-6和表4-7。

表4-6 水文地质条件良好时永久性土工构筑物挖方的边坡坡度

项次	挖 方 性 质	边坡坡度
1	在天然湿度、层理均匀，不易膨胀的黏土、粉质黏土、粉土和砂土（不包括细砂、粉砂）内挖方，深度不超过3m	1:1~1:1.25
2	土质同上，深度为3~12m	1:1.25~1:1.50
3	干燥地区内土质结构未经破坏的干燥黄土及类黄土，深度不超过12m	1:0.1~1:1.25
4	在碎石和泥灰岩土内的挖方，深度不超过12m，根据土的性质、层理特性和挖方深度确定	1:0.5~1:1.5

表 4-7 填方边坡为 1:1.5 时的高度限值

项次	土的种类	填方高度/m	项次	土的种类	填方高度/m
1	黏土类土、黄土、类黄土	6	4	中砂和粗砂	10
2	粉质黏土、泥灰岩土	6 ~ 7	5	砾石和碎石土	10 ~ 12
3	粉土	6 ~ 8	6	易风化的岩石	12

4.5.1.3 计算示例

【例 4-1】 某建筑物基础平面及剖面如图 4-14 所示。试对土石方工程相关项目进行列项，并计算各分项工程量。已知，设计室外地坪以下砖基础体积量为 16.03m³，混凝土垫层体积为 3.26m³，室内地面厚度为 178mm，工作面 $c = 300$mm，土质为 Ⅱ 类土。要求挖出土方堆于现场，回填后余下的土外运。

【解】：（1）列项。本工程完成的与土石方工程相关的施工内容有：平整场地、挖土、原土夯实、回填土、运土。从图 4-14 可以看出，挖土的槽底宽度为 $(0.85 + 2 \times 0.3)$m = 1.45m < 3m，槽长大于 3 倍槽宽，故挖土应执行挖沟槽项目，由此，原土打夯项目不再单独列项。本分部工程应列的土方工程定额项目为：平整场地、挖沟槽、基础回填土、房心回填土、运土。

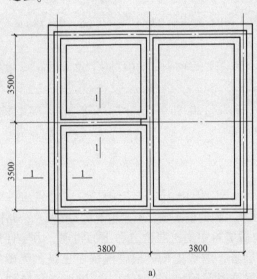
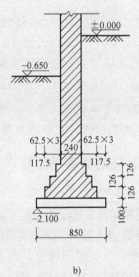

图 4-14 某建筑物基础平面及剖面图
a）平面图 b）基础 1—1 剖面图

（2）计算工程量。

1）基数计算。

$$L_{外} = (3.8 \times 2 + 0.24 + 3.5 \times 2 + 0.24)\text{m} \times 2 = 30.16\text{m}$$

$$L_{中} = (3.8 \times 2 + 3.5 \times 2) \times 2\text{m} = 29.2\text{m}$$

$$L_{内} = (3.5 \times 2 - 0.24)\text{m} + (3.8 - 0.24)\text{m} = 10.32\text{m}$$

$$S_1 = (3.8 \times 2 + 0.24)\text{m} \times (3.5 \times 2 + 0.24)\text{m} = 56.76\text{m}^2$$

2）平整场地。

$$平整场地工程量 = S_1 + 2L_{外} + 16 = (56.76 + 2 \times 30.16 + 16)\text{m}^2 = 133.08\text{m}^2$$

3）挖沟槽，如图 4-14b 所示。

$$挖沟槽深度 = (2.10 - 0.65)m = 1.45m > 1.2m$$

需放坡开挖沟槽，土质为Ⅱ类土，放坡系数 $m = 0.5$，由垫层下表面放坡，有

$$外墙挖沟槽工程量 = (a + 2c + mh)hL_{中}$$
$$= (0.85 + 2 \times 0.3 + 0.5 \times 1.45)m \times 1.45m \times 29.2m$$
$$= 92.09m^3$$

$$内墙挖沟槽工程量 = (a + 2c + mh)h \times 基底净长线$$
$$= [(0.85 + 2 \times 0.3 + 0.5 \times 1.45)m \times 1.45m] \times [3.5 \times 2 - 0.85 \div 2$$
$$\times 2 + 3.8 - 0.85 \div 2 \times 2]m$$
$$= 28.70m^3$$

$$挖沟槽工程量 = 外墙挖沟槽工程量 + 内墙挖沟槽工程量 = (92.09 + 28.70)m^3 = 120.79m^3$$

4）回填土。

$$基础回填土工程量 = 挖土体积 - 室外地坪以下埋设的基础、垫层的体积$$
$$= (120.79 - 16.03 - 3.26)m^3 = 101.5m^3$$

$$房心回填土工程量 = (S_1 - L_{中} \times 外墙厚度 - L_{内} \times 内墙厚度) \times 回填土厚度$$
$$= (56.76 - 29.2 \times 0.24 - 10.32 \times 0.24)m^2 \times (0.65 - 0.178)m$$
$$= 22.31m^3$$

$$回填土总体积 = 基础回填土工程量 + 房心回填土工程量 = (101.50 + 22.31)m^3 = 123.81m^3$$

5）运土。由图 4-14 及已知条件可知：

$$运土工程量 = 挖土总体积 - 回填土总体积 = (120.79 - 123.81 \times 1.15)m^3 = -21.59m^3$$

计算结果为负，表示应由场外向场内运输。

4.5.2　桩与地基基础工程

1. 相关说明

1）定额的规定适用于一般工业与民用建筑工程的桩基础，不适用于水工建筑、公路桥梁工程。

2）定额中土的级别划分应根据工程地质资料中的土层构造和土的物理、力学性能的有关指标，参考纯沉桩时间确定。凡遇有砂夹层者，应首先按砂层情况确定土级。无砂层者，按土的物理力学性能指标并参考每米平均纯沉桩时间确定。用土的力学性能指标鉴别土的级别时，桩长在 12m 以内，相当于桩长的 1/3 的土层厚度应达到所规定的指标。12m 以外，按 5m 厚度确定。

2. 工程量计算规则

1）计算打桩（灌注桩）工程量前应确定下列事项：

① 确定土质级别：依工程地质资料中的土层构造，土的物理、化学性质及每米沉桩时间鉴别适用定额土质级别。

② 确定施工方法、工艺流程，采用机型，桩、土的泥浆运距。

2）打预制钢筋混凝土桩的体积，按设计桩长（包括桩尖，不扣除桩尖虚体积）乘以桩截面面积计算。管桩的空心体积应扣除。如管桩的空心部分按设计要求灌注混凝土或其他填充材料时，应另行计算。

预制钢筋混凝土方桩体积计算：

$$V = abL \tag{4-15}$$

式中　a、b——方桩边长；

　　　　L——桩长（包括桩尖长）。

3）接桩。电焊接桩按设计接头，以"个"计算，硫黄胶泥接桩截面按面积以"m^2"计算。

4）送桩。按桩截面面积乘以送桩长度（即打桩架底至桩顶面高度或自桩顶面至自然地坪面另加 0.5m）计算。

5）打拔钢板桩按钢板桩质量以"t"计算。

6）打孔灌注桩。具体如下：

① 混凝土桩、砂桩、碎石桩的体积，按设计规定的桩长（包括桩尖，不扣除桩尖虚体积）乘以钢管管箍外径截面面积计算。

② 扩大桩的体积按单桩体积乘以次数计算。

爆扩桩体积计算：

$$V = A(L - D) + \frac{1}{6}\pi D^3 \tag{4-16}$$

式中　A——断面面积；

　　　　L——桩长（全长包括桩尖）；

　　　　D——球体直径。

③ 打孔后先埋入预制混凝土桩尖，再灌注混凝土者，桩尖按钢筋混凝土章节规定计算体积，灌注桩按设计长度（自桩尖顶面至桩顶面高度）乘以钢管管箍外径截面面积计算。

混凝土灌注桩体积计算：

$$V = \pi r^2 L \tag{4-17}$$

式中　r——套管外径的半径；

　　　　L——桩长。

7）钻孔灌注桩，按设计桩长（包括桩尖，不扣除桩尖虚体积）增加 0.25m 乘以设计断面面积计算。

8）灌注混凝土桩的钢筋笼制作依设计规定，按钢筋混凝土章节相应项目以"t"计算。

9）泥浆运输工程量按钻孔体积以"m^3"计算。

10）其他。具体如下：

① 安、拆导向夹具，按设计图规定的"水平延长米"计算。

② 桩架 90°调面只适用轨道式、走管式、导杆、筒式柴油打桩机以"次"计算。

4.5.3　脚手架工程

1. 相关说明

1）定额中外脚手架、里脚手架，按搭设材料分为木制、竹制、钢管脚手架；烟囱脚手架和电梯井字脚手架为钢管式脚手架。

2）外脚手架定额中均综合了上料平台、护卫栏杆等。

3）水平防护架和垂直防护架指脚手架以外单独搭设的，用于车辆通道、人行通道、临街防护和施工与其他物体隔离等的防护。

4）烟囱脚手架综合了垂直运输架、斜道、缆风绳、地锚等。

2. 工程量计算规则

1）建筑物外墙脚手架，凡设计室外地坪至檐口（或女儿墙上表面）的砌筑高度在 15m

以下的按单排脚手架计算；砌筑高度在15m以上的或砌筑高度虽不足15m，但外墙门窗及装饰面积超过外墙表面积60%以上时，均按双排脚手架计算。采用竹制脚手架时，按双排计算。

2）建筑物内墙脚手架，凡设计室内地坪至顶板下表面（或山墙高度的1/2处）的砌筑高度在3.6m以下的，按里脚手架计算；砌筑高度超过3.6m时，按单排脚手架计算。

3）石砌墙体，凡砌筑高度超过1.0m时，按外脚手架计算。

4）计算内、外墙脚手架时，均不扣除门、窗洞口、空圈洞口等所占的面积。

5）同一建筑物高度不同时，应按不同高度分别计算。

6）现浇钢筋混凝土框架柱、梁按双排脚手架计算。

7）围墙脚手架，凡室外自然地坪至围墙顶面的砌筑高度在3.6m以下的，按里脚手架计算；砌筑高度超过3.6m时，按单排脚手架计算。

8）室内天棚装饰面距设计室内地坪在3.6m以上时，应计算满堂脚手架；计算满堂脚手架后，墙面装饰工程则不再计算脚手架。

9）滑升模板施工的钢筋混凝土烟囱、筒仓，不另计算脚手架。

10）砌筑储仓，按双排外脚手架计算。

11）储水（油）池，大型设备基础，凡距地坪高度超过1.2m的，均按双排脚手架计算。

12）整体满堂钢筋混凝土基础，凡其宽度超过3m时，按其底板面积计算满堂脚手架。

13）砌筑脚手架工程量计算。具体如下：

① 外脚手架按外墙外边线长度，乘以外墙砌筑高度，以"m²"计算，突出墙外宽度在24cm以内的墙垛，附墙烟囱等不计算脚手架；宽度超过24cm时，按图示尺寸展开计算，并入外脚手架工程量之内。

② 里脚手架按墙面垂直投影面积计算。

③ 独立柱按图示柱结构外围周长另加3.6m，乘以砌筑高度，以"m²"计算，套用相应外脚手架定额。

14）现浇钢筋混凝土框架脚手架工程量计算。

① 现浇钢筋混凝土柱，按柱图示周长尺寸另加3.6m，乘以柱高，以"m²"计算，套用相应外脚手架定额。

② 现浇钢筋混凝土梁、墙，按设计室外地坪或楼板上表面至楼板底之间的高度，乘以梁、墙净长，以"m²"计算，套用相应双排外脚手架定额。

15）装饰工程脚手架工程量计算。具体如下：

① 满堂脚手架，按室内净面积计算，其高度在3.6~5.2m时，计算基本层，超过5.2m时，每增加1.2m按增加一层计算，不足0.6m的不计。以算式表示如下：

$$满堂脚手架增加层 = \frac{室内净高度 - 5.2}{1.2} \qquad (4-18)$$

② 挑脚手架，按搭设长度和层数，以"延长米"计算。

挑脚手架：由挑梁（或挑架）和多立杆式外脚手架组成。

搭设长度：一般从挑架算起，到脚手架的最顶端的距离，一般为10~30m。

层数：在挑脚手架的每一搭设高度中，脚手板铺放的层数也可以理解为工作层的层数。

③ 悬空脚手架，按搭设水平投影面积以"m²"计算（见图4-15）。

④ 高度超过3.6m墙面装饰不能利用原砌筑脚手架时，可以计算装饰脚手架。装饰脚手架按双排脚手架乘以0.3计算。

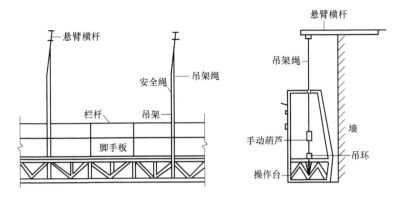

图 4-15　悬空脚手架

16）其他脚手架工程量计算。具体如下：

① 水平防护架，按实际铺板的水平投影面积，以"m²"计算。

水平防护架：沿水平方向在一定高度搭设的脚手架，上面满铺脚手板，下面可为人行、车辆等通道。搭设水平防护架的目的主要为防止建筑物上材料落下伤人，多为临街建筑物临街一面或建筑物的一些主要通道搭设的。

水平防护架为安全过人、车，上部脚手板一定要铺满、铺紧，板与板之间缝隙不能过大，以免漏灰或砂石砸伤行人。脚手架的水平投影面积，就是从脚手架垂直方向上光照射，在水平方向上形成的阴影部分面积，一般为脚手板架设的长度和宽度。

② 垂直防护架，按自然地坪至最上一层横杆之间的搭设高度，乘以实际搭设长度，以"m²"计算。

垂直防护架：在临街建筑物中，当建筑物与高压电线或其他线路相邻，都必须独立于脚手架（砌筑用、装饰用）外搭设垂直防护架，将施工现场与高压线等隔开，为安全施工作好保障。同时垂直防护架也可阻止外面的物件入内干扰施工，也可阻止施工溅出物伤人，同时还有防风作用。

③ 架空运输脚手架，按搭设长度以"延长米"计算。

④ 烟囱、水塔脚手架，区别不同搭设高度，以"座"计算。

⑤ 电梯井脚手架，按单孔以"座"计算。

⑥ 斜道，区别不同高度以"座"计算。

⑦ 砌筑储仓脚手架，不分单筒或储仓组均按单筒外边线周长乘以设计室外地坪至储仓上口之间高度，以"m²"计算。

⑧ 储油（水）池脚手架，按外壁周长乘以室外地坪至池壁顶面之间高度，以"m²"计算。

⑨ 大型设备基础脚手架，按其外形周长乘以地坪至外形顶面边线之间高度，以"m²"计算。

⑩ 建筑物垂直封闭工程量按封闭面的垂直投影面积计算。

17）安全网工程量计算。具体如下：

① 立挂式安全网按架网部分的实挂长度乘以实挂高度计算。

安全网：建筑工人在高空进行建筑施工，设备安装时，在其下或其侧设置的棕绳网或尼龙绳网。它是用来防止操作人员坠落受伤和材料坠落伤人的安全装置，安全网的架设与工作层的安装是同步的，同时还在下部间隔3~4层的地方设置安全网。

架网部分实挂长度：横向架设的安全网两端的外边缘之间长度。

架网部分实挂高度：从安全网搭设的最下部分网边绳到最上部分网边绳的高度。

② 挑出式安全网按挑出的水平投影面积计算。

4.5.4 砌筑工程

4.5.4.1 相关说明

1. 砌砖、砌块

1）定额中砖的规格，是按标准砖 240mm × 115mm × 53mm 编制的；砌块、多孔砖规格是按常用规格编制的。规格不同时，可以换算。

2）墙体必须放置的拉结钢筋，应按钢筋混凝土章节另行计算。

3）零星项目系指砖砌小便池槽、明沟、暗沟、隔热板带砖墩、地板墩等。

2. 砌石

1）定额中粗、细料石（砌体）墙是按 400mm × 220mm × 200mm，柱是按 450mm × 220mm × 200mm，踏步是按 400mm × 200mm × 100mm 规格编制的。

2）毛石墙镶砖墙身是按内背镶 1/2 砖编制的，墙体厚度为 600mm。

4.5.4.2 工程量计算规则

1. 基础

（1）基础与墙身（柱身）的划分　具体如下：

1）基础与墙（柱）身使用同一种材料时，以设计室内地面为界（有地下室者，以地下室室内设计地面为界），以下为基础，以上为墙（柱）身。

2）基础与墙身使用不同材料时，位于设计室内地面 ±300mm 以内时，以不同材料为分界线，超过 ±300mm 时，以设计室内地面为分界线。

3）砖、石围墙，以设计室外地坪为界线，以下为基础，以上为墙身。

（2）基础长度　具体如下：

1）外墙墙基按外墙中心线长度计算；内墙墙基按内墙基净长计算。基础大放脚 T 形接头处的重叠部分以及嵌入基础的钢筋、铁件、管道、基础防潮层及单个面积在 0.3m² 以内孔洞所占体积不予扣除，但靠墙暖气沟的挑檐亦不增加。附墙垛基础宽出部分体积应并入基础工程量内。内墙基净长如图 4-16 所示。

2）砖砌挖孔桩护壁工程量按实砌体积计算。

2. 砌体

（1）砌体工程量计算一般规则　具体如下：

1）计算墙体时，应扣除门窗洞口、过人洞、空圈、嵌入墙身的钢筋混凝土柱、梁（包括过梁、圈梁、挑梁）、砖砌平拱、平砌砖过梁和暖气包壁龛及内墙板头的体积，不扣除梁头、外墙板头、檩头、垫木、木楞头、沿椽木、木砖、门窗走头、砖墙内的加固钢筋、木筋、铁件、钢管及每个面积在 0.3m² 以下的孔洞等所占的体积，突出墙面的窗台虎头砖、压顶线、山墙泛水、烟囱根、门窗套及三皮砖以内的腰线和挑檐等体积亦不增加。

砖墙体有外墙、内墙、女儿墙、围墙之分，计算时要注意墙体砖品种、规格、强度等级、墙体类型、墙体厚度、墙体高度、砂浆强度等级、配合比不同时要分开计算。

① 山墙（尖）面积计算公式：

$$坡度 1:2(26°34') = L^2 × 0.125 \tag{4-19}$$

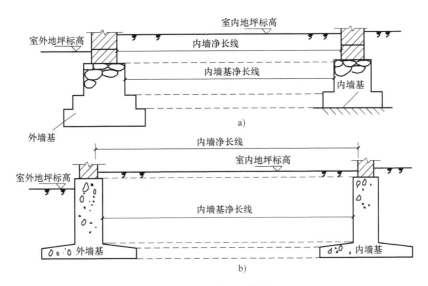

图 4-16 内墙基净长

a）毛石基础 b）混凝土基础

坡度 1:4 （14°02′）= $L^2 \times 0.0625$

$$(4-20)$$

坡度 1:12 （4°45′）= $L^2 \times 0.02083$

$$(4-21)$$

式中，坡度 = $H:B$，如图 4-17 所示。

② 外墙工程量计算公式：

$$V_{外} = (H_{外} \times L_{中} - F_{洞}) \times b + V_{增减}$$

$$(4-22)$$

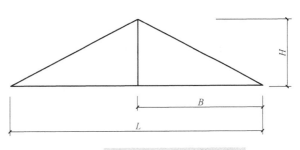

图 4-17 山墙（尖）面积计算坡度比

式中 $H_{外}$——外墙高度（m）；

$L_{中}$——外墙中心线长度（m）；

$F_{洞}$——门窗洞口、过人洞、空圈面积（m²）；

$V_{增减}$——相应的增减体积（m³）；

b——墙体厚度（m）。

③ 内墙工程量计算公式：

$$V_{内} = (H_{内} \times L_{净} - F_{洞}) \times b + V_{增减} \qquad (4-23)$$

式中 $H_{内}$——内墙高度（m）；

$L_{净}$——内墙净长线长度（m）；

$F_{洞}$——门窗洞口、过人洞、空圈面积（m²）；

$V_{增减}$——相应的增减体积（m³）；

b——墙体厚度。

2）砖垛、三皮砖以上的腰线和挑檐等体积，并入墙身体积内计算。

3）附墙烟囱（包括附墙通风道、垃圾道）按其外形体积计算，并入所依附的墙体积内，不扣除每一个孔洞横截面在 0.1m² 以下的体积，但孔洞内的抹灰工程量亦不增加。

4）女儿墙高度，自外墙顶面至图示女儿墙顶面高度，区别不同墙厚并入外墙计算。

女儿墙工程量计算式：

$$V_女 = H_女 \times L_中 \times b + V_{增减} \qquad (4\text{-}24)$$

式中　$H_女$——女儿墙高度（m）；

　　　$L_中$——女儿墙中心线长度（m）；

　　　b——女儿墙厚度（m）；

　　　$V_{增减}$——相应的增减体积（m^3）。

5）砖砌平拱、平砌砖过梁按图示尺寸以"m^3"计算。如设计无规定时，砖砌平拱按门窗洞口宽度两端共加100mm，乘以高度（门窗洞口宽小于1500mm时，高度为240mm；大于1500mm时，高度为365mm）计算；平砌砖过梁按门窗洞口宽度两端共加500mm，高度按440mm计算。

（2）砌体厚度计算　具体如下：

1）标准砖以240mm×115mm×53mm为准，其砌体计算厚度见表4-8。

2）使用非标准砖时，其砌体厚度应按砖实际规格和设计厚度计算。

表4-8　标准砖墙墙厚计算表

砖数（厚度）	1/4	1/2	3/4	1	1.5	2	2.5	3
计算厚度/mm	53	115	180	240	365	490	615	740

（3）墙的长度计算　外墙长度按外墙中心线长度计算，内墙长度按内墙净长线计算。

（4）墙身高度计算　具体如下：

1）外墙墙身高度，斜（坡）屋面无檐口顶棚者算至屋面板底（见图4-18）；有屋架且室内外均有顶棚者，算至屋架下弦底面另加200mm（见图4-19）；无顶棚者算至屋架下弦底加300mm；出檐宽度超过600mm时，应按实砌高度计算；平屋面算至钢筋混凝土板底（见图4-20）。

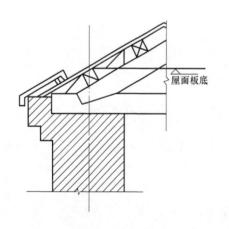
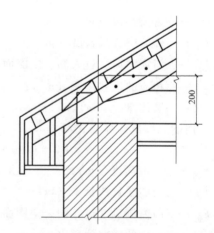

图4-18　斜（坡）屋面无檐口顶棚者墙身高度计算　图4-19　有屋架且室内外均有顶棚者墙身高度计算

2）内墙墙身高度，位于屋架下弦者，其高度算至屋架底；无屋架者算至顶棚底另加100mm；有钢筋混凝土楼板隔层者算至板底；有框架梁时算至梁底面。

3）内、外山墙，墙身高度按其平均高度计算。

（5）框架间砌体工程量计算　区别内外墙以框架间的净空面积乘以墙厚计算，框架外表镶贴砖部分亦并入框架间砌体工程量内计算。

（6）空花墙工程量计算　按空花部分外形体积以"m³"计算，空花部分不予扣除，其中实体部分以"m³"另行计算。

（7）空斗墙工程量计算　按外形尺寸以"m³"计算，墙角、内外墙交接处，门窗洞口立边，窗台砖及屋檐处的实砌部分已包括在定额内，不另行计算，但窗间墙、窗台下、楼板下、梁头下等实砌部分，应另行计算，套用零星砌体定额项目。

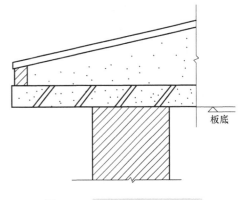

图 4-20　平屋面墙身高度计算

（8）多孔砖、空心砖墙工程量计算　按图示厚度以"m³"计算，不扣除其孔、空心部分体积。

（9）填充墙工程量计算　填充墙按外形尺寸以"m³"计算，其中实砌部分已包括在定额内，不另计算。

（10）加气混凝土墙、硅酸盐砌块墙、小型空心砌块墙工程量计算　按图示尺寸以"m³"计算。按设计规定需要镶嵌砖砌体部分已包括在定额内，不另计算。

（11）其他砖砌体工程量计算　具体如下：

1）砖砌锅台、炉灶，不分大小，均按图示外形尺寸以"m²"计算，不扣除各种孔洞的体积。

2）砖砌台阶（不包括梯带）按水平投影面积以"m³"计算。

3）厕所蹲台、水槽腿、灯箱、垃圾箱、台阶挡墙或梯带、花台、花池、地垄墙及支撑地楞的砖墩、房上烟囱、屋面架空隔热层砖墩及毛石墙的门窗立边、窗台虎头砖等实砌体积以"m³"计算，套用零星砌体定额项目。

4）检查井及化粪池不分壁厚均以"m³"计算，洞口上的砖平拱碹等并入砌体体积内计算。

5）砖砌地沟不分墙基、墙身，合并以"m³"计算。石砌地沟按其中心线长度以延长米计算。

3. 砖构筑物

（1）砖烟囱工程量计算　具体如下：

1）筒身，圆形、方形均按图示筒壁平均中心线周长乘以厚度并扣除筒身各种孔洞、钢筋混凝土圈梁、过梁等体积以"m³"计算，其筒壁周长不同时可按下式分段计算：

$$V = \pi D \times C \times \Sigma H \tag{4-25}$$

式中　V——筒身体积（m³）；

　　　C——每段筒壁厚度（m）；

　　　D——每段筒壁中心线的平均直径（m）；

　　　H——每段筒身垂直高度（m）。

2）烟道、烟囱内衬按不同内衬材料并扣除孔洞后，以图示实体积计算。

3）烟囱内壁表面隔热层，按筒身内壁并扣除各种孔洞后的面积以"m²"计算；填料按烟囱内衬与筒身之间的中心线平均周长乘以图示宽度和筒高，并扣除各种孔洞所占体积（但不扣除连接横砖及防沉带的体积）后以"m³"计算。

4）烟道砌砖，烟道与炉体的划分以第一道闸门为界，炉体内的烟道部分列入炉体工程量计算。

（2）砖砌水塔工程量计算　具体如下：

1）水塔基础与塔身划分，以砖砌体的扩大部分顶面为界，以上为塔身，以下为基础，分别套用相应基础砌体定额。

2）塔身以图示实砌体积计算，并扣除门窗洞口和混凝土构件所占的体积，砖平拱碹及砖出檐等并入塔身体积内计算，套用水塔砌筑定额。

3）砖水箱内外壁，不分壁厚，均以图示实砌体积计算，套用相应的内外砖墙定额。

（3）砌体内钢筋加固工程量计算　应按设计规定以"t"计算，套用钢筋混凝土章节相应项目。

4.5.4.3　计算示例

【例4-2】　某单层建筑物如图4-21、图4-22所示，墙身为M5.0混合砂浆砌筑MU10标准黏土砖，内外墙厚均为240mm，外墙瓷砖贴面，GZ从基础圈梁到女儿墙顶，门窗洞口上全部采用预制钢筋混凝土过梁。M1：1500mm×2700mm；M2：1000mm×2700mm；C1：1800mm×1800mm；C2：1500mm×1800mm。试计算该工程砖砌体的工程量。

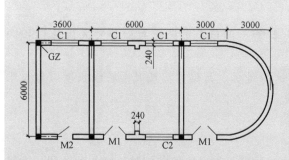

图4-21　某单层建筑物平面图

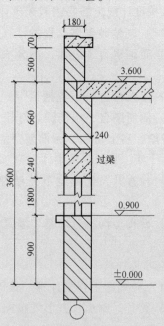

图4-22　某单层建筑物墙身断面图

【解】：实心砖墙的工程量计算式：

外墙：$V_外 = (H_外 \times L_中 - F_洞) \times b + V_{增减}$

内墙：$V_内 = (H_内 \times L_净 - F_洞) \times b + V_{增减}$

女儿墙：$V_女 = H_女 \times L_中 \times b + V_{增减}$

则实心砖墙的工程量计算如下：

（1）240mm厚，3.6m高，M5.0混合砂浆砌筑MU10标准黏土砖，原浆勾缝外墙工程量：

$H_外 = 3.6m$，$L_中 = [6 + (3.6 + 9) \times 2 + 3.14 \times 3 - 0.24 \times 6 + 0.24 \times 2]m = 39.66m$

扣门窗洞口：

$$F_{洞} = (1.5 \times 2.7 \times 2 + 1 \times 2.7 \times 1 + 1.8 \times 1.8 \times 4 + 1.5 \times 1.8 \times 1)\,\mathrm{m}^2 = 26.46\,\mathrm{m}^2$$

扣钢筋混凝土过梁体积：

$$V = [(1.5 + 0.5) \times 2 + (1.0 + 0.5) \times 1 + (1.8 + 0.5) \times 4 + (1.5 + 0.5) \times 1]\,\mathrm{m} \times$$
$$0.24\,\mathrm{m} \times 0.24\,\mathrm{m}$$
$$= 0.96\,\mathrm{m}^3$$

工程量：$V = [(3.6 \times 39.66 - 26.46) \times 0.24 - 0.96]\,\mathrm{m}^3 = 26.96\,\mathrm{m}^3$

其中弧形墙工程量：$3.6 \times 3.14 \times 3 \times 0.24\,\mathrm{m}^3 = 8.14\,\mathrm{m}^3$

（2）240mm厚，3.6m高，M5.0混合砂浆砌筑MU10标准黏土砖，原浆勾缝内墙工程量：

$$H_{内} = 3.6\,\mathrm{m}, \quad L_{净} = (6 - 0.24)\,\mathrm{m} \times 2 = 11.52\,\mathrm{m}$$
$$V = 3.6 \times 11.52 \times 0.24\,\mathrm{m}^3 = 9.95\,\mathrm{m}^3$$

（3）厚180mm，高0.5m，M5.0混合砂浆砌筑MU10标准黏土砖，原浆勾缝女儿墙工程量：

$$H_{女} = 0.5\,\mathrm{m}$$
$$L_{中} = [6.06 + (3.63 + 9) \times 2 + 3.14 \times 3.03 - 0.24 \times 6]\,\mathrm{m} = 39.40\,\mathrm{m}$$

工程量：$V = 0.5 \times 39.40 \times 0.18\,\mathrm{m}^3 = 3.55\,\mathrm{m}^3$

4.5.5　钢筋混凝土工程

4.5.5.1　相关说明

1. 钢筋工程

1）钢筋工程根据钢筋的不同品种、不同规格，按现浇构件钢筋、预制构件钢筋、预应力钢筋及箍筋分别列项。

2）预应力构件中的非预应力钢筋按预制钢筋相应项目计算。

3）设计图未注明的钢筋接头和施工损耗，已综合在定额项目中。

4）绑扎钢丝、成型点焊和接头焊接用的焊条已综合在定额项目内。

5）钢筋工程内容包括：制作、绑扎、安装以及浇灌混凝土时维护钢筋用工。

6）非预应力钢筋不包括冷加工，如设计要求冷加工时，另行计算。

7）预应力钢筋如设计要求进行人工时效处理时，应另行计算。

8）钢筋工程量计算相关表格，见表4-9~表4-13。

表4-9　钢筋混凝土保护层厚度（a值）

钢筋种类	构件名称		保护层厚度/mm
受力筋	室内正常环境	板、墙、壳	15
		梁、柱	25
	露天或室内高温环境	板、墙、壳	25
		梁、柱	35
	有垫层	基础	40
	无垫层		70
分布筋	板、墙、壳		10
箍筋	梁、柱		15

表 4-10　常用的弯钩增加长度

弯钩长度		180°	90°	135°
增加长度	HPB235	6.25d	3.5d	4.9d
	HRB335		X + 0.9d	X + 2.8d
	HRB400		X + 1.2d	X + 3.6d

注：X 为钢筋弯钩的平直部分长度，如设计无规定，按 3d 计算。

表 4-11　钢筋最小搭接长度（L_d）

钢筋类型	绑扎搭接		焊接搭接	
	受拉区	受压区	受拉区	受压区
HPB235	30d	21d	25d	18d
HRB335	40d	28d	35d	25d
HRB400	50d	35d	40d	28d
冷拔低碳钢丝/mm	300	200	250	200

表 4-12　钢筋的每米理论质量

直径/mm	光圆钢筋		带肋钢筋	
	截面面积/mm²	质量/(kg/m)	截面面积/mm²	质量/(kg/m)
20	314.2	2.47	314	2.47
22	380.1	2.98	38	2.98
25	490.9	3.85	491	3.85
28	615.8	4.83	616	4.83
30	706.9	5.55		
32	804.2	6.31	804	6.31
38	1134.0	8.90		
40	1257.0	9.87	1257	9.87

表 4-13　弯起钢筋增加长度（ΔL）

α	$S_{斜长}$	水平投影长度	增加长度 ΔL
30°	2.00H_0	1.73H_0	0.27H_0
45°	1.41H_0	1.00H_0	0.414H_0
60°	1.15H_0	0.58H_0	0.57H_0

注：梁高 $H_0 \geqslant 0.8m$ 用 60°，梁高 $H_0 < 0.8m$ 用 45°，板用 30°。

2. 混凝土工程

1）混凝土的工作内容包括：筛砂子、筛洗石子、后台运输、搅拌、前台运输、清理、润湿模板、浇灌、捣固、养护。

2）毛石混凝土，系按毛石占混凝土体积 20% 计算的，如设计要求不同时，可以换算。

3）小型混凝土构件，系指每件体积在 0.05m³ 以内的未列出定额项目的构件。

3. 模板工程

1）现浇混凝土模板按不同构件，分别以组合钢模板、钢支撑、木支撑，复合木模板、钢支撑、木支撑，木模板、木支撑配制。模板不同时，可以编制补充定额。

2）模板工作内容包括：清理、场内运输、安装、刷隔离剂、浇灌混凝土时模板维护、拆模、集中堆放、场外运输。木模板包括制作（预制包括刨光，现浇不刨光），组合钢模板、复合木模板包括装箱。

3）现浇混凝土梁、板、柱、墙是按支模高度（地面至板底）3.6m 编制的，超过 3.6m 时超过部分工程量另按超高的项目计算。

4）用钢滑升模板施工的烟囱、水塔及储仓是按无井架施工计算的，并综合了操作平台，不再计算脚手架及竖井架。

5）用钢滑升模板施工的烟囱、水塔，提升模板使用的钢爬杆用量是按 100% 摊销计算的，储仓是按 50% 摊销计算的，设计要求不同时，另行换算。

6）倒锥壳水塔塔身钢滑升模板项目，也适用于一般水塔塔身滑升模板工程。

7）烟囱钢滑升模板项目均已包括烟囱筒身、牛腿、烟道口；水塔钢滑升模板均已包括直筒、门窗洞口等模板用量。

8）组合钢模板、复合木模板项目，未包括回库维修费用，应按定额项目中所列摊销量的模板、零星夹具材料价格的 8% 计入模板预算价格之内。回库维修费的内容包括：模板的运输费和维修的人工、机械、材料费用等。

4.5.5.2 工程量计算规则

1. 钢筋工程

（1）钢筋工程量 应区别现浇、预制构件，不同钢种和规格，分别按设计长度乘以单位质量，以"t"计算。

1）钢筋工程量计算的基本方法可表达为：

钢筋工程量 = 钢筋图示长度 × 钢筋每米理论质量

钢筋每米理论质量可按表 4-12 查用，在手中无表可查（如考试）时，也可以用简便公式计算，即：$0.617d^2$，（其中，d 为钢筋直径，单位取为 cm）。例：求 Φ12 钢筋的每米理论质量，取 d 为 1.2，代入公式得：(0.617×1.2^2) kg/m = 0.888 kg/m。

由于钢筋每米理论质量很容易确定，因而计算钢筋图示长度就成了钢筋工程量计算的主要问题，也是预算中工作量最大的工作。

2）一般直筋长度计算：

直筋长度 = 构件长 – 两端保护层厚度 + 弯钩增加值

$$A = L - 2a + 2 \times 6.25d \tag{4-26}$$

式中　　A——直筋长度；

　　　　L——构件长度；

　　　　$2a$——两端保护层厚，按表 4-9 取；

$2 \times 6.25d$——180°弯钩计算长度，为计算方便，可直接查表 4-10。

3）弯起钢筋长度计算。弯起钢筋长度是将弯起钢筋投影成水平直筋，再增加弯起部分斜长与水平长相比的增加值计算而得。计算式可表达为：

弯起筋长度 = 构件长 – 两端保护层厚度 + 弯钩增加值 + 斜长增加值

或　　　　　　　　　　$$B = L - 2a + 2 \times 6.25d + \Delta L \tag{4-27}$$

式中　　B——弯起筋长度；

　　　　ΔL——斜长增加值，参考表 4-13 取值；

其余符号含义同上。

4）箍筋长度计算。箍筋一般按一定间距设置，箍筋长度计算应先算出单支箍长度，再乘以支数，最后求得箍筋总长度。其表达式为：

$$箍筋长度 = 单肢箍长度 \times 肢数 \tag{4-28}$$

单肢箍长度根据构件断面及箍筋配置情况的不同可有以下五种计算方法：

① 方形或矩形断面的梁、柱配置的封闭双肢箍长度，如图 4-23 所示。

其单肢箍长度计算，扣保护层厚度，增加两弯钩（135°）。即：

$$L = 2 \times (b + h) - 8 \times (a - d) + 11.9d \times 2 \tag{4-29}$$

② 一字箍，按构件断面宽度，扣保护层，加两个弯钩（135°）计算，即：

$$L = b - 2a + 2d + 11.9d \times 2 \tag{4-30}$$

③ 矩形断面的梁、柱配置的四肢箍长度，如图 4-24 所示，为一面长度相当于构件宽度 2/3 的两个单肢箍相套而成。其计算方法为：

$$L = \left[(2b/3 - a + d) \times 2 + (h - 2a + 2d) \times 2 + 11.9d \times 2 \right] \times 2 \tag{4-31}$$

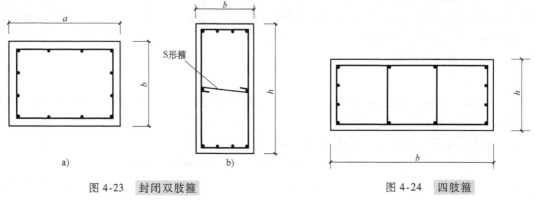

图 4-23　封闭双肢箍
a）方箍　b）矩形箍

图 4-24　四肢箍

④ 方形断面内的套箍（见图 4-25），与方形箍成 45°放置，其长度计算方法为：

$$L = 2 \times (b - 2a + 2d) \times 1.414 \tag{4-32}$$

⑤ 螺旋箍（见图 4-26），其长度是连续不断的，可按下式一次计算出螺旋箍总长度，即：

$$L = \frac{H}{p} \times \sqrt{p^2 + (D - 2a - 2d)^2 \times \pi^2} \tag{4-33}$$

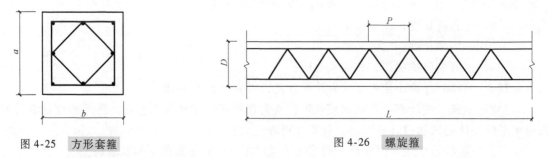

图 4-25　方形套箍

图 4-26　螺旋箍

式中　H——需配置螺旋箍的构件长（度）或高（度）（m）；

　　　p——螺旋箍螺距（m）；

　　　D——需配置螺旋箍的构件断面直径（m）；

　　　$2a$——保护层厚度（m）；

　　　d——螺旋箍直径（m）。

箍筋肢数，可分为以下两种情况计算：

第一种情况：一般的简支梁，箍筋可布置在梁端，但要扣减梁端保护层。其计算方法为：

$$肢数 = (L - 2a)/@ + 1 \qquad (4\text{-}34)$$

式中　L——梁的构件长（m）；

　　$2a$——保护层厚度（m）；

　　$@$——箍筋间距（m）；

　　1——排列的箍筋最后总数应加一肢。

第二种情况：与柱整浇的梁，箍筋可布置在支座边50mm处，支座中规定设置一肢，如图4-27所示。其计算方法为：

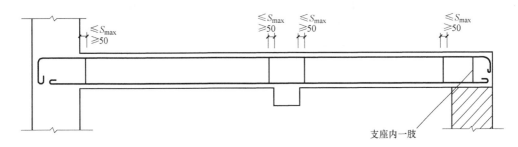

图 4-27　整浇梁中箍筋分布

$$肢数 = (L_净 - 2 \times 0.05)/@ + 1 + 支座数 \qquad (4\text{-}35)$$

式中　$L_净$——梁的净跨长，即支座间净长度；

　　其余符号同上。

（2）接头　计算钢筋工程量时，设计已规定钢筋搭接长度的，按规定搭接长度计算；设计未规定搭接长度的，已包括在钢筋的损耗率之内，不另计算搭接长度。钢筋电渣压力焊、套筒挤压等接头以"个"计算。

（3）预应力钢筋工程量　先张法预应力钢筋，按构件外形尺寸计算长度；后张法预应力钢筋按设计图规定的预应力钢筋预留孔道长度，并区别不同的锚具类型，分别按下列规定计算：

1）低合金钢筋两端采用螺杆锚具时，预应力的钢筋按预留孔道长度减0.35m，螺杆另行计算。

2）低合金钢筋一端采用镦头插片，另一端采用螺杆锚具时，预应力钢筋长度按预留孔道长度计算，螺杆另行计算。

3）低合金钢筋一端采用镦头插片，另一端采用帮条锚具时，预应力钢筋增加0.15m；两端均采用帮条锚具时，预应力钢筋共增加0.3m。

4）低合金钢筋采用后张混凝土自锚时，预应力钢筋长度增加0.35m。

5）低合金钢筋或钢绞线采用JM、XM、QM型锚具，孔道长度在20m以内时，预应力钢筋长度增加1m；孔道长度在20m以上时，预应力钢筋长度增加1.8m。

6）碳素钢丝采用锥形锚具，孔道长度在20m以内时，预应力钢筋长度增加1m；孔道长在20m以上时，预应力钢筋长度增加1.8m。

7）碳素钢丝两端采用镦粗头时，预应力钢丝长度增加0.35m。

（4）钢筋混凝土构件预埋件工程量　按设计图示尺寸以"t"计算。固定预埋螺栓、铁件的支架，固定双层钢筋的铁马凳、垫铁件，按审定的施工组织设计规定计算，套用相应定额项目。

2. 混凝土工程

（1）现浇混凝土工程量　按以下规定计算：

1）混凝土工程量除另有规定者外，均按图示尺寸实体体积以"m^3"计算。不扣除构件内钢筋，预埋件及墙、板中 0.3m^2 内的孔洞所占体积。

2）基础。

① 有肋带形混凝土基础，其肋高与肋宽之比在 4:1 以内的，按有肋带形基础计算；超过 4:1 时，其基础底部按板式基础计算，以上部分按墙计算。

② 箱式满堂基础应分别按无梁式满堂基础、柱、墙、梁、板有关规定计算，套用相应定额项目（见图 4-28）。

③ 设备基础除块体以外，其他类型设备基础分别按基础、梁、柱、板、墙等有关规定计算，套用相应的定额项目计算。

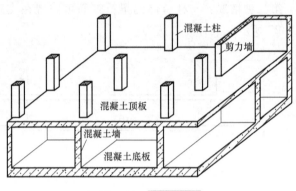

图 4-28　箱形基础

a. 带形基础（条形基础）。带形混凝土基础与柱或墙的划分，以基础扩大顶面为界（见图 4-29）。

带形混凝土基础工程量 = 带形混凝土基础长度 × 基础断面面积

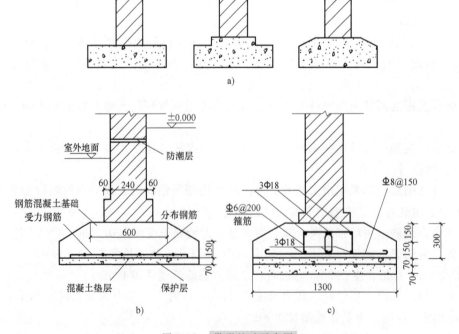

图 4-29　带形基础示意图

a）无筋混凝土基础　b）无梁有筋混凝土基础　c）有梁有筋混凝土基础

b. 独立基础与杯形基础。当建筑物上部为承重墙结构，基础要求埋深较大时，可采用独立基础，其优点是减少土石方工程量、节约基础材料。独立基础所用的材料依柱的材料和荷载大小而定，通常采用灰土、混凝土和钢筋混凝土等。独立基础多用于建筑物上部结构采用框架结构承重的情况。独立基础有阶梯形基础、截头方锥形基础、杯形基础这三种常见的形式。

当采用装配式钢筋混凝土柱时，在基础中应预留安放柱子的孔洞，孔洞尺寸要比柱子横截面积尺寸大一些，柱子放入孔洞后，柱子周围用细石混凝土浇筑。这种基础便称为杯形基础。

其中，独立基础的颈部高度小于其横截面长边的 3 倍时，长颈部分按基础计算；长颈高度大于横断面的长边的 3 倍时，长颈部分按柱计算工程量，如图 4-30 所示。

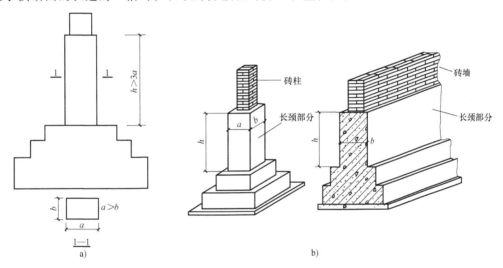

图 4-30　独立基础和长颈基础

a) 独立基础　b) 长颈基础

各种形式独立基础混凝土工程量计算方法如下。

第一种：阶梯形基础工程量的计算（见图 4-31）：

$$V = bc_2h_1 + ac_1h_2 \tag{4-36}$$

第二种：截头方锥形基础工程量的计算（见图 4-32）：

$$V = \frac{h}{6}\left[AB + (A + a)(B + b) + ab \right] \tag{4-37}$$

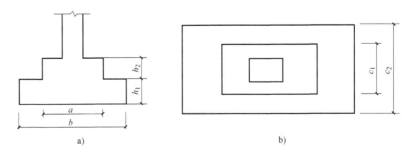

图 4-31　阶梯式基础

c. 满堂基础。当地基特别软，而上部结构的荷载又十分大时，特别是带有地下室的高层建筑物，如设计时不宜采用桩基或人工地基时，可将基础设计成钢筋混凝土筏形基础（俗称满堂基础）。满堂基础按构造又分为无梁式满堂基础和有梁式满堂基础（亦称肋形满堂基础或梁板式满堂基础），如图4-33、图4-34所示。

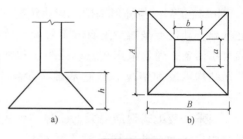

图4-32 截头方锥形基础

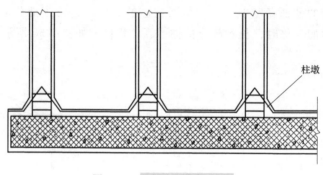

图4-33 无梁式满堂基础

图4-34 有梁式满堂基础

满堂基础工程量计算方法如下：

$$有梁式满堂基础体积 = 底板面积 \times 板厚 + 梁截面面积 \times 梁长 \qquad (4\text{-}38)$$

$$无梁式满堂基础体积 = 底板面积 \times 板厚 + 柱墩总体积 \qquad (4\text{-}39)$$

$$箱形基础底板体积 = 底板面积 \times 板厚 \qquad (4\text{-}40)$$

3）柱：按图示断面尺寸乘以柱高以"m^3"计算。柱高按下列规定确定：

① 有梁板的柱高，应自柱基上表面（或楼板上表面）至上一层楼板上表面之间的高度计算（见图4-35）。

② 无梁板的柱高，应自柱基上表面（或楼板上表面）至柱帽下表面之间的高度计算（见图4-36）。

③ 框架柱的柱高应自柱基上表面至柱顶高度计算（见图4-37）。

④ 构造柱按全高计算，与砖墙嵌接部分的体积并入柱身体积内计算。

构造柱亦称抗震柱，它是现浇钢筋混凝土抗震结构构件的组成部分，一般设置在混合结构的墙体转角处或内外墙交接处，和墙构成一个整体，用来加强墙体的抗震能力。

嵌入砌体内的构造柱（见图4-38）的工程量按其混凝土体积以"m^3"计算，墙内的咬口（或称马牙槎）并入构造柱内计算。

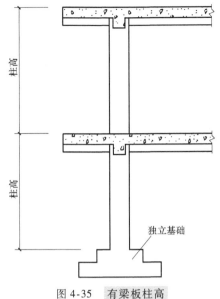

图 4-35　有梁板柱高

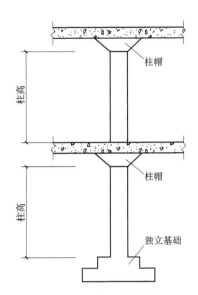

图 4-36　无梁板柱高

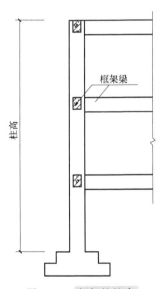

图 4-37　框架柱柱高

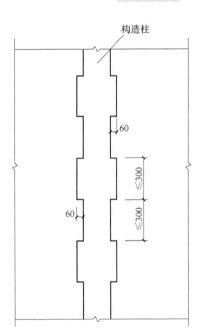

图 4-38　构造柱立面图

常用构造柱形式一般有四种，即 L 形、T 形、"十"字形及长墙中间的"一"字形（见图4-39）。

$$构造柱体积 = （构造柱断面面积 + 马牙槎断面面积）× 柱高 \qquad (4-41)$$

或

$$V = F \times H$$

式中　V——构造柱工程量；

　　　F——构造柱断面计算面积（包括马牙槎部分）；

　　　H——构造柱高度。

上式中：

$$F = 构造柱断面面积 + 马牙槎部分面积$$

$$= d_1 d_2 + 0.03 n_1 d_1 + 0.03 n_2 d_2 \qquad (4\text{-}42)$$

式中　d_1、d_2——构造柱断面两个边长；

　　n_1、n_2——相应于 d_1、d_2 方向上的咬接变数（0 或 1 或 2）。

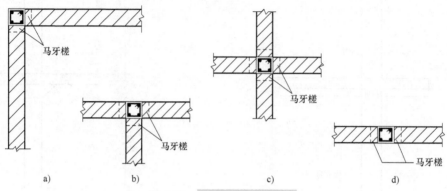

图 4-39　构造柱的四种断面

a）L 形接头　b）T 形接头　c）"十"字形接头　d）"一"字形接头

⑤ 依附柱上的牛腿，并入柱身体积内计算（见图 4-40）。

计算方法如下：

柱体积 =（柱高 × 柱断面面积）+ 牛腿体积

其中，牛腿体积计算式为

$$V = ab H_1 + \left(ab \times \frac{H_2}{2} \right) = ab \left(H_1 + \frac{H_2}{2} \right) \qquad (4\text{-}43)$$

4）梁：按图示断面尺寸乘以梁长，以"m^3"计算。

梁长按下列规定确定：

① 梁与柱连接时，梁长算至柱侧面（见图 4-41）。

② 主梁与次梁连接时，次梁长算至主梁侧面（见图 4-42）。

伸入墙内梁头、梁垫体积并入梁体积内计算。

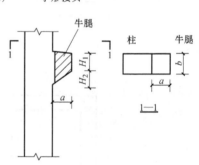

图 4-40　牛腿柱式基础

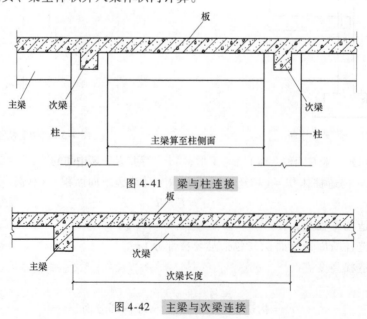

图 4-41　梁与柱连接

图 4-42　主梁与次梁连接

③ 圈梁与过梁连接时（圈梁代过梁），分别套用圈梁和过梁的定额，其过梁长度按照门窗洞口宽两端共加 50cm 计算（见图 4-43）。

5）板：按图示面积乘以板厚，以"m³"计算。其中：

① 有梁板包括主、次梁与板，按梁、板体积之和计算（见图 4-44）。

② 无梁板按板和柱帽体积之和计算（见图4-45）。

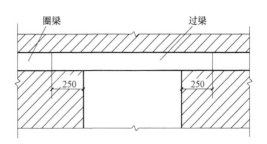

图 4-43　圈梁与过梁相连

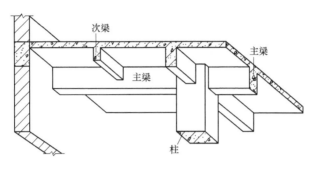

图 4-44　有梁板

③ 平板按板实体体积计算。

④ 现浇挑檐天沟与板（包括屋面板、楼板）连接时，以外墙为分界线；与圈梁（包括其他梁）连接时，以梁外边线为分界线。外墙边线以外或梁外边线以外为挑檐天沟（见图 4-46）。

⑤ 各类板伸入墙内的板头并入板体积内计算。

6）墙：按图示中心线长度乘以墙高及厚度，以

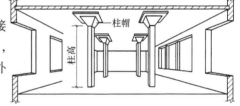

图 4-45　无梁板

"m³"计算，应扣除门窗洞口及 0.3m² 以外孔洞的体积，墙垛及突出部分并入墙体积内计算。

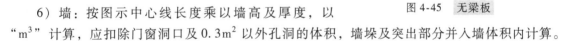

图 4-46　现浇挑檐天沟与板、梁划分

a）挑檐　b）檐沟

7）整体楼梯包括休息平台、平台梁、斜梁及楼梯的连接梁按水平投影面积计算，不扣除宽度小于 500mm 的楼梯井，伸入墙内部分不另增加（见图 4-47、图 4-48）。

8）阳台、雨篷（悬挑板），按伸出外墙的水平投影面积计算，伸出外墙的牛腿不另计算。带反挑檐的雨篷按展开面积并入雨篷内计算。

9）栏杆按净长度以"延长米"计算。伸入墙内的长度已综合在定额内。栏板以"m³"计算，伸入墙内的栏板合并计算。

10）预制板补现浇板缝时，按平板计算。

11）预制钢筋混凝土框架柱现浇接头（包括梁接头）按设计规定断面和长度以"m³"计算。

（2）预制混凝土工程量　按以下规定计算：

1）混凝土工程量均按图示尺寸实体体积以

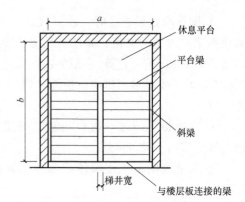

图 4-47　楼梯平面图

"m³"计算，不扣除构件内钢筋、铁件及小于 300mm ×300mm 孔洞面积。

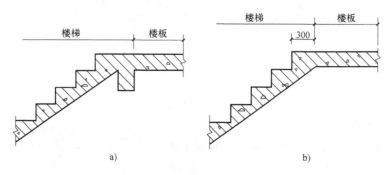

图 4-48　楼梯与楼层划分界限示意图

a）有梯梁　b）无梯梁

2）预制桩按桩全长（包括桩尖）乘以桩断面（空心桩应扣除孔洞体积）以"m³"计算。

3）混凝土与钢杆件组合的构件，混凝土部分按构件实体积以"m³"计算，钢构件部分按"t"计算，分别套相应的定额项目。

（3）构筑物混凝土工程量　按以下规定计算：

1）构筑物混凝土除另规定者外，均按图示尺寸扣除门窗洞口及 0.3m² 以外孔洞所占体积以实体体积计算。

2）水塔。具体如下：

① 筒身与槽底以槽底连接的圈梁底为界，以上为槽底，以下为筒身。

② 筒式塔身及依附于筒身的过梁、雨篷挑檐等并入筒身体积内计算；柱式塔身、柱、梁合并计算。

③ 塔顶及槽底，塔顶包括顶板和圈梁，槽底包括底板挑出的斜壁板和圈梁等，合并计算。

3）储水池不分平底、锥底、坡底，均按池底计算；壁基梁、池壁不分圆形壁和矩形壁，均按池壁计算；其他项目均按现浇混凝土部分相应项目计算。

3．模板工程

（1）现浇混凝土及钢筋混凝土模板工程量　按以下规定计算：

1）现浇混凝土及钢筋混凝土模板工程量，除另有规定者外，均应区别模板的不同材质，按混凝土与模板接触面的面积以"m²"计算。

2）现浇钢筋混凝土柱、梁、板、墙的支模高度（即室外地坪至板底或板面至板底之间的高度）以 3.6m 以内为准，超过 3.6m 部分，另按超过部分计算增加支撑工程量。

3）现浇钢筋混凝土墙、板上单孔面积在 0.3m² 以内的孔洞，不予扣除，洞侧壁模板亦不增加；单孔面积在 0.3m² 以外时，应予扣除，洞侧壁模板面积并入墙、板模板工程量之内计算。

4）现浇钢筋混凝土框架分别按梁、板、柱、墙有关规定计算，附墙柱，并入墙内工程量计算。

5）杯形基础杯口高度大于杯口大边长度的，套用高杯基础定额项目（见图 4-49）。

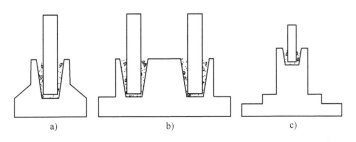

图 4-49　杯形基础

a）单杯口基础　b）双杯口基础　c）高杯口基础

6）柱与梁、柱与墙、梁与梁等连接的重叠部分以及伸入墙内的梁头、板头部分，均不计算模板面积。

7）构造柱外露面均应按图示外露部分计算模板面积。构造柱与墙接触面不计算模板面积。

8）现浇钢筋混凝土悬挑板（雨篷、阳台）按图示外挑部分尺寸的水平投影面积计算。挑出墙外的牛腿梁及板边模板不另计算。

9）现浇钢筋混凝土楼梯，以图示露明面尺寸的水平投影面积计算，不扣除小于 500mm 楼梯井所占面积。楼梯的踏步、踏步板平台梁等侧面模板，不另计算。

10）混凝土台阶不包括梯带，按图示台阶尺寸的水平投影面积计算，台阶端头两侧不另计算模板面积。

11）现浇混凝土小型池槽按构件外围体积计算，池槽内、外侧及底部的模板不应另计算。

（2）预制钢筋混凝土构件模板工程量　按以下规定计算：

1）预制钢筋混凝土模板工程量，除另有规定者外均按混凝土实体体积以 "m³" 计算。

2）小型池槽按外形体积以 "m³" 计算。

3）预制桩尖按虚体积（不扣除桩尖虚体积部分）计算。

（3）构筑物钢筋混凝土模板工程量　按以下规定计算：

1）构筑物工程的模板工程量，除另有规定者外，区别现浇、预制和构件类别，分别按第 1）条和第 2）条的有关规定计算。

2）大型池槽等分别按基础、墙、板、梁、柱等有关规定计算，并套相应定额项目。

3）液压滑升钢模板施工的烟筒、水塔塔身、储仓等，均按混凝土体积，以 "m³" 计算。预制倒圆锥形水塔罐壳模板，按混凝土体积以 "m³" 计算。

4）预制倒圆锥形水塔罐壳组装、提升、就位，按不同容积以 "座" 计算。

4.5.5.3　计算示例

【例4-3】　按图4-50所示，计算杯形基础底板配筋工程量（共24个）。

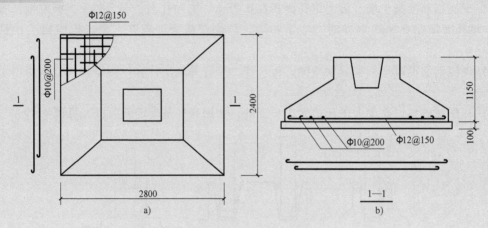

图4-50　杯形基础底板配筋示意图
a）平面图　b）剖面图

【解】：钢筋计算时最好分钢种、规格，并按编号顺序进行计算，若图上未编号，可自行按受力筋、架立筋的大小顺序编号，最后按Φ10以内Ⅰ级钢、Φ10以外Ⅰ级钢、Φ10以外Ⅱ级钢三种情形分别汇总后套相应定额。一般独立基础在底板上均双向配置受力筋。

（1）①号筋Φ12@150（沿长边方向）。

$$单股长 = (2.8 - 2 \times 0.04 + 12.5 \times 0.012)m = 2.87m$$
$$肢数 = ((2.4 - 2 \times 0.04)/0.15 + 1)肢 = 16.47肢 = 17肢$$
$$总长 = 2.87m \times 17 = 48.79m$$

由简便公式计算可得，Φ12钢筋为0.888kg/m。

钢筋质量为：$G_1 = (48.79 \times 0.888 \times 24)kg = 1040kg = 1.04t$

（2）②号筋Φ10@200（沿短边方向）。

$$单股长 = (2.4 - 2 \times 0.04 + 12.5 \times 0.012)m = 2.47m$$
$$肢数 = ((2.8 - 2 \times 0.04)/0.2 + 1)肢 = 14.60肢 = 15肢$$
$$总长 = 2.47m \times 15 = 37.05m$$

由简便公式计算可得，Φ10钢筋为0.617kg/m。

钢筋质量为：$G_1 = (37.05 \times 0.617 \times 24)kg = 548.6kg = 0.549t$

（3）钢筋汇总。

Φ10以内Ⅰ级钢：0.549t。

Φ10以外Ⅰ级钢：1.040t。

【例4-4】　如图4-51所示，计算基础工程量。

【解】：满堂有梁基础工程量计算如下：

$$工程量 = [35.00 \times 25.00 \times 0.3 + 0.3 \times 0.4 \times (35.00 \times 4 + 25.00 \times 6 - 0.3 \times 24)]m^3$$
$$= 296.44m^3$$

【例4-5】　如图4-52所示，基础工程量计算如下（已知共70个柱）。

【解】：满堂混凝土基础工程量计算如下：

$$V = 45 \times 30 \times 0.25m^3 + (45 - 0.2 \times 2) \times (30 - 0.2 \times 2) \times 0.15m^3 +$$
$$\frac{1}{6} \times 0.3 \times [0.8 \times 0.8 + (0.8 + 0.6) \times (0.8 + 0.6) + 0.6 \times 0.6] \times 70m^3$$
$$= 545.884m^3$$

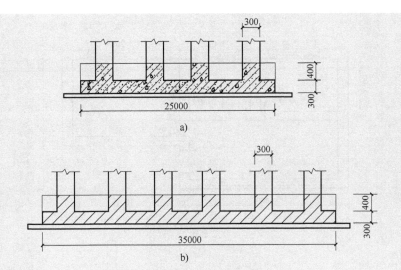

图 4-51　有梁式满堂基础剖面图

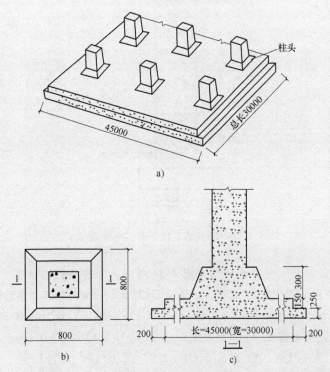

图 4-52　无梁式筏板基础示意图

【例 4-6】　如图 4-53 所示，求现浇混凝土圈梁工程量（墙上均设圈梁）。

【解】：圈梁带过梁工程量 $= [(3.3+0.5)+(2.0+0.5)\times3+(1.5+0.5)+$
$(0.9+0.5)\times3+(1.5+0.5)]\text{m}\times0.24\text{m}\times0.24\text{m}$
$=1.123\text{m}^3$

圈梁工程量 $=0.24\text{m}\times0.24\text{m}\times[(11.4+5.76)\times2+6.6-0.36+3.6-0.24+2.5-$
$0.24]\text{m}-1.123\text{m}^3$
$=1.537\text{m}^3$

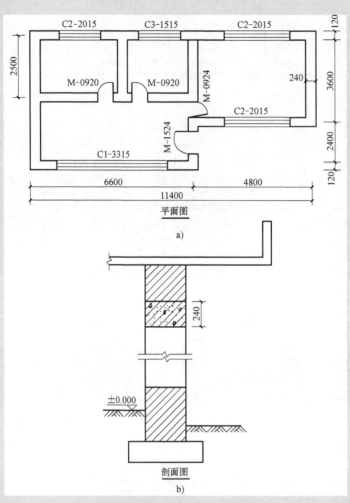

图 4-53　某工程平面、剖面图

【**例 4-7**】　现浇混凝土有梁板计算如图 4-54 所示,求有梁板工程量。

【**解**】：板工程量 $= (9 + 0.15 \times 2)\mathrm{m} \times (6 + 0.125 \times 2)\mathrm{m} \times 0.1\mathrm{m} = 5.81\mathrm{m}^3$

主梁工程量 $= [0.3 \times 0.6 \times (6 - 0.125 \times 2) \times 2]\mathrm{m}^3 = 2.07\mathrm{m}^3$

次梁工程量 $= [0.25 \times 0.3 \times (9 - 0.15 \times 2)]\mathrm{m}^3 = 0.65\mathrm{m}^3$

有梁板工程量 $= [5.81 + 2.07 + 0.65]\mathrm{m}^3 = 8.53\mathrm{m}^3$

【**例 4-8**】　如图 4-55 所示,求无梁板工程量。

【**解**】：柱帽工程量 $= [0.4 \times 0.4 + (0.4 + 2) \times (0.4 + 2) + 2 \times 2] \times 0.5 \div 6\mathrm{m}^3 = 0.827\mathrm{m}^3$

4.5.6　构件运输及安装工程

1. 相关说明

（1）**构件运输**　具体如下：

1）定额中包括混凝土构件运输、金属结构构件运输及木门窗运输。

2）定额按构件的类型和外形尺寸划分,混凝土构件分为六类,金属结构构件分为三类,见表 4-14、表 4-15。

图 4-54　有梁板示意图

3）构件运输过程中，如遇路桥限载（限高），而发生的加固、拓宽等费用，以及有电车线路和公安交通管理部门的保安护送费用，应另行处理。

（2）构件安装　具体如下：

1）定额是按机械起吊点中心回转半径 15m 以内的距离计算的。如超出 15m 时，应另按构件 1km 运输定额项目执行。

2）每一工作循环中，均包括机械的必要位移。

图 4-55　无梁板示意图

3）柱接柱定额未包括钢筋焊接。

4）小型构件安装系指单体小于 $0.1m^3$ 的构件安装。

表 4-14　预制混凝土构件分类

类别	项　目
1	4m 以内空心板、实心板
2	6m 以内的桩、屋面板、工业楼板、进深梁、基础梁、吊车梁、楼梯休息板、楼梯段、阳台板
3	6m 以上至 14m 梁、板、柱、桩，各类屋架、桁架、托架（14m 以上另行处理）
4	天窗架、挡风架、侧板、端壁板、天窗上下挡、门框及单件体积在 $0.1m^3$ 以内的小构件
5	装配式内、外墙板、大楼板、厕所板
6	隔墙板（高层用）

表 4-15　金属结构构件分类

类别	项　目
1	钢柱、屋架、托架梁、防风桁架
2	吊车梁、制动梁、型钢檩条、钢支撑、上下挡、钢拉杆栏杆、盖板、垃圾出灰门、倒灰门、箅子、爬梯、零星构件平台、操作台、走道休息台、扶梯、钢起重机梯台、烟囱紧固箍
3	墙架、挡风架、天窗架、组合檩条、轻型屋架、滚动支座、悬挂支座、管道支架

5）升板预制柱加固系指预制柱安装后至楼板提升完成期间，所需的加固搭设费。

6）定额内未包括金属构件拼接和安装所需的连接螺栓。

7）钢柱、钢屋架、天窗架安装定额中，不包括拼装工序，如需拼装时，按拼装定额项目计算。

8）凡单位一栏中注有"％"者，均指该项费用占本项定额总价的百分数。

9）预制混凝土构件和金属构件安装定额均不包括为安装工程所搭设的临时性脚手架，若发生应另按有关规定计算。

10）定额中的塔式起重机台班均已包括在垂直运输机械费定额中。

11）定额综合工日不包括机械驾驶人工工日。

12）钢网架拼装定额不包括拼装后所用材料，使用定额可按实际施工方案进行补充。

13）钢网架定额是按焊接考虑的，安装是按分体吊装考虑的；若施工方法与定额不同时，可另行补充。

2. 工程量计算规则

（1）构件和木门窗工程量　预制混凝土构件运输及安装，均按构件图示尺寸以实体积计算；钢构件按构件设计图示尺寸以"t"计算，所需螺栓、焊条等质量不另计算。木门窗按外框面积以"m^2"计算。

（2）预制混凝土构件运输及安装损耗率　按表 4-16 规定计算后并入构件工程量内。其中预制混凝土屋架、桁架、托架及长度在 9m 以上的梁、板、柱不计算损耗率。

表 4-16　预制钢筋混凝土构件制作、运输、安装损耗率

名　称	制作废品率	运输堆放损耗率	安装（打桩）损耗率
各类预制构件	0.2%	0.8%	0.5%
预制钢筋混凝土桩	0.1%	0.4%	1.5%

$$钢筋混凝土构件制作工程量 = 图示工程量 \times (1 + 制作废品率 +$$
$$运输堆放损耗率 + 安装损耗率) \qquad (4-44)$$

$$钢筋混凝土构件运输工程量 = 图示工程量 \times (1 + 运输堆放损耗率 +$$
$$安装损耗率) \qquad (4-45)$$

$$钢筋混凝土构件安装工程量 = 图示工程量 \times (1 + 安装损耗率) \qquad (4-46)$$

（3）构件运输工程量　按以下规定计算：

1）预制混凝土构件运输的最大运输距离取 50km 以内；钢构件和木门窗的最大运输距离取 20km 以内；超过时另行补充。

2）加气混凝土板（块）、硅酸盐块运输每立方米折合钢筋混凝土构件体积 0.4m^3，按一类构件运输计算。

（4）预制混凝土构件安装　工程量按以下规定计算：

1）焊接形成的预制钢筋混凝土框架结构，其柱安装按框架柱计算，梁安装按框架梁计算；节点浇筑成型的框架，按连体框架梁、柱计算。

2）预制钢筋混凝土"工"字形柱、矩形柱、空腹柱、双肢柱、空心柱、管道支架等安装，均按柱安装计算。

3）组合屋架安装，以混凝土部分实体体积计算，钢杆件部分不另计算。

4）预制钢筋混凝土多层柱安装，首层柱按柱安装计算，二层及二层以上按柱接柱计算。

（5）钢构件安装工程量 按以下规定计算：

1）钢构件安装按图示构件钢材质量以"t"计算。

2）依附于钢柱上的牛腿及悬臂梁等，并入柱身主材质量计算。

3）金属结构中所用钢板，设计为多边形者，按矩形计算，矩形的边长以设计尺寸中互相垂直的最大尺寸为准。

3. 计算示例

【例4-9】 某工程在预制构件加工厂预制空心板200m³，计算空心板的制作、运输、安装工程量。

【解】：制作工程量 $= 200\text{m}^3 \times (1 + 0.002 + 0.008 + 0.005) = 203\text{m}^3$

运输工程量 $= 200\text{m}^3 \times (1 + 0.008 + 0.005) = 202.6\text{m}^3$

安装工程量 $= 200\text{m}^3 \times (1 + 0.005) = 201\text{m}^3$

4.5.7 门窗及木结构工程

1. 相关说明

1）厂库房大门及特种门的钢骨架制作，以钢材质量表示，已包括在定额项目中，不再另列项目计算。

2）木门窗不论现场或附属加工厂制作，均执行定额，现场外制作点至安装地点的运输另行计算。

3）定额中普通木门窗、天窗，按框制作、框安装、扇制作、扇安装分列项目；厂库房大门、钢木大门及其他特种门按扇制作、扇安装分列项目。

4）定额中的普通木窗、钢窗、铝合金窗、塑料窗、彩板组角钢窗等适用于平开式、推拉式、中转式以及上、中、下悬式。

5）铝合金门窗制作兼安装项目，是按施工企业附属加工厂制作编制的。加工厂至现场堆放点的运输另行计算。

6）铝合金卷闸门（包括卷筒、导轨）、彩板组角钢门窗、塑料门窗、钢门窗安装以成品安装编制。由供应地至现场的运杂费应计入预算价格中。

7）玻璃厚度和颜色、密封油膏、软填料，如设计与定额不同时可以调整。

常见门如图4-56所示。

2. 工程量计算规则

1）各类门、窗制作、安装工程量均按门、窗洞口面积计算。

①门、窗盖口条、贴脸、披水条（见图4-57a、b），按图示尺寸以"延长米"计算，执行木装修项目。

②普通窗上部带有半圆窗的工程量应分别按半圆窗和普通窗计算，以普通窗和半圆窗之

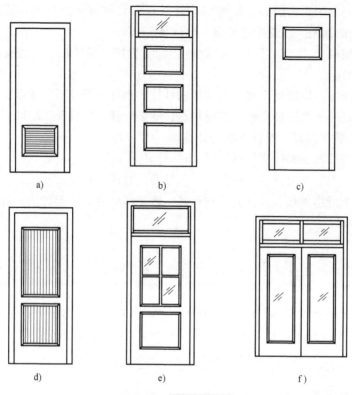

图 4-56 　常见门类型

a）半截百叶门　b）带亮子镶板门　c）带观察窗胶合板门　d）拼板门
e）半玻门　f）全玻门

间的横框上裁口线为分界线。

③门窗扇包镀锌薄钢板，按门、窗洞口面积以"m^2"计算；门窗框包镀锌薄钢板，钉橡皮条、钉毛毡按图示门窗洞口尺寸以"延长米"计算。

2）铝合金门窗制作、安装，铝合金、不锈钢门窗，彩板组角钢门窗，塑料门窗，钢门窗安装，均按设计门窗洞口面积计算。

3）卷闸门安装按洞口高度增加 600mm 乘以门实际宽度，以"m^2"计算（见图 4-57c）。电动装置安装以"套"计算。小门安装以"个"计算。

卷闸门的卷筒一般均安装在洞口上方，安装实际面积要比洞口面积大，因此工程量应另行计算。

$$卷闸门安装工程量 = （洞高 + 600mm）× 卷闸门宽 \qquad (4-47)$$

4）不锈钢片包门框按框外表面面积以"m^2"计算；彩板组角钢门窗附框安装按"延长米"计算。

5）木屋架的制作安装工程量按以下规定计算：

①木屋架制作安装均按设计断面竣工木料以"m^3"计算，其后备长度及配制损耗均不另外计算。

②方木屋架一面刨光时增加 3mm，两面刨光时增加 5mm，圆木屋架按屋架刨光时木材体积每立方米增加 0.05m^3。附属于屋架的夹板、垫木等已并入相应的屋架制作项目中，不另计算；与屋架连接的挑檐木、支撑等工程量并入屋架竣工木料体积内计算。

③屋架的制作安装应区别不同跨度，其跨度应以屋架上下弦杆的中心线交点之间的长度

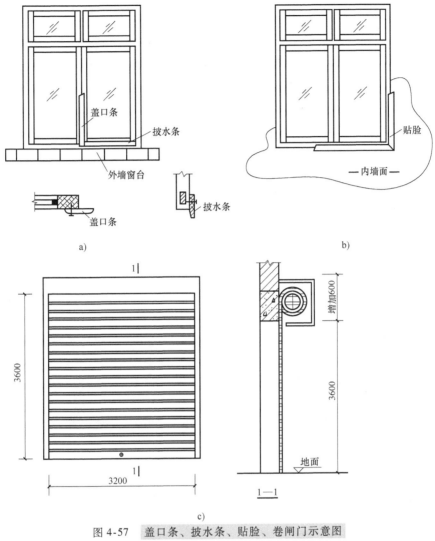

图 4-57   盖口条、披水条、贴脸、卷闸门示意图

a) 盖口条、披水条   b) 贴脸   c) 卷闸门

为准。带气楼的屋架并入所依附屋架的体积内计算。

④ 屋架的马尾、折角和正交部分半屋架，应并入相连接屋架的体积内计算。

一般坡屋面为前、后两面坡水，另一种屋面做成如图 4-58 所示的四坡水形式，这两端坡水称为马尾，它由两个半屋架组成折角。此屋架体积与正屋架体积合并为一个工程量套用定额。

屋架的马尾、折角和正交部分半屋架如图 4-59 所示，在计算其体积时，不单独列项套定额，而应并入相连接屋架的体积内计算，套取定额费用。

带气楼屋架的气楼部分，马尾、燕尾、折角、正交部分的半屋架，与之相连接的正屋架，运用经验计算式折合成正屋架的榀数后，根据正屋架的竣工木料体积计算单位工程木屋架的竣工材积。其计算式为：

$$气楼和马尾（燕尾、折角、正交）部分折合正屋架的榀数 =$$

$$\frac{气楼、马尾（燕尾、折角、正交）部分投影面积}{每榀正屋架负重投影面积} \times 1.8 \tag{4-48}$$

图 4-58　四坡屋顶

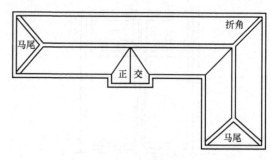

图 4-59　屋架示意图

⑤ 钢木屋架区分圆、方木，按竣工木料以"m³"计算。

6）圆木屋架连接的挑檐木、支撑等如为方木时，其方木部分应乘以系数 1.7，折合成圆木并入屋架竣工木料内，单独的方木挑檐按矩形檩木计算。

7）檩木按竣工木料以"m³"计算。简支檩长度按设计规定计算，如设计无规定者，按屋架或山墙中距增加 200mm 计算，如两端出山，檩长度算至博风板；连续檩条的长度按设计长度计算，其接头长度按全部连续檩条总体积的 5% 计算。檩条托木已计入相应的檩木制作安装项目中，不另计算。

8）屋面木基层，按屋面的斜面积计算。天窗挑檐重叠部分按设计规定计算，屋面烟囱及斜沟部分所占面积不扣除。

9）封檐板按图示檐口外围长度计算，博风板按斜长度计算，每个大刀头增加长度 500mm。

10）木楼梯按水平投影面积计算，不扣除宽度小于 300mm 的楼梯井，其踢脚板、平台和伸入墙内部分不另计算。

3. 计算示例

【例 4-10】 窗披水条，分框带披水和另钉披水（见图 4-60）两种，工程量按窗框宽度以延长米为单位计算。

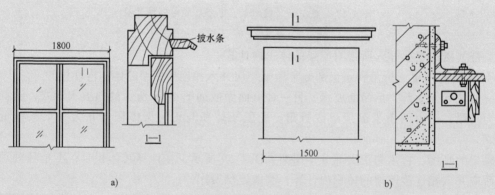

图 4-60　窗披水条

a）分框带披水　b）另钉披水

【解】：20 樘窗披水条工程量为：

$$1.80m \times 20 = 36m$$

【例 4-11】 某施工企业根据图 4-61 及门窗表（见表 4-17）计算的门、窗工程量。

【解】：铝合金门面积 $S = 0.9 \times 2.6 \text{m}^2$

$\qquad = 2.34 \text{m}^2$

夹板门面积 $S = (0.85 \times 2.1 \times 2 + 0.75 \times$

$\qquad 2.1 \times 1) \text{m}^2$

$\qquad = 5.15 \text{m}^2$

铝合金窗面积 $S = 1.2 \times 1.7 \times 3 \text{m}^2$

$\qquad = 6.12 \text{m}^2$

钢窗面积 $S = (1 \times 1.7 \times 2 + 1 \times 1 \times 1) \text{m}^2$

$\qquad = 4.4 \text{m}^2$

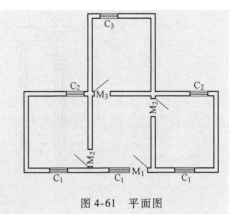

图 4-61　平面图

表　4-17

门窗	材料	规格/(mm × mm)	数量
M_1	铝合金	900×2600	1
M_2	夹板门	850×2100	2
M_3	夹板门	750×2100	1
C_1	铝合金	1200×1700	3
C_2	钢窗	1000×1700	2
C_3	钢窗	1000×1000	1

4.5.8　楼地面工程

1. 相关说明

1）扶手、栏杆、栏板适用于楼梯、走廊、回廊及其他装饰性栏杆、栏板。

2）块料面层的零星项目面层适用于楼梯侧面、台阶的牵边、小便池、蹲台、池槽以及面积在 1m^2 以内且定额未列项目的工程。

3）大理石、花岗石楼地面拼花按成品考虑。

4）镶拼面积小于 0.015m^2 的石材套用点缀定额。

2. 工程量计算规则

1）地面垫层按室内主墙间净空面积乘以设计厚度以"m^3"计算。应扣除凸出地面的构筑物、设备基础、室内铁道、地沟等所占体积，不扣除柱、垛、间壁墙、附墙烟囱及面积在 0.3m^2 以内孔洞所占体积。

2）整体面层、找平层均按主墙间净空面积以"m^2"计算。应扣除凸出地面构筑物、设备基础、室内管道、地沟等所占面积，不扣除柱、垛、间壁墙、附墙烟囱及面积在 0.3m^2 以内的孔洞所占面积，但门洞、空圈、暖气包槽、壁龛的开口部分亦不增加。

3）块料面层，按图示尺寸实铺面积以"m^2"计算，门洞、空圈、暖气包槽和壁龛的开口部分的工程量并入相应的面层内计算。

4）楼梯面层（包括踏步、休息平台以及小于 500mm 宽的楼梯井）按水平投影面积计算。

其工程量按其水平投影面积计算（包括踏步、平台、小于 500mm 宽的楼梯井以及最上一层踏步沿 300mm），如图 4-62 所示。即：

当 $b > 500 \text{mm}$ 时：$\qquad\qquad S = \sum L \times B - \sum l \times b$ $\qquad\qquad$ (4-49)

当 $b \leqslant 500 \text{mm}$ 时：$\qquad\qquad S = \sum L \times B$ $\qquad\qquad$ (4-50)

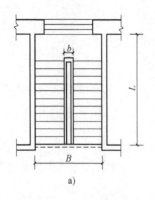 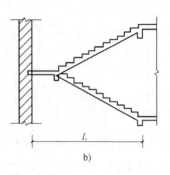

图 4-62 楼梯示意图

式中   S——楼梯面层的工程量（m²）；

L——楼梯的水平投影长度（m）；

B——楼梯的水平投影宽度（m）；

l——楼梯井的水平投影长度（m）；

b——楼梯井的水平投影宽度（m）。

5）台阶面层（包括踏步及最上一层踏步沿 300mm）按水平投影面积计算。

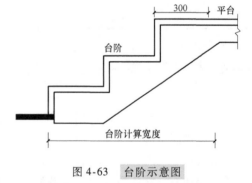

其工程量按台阶水平投影面积计算，但不包括翼墙、侧面装饰，当台阶与平台相连时，台阶与平台的分界线，应以最上层踏步外沿另加 300mm 计算，如图 4-63 所示台阶工程量可按下式计算：

$$S = L \times B \qquad (4\text{-}51)$$

图 4-63 台阶示意图

式中   S——台阶块料面层工程量（m²）；

L——台阶计算长度（m）；

B——台阶计算宽度（m）。

6）栏杆、栏板、扶手均按其中心线长度以"延长米"计算。计算扶手时不扣除弯头所占长度。弯头按"个"计算。

3. 计算示例

【例 4-12】 图 4-64 为某房屋平面图（内、外墙墙厚均为 240mm），试计算：①20mm 厚水泥砂浆面层工程量；②65mm 厚 C15 混凝土地面垫层工程量；③水泥砂浆踢脚线工程量；④水泥砂浆防滑坡道及台阶工程量；⑤散水面层工程量。

【解】：（1）20mm 厚水泥砂浆面层。20mm 厚水泥砂浆面层工程量中包括两部分：一部分是地面面层，另一部分是与台阶相连的平台部分的面层。

地面面层工程量 = 主墙间净空面积

$$= [(4.4 - 0.24 + 4.2 - 0.24) \times (5.5 - 0.24) +$$

$$(3.6 - 0.24) \times (2.75 - 0.24)]m^2$$

$$= 51.14m^2$$

平台面层工程量 $= (3.6 - 0.3)m \times (2.75 - 0.3)m = 8.09m^2$

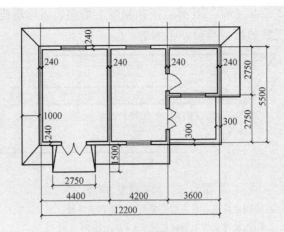

图 4-64　某房屋平面图

水泥砂浆面层工程量=地面面层工程量+平台面层工程量=(51.14+8.09)m² = 59.23m²

（2）65mm 厚 C15 混凝土地面垫层。

地面垫层工程量=主墙间净空面积×垫层厚度=51.14m² × 0.065m = 3.32m³

（3）水泥砂浆踢脚线。

$$踢脚线工程量=内墙面净长$$
$$=[(4.4-0.24+5.5-0.24)×2+(4.2-0.24+5.5-0.24)×2+$$
$$(3.6-0.24+2.75-0.24)×2]m$$
$$=(18.84+18.44+11.74)m = 49.02m$$

（4）水泥砂浆防滑坡道及台阶。

$$防滑坡道工程量=坡道水平投影面积=2.75m×1.5 = 4.13m$$
$$台阶面层工程量=台阶水平投影面积$$
$$=[3.6×2.75-(3.6-0.3)×(2.75-0.3)]m²$$
$$=(9.9-8.085)m² = 1.82m²$$

（5）散水面层。

$$散水面层工程量=(外墙外边周长+散水宽度×3)×散水宽-坡道所占面积$$
$$=[(12.2+0.24)+(5.5+0.24)+(4.4+4.2+0.24)+$$
$$(2.75+0.24)+1×3]m×1m-2.75m×1m$$
$$=(33.01-2.75)m² = 30.26m²$$

4.5.9　屋面及防水工程

4.5.9.1　相关说明

1）水泥瓦、黏土瓦、小青瓦、石棉瓦规格与定额不同时，瓦材数量可以换算，其他不变。

2）防水工程也适用于楼地面、墙基、墙身、构筑物、水池、水塔及室内厕所、浴室等防水，建筑物 ±0.000 以下的防水、防潮工程按防水工程相应项目计算。

4.5.9.2　工程量计算规则

（1）瓦屋面、金属压型板（包括挑檐部分）　均按图 4-65 中尺寸的水平投影面积乘以屋面坡度系数（见表4-18），以"m²"计算。不扣除房上烟囱、风帽底座、风道、屋面小气窗、斜沟所占面积，屋面小气窗的出檐部分亦不增加。

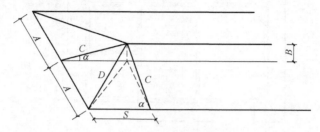

图4-65　屋面坡度系数图

注：1. 两坡排水屋面面积为屋面水平投影面积乘以延尺系数 C。

　　2. 四坡排水屋面斜脊长度 = A×D（当 S = A 时）。

　　3. 沿山墙的泛水长度 = A×C。

表4-18　屋面坡度系数表

坡度 B (A=1)	坡度 B/(2A)	坡度 角度 α	延尺系数 C (A=1)	隅延尺系数 D (A=1)
1	1/2	45°	1.4142	1.7321
0.75		36°52′	1.2500	1.6008
0.70		35°	1.2207	1.5779
0.666	1/3	33°40′	1.2015	1.5620
0.65		33°01′	1.1926	1.5564
0.60		30°58′	1.1662	1.5362
0.577		30°	1.1547	1.5270
0.55		28°49′	1.1413	1.5170
0.50	1/4	26°34′	1.1180	1.5000
0.45		24°14′	1.0966	1.4839
0.40	1/5	21°48′	1.0770	1.4697
0.35		19°17′	1.0594	1.4569
0.30		16°42′	1.0440	1.4457
0.25		14°02′	1.0308	1.4362
0.20	1/10	11°19′	1.0198	1.4283
0.15		8°32′	1.0112	1.4221
0.125		7°8′	1.0078	1.4191
0.100	1/20	5°42′	1.0050	1.4177
0.083		4°45′	1.0035	1.4166
0.066	1/30	3°49′	1.0022	1.4157

屋面坡度系数表的用途有以下四点：

1）计算坡屋面工程量。

$$坡屋面工程量 = 屋面水平投影面积 \times C$$

2）计算四坡屋面斜脊长度。

$$每根斜脊长 = 半跨屋面水平宽度 \times D \tag{4-52}$$

3）计算坡屋面泛水长度。

$$每端山墙半边泛水长 = 半跨屋面水平宽度 \times C \tag{4-53}$$

4）计算坡屋面山墙山尖高。

$$每端山墙尖高 = 半跨山墙水平宽度 \times 坡度值 \qquad (4-54)$$

（2）卷材屋面　工程量按以下规定计算：

1）卷材屋面按图示尺寸的水平投影面积乘以规定的坡度系数（见表 4-18）以"m^2"计算。但不扣除房上烟囱、风帽底座、风道、屋面小气窗和斜沟所占的面积，屋面的女儿墙、伸缩缝和天窗等处的弯起部分，按图示尺寸并入屋面工程量计算。如设计图无规定时，伸缩缝、女儿墙的弯起部分可按 250mm 计算，天窗弯起部分可按 500mm 计算（见图 4-66）。

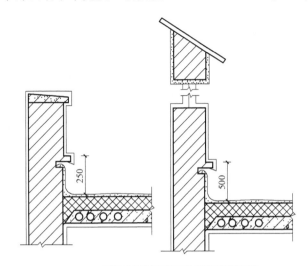

图 4-66　女儿墙、天窗弯起部分示意图

2）卷材屋面的附加层、接缝、收头、找平层的嵌缝、冷底子油已计入定额内，不另计算。

卷材平屋面计算方法如下。

① 无女儿墙有挑檐者的计算：

$$F = 屋面建筑面积 + （外墙外边线 + 檐宽 \times 4）\times 檐宽 \qquad (4-55)$$

② 有女儿墙无挑檐者的计算：

$$F = 屋面建筑面积 - （女儿墙中心线长度 \times 女儿墙厚度）+ 弯起部分 \qquad (4-56)$$

③ 有女儿墙有挑檐者的计算：

$$F = 屋面建筑面积 + （外墙外边线长度 + 檐宽 \times 4）\times 檐宽 -$$
$$（女儿墙中心线长度 \times 女儿墙厚度）+ 弯起部分 \qquad (4-57)$$

（3）涂膜屋面的工程量计算同卷材屋面　涂膜屋面的油膏嵌缝、玻璃布盖缝、屋面分格缝，以"延长米"计算。

（4）屋面排水工程量　按以下规定计算：

1）铁皮排水按图示尺寸以展开面积计算，如设计图没有注明尺寸时，可按表 4-19 计算。咬口和搭接等已计入定额项目中，不另计算。

2）铸铁、玻璃钢水落管区别不同直径按图示尺寸以"延长米"计算，雨水口、水斗、弯头、短管以"个"计算，见表 4-19。

表 4-19　铁皮排水单体零件折算表

名称		单位	水落管/m	檐沟/m	水斗/个	漏斗/个	下水口/个		
铁皮排水	水落管、檐沟、水斗、漏斗、下水口	m^2	0.32	0.30	0.40	0.16	0.45		
	天沟、斜沟、天窗窗台泛水、天窗侧面泛水、烟囱泛水、通气管泛水、滴水檐头泛水、滴水	m^2	天沟/m	斜沟天窗窗台泛水/m	天窗侧面泛水/m	烟囱泛水/m	通气管泛水/m	滴水檐头泛水/m	滴水/m
			1.30	0.50	0.70	0.80	0.22	0.24	0.11

（5）防水工程工程量　按以下规定计算：

1）建筑物地面防水、防潮层，按主墙间净空面积计算，扣除凸出地面的构筑物、设备基础等所占的面积，不扣除柱、垛、间壁墙烟囱及 $0.3m^2$ 以内孔洞所占面积。与墙面连接处高度在 500mm 以内者按展开面积计算，并入平面工程量内；超过 500mm 时，按立面防水层计算。

2）建筑物墙基防水、防潮层，外墙长度按中心线，内墙按净长乘以宽度以"m^2"计算。

3）构筑物及建筑物地下室防水层，按实铺面积计算，但不扣除 $0.3m^2$ 以内的孔洞面积。平面与立面交接处的防水层，其上卷高度超过 500mm 时，按立面防水层计算。

4）防水卷材的附加层、接缝、收头、冷底子油等人工材料均计入定额内，不另计算。

5）变形缝按"延长米"计算。

4.5.9.3　计算示例

【例4-13】　计算如图4-67所示卷材防水工程量。女儿墙与楼梯间出屋面墙交界处，卷材弯起高度取250mm。

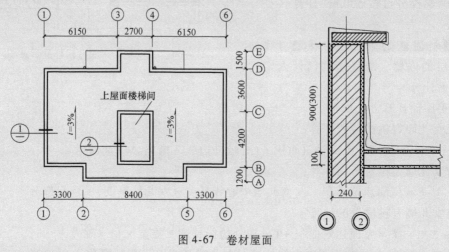

图4-67　卷材屋面

【解】：该屋面为平屋面（坡度小于5%），工程量按水平投影面积计算，弯起部分并入屋面工程量内。

（1）水平投影面积。

$$S_1 = (3.3 \times 2 + 8.4 - 0.24)m \times (4.2 + 3.6 - 0.24)m + (8.4 - 0.24)m \times 1.2m +$$
$$(2.7 - 0.24)m \times 1.5m$$
$$= (14.76 \times 7.56 + 8.16 \times 1.2 + 2.46 \times 1.5)m^2 = 125.07m^2$$

（2）弯起部分面积

$$S_2 = [(14.76 + 7.56) \times 2 + 1.2 \times 2 + 1.5 \times 2]m \times 0.25m + (4.2 + 0.24 + 2.7 +$$
$$0.24)m \times 2 \times 0.25m + (4.2 - 0.24 + 2.7 - 0.24)m \times 2 \times 0.25m$$
$$（出屋面楼梯间顶）$$
$$= (12.51 + 3.69 + 3.21)m^2 = 19.41m^2$$

（3）屋面卷材工程量：

$$S = S_1 + S_2 = (125.07 + 19.41)m^2 = 144.48m^2$$

4.5.10　防腐、保温、隔热工程

1. 相关说明

（1）耐酸防腐工程　具体如下：

1）整体面层、隔离层适用于平面、立面的防腐耐酸工程，包括沟、坑、槽。

2）本章的各种面层，除软聚氯乙烯塑料地面外均不包括踢脚板。

3）花岗岩板以六面剁斧的板材为准，如底面为毛面者，水玻璃砂浆增加 $0.38m^3$；耐酸沥青砂浆增加 $0.44m^3$。

（2）保温隔热工程　具体如下：

1）本定额适用于中温、低温及恒温的工业厂（库）房的隔热工程以及一般保温工程。

2）本定额只包括保温隔热材料的铺贴，不包括隔汽防潮、保护层或衬墙等。

3）隔热层铺贴，除松散稻壳、玻璃棉、矿渣棉为散装外，其他保温材料均以石油沥青（30 号）做胶结材料。

4）稻壳已包括装前的筛选、除尘工序，稻壳中如需增加药物防虫时，材料另行计算，人工不变。

5）玻璃棉、矿渣棉包装材料和人工均已包括在定额内。

6）墙体铺贴块体材料，包括基层涂沥青一遍。

2. 工程量计算规则

（1）防腐工程　具体如下：

1）防腐工程项目应区分不同防腐材料种类及其厚度，按设计实铺面积以 "m^2" 计算。应扣除凸出地面的构筑物、设备基础等所占的面积，砖垛等突出墙面部分按展开面积计算并入墙面防腐工程量之内。

2）踢脚板按实铺长度乘以高度以 "m^2" 计算，应扣除门洞所占面积并相应增加侧壁展开面积。

3）平面砌筑双层耐酸块料时，按单层面积乘以系数 2 计算。

4）防腐卷材接缝、附加层、收头等人工材料，已计入定额中，不再另行计算。

（2）保温隔热工程　具体如下：

1）保温隔热层应区别不同保温隔热材料，除另有规定者外，均按设计实铺厚度以 "m^3" 计算。

2）保温隔热层的厚度按隔热材料（不包括胶结材料）净厚度计算。

3）地面隔热层按围护结构墙体间净面积乘以设计厚度以 "m^3" 计算，不扣除柱、垛所占的体积。

4）墙体隔热层，外墙按隔热层中心线、内墙按隔热层净长乘以图示尺寸的高度及厚度以 "m^3" 计算，应扣除冷藏门洞口和管道穿墙洞口所占的体积。

5）柱包隔热层，按图示柱的隔热层中心线的展开长度乘以图示尺寸高度及厚度以 "m^3" 计算。

6）其他保温隔热工程量计算规定如下：

① 池槽隔热层按图示池槽保温隔热层的长、宽及其厚度以 "m^3" 计算。其中池壁按墙面计算，池底按地面计算。

② 门洞口侧壁周围的隔热部分，按图示隔热层尺寸以 "m^3" 计算，并入墙面的保温隔热工程量内。

③ 柱帽保温隔热层按图示保温隔热层体积并入天棚保温隔热层工程量内。

3. 计算示例

【例4-14】 计算如图4-68屋面保温层工程量。已知保温层最薄处为70mm，坡度为5%。

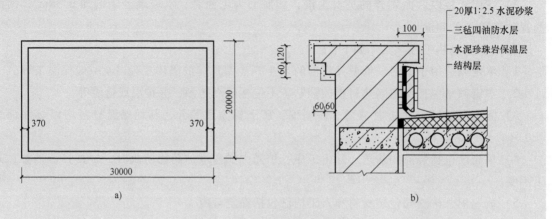

图4-68　某屋面平面图、剖面图

【解】：屋面保温面积为：

$(30 - 0.37 \times 2) \times (20 - 0.37 \times 2) \, \text{m}^2 = 563.55 \, \text{m}^2$

平均厚度为：

$$\left(0.07 + \frac{20 - 0.37 \times 2}{2} \times 5\% \div 2 \right) \text{m} = 0.31 \, \text{m}$$

保温层工程量为：$0.31 \times 563.55 \, \text{m}^2 = 174.70 \, \text{m}^3$

4.5.11　墙柱面工程

1. 相关说明

1）镶贴块料和装饰抹灰的"零星项目"适用于挑檐、天沟、腰线、窗台线、门窗套、压顶、扶手、雨篷周边等。

2）面层、隔墙（间壁）、隔断（护壁）定额内，除注明者外均未包括压条、收边、装饰线（板），如设计要求时，应按其他工程中相应子目执行。

3）面层、木基层均未包括刷防火涂料，如设计要求时，应按油漆、涂料、裱糊工程中相应子目执行。

2. 工程量计算规则

（1）墙面抹灰工程量　具体如下：

1）内墙抹灰工程量确定。

①内墙抹灰长度以主墙间的图示净长尺寸计算。内墙抹灰高度按以下规定计算：

a. 无墙裙的，其高度按室内地面或楼面至天棚底面之间距离计算，如图4-69a所示。

b. 有墙裙的，其高度按墙裙顶至天棚底面之间的距

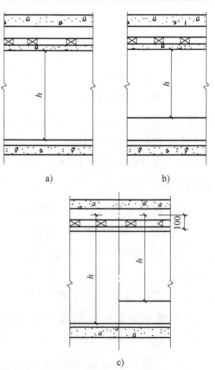

图4-69　内墙抹灰高度

a）无墙裙　b）有墙裙　c）钉板条天棚

离计算，如图 4-69b 所示。

　　c. 钉板条天棚的内墙抹灰，其高度按室内地面或楼面至天棚底面另加 100mm 计算，如图 4-69c 所示。

　　② 应扣除、不扣除及不增加面积。内墙抹灰面积应扣除门窗洞口和空圈所占面积；不扣除踢脚板、挂镜线、0.3m² 以内的孔洞和墙与构件交接处的面积；洞口侧壁和顶面面积亦不增加。

　　③ 应并入面积。附墙垛和附墙烟囱侧壁面积应与内墙抹灰工程量合并计算。

　　④ 内墙裙抹灰面积按内墙净长乘以高度计算。应扣除门窗洞口和空圈所占的面积，门窗洞口和空圈的侧壁面积不另增加，墙垛、附墙烟囱侧壁面积并入墙裙抹灰面积内计算。

　　2）外墙抹灰工程量确定。

　　① 外墙抹灰面积按外墙面的垂直投影面积以"m²"计算。外墙面高度均由室外地坪起，其止点规定如下：

　　a. 平屋顶有挑檐（天沟）的，算至挑檐（天沟）底面，如图 4-70a 所示。

　　b. 平屋顶无挑檐（天沟），带女儿墙的，算至女儿墙压顶底面，如图 4-70b 所示。

　　c. 坡屋顶带檐口天棚的，算至檐口天棚底面，如图 4-70c 所示。

　　d. 坡屋顶带挑檐无檐口天棚的，算至屋面板底，如图 4-70d 所示。

　　e. 砖出檐者，算至挑檐上表面，如图 4-70e 所示。

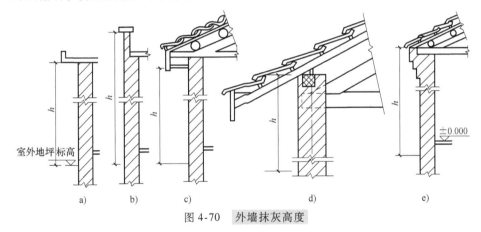

图 4-70　外墙抹灰高度

　　② 应扣除、不增加面积。应扣除门窗洞口、外墙裙和大于 0.3m² 孔洞所占面积；洞口侧壁面积不另增加。

　　③ 应并入面积和另算面积。附墙垛、梁、柱侧面抹灰面积应并入外墙抹灰工程量内计算。栏板、栏杆、窗台线、门窗套、扶手、压顶、挑檐、遮阳板、突出墙外的腰线等，另列项目，按相应规定计算。

$$外墙抹灰工程量 = 外墙面周长 \times (墙高 - 外墙裙高) - 门窗洞口及$$
$$大于 0.3m² 孔洞面积 + 附墙柱侧面面积 \qquad (4-58)$$

　　④ 外墙裙抹灰面积按其长度乘高度计算，扣除门窗洞口和大于 0.3m² 孔洞所占的面积，门窗洞口及孔洞的侧壁不增加。

　　（2）独立柱一般抹灰、装饰抹灰、镶贴块料工程量　按结构断面周长乘柱高以"m²"计算。

$$独立柱饰面工程量 = 柱结构断面周长 \times 柱高 \qquad (4-59)$$

　　（3）外墙装饰抹灰工程量　按设计图示尺寸以实抹面积计算。应扣除门窗洞口空圈的面积。其侧壁面积不另增加。

（4）零星项目装饰工程量 按设计图示尺寸以展开面积计算。

$$零星项目装饰工程量 = 按图示尺寸展开面积 \qquad (4-60)$$

或 $$零星项目装饰工程量 = 栏板、栏杆立面垂直投影面积 \times 2.20 \qquad (4-61)$$

（5）墙面贴块料面层工程量 按实贴面积计算。

$$墙面贴块料面层工程量 = 墙长 \times （墙高 - 墙裙高） - 门窗洞口面积 +$$
$$门窗洞口侧壁面积 + 附墙柱侧面面积 \qquad (4-62)$$

（6）墙面贴块料、饰面高度在300mm以内者 按踢脚板定额执行。

（7）独立柱面装饰工程量 按柱外围饰面尺寸乘以柱高以"m²"计算。

$$独立柱面装饰工程量 = 柱装饰材料面周长 \times 柱高 \qquad (4-63)$$

（8）木隔墙、墙裙、护壁板、浴厕木隔断工程量 计算如下

$$木隔墙、墙裙、护壁板工程量 = 净长 \times 净高 - 门窗面积 \qquad (4-64)$$

$$浴厕木隔断工程量 = \sum （木隔断实高 \times 木隔断宽） + 门扇面积 \qquad (4-65)$$

（9）全玻隔断的不锈钢边框工程量 按边框展开面积计算。

（10）玻璃隔墙、铝合金、轻钢隔墙、幕墙工程量 计算如下：

玻璃隔墙工程量 = 玻璃隔墙高（含上、下横档宽）× 玻璃隔墙宽（含左、右立梃宽）

$$(4-66)$$

$$铝合金、轻钢隔墙、幕墙工程量 = 框外围宽 \times 框外围高 \qquad (4-67)$$

3. 计算示例

【例4-15】 某传达室工程如图4-71、图4-72所示，外墙面抹水泥砂浆，底层为1:3水泥砂浆打底14mm厚，面层为1:2水泥砂浆抹面6mm厚；外墙裙水刷石，1:3水泥砂浆打底12mm厚，素水泥浆两遍，1:2.5水泥白石子10mm厚（分格），挑檐水刷白石，计算外墙面抹灰和外墙裙及挑檐装饰抹灰工程量。

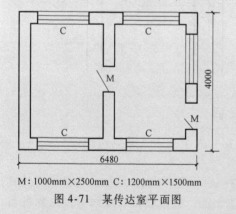

M: 1000mm×2500mm C: 1200mm×1500mm

图4-71 某传达室平面图

图4-72 某传达室立面图

【解】：（1）墙面一般抹灰工程量。

外墙面抹灰工程量 = 外墙面长度 × 墙面高度 - 门窗等面积 + 垛梁柱的侧面抹灰面积

外墙面水泥砂浆工程量 = [（6.48 + 4.00）× 2 ×（3.6 - 0.10 - 0.90）- 1.00 ×

（2.50 - 0.90）- 1.20 × 1.50 × 5]m²

= 43.90m²

（2）墙面装饰抹灰工程量。

外墙装饰抹灰工程量 = 外墙面长度 × 抹灰高度 - 门窗等面积 + 垛梁柱的侧面抹灰面积

外墙裙水刷白石子工程量 = [（6.48 + 4.00）× 2 - 1.00]m × 0.90m = 17.96m²

（3）零星项目装饰抹灰工程量。

零星项目装饰抹灰工程量 = 按设计图示尺寸展开面积计算

挑檐水刷石工程 = $[(6.48+4.00)\times 2+0.60\times 8]m\times(0.10+0.04)m = 3.61m^2$

4.5.12　天棚工程

1. 相关说明

1）天棚抹灰

即天花板抹灰，从抹灰级别上可分普、中、高三个等级；从抹灰材料可分石灰麻刀砂浆、水泥麻刀砂浆、涂刷涂料等；从天棚基层可分混凝土基层、板条基层和钢丝网基层抹灰。

① 板条天棚抹灰：在板条天棚基层上按设计要求的抹灰材料进行的施工叫板条天棚抹灰。

② 混凝土天棚抹灰：在混凝土基层上按设计要求的抹灰材料进行的施工叫混凝土天棚抹灰。

③ 钢丝网天棚抹灰：在钢丝网天棚基层上按设计要求的抹灰材料进行的施工叫钢丝网天棚抹灰。

④ 水泥石灰麻刀砂浆：指由水泥、石灰膏、砂、麻刀加水按一定配合比例调制而成的砂浆。

⑤ 石灰麻刀砂浆：指由石灰膏、砂、麻刀加水按一定配合比例调制均匀而成的砂浆。

2）龙骨类型。龙骨类型指上人或不上人，以及平面、跌级、锯齿形、阶梯形、吊挂式、藻井式及矩形、圆弧形、拱形等类型。

3）装饰线。装饰线指天棚或墙面四周的装饰线条。有三道或五道之分，其工程量以延长米计算，如图 4-73 所示。

4）天棚工程定额除部分项目为龙骨、基层、面层合并列项外，其余均为天棚龙骨、基层、面层分别列项编制。

5）天棚面层在同一标高者为平面天棚，天棚面层不在同一标高者为跌级天棚。

6）轻钢龙骨、铝合金龙骨定额中为双层结构（即中、小龙骨紧贴大龙骨底

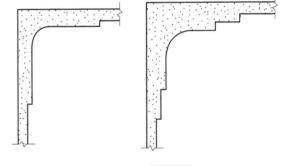

图 4-73　装饰线

面吊挂），如为单层结构时（大、中龙骨底面在同一水平面上），人工乘系数 0.85。

龙骨中距：指相邻龙骨中线之间的距离。

7）定额中平面天棚和跌级天棚指一般直线形天棚，不包括灯光槽的制作安装。灯光槽制作安装应按天棚工程定额相应子目执行。艺术造型天棚项目中包括灯光槽的制作安装。

8）龙骨架、基层、面层的防火处理，应按油漆、涂料、裱糊工程定额相应子目执行。

2. 工程量计算规则

1）天棚抹灰工程量按下列规定计算：

① 天棚抹灰面积，按主墙间的净面积计算，不扣除间壁墙、垛、柱、附墙烟囱、检查口和管道所占面积。带梁天棚，梁两侧抹灰面积，并入天棚抹灰工程量内计算。

② 密肋梁和井字梁天棚抹灰面积，按展开面积计算。

③ 天棚抹灰如带有装饰线时，区别按三道线以内或五道线以内按延长米计算，线角的道数以一个突出的棱角为一道线。

④ 檐口天棚的抹灰面积，并入相同的天棚抹灰工程量内计算。

⑤ 天棚中的折线、灯槽线、圆弧形线、拱形线等艺术形式的抹灰，按展开面积计算。

2）各种吊顶天棚龙骨按主墙间净空面积计算，不扣除间壁墙、检查洞、附墙烟囱、柱、垛和管道所占面积。

柱垛：是指与墙体相连的柱而突出墙体部分。

3）天棚基层按展开面积计算。

基层材料：指底板或面层背后的加强材料。

4）天棚装饰工程量，按主墙间实钉（胶）面积以"m^2"计算，不扣除间壁墙、检查口、附墙烟囱、垛和管道所占面积，但应扣除 $0.3m^2$ 以上的孔洞、独立柱、灯槽及与天棚相连的窗帘盒所占的面积。

主墙：一般是指在结构设计中起承重作用的墙体。隔断、间壁墙不属于主墙。

5）定额中龙骨、基层、面层合并列项的子目，工程量计算规则同第2）条。

6）板式楼梯底面的装饰工程量按水平投影面积乘系数 1.15 计算，梁式楼梯底面按展开面积计算。

7）灯光槽按"延长米"计算。

8）保温层按实铺面积计算。

9）网架按水平投影面积计算。

10）嵌缝按"延长米"计算。

3. 计算示例

【例4-16】　图 4-74 所示为某房屋平面及立面图，试对其进行列项，并计算各分项工

图 4-74　某房屋平面、立面及墙身大样

a）平面图　b）立面图　c）墙身大样

程量。门窗尺寸见表4-20。吊顶底面标高为3.2m，室内墙裙高度为800mm，窗台线长按洞口宽度共加20mm计算。

表 4-20　门窗表

门窗名称	洞口尺寸/（mm×mm）	门窗名称	洞口尺寸/（mm×mm）
M1	1100×2500	C1	1750×1750
M2	950×2200		

【解】：列项并计算相应工程量。

（1）内墙面。

内墙面抹灰工程量 = 内墙面净长度 × 内墙面抹灰高度 − 门窗洞口所占面积

$$= [(3.4 - 0.24 + 4.8 - 0.24) \times 2 \times 2 + (2.8 - 0.24 + 4.8 - 0.24) \times$$
$$2] m \times (3.2 + 0.1 - 0.8) m - (1.1 \times 1.7 + 0.95 \times 1.4 \times 2 \times 2 +$$
$$1.75 \times 1.75 \times 5)\ m^2$$
$$= 90.30 m^2$$

（2）内墙裙。

门框、窗框的宽度均为100mm，且安装于墙中线，则

内墙裙贴釉面砖工程量 = 内墙面净长度 × 内墙裙高度 − 门洞口所占面积 + 门洞口侧壁面积

$$= [(3.4 - 0.24 + 4.8 - 0.24) \times 2 \times 2 + (2.8 - 0.24 + 4.8 - 0.24) \times 2]$$
$$m \times 0.8 m - (1.1 \times 0.8 + 0.95 \times 0.8 \times 2 \times 2)m^2 + [0.8 \times (0.24 -$$
$$0.1) \times 2/2 + 0.8 \times (0.24 - 0.1) \times 4] m^2$$
$$= 32.74 m^2$$

（3）外墙面。

外墙面贴花岗石工程量 = $L_{外}$ × 外墙面高度 − 门窗洞口、台阶所占面积 + 洞口侧壁面积

$$= (3.4 \times 2 + 2.8 + 0.24 + 4.8 + 0.24) \times 2 \times (3.9 + 0.3) m^2 -$$
$$(1.1 \times 2.5 + 1.75 \times 1.75 \times 5)m^2 - (2.2 \times 0.15 + 0.28 \times 0.15)$$
$$m^2 + 0.5 \times (0.24 - 0.1) m \times [(1.1 + 2.5 \times 2) \times 1 + (1.75 +$$
$$1.75 \times 2) \times 5] m$$
$$= (124.99 - 18.06 - 0.75 + 2.26) m^2$$
$$= 108.44 m^2$$

（4）顶棚。

顶棚面层工程量 = 主墙间净面积

$$= [(3.4 - 0.24) \times (4.8 - 0.24) \times 2 + (2.8 - 0.24) \times$$
$$(4.8 - 0.24)] m^2$$
$$= 40.49 m^2$$

顶棚基层工程量 = 顶棚龙骨工程量 = 顶棚面层工程量 = 40.49 m²

（5）挑檐。

挑檐贴面砖工程量 = 挑檐立板外侧面积 + 挑檐底板面积

$$= (L_{外} + 0.5 \times 8) \times 立板高度 + (L_{外} + 0.5 \times 4) \times 挑檐宽度$$
$$= [(29.76 + 0.5 \times 8) \times 0.4 + (29.76 + 0.5 \times 4) \times 0.5] m^2$$
$$= (13.50 + 15.88) m^2 = 29.38 m^2$$

4.5.13　油漆、涂料、裱糊工程

1. 相关说明

1）定额在同一平面上的分色及门窗内外分色已综合考虑。如需做美术图案者，另行计算。

2）定额内规定的喷、涂、刷遍数与设计要求不同时，可按每增加一遍定额项目进行调整。

3）喷塑（一塑三油），底油、装饰漆、面油，其规格划分如下：

① 大压花：喷点压平，点面积在 $1.2cm^2$ 以上。

② 中压花：喷点压平，点面积在 $1 \sim 2.2cm^2$ 以内。

③ 喷中点、幼点：喷点面积在 $1cm^2$ 以下。

4）定额中的双层木门窗（单裁口）是指双层框扇。三层二玻一纱窗是指双层框三层扇。

5）定额中的单层木门刷油是按双面刷油考虑的，如采用单面刷油，其定额含量乘以系数 0.49 计算。

6）定额中的木扶手油漆为不带托板考虑。

2. 工程量计算规则

1）楼地面、天棚、墙、柱、梁面的喷（刷）涂料、抹灰面油漆及裱糊工程，均按楼地面、天棚面、墙柱梁面装饰工程相应的工程量计算规则计算。

2）木材面、金属面、抹灰面油漆的工程量分别按相应的工程量计算方法计算，并乘以表列系数以"m^2""m""t"计算。如执行其他木材面油漆定额工程量系数见表 4-21。

表 4-21　执行其他木材面油漆定额工程量系数

项目名称	系　数	工程量计算方法
木板、纤维板、胶合板天棚	1.00	长 × 宽
木护墙、木墙裙	1.00	
窗台板、筒子板、盖板、门窗套、踢脚线	1.00	
清水板条天棚、檐口	1.07	
木方格吊顶天棚	1.20	
吸声板墙面、天棚面	0.87	
暖气罩	1.28	
木间壁、木隔断	1.90	单面外围面积
玻璃间壁露明墙筋	1.65	
木栅栏、木栏杆（带扶手）	1.82	
衣柜、壁柜	1.00	按实刷展开面积
零星木装修	1.10	展开面积
梁、柱饰面	1.00	展开面积

3）金属构件油漆的工程量按构件质量计算。

4）定额中的隔墙、护壁、柱、天棚木龙骨及木地板中木龙骨带毛地板，刷防火涂料工程量计算规则如下：

① 隔墙、护壁木龙骨按其面层正立面投影面积计算。

② 柱木龙骨按其面层外围面积计算。

③ 天棚木龙骨按其水平投影面积计算。

④ 木地板中木龙骨及木龙骨带毛地板按地板面积计算。

5）隔墙、护壁、柱、天棚面层及木地板刷防火涂料，执行其他木材面刷防火涂料相应子目。

6）木楼梯（不包括底面）油漆，按水平投影面积乘以系数2.3，执行木地板相应子目。

3．计算示例

【例4-17】 某工程如图4-75所示，内墙抹灰面满刮腻子两遍，贴对花墙纸；挂镜线刷底油一遍，调和漆两遍；挂镜线以上及天棚刷仿瓷涂料两遍，计算工程量。

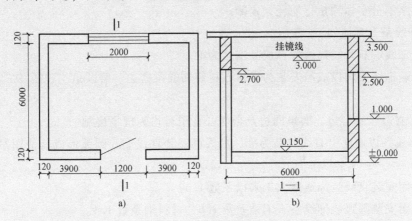

图 4-75　某工程剖面图

【解】：（1）墙纸裱糊工程量。

计算式：墙壁面贴对花墙纸工程量 = 净长度 × 净高 - 门窗洞 + 垛及门窗侧面

$$= (9.00 + 6.00)m \times 2 \times (3.00 - 0.15)m - 1.20m \times$$
$$(2.70 - 0.15)m - 2.00m \times 1.50m + [1.20 + (2.70$$
$$- 0.15) \times 2 + (2.00 + 1.50) \times 2]m \times 0.12m$$
$$= 81.04m^2$$

（2）挂镜线油漆工程量。

计算式：挂镜线油漆工程量 = 设计图示长度 = (9.00 + 6.00)m × 2 = 30m

（3）刷喷涂料工程量。

计算式：天棚刷喷涂料工程量 = 主墙间净长度 × 主墙间净宽度 + 梁侧面面积

仿瓷涂料工程量 = [(9.00 + 6.00) × 2 × 0.50 + 9.00 × 6.00]m²
$$= 69m^2$$

4.5.14　其他装饰工程

1．相关说明

1）其他装饰工程定额项目在实际施工中使用的材料品种、规格与定额取定不同时，可以换算，但人工、机械不变。

2）其他装饰工程定额中铁件已包括刷防锈漆一遍，如设计需涂刷油漆、防火涂料，按油漆、涂料、裱糊工程中相应子目执行。

3）招牌基层。具体如下：

① 平面招牌是指安装在门前的墙面上；箱体招牌、竖式标箱是指六面体固定在墙面上；沿雨篷、檐口、阳台走向立式招牌，按平面招牌复杂项目执行。

② 一般招牌和矩形招牌是指正立面平整无凸面；复杂招牌和异形招牌是指正立面有凹凸造型。

③ 招牌的灯饰均不包括在定额内。

4）美术字安装。具体如下：

① 美术字均以成品安装固定为准。

② 美术字不分字体均执行消耗量定额。

5）装饰线条。具体如下：

① 木装饰线、石膏装饰线均以成品安装为准。

② 石材装饰线条均以成品安装为准。石材装饰线条磨边、磨圆角均包括在成品的单价中，不再另计。

6）石材磨边、磨斜边、磨半圆边及台面开孔子目均为现场磨制。

7）装饰线条以墙面上直线安装为准，如天棚安装直线形、圆弧形或其他图案者，按以下规定计算：

① 天棚面安装直线装饰线条人工乘以系数1.34。

② 天棚面安装圆弧装饰线条人工乘系数1.6，材料乘系数1.1。

③ 墙面安装圆弧装饰线条人工乘系数1.2，材料乘系数1.1。

④ 装饰线条做艺术图案者，人工乘以系数1.8，材料乘系数1.1。

8）暖气罩。暖气罩是遮挡室内暖气片或暖气管的一种装饰物。按安装方式不同可分为挂板式、明式和平墙式。

① 挂板式：暖气罩的遮挡面板用连接件挂在预留的挂钩或支撑件上的形式。典型的挂板式暖气罩如图4-76a所示。

② 明式：指暖气罩凸出墙面，暖气片上面左右面和正面均需由暖气罩遮挡的形式。典型的明式暖气罩如图4-76b所示。

③ 平墙式：指暖气片置于专门设置的壁龛内，暖气罩挂在暖气片正面，其表面与墙面基本平齐的形式。其典型形式如图4-76c所示。

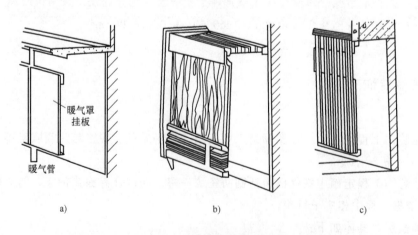

图4-76　暖气罩形式示意图

a）挂板式　b）明式　c）平墙式

暖气罩挂板式是指钩挂在暖气片上；平墙式是指凹入墙内；明式是指凸出墙面；半凹半凸式按明式定额子目执行。

9）货架、柜类定额中未考虑面板拼花及饰面板上贴其他材料的花饰、造型艺术品。

10）筒子板。筒子板是木质门窗套，用于高级房间门窗侧边。

11）门窗贴脸。门窗贴脸用于门窗套外侧，门窗正面的装饰板称门窗贴脸。有时用板条装饰。

12）镜面玻璃和灯箱的基层材料：指玻璃背后的衬垫材料，如胶合板、油毡等。

13）装饰线和美术字的基层类型：指装饰线、美术字依托体的材料，如砖墙、混凝土墙等。

2. 工程量计算规则

1）招牌、灯箱。

① 平面招牌基层按正立面面积计算，复杂形的凹凸造型部分亦不增减。

② 沿雨篷、檐口或阳台走向的立式招牌基层，按复杂形平面招牌执行计算规则时，应按展开面积计算。

③ 箱体招牌和竖式标箱的基层，按外围体积计算。突出箱外的灯饰、店徽及其他艺术装潢等均另行计算。

④ 灯箱的面层按展开面积以"m²"计算。

⑤ 广告牌钢骨架以"t"计算。

2）美术字安装按字的最大外围矩形面积以"个"计算。

3）压条、装饰线条均按"延长米"计算。

4）暖气罩（包括脚的高度在内）按边框外围尺寸垂直投影面积计算。

5）镜面玻璃安装、盥洗室木镜箱以正立面面积计算。

6）塑料镜箱、毛巾环、肥皂盒、金属帘子杆、浴缸拉手、毛巾杆安装以"只"或"副"计算。不锈钢旗杆以"延长米"计算。大理石洗漱台以台面投影面积计算（不扣除孔洞面积）。

7）货架、柜橱类均以正立面的高（包括脚的高度在内）乘以宽以"m²"计算。

8）收银台、试衣间等以"个"计算，其他以"延长米"计算。

9）拆除工程量按拆除面积或长度计算，执行相应子目。

4.5.15 金属结构制作工程

1. 相关说明

1）构件制作，包括分段制作和整体预装配的人工材料及机械台班用量，整体预装配用的螺栓及锚固杆件用的螺栓，已包括在定额内。

2）定额除注明者外，均包括现场内（工厂内）的材料运输、号料、加工、组装及成品堆放、装车出厂等全部工序。

3）定额未包括加工点至安装点的构件运输，应另按本章构件运输定额相应项目计算。

4）定额构件制作项目中，均已包括刷一遍防锈漆工料。

5）钢筋混凝土组合屋架钢拉杆，按屋架钢支撑计算。

2. 工程量计算规则

1）金属结构制作按图示钢材尺寸以"t"计算，不扣除孔眼、切边的质量，焊条、铆钉、螺栓等质量已包括在定额内，不另计算。在计算不规则或多边形钢板质量时均以其最大对角线乘最大宽度的矩形面积计算（见图4-77）。

2）实腹柱、吊车梁、H型钢按图示尺寸计算，其中腹板及翼板宽度按每边增加25mm计算（见图4-78）。

3）制动梁的制作工程量包括制动梁、制动桁架、制动板质量；墙架的制作工程量包括墙架柱、墙架梁及连接柱杆质量；钢柱制作工程量包括依附于柱上的牛腿及悬臂梁质量（见图4-79、图4-80）。

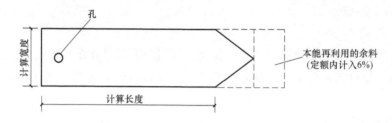

图 4-77　钢板工程量计算示意图

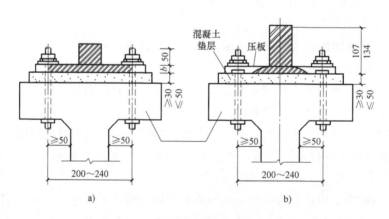

图 4-78　起重机轨道与吊车梁连接

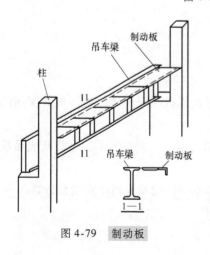

图 4-79　制动板

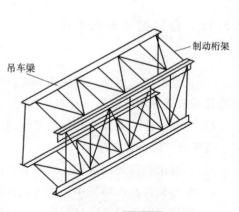

图 4-80　制动梁

4）轨道制作工程量，只计算轨道本身质量，不包括轨道垫板、压板、斜垫、夹板及连接角钢等的质量。

　5）钢栏杆制作，仅适用于工业厂房中平台、操作台的钢栏杆。民用建筑中钢栏杆等按定额其他章节有关项目计算。

　6）钢漏斗制作工程量，矩形按图示分片，圆形按图示展开尺寸，并依钢板宽度分段计算，每段均以其上口长度（圆形以分段展开上口长度）与钢板宽度按矩形计算，依附漏斗的型钢并入漏斗质量内计算。

　3. 计算示例

　【例 4-18】　如图 4-81 所示，求制作钢制漏斗工程量（已知钢板厚 1.5mm）。

　【解】：工程量计算：

上口板长 $=0.6\mathrm{m}\times\pi=1.885\mathrm{m}$

面积 $=1.885\mathrm{m}\times0.4\mathrm{m}=0.754\mathrm{m}^2$

下口板面积 $=0.2\mathrm{m}\times\pi\times0.12\mathrm{m}=0.075\mathrm{m}^2$

质量 $=(0.754+0.075)\times11.78\mathrm{kg}=9.8\mathrm{kg}$

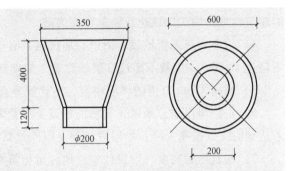

图 4-81　钢制漏斗示意图

　【例 4-19】　按图 4-82 所示，计算柱间支撑工程量。已知：角钢∟75×50×6 的理论质量为 5.68kg/m。钢材的理论质量为 7850kg/m³。

　【解】：角钢质量：$5.9\mathrm{m}\times2\times5.68\mathrm{kg/m}=67.02\mathrm{kg}$

钢板面积：$(0.05+0.155)\mathrm{m}\times(0.17+0.04)\mathrm{m}\times4=0.1772\mathrm{m}^2$

钢板质量：$(0.1772\times0.008\times7850)\mathrm{kg}=10.81\mathrm{kg}$

柱间支撑工程量：$(67.02+10.81)\mathrm{kg}=77.83\mathrm{kg}$

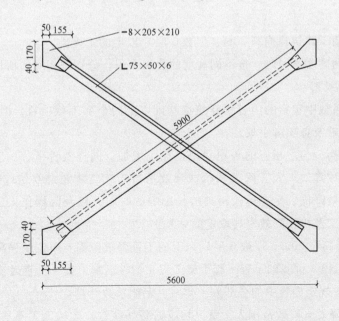

图 4-82　柱间支撑示意图

4.5.16　建筑工程垂直运输

1. 相关说明

1）檐高是指设计室外地坪至檐口的高度，突出主体建筑屋顶的电梯间、水箱间等不计入檐口高度之内。

2）本定额工作内容，包括单位工程在合理工期内完成全部工程项目所需的垂直运输机械台班，不包括机械的场外往返运输，一次安拆及路基铺垫和轨道铺拆等的费用。

3）同一建筑物多种用途（或多种结构），按不同用途（或结构）分别计算。分别计算后的建筑物檐高均应以该建筑物总檐高为准。

4）服务用房系指城镇、街道、居民区具有较小规模综合服务功能的设施。它是建筑面积不超过 $1000m^2$、层数不超过三层的建筑，如副食店、百货店、饮食店等。

5）檐高 3.6m 以内的单层建筑，不计算垂直运输机械台班。

6）定额项目划分是以建筑物的檐高及层数两个指标同时界定的，凡檐高达到上限而层数未达到时，以檐高为准；如层数达到上限而檐高未达到时以层数为准。

7）构筑物的高度，以设计室外地坪至构筑物的顶面高度为准。

2. 工程量计算规则

1）建筑物垂直运输机械台班用量，区分不同建筑物的结构类型及高度按建筑面积以"m^2"计算。建筑面积按本规则建筑面积的规定计算。

2）构筑物垂直运输机械台班以"座"计算。超过规定高度时再按每增高 1m 定额项目计算，其高度不足 1m 时，亦按 1m 计算。

4.5.17　建筑物超高增加人工、机械定额

1. 相关说明

1）本定额适用于建筑物檐高 20m（层数 6 层）以上的工程。

2）同一建筑物高度不同时，按不同高度的建筑面积，分别按相应的项目计算。

2. 工程量计算规则

1）各项降效系数中包括的内容指建筑物基础以上的全部工程项目，但不包括垂直运输、各类构件的水平运输及各项脚手架。

由于建筑物增高，与之相应的各项费用也相应增加。同样条件下，施工效率降低。其中包括人工降效和机械降效。人工降效和机械降效是指当建筑物超过 6 层或檐高超过 20m 时，由于操作工人的工效降低、垂直运输距离加长影响的时间，以及因操作人工降效而影响机械台班的降效等。人工及机械降效资料取定值见表 4-22。

$$凡建筑物檐高在20m（层数6层）以上的工程降效范围=单位工程全部项目-$$
$$（土方工程+桩基础工程+脚手架工程+构件运输工程+垂直运输定额）\qquad(4-68)$$

2）人工降效按规定内容中的全部人工费乘以定额系数计算。

$$人工降效=降效范围人工费×相应檐高（层数）定额人工降效系数\qquad(4-69)$$

其中，降效范围的人工费应为下列人工费之和：

① 砌筑工程人工费。

表 4-22　人工及机械降效资料取定值

项目	30m	40m	50m	60m	70m	80m	90m	100m	110m	120m
	9 层	12 层	15 层	18 层	21 层	24 层	27 层	30 层	33 层	36 层
人 工 降 效 率（％）	10	12	15	20	25	30	35	44	50	55
机 械 降 效 率（％）	23	30	37	51	65	79	93	107	121	135
每 100m² 水 泵 台 班	3.41	3.47	3.57	3.72	3.88	4.03	4.19	4.46	4.65	4.81

② 混凝土及钢筋混凝土工程人工费。

③ 构件安装工程人工费。

④ 门窗及木结构工程人工费。

⑤ 楼地面工程人工费。

⑥ 屋面及防水工程人工费。

⑦ 防腐保温隔热工程人工费。

⑧ 装饰工程人工费。

⑨ 金属结构制作工程人工费。

人工降效费用的计算按规定工程项目的全部人工费用乘以人工施工降效率。即：

$$M = pi \tag{4-70}$$

式中　M——人工降效费用额（元）；

　　　　p——按规定工程项目计算的人工费总和（元）；

　　　　i——人工施工降效率（％）。

3）吊装机械降效按吊装项目中的全部机械费乘以定额系数计算。

4）其他机械降效按规定内容中的全部机械费（不包括吊装机械）乘以定额系数计算。

5）建筑物施工用水加压增加的水泵台班，按建筑面积以 "m²" 计算。建筑物超高加压水泵台班主要是考虑由于自来水水压不足所需增加的加压水泵台班。其计算基础为 6 层以上（或 20m 以上），才开始计算其建筑面积。不同建筑物檐高或层数应分别取用相应的加压水泵台班及加压水泵停滞台班定额。若同一建筑物高度不同时，按不同高度的建筑面积，分别按相应项目计算。加压水泵台班的确定，加压水泵根据调查测定资料取定每 100m² 水泵台班为：

加压用水泵台班 = 单位工程建筑面积 × 相应定额加压用水泵台班 ÷ 100　（4-71）

4.6　施工图预算编制实例

本节以某培训楼工程为例，具体、详细地介绍施工图预算的编制。

设计总说明

一、工程概况

本工程为框架结构，地上两层，基础为梁板式筏形基础。

二、抗震等级

本工程为一级抗震。

三、混凝土强度等级

基础垫层：C10

±0.000 以下：C30

±0.000 以上：C25

四、钢筋混凝土结构构造

1. 混凝土保护层厚度

板：15mm；梁和柱：25mm；基础底板：40mm。

2. 钢筋接头形式及要求

直径≥18mm 采用机械连接；直径＜18mm 采用搭接焊形式构造。

3. 未注明的分布钢筋为 8@200。

五、墙体加筋

砖墙与框架柱及构造柱连接处应设拉结筋，须每隔500mm 高度配2 根圆6 拉结筋，并深进墙内1000mm。

门窗过梁表　　　　　　　（单位：mm）

名称	宽度		高度		离地高	材质	数量			过梁		
							一层	二层	总数	高度	宽度	长度
M—1	2400		2700			镶板门	1		1	240	同墙厚	洞口宽度+500
M—2	900		2400			胶合板门	2	2	4	120		
M—3	900		2100			胶合板门	1	1	2	120		
C—1	1500		1800		900	塑钢窗	4	4	8	180		
C—2	1800		1800		900	塑钢窗	1	1	2	180		
MC—1	总宽	其中		总高	其中		塑钢门联窗	1	1	240		
		窗宽	门宽		窗高	门高						
	2400	1500	900	2700	1800	2700	900					

装修做法表

层	房间名称		地面	踢脚 120mm	墙裙 1200mm	墙面	天棚
一层	接待室		地 25A		裙 10A1	内墙 5A	棚 26（吊顶高 3000mm）
	图形培训室		地 9	踢 10A		内墙 5A	棚 2B
	钢筋培训室		地 9	踢 10A		内墙 5A	棚 2B
	楼梯间		地 3A	踢 2A		内墙 5A	楼梯底板做法：棚 2B
二层	会客室		楼 8D	踢 10A		内墙 5A	棚 2B
	清单培训室		楼 2D	踢 2A		内墙 5A	棚 2B
	预算培训室		楼 2D	踢 2A		内墙 5A	棚 2B
	楼梯间					内墙 5A	棚 2B
	阳台	内装修	楼 8D			阳台栏板 1:2 水浆底耐擦洗白色涂料面	阳台板底 棚 2B
		外装修	阳台栏板外装修为：① 1:2 水泥砂浆底；② 绿色仿石涂料面层				
三层	挑檐	内装修	见剖面图	外侧上翻 200mm 内侧上翻 250mm		挑檐栏板 1:2 水泥砂浆	挑檐板底 棚 2B
		外装修	挑檐栏板外装修为：① 1:2 水泥砂浆底；② 绿色仿石涂料面层				
	不上人屋面		见剖面图	防水上翻 250mm		女儿墙内装修为：外墙 5A	
外墙装修	外墙裙：高 900mm，外墙 27A1，贴彩釉面砖（红色）　外墙面：外墙 27A1，贴彩釉面砖（白色）						
台阶	面层：1:2 水泥砂浆；台阶层：100mm 厚 C15 混凝土垫层；垫层：素土						
散水	面层：散水面层一次抹光；垫层：80mm 厚混凝土 C10 垫层；伸缩缝；沥青砂浆嵌缝						

工程做法表　（图集选用 88J1-1）

编号	装修名称	用料及分层做法
地 25A	硬实木复合地板地面	1. 9.5mm 厚硬实木复合地板，榫槽、榫舌及尾部满涂胶液后粘铺（专用胶与地板配套生产）
		2. 35mm 厚 C15 细石混凝土随打随抹平
		3. 1.5mm 厚聚氨酯涂膜防潮层（材料或按工程设计）
		4. 50mm 厚 C15 细石混凝土随打随抹平
		5. 150mm 厚 3:7 灰土
		6. 素土夯实，压实系数 0.90
地 9-1	铺地砖地面	1. 10mm 厚铺地砖，稀水泥浆（或彩色水泥浆）擦缝
		2. 6mm 厚建筑胶水泥砂浆黏结层
		3. 20mm 厚 1:3 水泥砂浆找平
		4. 素水泥结合层一道
		5. 50mm 厚 C10 混凝土
		6. 150mm 厚 3:7 灰土
		7. 素土夯实，压实系数 0.90

（续）

编号	装修名称	用料及分层做法
地 3A	水泥地面	1. 20mm 厚 1:2.5 水泥砂浆抹面压实赶光
		2. 素水泥浆一道（内掺建筑胶）
		3. 50mm 厚 C10 混凝土
		4. 150mm 厚 3:7 灰土
		5. 素土夯实，压实系数 0.90
楼 8D-1	铺地砖楼面	1. 10mm 厚辅地砖，稀水泥浆（或彩色水泥浆）擦缝
		2. 6mm 厚建筑胶水泥砂浆黏结层
		3. 素水泥浆一道（内掺建筑胶）
		4. 35mm 厚 C15 细石混凝土找平层
		5. 素水泥浆一道（内掺建筑胶）
		6. 钢筋混凝土楼板
楼 2D	水泥楼面	1. 20mm 厚 1:2.5 水泥砂浆抹面压实赶光
		2. 素水泥浆一道（内掺建筑胶）
		3. 钢筋混凝土叠合层（或现浇钢筋混凝土楼板）
踢 10A-2	大理石板踢脚	1. 10mm 厚大理石板，正、背面及四周边满涂防污剂，稀水泥浆（或彩色水泥浆）擦缝
		2. 12mm 厚 1:2 水泥砂浆（内掺建筑胶）黏结层
		3. 5mm 厚 1:3 水泥砂浆打底扫毛或划出纹道
踢 2A	水泥踢脚	1. 8mm 厚 1:2.5 水泥砂浆罩面压实赶光
		2. 素水泥浆一道
		3. 10mm 厚 1:3 水泥砂浆打底扫毛或划出纹道
裙 10A1	胶合板墙裙	1. 油漆饰面
		2. 3mm 厚胶合板，建筑胶粘剂粘贴
		3. 5mm 厚胶合板衬钉板背面满涂建筑胶粘剂，用胀管螺栓与墙体固定
		4. 刷高聚物改性沥青涂膜防潮层（2.5mm 厚）
		5. 墙缝原浆抹平（用于砖墙）
内墙 5A-1	水泥砂浆墙面	1. 喷（刷、辊）面浆饰面（水性耐擦洗涂料）
		2. 5mm 厚 1:2.5 水泥砂浆找平
		3. 9mm 厚 1:3 水泥砂浆打底扫毛或划出纹道
外墙 5A	水泥砂浆墙面	1. 6mm 厚 1:2.5 水泥砂浆罩面
		2. 12mm 厚 1:3 水泥砂浆打底扫毛或划出纹道
棚 26	纸面石膏板吊顶	1. 饰面（饰 1：水性耐擦洗涂料）
		2. 满刮 2mm 厚面层耐水腻子找平
		3. 满刮氯偏乳液（或乳化光油）防潮涂料两道，横纵向各刷一道（防水石膏板无次道工序）
		4. 9.5mm 厚纸面石膏板，用自攻螺钉与龙骨固定，中距 ≤200mm
		5. U 形轻钢龙骨横撑 CB50mm×20mm（或 CB60mm×27mm）中距 1200mm
		6. U 形轻钢次龙骨 CB50mm×20mm（或 CB60mm×27mm）中距 429mm，龙骨吸顶吊件用膨胀螺栓与钢筋混凝土板固定
棚 2B-1	板底刮腻子喷涂顶棚	1. 喷（刷、辊）面浆饰面（水性耐擦洗涂料）
		2. 满刮 2mm 厚面层耐水腻子找平
		3. 板底满刮 3mm 厚底基防裂腻子分遍找平
		4. 素水泥浆一道甩毛（内掺建筑胶）
外墙 27A1	贴彩釉面砖	1. 1:1 水泥（或水泥掺色）砂浆（细纱）勾缝
		2. 贴 6~10mm 厚彩釉面砖
		3. 6mm 厚 1:0.2:2.5 水泥石灰膏砂浆（掺建筑胶）
		4. 12mm 厚 1:3 水泥砂浆打底扫毛或划出纹道

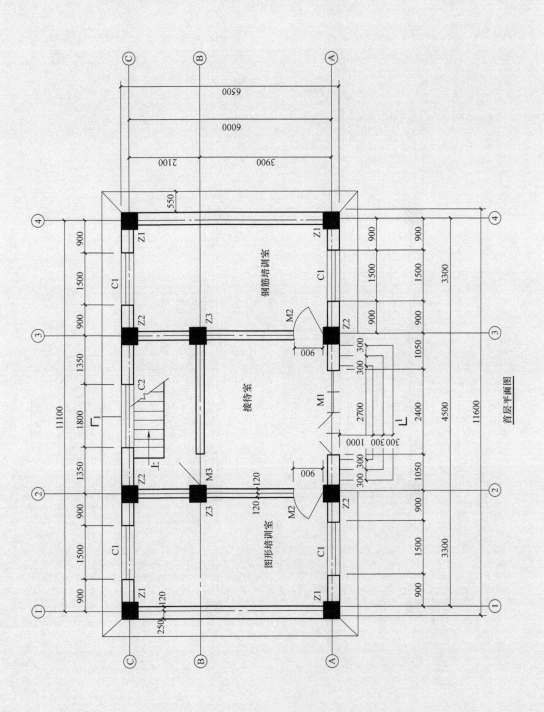

首层平面图

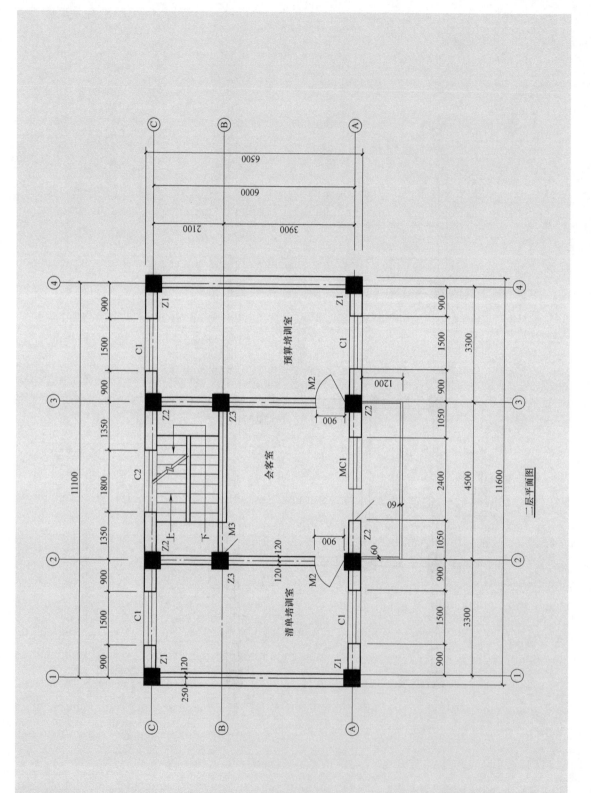

二层平面图

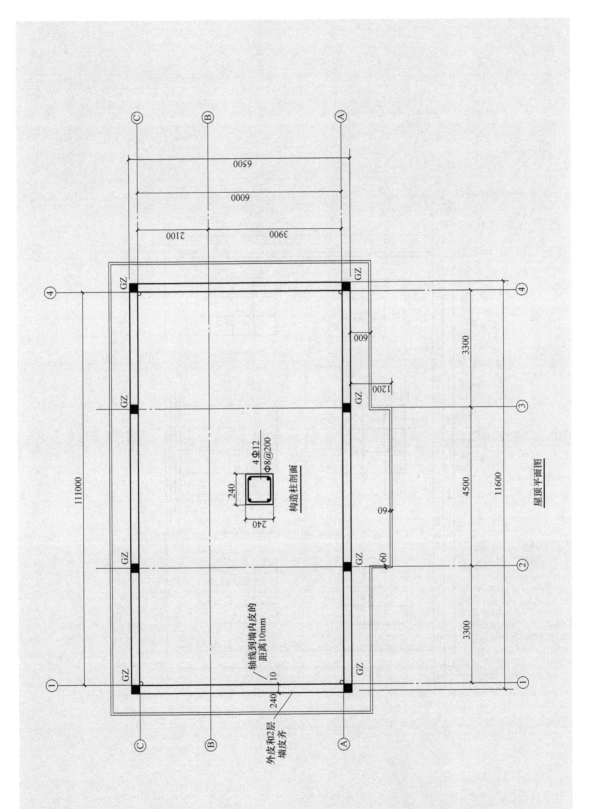

屋顶平面图

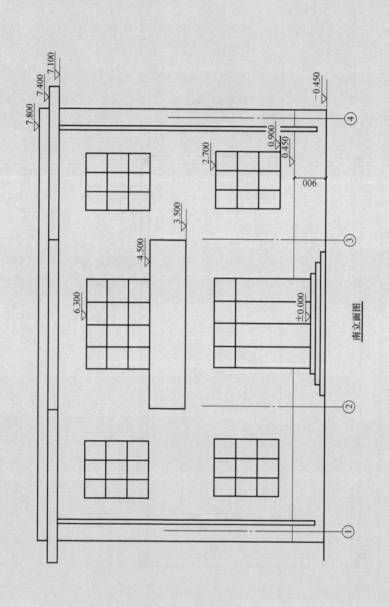

南立面图

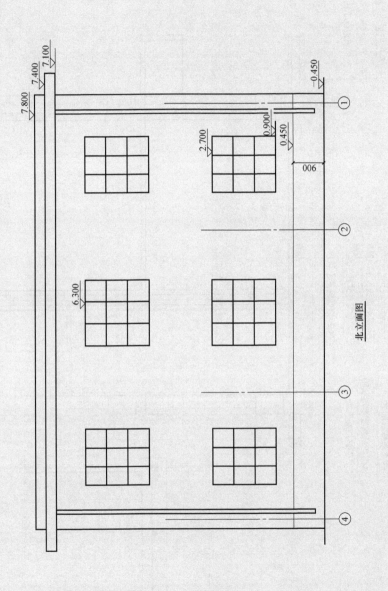

北立面图

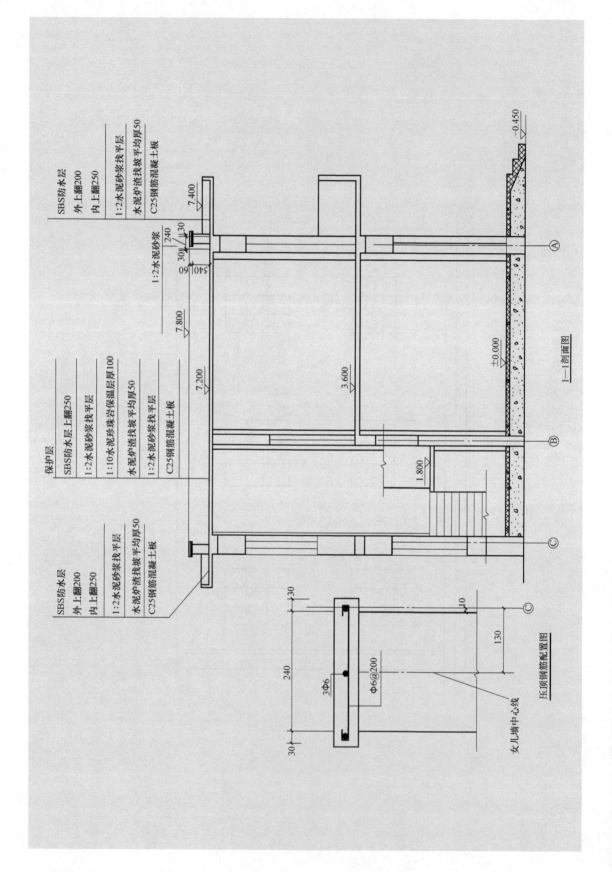

SBS防水层
外上翻200
内上翻250
1:2水泥砂浆找平层
水泥炉渣找坡平均厚50
C25钢筋混凝土板

保护层
SBS防水层上翻250
1:2水泥砂浆找平层
1:10水泥珍珠岩保温层厚100
水泥炉渣找坡平均厚50
1:2水泥砂浆找平层
C25钢筋混凝土板

SBS防水层
外上翻200
内上翻250
1:2水泥砂浆找平层
水泥炉渣找坡平均厚50
C25钢筋混凝土板

1:2水泥砂浆

7.400

7.800

7.200

3.600

1.800

±0.000

-0.450

1—1剖面图

压顶钢筋配置图

女儿墙中心线

240
3Φ6
Φ6@200
130
30

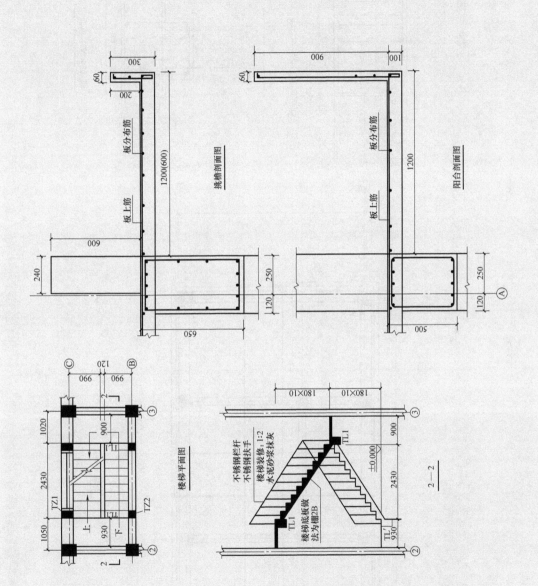

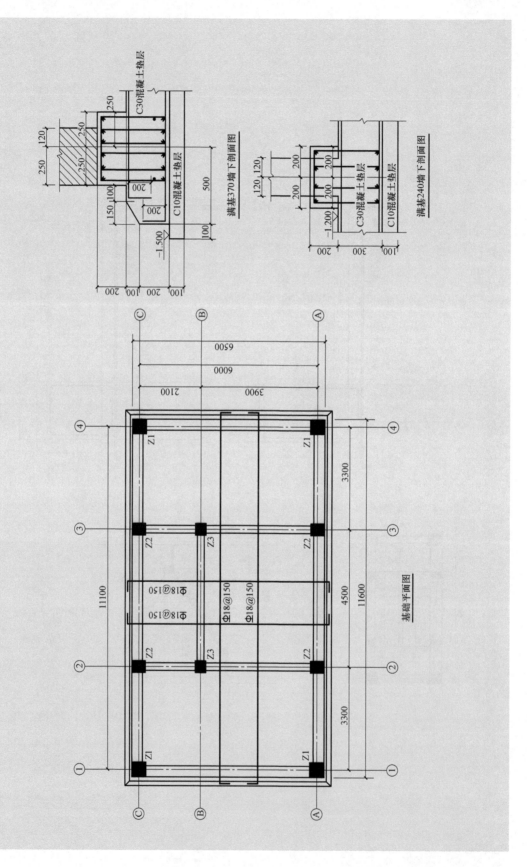

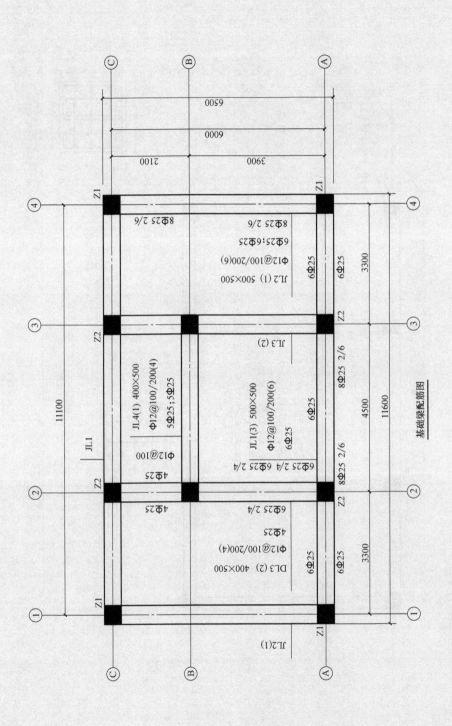

基础梁配筋图

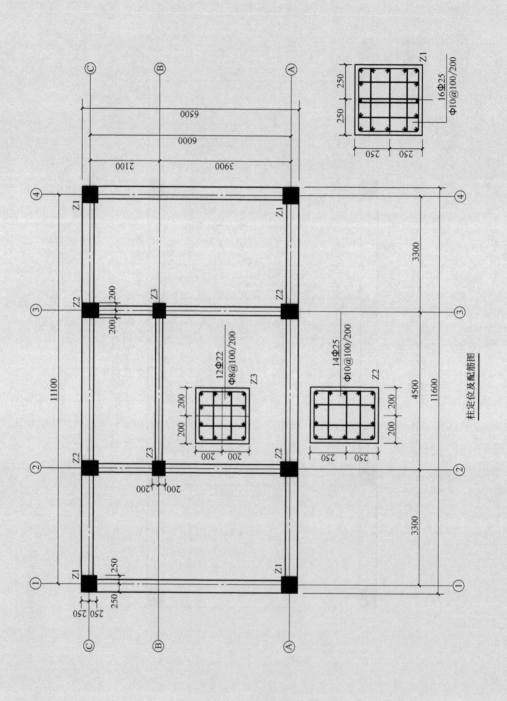

柱定位及配筋图

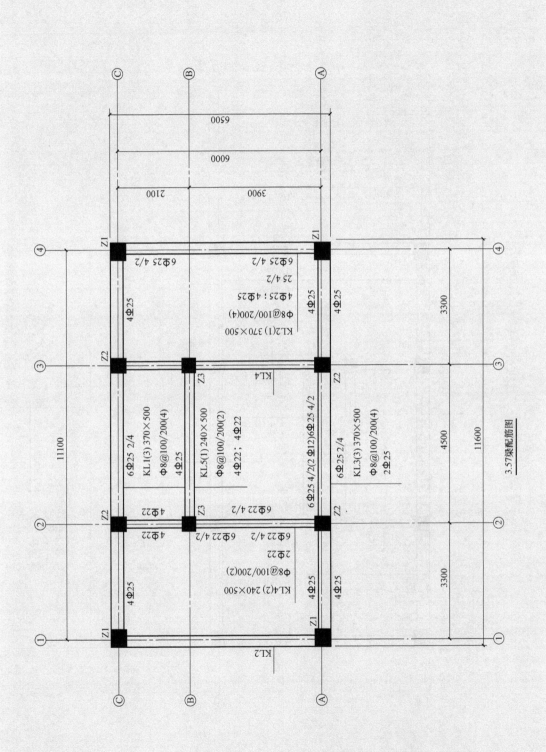

3.57 梁配筋图

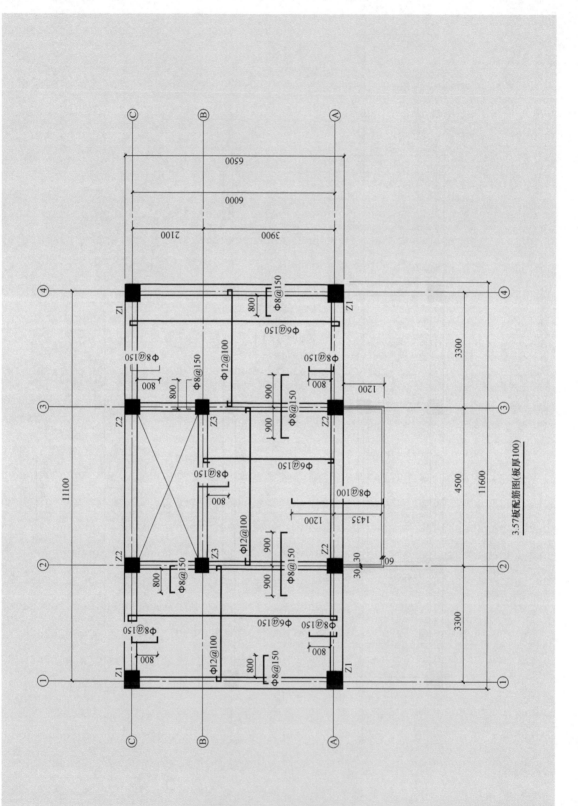

3.57板配筋图(板厚100)

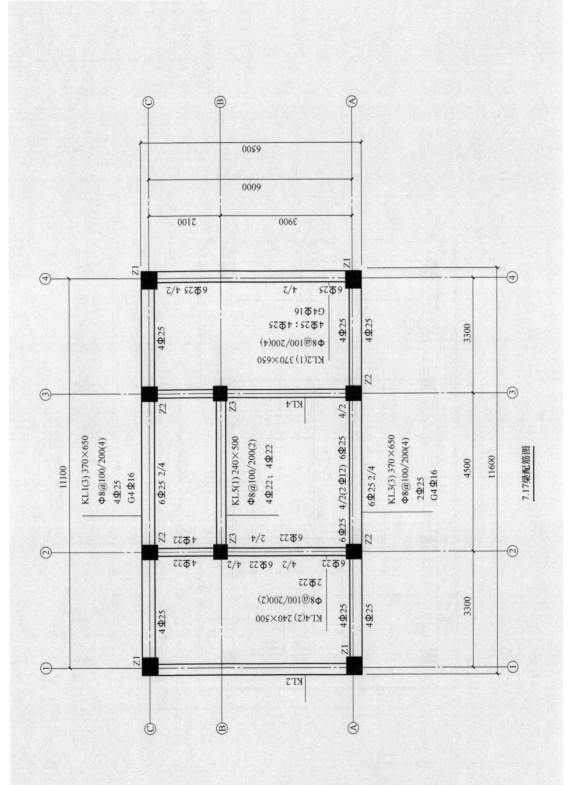

7.17 梁配筋图

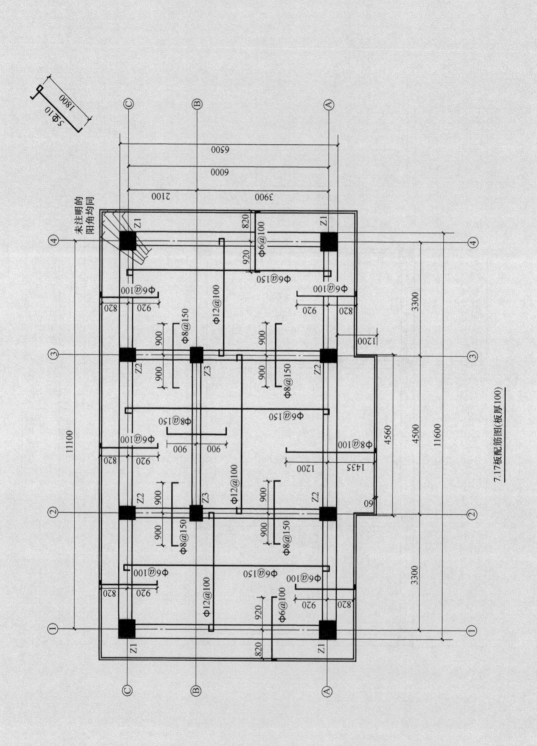

7.17板配筋图(板厚100)

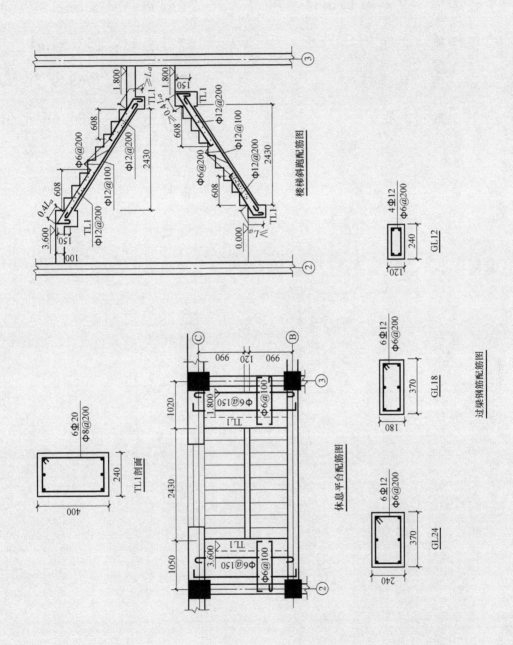

工程预算书

工程名称：某企业培训楼工程　　工程编号：×××

工程性质：民用　　　　　　　　建筑面积：153.54m²

结　　构：砖混结构　　　　　　工程造价：396849 元

层　　数：2 层　　　　　　　　单方造价：2584.66 元/m²

建设单位：　　　　　　　　　　审核人：

　　　　　　　　　　　　　　　负责人：

编制单位：　　　　　　　　　　编制人：

　　　　　　　　　　　　　　　负责人：

施工单位：　　　　　　　　　　编制人：

　　　　　　　　　　　　　　　负责人：

审核单位：　　　　　　　　　　审核人：

　　　　　　　　　　　　　　　编制日期：

编 制 说 明

一、编制依据

1. 设计施工图及有关说明。

2. 采用现行的标准图集、规范、工艺标准、材料做法。

3. 使用现行的定额、单价估价表、材料价格及有关的补充说明解释等。

4. 现场施工条件、实际情况。

二、(地区/专业) 工程竣工调价系数 (　　　)。

三、补充单价估价项目 (　　　) 项，换算定额单价 (　　　) 项。

四、暂估单位 (　　　) 项。

五、工程概况

六、设备及主要材料来源

七、其他

施工时发生施工图变更或赔偿，双方协商解决。

工程费用汇总表

工程名称：某企业培训楼工程

序号	费用名称	合计/元	建筑工程		装饰装修工程	
			费率	金额/元	费率	金额/元
一	人工费	97115.31		63621.41		33493.90
二	材料费	222906.26		182250.20		40656.06
三	机械费	20529.06		19792.55		736.51
四	企业管理费	18927.59	11.95	9967.97	26.75	8959.62
五	措施项目费	13336.82		10830.00		2506.82
1	安全文明施工费	11558.18	9.06	9413.10	5.93	2145.08
2	夜间施工增加费					
3	非夜间施工增加费					
4	二次搬运费	291.34	0.3	190.86	0.3	100.48
5	冬季施工增加费		150		150	
6	雨季施工增加费	369.04	0.38	241.76	0.38	127.28
7	地上、地下设施、建筑物的临时保护设施费					
8	已完工程保护费(含越冬维护费)					
9	工程定位复测费	1118.26	1.18	984.28	0.4	133.98
六	规费	13755.60		9036.87		4718.73
1	社会保险费	12595.85		8251.70		4344.15
(1)	养老保险费、失业保险费、医疗保险费、住房公积金	11595.57	11.94	7596.40	11.94	3999.17
(2)	生育保险费	407.88	0.42	267.21	0.42	140.67
(3)	工伤保险费	592.40	0.61	388.09	0.61	204.31
2	工程排污费	291.34	0.3	190.86	0.3	100.48
3	防洪基础设施建设资金、副食品价格调节基金	402.26	0.105	288.93	0.105	113.33
4	残疾人就业保障金	466.15	0.48	305.38	0.48	160.77
5	其他规费					
七	利润	15538.45	16	10179.43	16	5359.02
八	价差(包括人工、材料、机械)	-18640.40		-30254.78		11614.38
1	人工费价差	13275.47		9088.73		4186.74
2	材料费价差	-31915.87		-39343.51		7427.64
3	机械费价差					
4	机械费调整					
九	其他项目费					
十	估价项目、现场签证及索赔	34.32		34.32		
十一	优质优价增加费					
十二	税金	13345.91	3.48	9585.94	3.48	3759.97
十三	含税工程造价	396848.92		285043.91		111805.01

单位工程费用表

工程名称：某企业培训楼工程　　　　　　专业：建筑工程

序　号	费用名称	取费说明	费率(%)	费用金额/元
一	人工费	人工费		63621
二	材料费	材料费		182250
三	机械费	机械费		19792
四	企业管理费	(人工费+施工机具费)×费率	11.95	9967
五	措施项目费	1+2+3+4+5+6+7+8+9		10830
1	安全文明施工费	(人工费+施工机具费)×费率×调整系数	9.06	9413
2	夜间施工增加费	每人每个夜班增加60元		
3	非夜间施工增加费	按地下(暗)室建筑面积每平方米20元计取		
4	二次搬运费	人工费×费率	0.3	190
5	冬季施工增加费	按冬季施工期间完成人工费的150%计取	150	
6	雨季施工增加费	人工费×费率	0.38	241
7	地上、地下设施、建筑物的临时保护设施费	按规定计取		
8	已完工程保护费(含越冬维护费)	根据工程实际情况编制费用预算		
9	工程定位复测费	(人工费+施工机具费)×费率	1.18	984
六	规费	1+2+3+4+5		9036
1	社会保险费	(1)+(2)+(3)		8251
(1)	养老保险费、失业保险费、医疗保险费、住房公积金	人工费×费率	11.94	7596
(2)	生育保险费	人工费×费率	0.42	267
(3)	工伤保险费	人工费×费率	0.61	388
2	工程排污费	人工费×费率	0.3	190
3	防洪基础设施建设资金、副食品价格调节基金	税前工程造价	0.105	288
4	残疾人就业保障金	人工费×费率	0.48	305
5	其他规费			
七	利润	人工费×费率	16	10179
八	价差(包括人工、材料、机械)	1+2+3+4		-30255
1	人工费价差	人工价差		9088
2	材料费价差	材料价差		-39344
3	机械费价差	机械价差		
4	机械费调整	(机械费预算价-不取费子目机械费预算价)×(调整系数-1)		
九	其他项目费	按规定计取		
十	估价项目、现场签证及索赔	不取费子目		34
十一	优质优价增加费	税前工程造价×费率	0	
十二	税金	(一+二+三+四+五+六+七+八+九+十+十一)×费率	3.48	9585
十三	含税工程造价	一+二+三+四+五+六+七+八+九+十+十一+十二		285043

单位工程费用表

工程名称：某企业培训楼工程　　　　　　专业：装饰装修工程

序号	费用名称	取费说明	费率(%)	费用金额/元
一	人工费	人工费		33493
二	材料费	材料费		40656
三	机械费	机械费		736
四	企业管理费	人工费×费率	26.75	8959
五	措施项目费	1+2+3+4+5+6+7+8+9		2506
1	安全文明施工费	人工费×费率×调整系数	5.93	2145
2	夜间施工增加费	每人每个夜班增加60元		
3	非夜间施工增加费	按地下(暗)室建筑面积每平方米20元计取		
4	二次搬运费	人工费×费率	0.3	100
5	冬季施工增加费	按冬季施工期间完成人工费的150%计取	150	
6	雨季施工增加费	人工费×费率	0.38	127
7	地上、地下设施、建筑物的临时保护设施费	按规定计取		
8	已完工程保护费(含越冬维护费)	根据工程实际情况编制费用预算		
9	工程定位复测费	人工费×费率	0.4	133
六	规费	1+2+3+4+5		4718
1	社会保险费	(1)+(2)+(3)		4344
(1)	养老保险费、失业保险费、医疗保险费、住房公积金	人工费×费率	11.94	3999
(2)	生育保险费	人工费×费率	0.42	140
(3)	工伤保险费	人工费×费率	0.61	204
2	工程排污费	人工费×费率	0.3	100
3	防洪基础设施建设资金、副食品价格调节基金	税前工程造价	0.105	113
4	残疾人就业保障金	人工费×费率	0.48	160
5	其他规费			
七	利润	人工费×费率	16	5359
八	价差(包括人工、材料、机械)	1+2+3+4		11614
1	人工费价差	人工价差		4186
2	材料费价差	材料价差		7427
3	机械费价差	机械价差		
4	机械费调整	(机械费预算价－不取费子目机械费预算价)×(调整系数－1)		
九	其他项目费	按规定计取		
十	估价项目、现场签证及索赔	不取费子目		
十一	优质优价增加费	税前工程造价×费率	0	
十二	税金	(一+二+三+四+五+六+七+八+九+十+十一)×费率	3.48	3759
十三	含税工程造价	一+二+三+四+五+六+七+八+九+十+十一+十二		111805

单位工程预算书

工程名称：某企业培训楼工程

序号	定额编号	子目名称	工程量		价值/元		其中/元	
			单位	数量	单价	合价	人工费	材料费
1	A1-0002	平整场地 机械	1000m²	0.075	641.21	48.35	7.98	
2	A1-0023	挖掘机挖土方 一、二类土 斗容量1.8m³	1000m³	0.113	1592.91	180.64	51.44	
3	A1-0003	人工挖土方 一、二类土 1.5m以内	100m³	0.023	1481.76	34.08	34.08	
4	A1-0178	土、石方回填土 夯填	100m³	0.691	998.31	689.83	568.83	
5	A1-0311	自卸汽车运土方 载质量10t 运距1km以内	1000m³	0.034	8342.59	281.98	15.33	
6	A1-0312	自卸汽车运土方 载质量10t 运距每增加1km	1000m³	0.135	1359.61	183.82		
7	A4-1262 换	商品混凝土 垫层 混凝土 无筋	10m³	0.89	4439.47	3951.13	622.47	3321.04
8	A9-0017	模板 基础垫层	10m³	0.89	401.55	357.38	119.80	230.47
9	A4-1009 换	商品混凝土 现浇满堂基础 有梁式 混凝土	10m³	2.93	4744.81	13902.29	1524.10	12356.04
10	A9-0009	模板 满堂基础 有梁式	10m³	2.93	724.99	2124.22	1061.10	1005.99
11	A4-1020 换	商品混凝土 现浇矩形柱 周长1.8m以外 混凝土	10m³	0.12	5371.02	644.52	142.03	500.54
12	A9-0020	模板 现浇矩形柱周长1.8m 以外	10m³	0.12	3172.82	380.74	247.04	119.15
13	A4-1019 换	商品混凝土 现浇矩形柱周 长1.8m以内 混凝土	10m³	0.13	5528.46	718.70	172.88	543.70
14	A9-0019	模板 现浇矩形柱周长1.8m 以内	10m³	0.13	5331.04	693.04	438.92	229.70
15	A4-1020	商品混凝土 现浇矩形柱 周长1.8m以外 混凝土	10m³	0.72	5272.42	3796.14	852.16	2932.23
16	A9-0020	模板 现浇矩形柱周长1.8m 以外	10m³	0.72	3172.82	2284.43	1482.21	714.90
17	A4-1019	商品混凝土 现浇矩形柱周 长1.8m以内 混凝土	10m³	0.81	5429.86	4398.19	1077.16	3307.81
18	A9-0019	模板 现浇矩形柱周长1.8m 以内	10m³	0.81	5331.04	4318.14	2734.79	1431.18
19	A4-1018	商品混凝土 现浇矩形柱 周长1.2m以内 混凝土	10m³	0.1	5561.82	556.18	144.22	410.33
20	A9-0018	模板 现浇矩形柱周长1.2m以内	10m³	0.1	6921.81	692.18	466.38	200.76
21	A4-1037 换	商品混凝土 现浇有梁板 100mm以内 混凝土	10m³	2.74	4928.69	13504.61	2038.37	11430.57
22	A9-0037	模板 现浇有梁板100mm以内	10m³	2.74	4854.05	13300.10	7169.21	5693.91
23	A4-1048	商品混凝土 现浇阳台 混凝土	10m³	0.06	5652.05	339.12	89.98	247.74
24	A9-0048	模板 阳台	10m³	0.06	10526.91	631.61	326.96	287.10
25	A4-1044	商品混凝土 现浇栏板 直形 混凝土	10m³	0.04	5734.76	229.39	68.66	160.73
26	A9-0044	模板 现浇栏板 直形	10m³	0.04	16700.75	668.03	331.13	323.79
27	A4-1046	商品混凝土 现浇天沟、挑檐 板 混凝土	10m³	0.26	5737.57	1491.77	405.93	1080.21

（续）

序号	定额编号	子目名称	工程量		价值/元		其中/元	
			单位	数量	单价	合价	人工费	材料费
28	A9-0046	模板 现浇天沟、挑檐板	10m³	0.26	12157.72	3161.01	1805.40	1299.63
29	A4-1044	商品混凝土 现浇栏板 直形 混凝土	10m³	0.05	5734.76	286.74	85.82	200.92
30	A9-0044	模板 现浇栏板 直形	10m³	0.05	16700.75	835.04	413.91	404.74
31	A4-1040	商品混凝土 现浇平板 100mm以内 混凝土	10m³	0.01	4874.45	48.74	7.77	40.84
32	A9-0040	模板 现浇平板100mm以内	10m³	0.01	5664.72	56.65	32.48	22.35
33	A4-1049	商品混凝土 现浇直形楼梯 混凝土	10m²	0.66	1392.86	919.29	232.85	683.07
34	A9-0049	现浇直形楼梯 模板	10m²	0.66	1443.56	952.75	530.42	402.35
35	A4-1051	商品混凝土 现浇压顶 混凝土	10m³	0.06	5861.76	351.71	100.93	250.77
36	A9-0051	现浇压顶 模板	10m³	0.06	5278.15	316.69	216.73	96.65
37	A4-0068	预制过梁 混凝土	10m³	0.19	3730.52	708.80	194.19	459.94
38	A9-0068	预制过梁 模板	10m³	0.19	2307.18	438.36	263.58	174.25
39	A4-0243	外购预制混凝土构件安装 三类构件	10m³	0.19	6739.73	1280.55	180.99	982.35
40	A4-1029	商品混凝土 现浇过梁 混凝土	10m³	0.02	5758.85	115.18	33.07	81.86
41	A9-0029	现浇过梁 模板	10m³	0.02	6603.81	132.08	85.78	43.12
42	A4-1021	商品混凝土 现浇构造柱 混凝土	10m³	0.04	5717.78	228.71	65.05	163.01
43	A9-0021	模板 构造柱	10m³	0.04	4097.32	163.89	88.54	72.89
44	A3-0009	砖外墙 1砖	10m³	0.41	4033.99	1653.94	582.43	1054.96
45	A3-0001	砖基础	10m³	1.46	3569.93	5212.10	1435.97	3718.66
46	A3-0008	砖外墙 1砖半	10m³	5.07	3996.63	20262.91	6956.75	13091.25
47	A3-0003	砖内墙 1砖	10m³	1.77	3926.50	6949.91	2355.09	4525.15
48	B4-0005	无纱镶板门 双扇带亮子 框制作	100m²	0.065	2894.49	188.14	37.57	147.31
49	B4-0006	无纱镶板门 双扇带亮子 框安装	100m²	0.065	1237.50	80.44	27.63	52.75
50	B4-0007	无纱镶板门 双扇带亮子 扇制作	100m²	0.065	9381.64	609.81	168.82	425.99
51	B4-0008	无纱镶板门 双扇带亮子 扇安装	100m²	0.065	1392.59	90.52	76.99	13.52
52	B4-0249	木门五金配件 镶板门、半玻 门 带亮 双扇	套	1	434.84	434.84	27.60	407.24
53	B4-0033	无纱镶胶合板门 单扇带亮 子 框制作	100m²	0.086	4154.36	357.27	69.47	281.34
54	B4-0034	无纱镶胶合板门 单扇带亮 子 框安装	100m²	0.086	1914.14	164.62	48.37	116.13
55	B4-0035	无纱镶胶合板门 单扇带亮 子 扇制作	100m²	0.086	7767.41	668.00	193.33	448.18
56	B4-0036	无纱镶胶合板门 单扇带亮 子 扇安装	100m²	0.086	1497.59	128.79	113.54	15.25
57	B4-0254	木门五金配件 胶合板门 带亮单扇	套	4	328.00	1312.00	6.72	1305.28

（续）

序号	定额编号	子目名称	工程量		价值/元		其中/元	
			单位	数量	单价	合价	人工费	材料费
58	B4-0041	无纱镶胶合板门 单扇无亮子 框制作	100m²	0.038	4256.52	161.75	29.91	129.20
59	B4-0042	无纱镶胶合板门 单扇无亮子 框安装	100m²	0.038	2324.42	88.33	27.71	60.56
60	B4-0043	无纱镶胶合板门 单扇无亮子 扇制作	100m²	0.038	8732.81	331.85	99.61	218.21
61	B4-0044	无纱镶胶合板门 单扇无亮子 扇安装	100m²	0.038	833.76	31.68	31.68	
62	B4-0252	木门五金配件 胶合板门 无亮单扇	套	2	114.36	228.72	3.36	225.36
63	B5-0014	门油漆 单层木门 润油粉、刮腻子 聚氨酯漆三遍	100m²	0.189	4636.04	876.21	612.52	263.69
64	B4-0283	其他门五金配件 L型执手杆锁	把	7	65.16	456.12	241.92	214.20
65	B4-0242	塑钢窗 单层	100m²	0.308	24853.01	7654.73	798.34	6839.55
66	B4-0087	塑钢门（全板） 带亮	100m²	0.024	21287.84	510.91	62.21	447.40
67	B2-0159	墙面镶贴块料 194mm×94mm 面砖（水泥砂浆粘贴）灰缝 10mm	100m²	0.301	6743.05	2029.66	1342.18	667.64
68	B2-0159	墙面镶贴块料 194mm×94mm 面砖（水泥砂浆粘贴）灰缝 10mm	100m²	2.317	6743.05	15623.65	10331.69	5139.29
69	B2-0100 换	一般抹灰 水泥砂浆 零星项目	100m²	0.27	6437.95	1738.25	1529.38	198.79
70	B5-0270	喷刷、涂料 外墙喷硬质复层凹凸花纹涂料（浮雕型）抹灰面	100m²	0.196	2099.85	411.57	108.38	278.32
71	B1-0274	水泥砂浆台阶面 水泥砂浆面层 台阶 20mm	100m²	0.048	3753.93	180.19	125.80	51.97
72	B1-0001	水泥砂浆面层 楼地面 20mm	100m²	0.015	1901.08	28.52	17.04	10.96
73	A4-1052 换	商品混凝土 现浇台阶 混凝土	10m³	0.05	4999.68	249.98	51.04	197.97
74	A9-0052	现浇台阶 模板	10m³	0.05	2918.98	145.95	109.32	35.37
75	A4-1017	商品混凝土 现浇基础垫层 混凝土	10m³	0.02	4624.19	92.48	13.02	79.29
76	A4-1056 换	商品混凝土 现浇散水 混凝土	10m³	0.15	4634.15	695.12	121.05	572.60
77	A9-0056	现浇散水 模板	10m³	0.15	2335.15	350.27	180.72	162.03
78	A7-0186	变形缝 沥青砂浆	100m	0.369	1485.77	548.25	183.57	364.68
79	B2-0100 换	一般抹灰 水泥砂浆 零星项目	100m²	0.144	6312.01	908.93	815.67	87.88
80	B5-0229	抹灰面油漆 乳胶漆 三遍	100m²	0.061	1280.74	78.13	50.22	27.91
81	B2-0020 换	墙面一般抹灰 水泥砂浆 砖墙	100m²	0.185	2268.23	419.62	293.46	118.88
82	A7-0109	屋面排水管 PVC 排水管 φ100mm	100m	0.306	3326.70	1017.97	429.35	588.62

（续）

序号	定额编号	子目名称	工程量		价值/元		其中/元	
			单位	数量	单价	合价	人工费	材料费
83	A7-0105	屋面排水管　铸铁落水口 ϕ100mm	10 个	0.4	603.17	241.27	97.69	143.58
84	A7-0111	屋面排水管　塑料水斗	10 个	0.4	186.48	74.59	36.29	38.30
85	A7-0112	屋面排水管　塑料弯头	10 个	0.4	125.97	50.39	39.31	11.08
86	A7-0065	屋面卷材防水　SBS 改性沥青防水卷材　厚度 4mm	100m²	1.163	5041.6	5863.38	674.32	5189.06
87	B1-0288	楼地面找平层　水泥砂浆混凝土或硬基层上 20mm	100m²	0.903	1372.65	1239.50	706.07	502.45
88	A8-0207	保温隔热屋面　屋面保温水泥石灰炉渣	10m³	0.45	1821.24	819.56	244.62	574.94
89	B1-0289	楼地面找平层　水泥砂浆在填充材料上 20mm	100m²	0.669	1469.71	983.24	543.34	411.54
90	A8-0203	保温隔热屋面　屋面保温现浇水泥珍珠岩	10m³	0.67	2255.65	1511.29	364.21	1147.08
91	B1-0201	不锈钢管栏杆　直线型　竖条式	100m	0.07	19887.03	1392.09	206.24	1157.64
92	B1-0216	不锈钢扶手　直形　ϕ60mm	100m	0.07	5026.81	351.88	62.90	272.40
93	A4-0247	垫层　素土	10m³	1.28	580.77	743.39	486.80	244.22
94	A4-0248	垫层　灰土	10m³	0.88	1246.64	1097.04	539.53	549.01
95	A4-1262	商品混凝土　垫层　混凝土无筋	10m³	0.08	4540.47	363.24	55.95	306.60
96	A7-0141	墙、地面涂膜防水　聚氨酯二遍	100m²	0.203	4388.36	890.84	58.94	831.90
97	B1-0018 换	细石混凝土面层　商品混凝土　厚度 4cm　无筋	100m²	0.156	3643.24	568.35	277.79	283.28
98	B1-0020	细石混凝土面层　商品混凝土　每增减 0.5cm	100m²	-0.156	270.17	-42.15	-10.18	-31.33
99	B1-0118	木质地板　长条复合地板铺在混凝土面上	100m²	0.156	5529.30	862.57	200.02	662.55
100	A4-1262 换	商品混凝土　垫层　混凝土无筋	10m³	0.22	4439.47	976.68	153.87	820.93
101	B1-0058	陶瓷地砖楼地面周长 2400mm 以内	100m²	0.353	9378.82	3310.72	851.22	2432.81
102	B1-0001 换	水泥砂浆面层　楼地面 20mm	100m²	0.079	1856.05	146.63	89.76	54.16
103	B1-0293	楼地面找平层　商品混凝土厚 30mm	100m²	0.207	1874.39	388.00	126.73	255.88
104	B1-0294	楼地面找平层　商品混凝土每增减 5mm	100m²	0.207	303.58	62.84	22.11	40.64
105	B1-0058	陶瓷地砖楼地面周长 2400mm 以内	100m²	0.214	9378.82	2007.07	516.04	1474.85
106	B1-0288	楼地面找平层　水泥砂浆混凝土或硬基层上 20mm	100m²	-0.214	1372.65	-293.75	-167.33	-119.07
107	B1-0001 换	水泥砂浆面层　楼地面 20mm	100m²	0.353	1856.05	655.19	401.06	242.01
108	B1-0002	水泥砂浆面层　楼梯 20mm	100m²	0.066	6267.62	413.66	346.60	64.07
109	B1-0001	水泥砂浆面层　楼地面 20mm	100m²	0.013	1901.08	24.71	14.77	9.50

（续）

序号	定额编号	子目名称	工程量		价值/元		其中/元	
			单位	数量	单价	合价	人工费	材料费
110	B1-0136	石材踢脚线　直线形　大理石　水泥砂浆	100m²	0.055	13774.32	757.59	210.51	543.21
111	B1-0003	水泥砂浆面层　踢脚板　底层12mm　面层8mm	100m	0.61	601.69	367.03	312.56	51.39
112	A7-0141	墙、地面涂膜防水　聚氨酯二遍	100m²	0.129	4388.36	566.10	37.45	528.65
113	B2-0296	夹板、卷材基层　胶合板基层5mm	100m²	0.129	2119.42	273.41	67.99	170.89
114	B2-0317	墙面、墙裙面层　胶合板面	100m²	0.129	3214.09	414.62	166.63	178.94
115	B5-0148	其他木材面油漆　润油粉、刮腻子　聚氨酯漆三遍	100m²	0.129	3063.80	395.23	302.60	92.63
116	B2-0020	墙面一般抹灰　水泥砂浆砖墙	100m²	3.661	2212.44	8099.74	5807.37	2148.27
117	B5-0259	喷刷、涂料　墙面钙塑涂料（成品）　内墙及天棚面	100m²	3.661	2916.48	10677.23	3011.10	7666.13
118	B3-005	天棚吊顶　装配式U型轻钢天棚龙骨（不上人型）　面层600mm×600mm以上平面	100m²	0.156	3266.46	509.57	242.61	264.39
119	B3-0123 换	天棚吊顶　石膏板天棚面层　U型轻钢龙骨	100m²	0.156	2259.30	352.45	161.74	190.71
120	BJ	防潮液	m²	15.6	2.20	34.32		34.32
121	B5-0320	喷刷、涂料　刮腻子二遍　墙面　石灰砂浆　石膏砂浆	100m²	0.156	337.30	52.62	47.17	5.44
122	B5-0259	喷刷、涂料　墙面钙塑涂料（成品）　内墙及天棚面	100m²	0.156	2916.48	454.97	128.31	326.66
123	B5-0321	喷刷、涂料　刮防水腻子二遍　墙面　水泥砂浆　混合砂浆	100m²	1.333	585.60	780.60	460.68	319.92
124	B5-0259	喷刷、涂料　墙面钙塑涂料（成品）　内墙及天棚面	100m²	1.333	2916.48	3887.67	1096.37	2791.30
125	A4-0160	现浇构件钢筋制作安装　圆钢　φ10mm以内	t	3.92	4897.70	19198.98	4078.96	14920.70
126	A4-0161	现浇构件钢筋制作安装　圆钢　φ10mm以外	t	3.099	4526.58	14027.87	1634.13	11987.24
127	A4-0163	现浇构件钢筋制作安装　螺纹钢　φ10mm以外	t	16.753	4464.54	74794.44	7836.72	64879.34
128	A4-0169	钢筋网片制作安装　砌体加固筋	t	0.201	5356.67	1076.69	314.55	756.47
129	A4-0186	钢筋电渣压焊接头　钢筋直径φ22mm	10个	4.8	22.08	105.98	54.96	15.84
130	A4-0187	钢筋电渣压焊接头　钢筋直径φ25mm	10个	24	24.19	580.56	294.96	87.36
131	A7-0174	地面防水砂浆　平面	100m²	0.148	1478.61	218.83	110.66	103.10
132	A10-0005	综合脚手架　混合结构　6层以内	100m²	1.535	2005.18	3077.95	1164.01	1873.53
133	A11-0003	建筑物垂直运输　混合结构6层以内　塔式起重机	100m²	1.305	1670.73	2180.30		
134	A13-0001	塔式起重机　固定式基础（带配重）	10m³	0.40	3141.07	1256.43	346.50	831.76

（续）

序号	定额编号	子目名称	工程量		价值/元		其中/元	
			单位	数量	单价	合价	人工费	材料费
135	A13-0003	特、大型机械安装、拆卸费 塔式起重机 60kN·m 以内	台次	1	8695.81	8695.81	5040.00	61.80
136	A13-0037	特、大型机械场外运输费 塔式起重机 60kN·m	台次	1	9676.85	9676.85	1008.00	50.50
		主材费合计						
		直接费合计						340584.99

单位工程材料价差表

工程名称：某企业培训楼工程

序号	材料名	单位	材料量	预算价/元	市场价/元	价差/元	价差合价/元
1	土建综合工日	工日	605.915	105.00	120.00	15.00	9088.73
2	装饰综合工日	工日	279.116	120.00	135.00	15.00	4186.74
3	商品混凝土 C10	m³	12.734	365.00	330.00	-35.00	-445.67
4	商品混凝土 C15	m³	0.711	375.00	340.00	-35.00	-24.87
5	商品混凝土细混凝土 C15	m³	1.438	375.00	360.00	-15.00	-21.57
6	商品混凝土 C25	m³	44.277	395.00	360.00	-35.00	-1549.70
7	商品混凝土 C30	m³	32.205	405.00	370.00	-35.00	-1127.16
8	黏土	m³	28.653	12.00		-12.00	-343.84
9	中砂	m³	45.217	65.00	83.00	18.00	813.90
10	二等木方	m³	0.01	1720.00	1850.00	130.00	1.33
11	二等板方材	m³	0.003	1720.00	1850.00	130.00	0.37
12	木模板	m³	1.946	1830.00	2150.00	320.00	622.65
13	中粗砂	m³	3.26	65.00	83.00	18.00	58.69
14	碎石 40mm	m³	5.628	62.00	68.00	6.00	33.77
15	水泥 32.5 级	kg	18365.217	0.42	0.41	-0.01	-183.65
16	机制砖	千块	45.882	410.00	350.00	-60.00	-2752.92
17	炉渣	m³	5.363	30.00	75.00	45.00	241.34
18	圆钢综合	kg	5.362	3.70	2.43	-1.27	-6.81
19	圆钢 φ10mm 以内	t	4.245	3650.00	2430.00	-1220.00	-5178.45
20	圆钢 φ10mm 以外	t	3.192	3700.00	2410.00	-1290.00	-4117.64
21	螺纹钢筋 φ10mm 以外	t	17.256	3700.00	2250.00	-1450.00	-25020.61
22	SBS 改性沥青油毡防水卷材 4mm	m²	148.05	27.00	28.00	1.00	148.05
23	生石灰	kg	2496.114	0.19	0.205	0.015	37.44
24	商品混凝土 C20	m³	7.524	385.00	350.00	-35.00	-263.33
25	商品混凝土细混凝土 C20	m³	-0.08	385.00	370.00	-15.00	1.19
26	陶瓷地面砖 600mm×600mm	m²	58.118	60.00	120.00	60.00	3487.05
27	复合地板	m²	16.38	38.00	60.00	22.00	360.36
28	墙面砖(红色)194mm×94mm	m²	27.304	16.20	30.00	13.80	376.79
29	墙面砖(白色)194mm×94mm	m²	210.175	16.20	29.00	12.80	2690.24
30	L 形执手插锁	把	7.14	30.00	60.00	30.00	214.20
31	乳胶漆	kg	2.639	10.00	22.50	12.50	32.99
	本页小计						-18640.39
	合计						-18640.39

工程预算表

序号	分项分部名称	计算式	工程量	单位	备注
		定额工程量计算式			
1	建筑面积				
	一层	$S = 11.6 \times 6.5$	75.40		
	二层	$S = 11.6 \times 6.5 + 4.56 \times 1.2 \times 1/2$	78.14		
	小计		153.54	m^2	
2	平整场地(A1-2)			m^2	现在都为机械平整
		$S = 11.6 \times 6.5$	75.4	m^2	
3	挖掘机挖土方(A1-23)				
		$V = (11.1 + 0.6 \times 2 + 0.3 \times 2) \times (6 + 0.6 \times 2 + 0.3 \times 2) \times (1.6 - 0.45) \times 0.98$	113.40	m^3	1)大开挖,机械占98%,人工占2%;2)此处垫层考虑工作面
4	人工挖土方(A1-3)				
		$V = (11.1 + 0.6 \times 2 + 0.3 \times 2) \times (6 + 0.6 \times 2 + 0.3 \times 2) \times (1.6 - 0.45) \times 0.02$	2.31	m^3	
5	基础回填土(A1-178)				
	挖量	$V = 115.71$	115.71		
	埋件量	$V_{垫} = 8.856$	8.86		
		$V_{满} = 29.93$	29.93		
		$V_{柱} = (1.2 + 1.34) \times 0.45$	1.14		
		$V_{砖} = (11.17 + 3.62) \times 0.45$	6.66		
		小计	46.58		
		$V_{回} = 115.71 - 46.58$	69.13	m^3	
6	余土外运(A1-311 + A1-312×4)				$V_{素土}$详见后面素土垫层
		$V = V_{挖} - V_{回} - V_{素土} = 115.71 - 69.13 - 12.77$	33.81	m^3	
7	基础垫层 C10(A4-1262)				
		$V = (11.1 + 0.6 \times 2) \times (6 + 0.6 \times 2) \times 0.1$	8.86	m^3	
8	基础垫层模板(A9-17)				
		同上	8.86	m^3	
9	有梁式满堂基础 C30(A4-1009)				
	下部体积	$V_1 = (11.1 + 0.5 \times 2) \times (6 + 0.5 \times 2) \times 0.2$	16.94		
	上部体积	$V_2 = 0.1 \times [12.1 \times 7 + (12.1 + 11.8) \times (7 + 6.7) + 11.8 \times 6.7]/6$	8.19		
	JL1、JL2	$L = (11.1 - 0.25 \times 2 - 0.4 \times 2 + 6 - 0.25 \times 2) \times 2$	30.6		
	JL3、JL4	$L = (6 - 0.25 \times 2 - 0.4) \times 2 + (4.5 - 0.2 \times 2)$	14.3		
		$V_3 = 30.6 \times 0.5 \times (0.5 - 0.3) + 14.3 \times 0.4 \times (0.5 - 0.3)$	4.20		
	合计	$V = V_1 + V_2 + V_3 = 16.94 + 8.19 + 4.2$	29.33	m^3	
10	有梁式满堂基础模板(A9-9)				
		同上	29.33	m^3	
11	矩形柱 1.8m 以外 C30(A4-1020)				
	±0.000 以下	$V_{Z1} = 0.5 \times 0.5 \times (1.5 - 0.3) \times 4$(根)	1.20	m^3	
12	矩形柱 1.8m 以外模板(A9-0020)				
		同上	1.20	m^3	
13	矩形柱 1.8m 以内 C30(A4-1019)				
	±0.000 以下	$V_{Z2} = 0.4 \times 0.5 \times (1.5 - 0.3) \times 4$(根)	0.96		
		$V_{Z3} = 0.4 \times 0.4 \times (1.5 - 0.3) \times 2$(根)	0.384		
		小计	1.344	m^3	

（续）

序号	分项分部名称	计算式	工程量	单位	备注
14	矩形柱 1.8m 以内模板（A9-0019）				
		同上	1.344	m³	
15	矩形柱 1.8m 以外 C25（A4-1020）				
	一、二层	$V_{Z1} = 0.5 \times 0.5 \times 3.6 \times 4(根) \times 2(层)$	7.2	m³	
16	矩形柱 1.8m 以外模板（A9-0020）				
		同上	7.2	m³	
17	矩形柱 1.8m 以内 C25（A4-1019）				
		$V_{Z2} = 0.4 \times 0.5 \times 3.6 \times 4(根) \times 2(层)$	5.76		
		$V_{Z3} = 0.4 \times 0.4 \times 3.6 \times 2(根) \times 2(层)$	2.30		
		小计	8.06	m³	
18	矩形柱 1.8m 以内模板（A9-0019）				
		同上	8.06	m³	
19	梯柱 1.2m 以内 C25（A4-1018）				
	TZ1	$V = 0.24 \times 0.37 \times (3.6 + 1 - 0.5 + 1.8 + 1 - 0.4)$	0.58		
	TZ2	$V = 0.24 \times 0.24 \times (3.6 + 1 - 0.5 + 1.8 + 1 - 0.4)$	0.37		
		小计	0.95	m³	
20	矩形柱 1.2m 以内模板（A9-0018）				
		同上	0.95	m³	
21	10cm 以内有梁板 C25（A4-1037）				
	一层梁				
	KL1	$V = 0.37 \times 0.5 \times (11.1 - 0.25 \times 2 - 0.4 \times 2)$	1.81		
	KL2	$V = 0.37 \times 0.5 \times (6 - 0.25 \times 2) \times 2$	2.04		
	KL3	$V = 0.37 \times 0.5 \times (11.1 - 0.25 \times 2 - 0.4 \times 2)$	1.81		
	KL4	$V = 0.24 \times 0.5 \times (6 - 0.25 \times 2 - 0.4) \times 2$	1.22		
	KL5	$V = 0.24 \times 0.5 \times (4.5 - 0.2 \times 2)$	0.49		
		小计	7.38		
	一层板	$V = (3.06 \times 5.76 + 4.26 \times 3.66 + 3.06 \times 5.76) \times 0.1$	5.08		
	二层梁				
	KL1	$V = 0.37 \times 0.65 \times (11.1 - 0.25 \times 2 - 0.4 \times 2)$	2.36		
	KL2	$V = 0.37 \times 0.65 \times (6 - 0.25 \times 2) \times 2$	2.65		
	KL3	$V = 0.37 \times 0.65 \times (11.1 - 0.25 \times 2 - 0.4 \times 2)$	2.36		
	KL4	$V = 0.24 \times 0.5 \times (6 - 0.25 \times 2 - 0.4) \times 2$	1.22		
	KL5	$V = 0.24 \times 0.5 \times (4.5 - 0.2 \times 2)$	0.49		
		小计	9.08		
	二层板	$V = (3.06 \times 5.76 + 4.26 \times 3.66 + 4.26 \times 1.86 + 3.06 \times 5.76) \times 0.1$	5.88		
	合计	$V = 7.38 + 5.08 + 9.08 + 5.88$	27.42	m³	
22	10cm 以内有梁板模板（A9-0037）				
		同上	27.42	m³	
23	现浇阳台 C25（A4-1048）				
		$V = 1.2 \times 4.56 \times 0.1$	0.55	m³	

（续）

序号	分项分部名称	计算式	工程量	单位	备注
24	现浇阳台模板(A9-0048)				
		同上	0.55	m³	
25	阳台栏板 C25(A4-1044)				
		$V = (1.17 \times 2 + 4.5) \times 0.9 \times 0.06$	0.37	m³	
26	阳台栏板模板(A9-0044)				
		同上	0.37	m³	
27	挑檐天沟 C25(A4-1046)				
		$V = 4.56 \times 1.2 \times 0.1 + (11.6 \times 2 + 0.6 \times 4 - 4.56 + 6.5 \times 2) \times 0.6 \times 0.1$	2.59	m³	
28	挑檐天沟模板(A9-0046)				
		同上	2.59	m³	
29	挑檐天沟栏板 C25(A4-1044)				
		$V = 0.2 \times 0.06 \times (11.6 + 0.57 \times 2 + 6.5 + 1.17 + 0.57) \times 2$	0.50	m³	
30	挑檐天沟栏板模板(A9-0044)				
		同上	0.50	m³	
31	10cm 以内平板 C25(A4-1040)				
	楼层楼梯平台板	$V = (1.05 - 0.24 - 0.12) \times (2.1 - 0.24) \times 0.1$	0.13	m³	
32	10cm 以内平板模板(A9-0040)				
		同上	0.13	m³	
33	现浇整体楼梯 C25(A4-1049)				
		$S = (2.43 + 1.02 - 0.12 + 0.24) \times (2.1 - 0.24)$	6.64	m²	
34	现浇整体楼梯模板(A9-0049)				
		同上	6.64	m²	
35	女儿墙压顶 C25(A4-1051)				
		$V = 0.3 \times 0.06 \times (11.1 + 0.13 \times 2 + 6 + 0.13 \times 2) \times 2 - 0.24 \times 0.24 \times 0.06 \times 8$	0.61	m³	
36	压顶模板(A9-0051)				
		同上	0.61	m³	
37	预制过梁 C25(A4-0068)				按现场预制考虑
	GL24	$V = 0.37 \times 0.24 \times 2.9 \times 2$	0.52		
	GL18、15	$V = 0.37 \times 0.18 \times (2.0 \times 8 + 2.3 \times 2)$	1.37		
		小计	1.89	m³	
38	预制过梁模板(A9-0068)				
		同上	1.89	m³	
39	预制过梁安装(A4-0243)				
		同上	1.89	m³	
40	现浇过梁 C25(A4-1029)				M-2、M-3 一侧与柱相连,采用现浇
	GL12	$V = 0.24 \times 0.12 \times (0.9 + 0.25) \times 6$	0.20	m³	
41	现浇过梁模板(A9-0029)				
		同上	0.20	m³	
42	女儿墙构造柱 C25(A4-1021)				
		$V = 0.24 \times 0.24 \times 0.6 \times 8 + 0.24 \times 0.03 \times 0.6 \times 2 \times 8$	0.35	m³	
43	构造柱模板(A9-0021)				
		同上	0.35	m³	
44	240 外墙 M5.0 混合砂浆(A3-0009)				

（续）

序号	分项分部名称	计算式	工程量	单位	备注
	女儿墙	$V = (11.1 + 0.13 \times 2 + 6 + 0.13 \times 2) \times 2 \times 0.24 \times 0.6$	5.07		
	扣构造柱及压顶	$V = -(0.61 + 0.35)$	-0.96		
	小计		4.11	m³	
45	红砖基础 M5.0 水泥砂浆（±0.000 以下）（A3-0001）				
	370 墙下	$L = (11.1 - 0.25 \times 2 - 0.4 \times 2 + 6 - 0.25 \times 2) \times 2$	30.6		
		$V = 30.6 \times 1 \times 0.365$	11.17		
	240 墙下	$L = 4.5 - 0.4 + 6 \times 2 - 0.25 \times 4 - 0.4 \times 2$	14.30		
		$V = 14.3 \times 1 \times 0.24$	3.43		
	小计		14.60	m³	
46	370 外墙 M5.0 混合砂浆（A3-0008）				
	一、二层	$S = 30.6 \times (3.6 \times 2 - 0.5 - 0.65)$	185.13		30.6 详见砖基础
	扣门窗				
	C-1	$S = 1.5 \times 1.8 \times 8$	21.6		
	C-2	$S = 1.8 \times 1.8 \times 2$	6.48		
	M-1	$S = 2.4 \times 2.7$	6.48		
	MC-1	$S = 0.9 \times 2.7 + 1.5 \times 1.8$	5.13		
	小计		39.69		
	扣过梁	$V = -(0.52 + 1.37)/0.37 \times 0.365$	-1.86		
	扣梯柱	$V = -0.58/0.37 \times 0.365$	-0.57		
	合计	$V = (185.13 - 39.69) \times 0.365 - 1.86 - 0.57$	50.66	m³	
47	240 内墙 M5.0 混合砂浆（A3-0003）				
	一、二层	$S = 14.3 \times (3.6 \times 2 - 0.5 \times 2)$	88.66		14.3 详见砖基础
	扣门窗				
	M-2	$S = 0.9 \times 2.4 \times 4$	8.64		
	M-3	$S = 0.9 \times 2.1 \times 2$	3.78		
	小计		12.42		
	扣过梁	$V = -0.2$	-0.2		
	扣梯柱	$V = -0.37$	-0.37		
	合计	$V = (88.66 - 12.42) \times 0.24 - 0.2 - 0.37$	17.73	m³	
48	镶板门双扇带亮（B4-5～B4-8）				
	M-1	$S = 2.4 \times 2.7$	6.48	m²	
49	门五金（B4-249）		1	套	
50	胶合板门单扇带亮（B4-33～B4-36）				
	M-2	$S = 0.9 \times 2.4 \times 4$	8.64	m²	
51	门五金（B4-254）		4	套	
52	胶合板门单扇不带亮（B4-41～B4-44）				
	M-3	$S = 0.9 \times 2.1 \times 2$	3.78	m²	
53	门五金（B4-252）		2	套	
54	木门油漆（B5-0014）				
		$S = 6.48 + 8.64 + 3.78$	18.9	m²	
55	门锁（B4-0283）		7	把	
56	塑钢窗（B4-0242）				
	C-1	$S = 1.5 \times 1.8 \times 8$	21.6		
	C-2	$S = 1.8 \times 1.8 \times 2$	6.48		
	MC-1	$S_{窗} = 1.5 \times 1.8$	2.7		
	小计		30.78	m²	

（续）

序号	分项分部名称	计算式	工程量	单位	备注
57	塑窗门（B4-0087）				
	MC-1	$S_门 = 0.9 \times 2.7$	2.43	m²	
58	外墙红色彩釉砖（B2-0159）				
		$S = (11.6 + 6.5) \times 2 \times 0.9$	32.58		
	门口侧面	$S = 0.45 \times 2 \times 0.12$	0.11		
	扣 M-1 及台账	$S = -(2.4 \times 0.45 + 2.7 \times 0.45 + 0.3 \times 2 \times 0.3 + 0.3 \times 2 \times 0.15)$	-2.57		从 -0.45 算起
		小计	30.12	m²	
59	外墙白色彩釉砖（B2-0159）				
		$S = (11.6 + 6.5) \times 2 \times (7.2 - 0.1 - 0.45)$	240.73		顶板厚 0.1m
	女儿墙	$S = (11.6 + 6.5) \times 2 \times 0.54$	19.55		女儿墙外侧按外墙做法
		小计	260.28		
	扣门窗洞口				
	M-1	$S = 2.4 \times (2.7 - 0.45)$	5.4		
	C-1	$S = 1.5 \times 1.8 \times 8$	21.6		
	C-2	$S = 1.8 \times 1.8 \times 2$	6.48		
	MC-1	$S = 0.9 \times 2.7 + 1.5 \times 1.8$	5.13		
		小计	38.61		
	加门窗侧				
	M-1	$S = (2.25 \times 2 + 2.4) \times 0.12$	0.83		
	C-1	$S = (1.5 \times 2 + 1.8 \times 2) \times 8 \times 0.12$	6.34		
	C-2	$S = 1.8 \times 4 \times 2 \times 0.12$	1.73		
	MC-1	$S = (2.4 + 1.5 + 2.7 \times 2) \times 0.12$	1.12		
		小计	10.01		
	合计	$S = 260.28 - 38.61 + 10.01$	231.68	m²	
60	零星抹灰 1:2 水泥砂浆（B2-0100）				
	阳台外侧	$S = (1.2 \times 2 + 4.56) \times 1$	6.96		
	挑檐外侧	$S = (11.6 + 1.2 + 6.5 + 1.2 + 0.6) \times 2 \times 0.3$	12.66		
	压顶	$S = (11.1 + 0.13 \times 2 + 6 + 0.13 \times 2) \times (0.3 + 0.06 + 0.03 \times 2)$	7.40		
		小计	27.02	m²	
61	绿色仿石涂料（B5-0270）				
	阳台、挑檐外侧	$S = 6.96 + 12.66$	19.62	m²	
62	1:2 水泥砂浆台阶（B1-0274）				
		$S = (2.7 + 0.3 \times 4) \times 1.6 - 2.1 \times 0.7$	4.77	m²	
63	1:2 水泥砂浆地面（B1-0001）				
	台阶平台处	$S = 2.1 \times 0.7$	1.47	m²	
64	混凝土台阶 100mm 厚 C15（A4-1052）				
		$V = [(2.7 + 0.3 \times 4) \times 1.6 - 2.1 \times 0.7] \times 0.1$	0.48	m³	
65	台阶模板（A9-0052）				
		同上	0.48	m³	
66	100mm 厚 C15 混凝土垫层（A4-1017）				
	平台处	$V = 2.1 \times 0.7 \times 0.1$	0.15	m³	
67	散水 80mm 厚混凝土 C10 一次抹光（A4-1056）				
		$V = (11.6 \times 2 + 0.55 \times 4 + 6.5 \times 2 - 3.9) \times 0.55 \times 0.08$	1.518	m³	
68	现浇散水模板（A9-0056）				
		同上	1.518	m³	

（续）

序号	分项分部名称	计算式	工程量	单位	备注
69	变形缝沥青砂浆灌缝（A7-0186）	$L = 11.6 \times 2 + 6.5 \times 2 - 2.4 + 0.78 \times 4$	36.92	m	
70	零星抹灰 1:3 水泥砂浆（B2-0100）				
	阳台栏板内侧	$S = (4.56 - 0.06 \times 2 + 1.2 \times 2 - 0.06 \times 2) \times 0.9$	6.05		
	挑檐栏板内侧	$S = (11.6 + 0.54 \times 2 + 6.5 + 0.54 + 1.14) \times 2 \times 0.2$	8.34		
	小计		14.39	m²	
71	耐擦洗白色涂料（B5-0229）			m²	
	阳台栏板内侧	同上	6.05	m²	
72	1:2.5 水泥砂浆抹灰（B2-0020）				
	女儿墙内侧	$S = (11.1 + 0.02 + 6 + 0.02) \times 2 \times 0.54$	18.51	m²	
73	水落管 $DN100$（A7-0109）				
		$L = (7.2 + 0.45) \times 4$	30.6	m	
74	雨水口 $DN100$（A7-0105）				
		$N = 4$	4	个	
75	雨水斗 $DN100$（A7-0111）				
		$N = 4$	4	个	
76	弯头 $DN100$（A7-0112）				
		$N = 4$	4	个	
77	SBS 防水 4mm（A7-0065）				
	天沟内	$S_{平} = (11.6 + 0.54 \times 2 + 6.5) \times 2 \times 0.54 + (4.56 - 0.12) \times 0.6$	23.38		
	上卷高度	$S_{内} = (11.6 + 6.5) \times 2 \times 0.25$	9.05		
		$S_{外} = (11.6 + 0.54 \times 2 + 6.5 + 0.54 \times 2 + 0.6) \times 2 \times 0.2$	8.34		
	小计		40.77		
	平屋面上	$S_{平} = (11.1 + 0.02) \times (6.0 + 0.02)$	66.94		
	上卷高度	$S_{侧} = (11.12 + 6.02) \times 2 \times 0.25$	8.57		
	小计		75.51		
	合计	$S = 40.77 + 75.51$	116.28	m²	
78	1:2 水泥砂浆找平层 硬基上（B1-0288）				
	天沟内	$S_{平} = 23.38$	23.38		
	平屋面上	$S_{平} = 66.94$	66.94		
	小计		90.32	m²	
79	水泥炉渣找坡平均厚 50mm（A8-0207）				
	天沟内	$V = [(11.6 \times 2 + 0.54 \times 4 + 6.5 \times 2) \times 0.54 + 0.6 \times (4.56 - 0.06 \times 2)] \times 0.05$	1.17		
	平屋面上	$V = 11.12 \times 6.02 \times 0.05$	3.35		
	小计		4.52	m³	
80	1:2 水泥砂浆找平层 填充料上（B1-0289）				
		$S = 11.12 \times 6.02$	66.94	m²	
81	1:10 水泥珍珠岩保温层（A8-0203）				
		$V = 11.12 \times 6.02 \times 0.1$	6.69	m³	
82	不锈钢栏杆（B1-0201）				
		$L = 3.024 \times 2 + 0.99$	7.04	m	
83	不锈钢扶手（B1-0216）				
		$L = 3.024 \times 2 + 0.99$	7.04	m	

（续）

序号	分项分部名称	计算式	工程量	单位	备注
84	素土垫层（A4-0247）				
	接待室	$V = (4.5 - 0.24) \times (3.9 - 0.24) \times (0.45 - 0.245)$	3.20		
	图形培训室、钢筋培训室	$V = (3.3 - 0.24) \times (6 - 0.24) \times 2 \times (0.45 - 0.23)$	7.76		
	楼梯间	$V = (4.5 - 0.24) \times (2.1 - 0.24) \times (0.45 - 0.22)$	1.82		
	小计		12.77	m³	
85	150mm 厚 3:7 灰土（A4-0248）				
	接待室	$V = (4.5 - 0.24) \times (3.9 - 0.24) \times 0.15$	2.34		
	图形培训室、钢筋培训室	$V = (3.3 - 0.24) \times (6 - 0.24) \times 2 \times 0.15$	5.29		
	楼梯间	$V = (4.5 - 0.24) \times (2.1 - 0.24) \times 0.15$	1.19		
	小计		8.81	m³	
86	50mm 厚 C15 细石混凝土随打随压光（A4-1262）				
	接待室	$V = (4.5 - 0.24) \times (3.9 - 0.24) \times 0.05$	0.78	m³	
87	1.5mm 厚聚氨酯防潮层（A7-0141）				
	接待室	$S = (4.5 - 0.24) \times (3.9 - 0.24) + (4.5 \times 2 - 0.24 \times 2 + 3.9 \times 2 - 0.24 \times 2) \times 0.3$	20.34	m²	
88	35mm 厚 C15 细石混凝土随打随压光（B1-0018-B1-0020）				
	接待室	$S = (4.5 - 0.24) \times (3.9 - 0.24)$	15.59	m²	
89	9.5mm 厚硬木复合地板（B1-0118）				
	接待室	$S = (4.5 - 0.24) \times (3.9 - 0.24)$	15.59	m²	
90	50mm 厚 C10 混凝土垫层（A4-1262）				
	钢筋培训室	$V = (3.3 - 0.24) \times (6 - 0.24) \times 2 \times 0.05$	1.76		
	楼梯间	$V = (4.5 - 0.24) \times (2.1 - 0.24) \times 0.05$	0.40		
	小计		2.16	m³	
91	20mm 厚 1:3 水泥砂浆找平，10mm 地砖铺设（B1-0058）				
	钢筋培训室	$S = (3.3 - 0.24) \times (6 - 0.24) \times 2$	35.25	m²	
92	20mm 厚 1:2.5 水泥砂浆地面（B1-0001）				
	楼梯间地面	$S = (4.5 - 0.24) \times (2.1 - 0.24)$	7.92	m²	
93	35mm 厚 C15 细石混凝土找平层（B1-0293 + B1-294）				
	会客室、阳台	$S = 4.26 \times 3.66 + 4.44 \times 1.14$	20.65	m²	
94	10mm 厚地砖（B1-0058-B1-0288）				
	会客室、阳台	$S = 4.26 \times 3.66 + 4.44 \times 1.14 + 0.9 \times 2 \times 0.24 + 0.9 \times 0.37$	21.42	m²	
95	20mm 厚 1:2.5 水泥砂浆抹面压实赶光（B1-0001）				
	清单、预算培训室	$S = 3.06 \times 5.76 \times 2$	35.25	m²	
96	1:2 水泥砂浆楼梯面（B1-0002）				
		$S = (2.43 + 1.02 - 0.12 + 0.24) \times (2.1 - 0.24)$	6.64	m²	
97	1:2 水泥砂浆楼地面（B1-0001）				
	梯平台	$S = (1.05 - 0.24 - 0.12) \times (2.1 - 0.24)$	1.28	m²	
98	大理石踢脚线（B1-0136）				
	图形培训室	$L = 3.06 \times 2 + 5.76 \times 2 - 0.9$	16.74		
	钢筋培训室	$L = 3.06 \times 2 + 5.76 \times 2 - 0.9$	16.74		
	会客室	$L = 4.26 \times 2 + 3.66 \times 2 - 0.9 \times 4$	12.24		
	合计	$S = (16.74 + 16.74 + 12.24) \times 0.12$	5.49	m²	
99	水泥砂浆踢脚线（B1-0003）				
	楼梯间	$L = 4.26 \times 2 + 1.86 \times 2$	12.24		
	楼梯间梯段	$L = 1.86 \times 2 + 0.93 \times 2 + 0.9 \times 2 + 3.024 \times 2$	13.43		

（续）

序号	分项分部名称	计算式	工程量	单位	备注
	清单培训室	$L = 3.06 \times 2 + 5.76 \times 2$	17.64		
	预算培训室	$L = 3.06 \times 2 + 5.76 \times 2$	17.64		
		小计	60.95	m	
100	高聚物改性沥青防潮层 2.5mm 厚（A7-0141）				
	接待室	$S = (4.26 \times 2 + 3.66 \times 2 - 0.9 \times 3 - 2.4) \times 1.2$	12.89	m^2	
101	5mm 厚胶合板衬板，3mm 厚胶合板（B2-0296 + B2-0317）				
		同上	12.89	m^2	
102	墙裙油漆（B5-0148）				
		同上	12.89	m^2	
103	14mm 厚水泥砂浆墙面（B2-0020）				
	一层				
	图形培训室	$L = 3.06 \times 2 + 5.76 \times 2$	17.64		
	钢筋培训室	$L = 3.06 \times 2 + 5.76 \times 2$	17.64		
	接待室	$L = 4.26 \times 2 + 3.66 \times 2$	15.84		
	楼梯间	$L = 4.26 \times 2 + 1.86 \times 2$	12.24		
		小计	63.36	m	
	二层				
	清单培训室	$L = 3.06 \times 2 + 5.76 \times 2$	17.64		
	预算培训室	$L = 3.06 \times 2 + 5.76 \times 2$	17.64		
	会客室	$L = 4.26 \times 2 + 3.66 \times 2$	15.84		
	楼梯间	$L = 4.26 \times 2 + 1.86 \times 2$	12.24		
		小计	63.36	m	
	一、二层	$S = 63.36 \times 2 \times (3.6 - 0.1)$	443.52		
	扣门窗	$S = -(39.69 + 12.42 \times 2)$	-64.53		
	扣墙裙	$S = -12.89$	-12.89		
	合计	$S = 443.52 - 64.53 - 12.89$	366.10	m^2	
104	内墙白色涂料（B5-0259）				
		同上	366.10	m^2	
105	轻钢龙骨吊顶（B3-0051）				
	接待室	$S = 4.26 \times 3.66$	15.59	m^2	
106	石膏板吊顶（B3-0123）				
		同上	15.59	m^2	
107	刮腻子、涂耐擦洗白色涂料（B5-0320 + BJ + B5-259）				
		同上	15.59	m^2	
108	刮腻子、喷涂顶棚（B5-0321 + B5-0259）				
	一层	$S = 3.06 \times 5.76 \times 2 + 4.26 \times 1.86$	43.17		
	二层	$S = 3.06 \times 5.76 \times 2 + 4.26 \times 1.86 + 4.26 \times 3.66$	58.77		
	阳台底	$S = 4.56 \times 1.2$	5.47		
	挑檐底	$S = (11.6 \times 2 + 0.6 \times 4 + 6.5 \times 2) \times 0.6 + 4.56 \times 0.6$	25.90		
		小计	133.31	m^2	
109	现浇，圆钢 10mm 以内（A4-0160）				
		$G = 0.789 + 1.404 + 1.928 - 0.201$	3.92	t	
110	现浇，圆钢 10mm 以外（A4-0161）				
		$G = 2.85 + 0.249$	3.099	t	
111	现浇，螺纹钢 10mm 以外（A4-0163）				
		$G = 0.221 + 0.215 + 4.499 + 0.138 + 1.752 + 9.928$	16.753	t	

（续）

序号	分项分部名称	计算式	工程量	单位	备注
112	砌体加固筋（A4-0169）				
		$G = 0.201$	0.201	t	
113	电渣压焊22（A4-0186）				
		$N = 12 \times 2 + 12 \times 2$	48	个	
114	电渣压焊25（A4-0187）				
		$N = 14 \times 4 \times 2 + 16 \times 4 \times 2$	240	个	
115	墙身防潮层（A7-0174）				
		$S = 30.6 \times 0.365 + 15.1 \times 0.24$	14.79	m²	
116	综合脚手架（A10-0005）				
		同建筑面积	153.54	m²	
117	垂直运输费（A11-0003）				
		同建筑面积	153.54	m²	
118	塔式起重机基础（A13-0001）				
			1	座	
119	塔式起重机搭拆（A13-0003）				
			1	台班	
120	塔式起重机场外运输（A13-0037）				
			1	台班	

楼层构件类型级别直径汇总表（包含措施筋）

工程名称：某企业培训楼工程　　　编制日期：　　　　　　　　　　　　（单位：kg）

楼层名称	构件类型	钢筋总重	一级钢/mm					二级钢/mm					
			6	8	10	12	16	12	16	18	20	22	25
基础层	柱	1152.196		2.547	19.512							146.601	983.535
	砌体加筋	29.44	29.44										
	基础梁	4415.723				1673.446							2742.277
	筏板基础	4747.385					248.589			4498.796			3725.813
	合计	10344.744	29.44	2.547	19.512	1673.446	248.589			4498.796		146.601	3725.813
首层	柱	3199.331		119.774	1084.834							268.565	1726.158
	砌体加筋	81.058	81.058										
	过梁	106.439	23.712					82.727					
	梁	2252.573		337.583				2.958				524.555	1387.477
	现浇板	820.838	123.693	182.397		514.748							
	合计	6460.239	228.463	639.754	1084.834	514.748		85.685				793.12	3113.635
第2层	柱	2732.157		88.255	799.352							237.555	1606.996
	砌体加筋	73.893	73.893										
	过梁	106.439	23.712					82.727					
	梁	2748.315		474.051				2.958	215.412			574.395	1481.499
	现浇板	1024.625	276.947	130.57	23.922	593.186							
	合计	6685.43	374.552	692.876	823.273	593.186		85.685	215.412			811.949	3088.495
第3层	构造柱	63.929		13.814				50.116					
	砌体加筋	16.762	16.762										
	圈梁	32.671	32.671										
	楼梯	274.752	42.109	25.266		68.877					138.5		
	其他	94.85	64.901	29.949									
	合计	482.964	156.443	69.029		68.877		50.116			138.5		

（续）

楼层名称	构件类型	钢筋总重	一级钢/mm					二级钢/mm					
			6	8	10	12	16	12	16	18	20	22	25
全部层汇总	柱	7083.684		210.576	1903.698							652.72	4316.689
	构造柱	63.929		13.814				50.116					
	砌体加筋	201.153	201.153										
	过梁	212.878	47.425					165.454					
	梁	5000.889		811.634				5.916	215.412			1098.95	2868.976
	圈梁	32.671	32.671										
	现浇板	1845.463	400.64	312.968	23.922	1107.934							
	基础梁	4415.723				1673.446							2742.277
	筏板基础	4747.385					248.589			4498.796			
	楼梯	274.752	42.109	25.266		68.877					138.5		
	其他	94.85	64.901	29.949									
	合计	23973.377	788.898	1404.207	1927.62	2850.257	248.589	221.486	215.412	4498.796	138.5	1751.67	9927.943

本章介绍了施工图预算的作用及内容；施工图预算的编制方法与步骤；施工图预算编制的依据及前期准备工作；统筹法在工程量计算中的应用；建筑面积计算规范；工程量计算的重要性及计算规则。通过对本章的学习，能够熟练运用工程量计算规则准确计算工程量，并使用预算定额编制施工图预算。

1. 建筑面积的含义是什么？举例说明建筑面积的应用。

2. 哪些部分按 1/2 计算建筑面积，怎样计算？

3. 挖沟槽的工程量怎样计算？

4. 砖基础与砖墙身划分界限是怎样规定的？

5. 如何计算构造柱的混凝土工程量？

6. 如何计算框架柱、梁及板的工程量？

7. 屋面卷材防水应如何计算？

8. 何时需要考虑建筑物超高费用？

9. 墙、柱饰面龙骨工程量应怎样计算？

10. 室内天棚装饰满堂脚手架工程量应怎样计算？

1. 按图 4-83 所示计算其建筑面积。

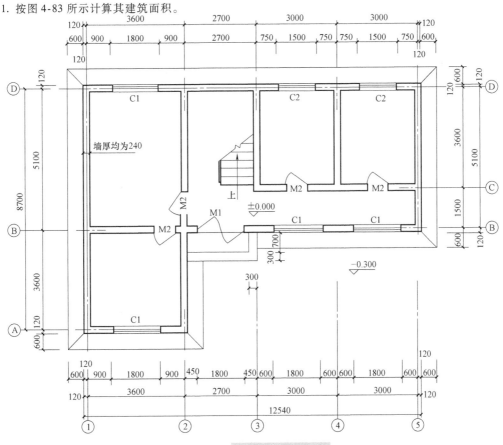

图 4-83 一层平面图（一）

2. 某建筑一层平面如图4-84所示，计算其建筑面积。

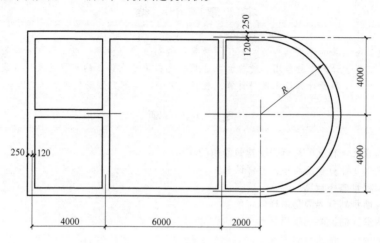

图4-84　一层平面图（二）

3. 某工程为人工挖孔灌注混凝土桩，混凝土强度等级C20，数量为50根，设计桩长10m，桩径为1.5m，已知土壤类别为四类土，求该工程混凝土灌注桩的工程数量。

第5章

施工图预算的编制方法 2——工程量清单计价

主要内容 本章主要介绍了我国工程量清单计价模式的建立与特点、工程量清单及编制、工程量清单计价等内容。

学习要求 掌握招标控制价和投标报价的编制方法、工程量清单的编制方法；熟悉招标控制价和投标报价的编制依据及成果文件、工程量清单的编制依据及成果文件；了解我国工程量清单计价模式的建立与特点。

5.1 工程量清单计价概述

1. 我国传统工程造价管理体制存在的问题

我国的建设工程概、预算定额产生于 20 世纪 50 年代，当时的大背景是学习苏联先进经验，因此定额的主要形式还是仿苏联的定额，到 60 年代"文革"时被废止，变成了无定额的实报实销制度。"文革"以后拨乱反正，于 80 年代初又恢复了定额。可以看出在相当长的一段时期，工程预算定额都是我国建设工程承发包计价、定价的法定依据，在当时，全国各省市都有自己独立实行的工程概、预算定额，作为编制施工图设计预算，编制建设工程招标标底、投标报价以及签订工程承包合同等的依据，任何单位、任何个人在使用中必须严格执行，不能违背定额所规定的原则。应当说，定额是计划经济时代的产物，这种量价合一、工程造价静态管理的模式，在特定的历史条件下起到了确定和衡量建安工程造价标准的作用，规范了建筑市场，使专业人士有所依据、有所凭借，其历史功绩是不可磨灭的。

到 20 世纪 90 年代初，随着市场经济体制的建立，我国在工程施工发包与承包中开始初步实行招标投标制度，但无论是业主编制标底，还是施工企业投标报价，在计价的规则上还都没有超出定额规定的范畴。招标投标制度本来引入的是竞争机制，可是因为定额的限制，因此也谈不上竞争，而且当时人们的思想也习惯于四平八稳，按定额计价时，并没有什么竞争意识。

20 世纪末，我国市场化经济已经基本形成，建设工程投资多元化的趋势已经出现。在经济成分中不仅仅包含了国有经济、集体经济，私有经济、"三资"经济、股份经济等也纷纷把资金投入建筑市场。企业作为市场的主体，必须是价格决策的主体，并应根据其自身的生产经营状况和市场供求关系决定其产品价格。这就要求企业必须具有充分的定价自主权，再用过去那种单一的、僵化的、一成不变的定额计价方式已显然不适应市场化经济发展的需要了。

传统定额计价模式对招标投标工作的影响也是十分明显的。工程造价管理方式还不能完全适应招标投标的要求。工程造价管理方式上存在的问题主要有：

1) 定额的指令性过强、指导性不足，反映在具体表现形式上主要是施工技术措施消耗部分统得过死，把企业的技术装备、施工方法、管理水平等本属竞争内容的活跃因素固定化了，不利于竞争机制的发挥。

2) 量、价合一的定额表现形式不适应市场经济对工程造价实施动态管理的要求，难以就人工、材料、机械等价格的变化适时调整工程造价。

3) 缺乏全国统一的基础定额和计价办法，地区和部门自成体系，且地区间、部门间同一项目定额水平悬殊，不利于全国统一市场的形成。

4) 适应编制标底和投标报价要求的基础定额尚待制定。一直使用的概算指标和预算定额都有其自身适用范围。概算指标的项目划分比较粗，只适用于初步设计阶段编制设计概算；预算定额的子目和各种系数过多，用它来编制标底和投标报价反映出来的问题是工作量大、工作进度迟缓。

5) 各种取费计算烦琐，取费基础不统一。

长期以来，我国发、承包计价、定价是以工程预算定额作为主要依据的。1992年为了适应建设市场改革的要求，针对工程预算定额编制和使用中存在的问题，建设部提出了"控制量、指导价、竞争费"的改革措施，将工程预算定额中的人工、材料、机械台班的消耗量和相应的单价分离，这一措施在我国实行市场经济初期起到了积极的作用。但随着建设市场化进程的发展，这种做法难以改变工程预算定额中国家指令性的状况，不能准确地反映各个企业的实际消耗量，不能全面地体现企业技术装备水平、管理水平和劳动生产率。为了适应工程招标投标竞争由市场形成工程造价的需要，对现行工程计价方法和工程预算定额进行改革已势在必行。实行国际通行的工程量清单计价能够反映出工程的个别成本，有利于企业自主报价和公平竞争。

2. 我国建设工程工程量清单计价规范出台

建设工程造价，是指进行某项工程建设自开始直至竣工，到形成固定资产为止的全部费用。平时所说的建安工程费用，是指某单项工程的建筑及设备安装工程费用。一般采用定额计价方式确定的费用就是指建安工程费用。建设工程造价是整个建设工程程序中非常重要的一环，计价方式的正确与否，从小处讲，关系到一个企业的兴衰；从大处讲，则关系到整个建筑行业的发展。因此，建设工程造价一直是建设工程各方最为重视的工作之一。

在改革开放前，我国在经济上施行的根本制度是计划经济制度，因此与之相适应的建设工程计价方法就是定额计价法。定额计价法是由政府有关部门颁发各种工程预算定额，实际工作中以定额为基础计算建安工程造价。

我国加入WTO之后，全球经济一体化的趋势将使我国的经济更多地融入世界经济中。从建筑市场来观察，更多的国际资本将进入我国的建筑市场，从而使我国建筑市场的竞争更加激烈。我国的建筑企业也必然更多地走向世界，在世界建筑市场的激烈竞争中占据我们应有的份额。在这种形势下，我国的工程造价管理制度，不仅要适应社会主义市场经济的需求，还必须与国际惯例接轨。

基于以上认识，我国的工程造价计价方法应该适应社会主义市场经济和全球经济一体化的需求，应该进行重大的改革。长期以来，我国的工程造价计价方法，一直采用定额加取费的模式，即使经过了二十多年的改革开放，这一模式也没有根本改变。我国加入 WTO 后，这一计价模式应该进行重大的改革。为了进行计价模式的改革，必须首先进行工程造价依据的改革。

我国加入 WTO 后，WTO 的自由贸易准则将促使我国尽快纳入全球经济一体化轨道，开放我国的建筑市场。因此，我国建筑企业必须引进并遵循工程造价管理的国际惯例，才能与进入我国的国外建筑承包企业进行竞争，所以我国工程造价管理改革的最终目标是建立适合市场经济的计价模式。

那么，市场经济的计价模式是什么？简而言之，就是全国制定统一的工程量计算规则，在招标时，由招标人提供工程量清单，各投标单位（承包商）根据自己的实力，按照竞争策略的要求自主报价，业主择优定标，以工程合同使报价法定化，当施工中出现与招标文件或合同规定不符的情况时或工程量发生变化时，据实索赔，调整支付。这种模式其实是一种国际惯例，广东省顺德市已于 2000 年 3 月起率先实施了这种计价模式，它的具体内容是："政府宏观调控，企业自主报价，最终由市场竞争形成价格。"

工程量清单计价方法有两股最强的催生力量，即市场化和国际化。

在国内，建设工程计价方式在过去是政出多门。各省、市都有自己的定额管理部门，都有自己独立施行的预算定额。各省、市定额在工程项目划分、工程量计量规则、工程量计量单位上都有很大差别。甚至在同一省内，不同地区都有不同的执行标准。这样，在各省市之间定额根本无法通用，也很难进行交流。可现行的市场经济，又打破了地区和行业的界限，在工程施工招标投标过程中，按规定不允许搞地区及行业的垄断、不允许排斥潜在投标人。国内经济的发展，也促进了建筑行业跨省市的互相交流、互相渗透和互相竞争，在工程计价方式上也亟须一个全国通用和便于操作的标准，这就是工程量清单计价方法。

在国际上，工程量清单计价方法是通用的原则，是大多数国家所采用的工程计价方式，不少国家还为此制定了统一的规则。为了适应建筑行业的国际交流，我国在加入 WTO 的谈判中，曾在建设领域方面做了多项承诺，包括拟废止部门规章、规范性文件 12 项，拟修订部门规章、规范性文件 6 项，以及在适当的时期允许设立外商投资的建筑企业，外商投资建筑企业一经成立，便有权在我国境内承包建筑工程。这种竞争是国际性的，假如不进行计价方式的改革，不采用工程量清单计价方法，我国在建设领域将无法与国际接轨，和外国企业也将无法进行交流。

我国加入 WTO 以来，原建设市场将进一步对外开放，不仅国外企业投资的项目越来越多，我国企业走出国门在海外投资的项目也逐渐增加。为了适应这种对外开放建设市场的新形势，在我国工程建设中推行工程量清单计价，逐步与国际惯例接轨已十分必要。

我国在部分省、市相继开展了工程量清单计价的试点后，取得了明显的成效，这也说明推行工程量清单计价在我国是可行的。自 2000 年起，原建设部在广东、吉林、天津等地进行了工程量清单计价的试点工作。广东省顺德市由于企业改制比较好，改革的环境比较好，因而率先成为省份的试点，推行工程量清单计价，使招标投标活动的透明度增加，在充分竞争的基础上降低了工程造价，提高了投资效益，取得了很好的效果。从 2001 年开始，广东省在全省范围内推广顺德的经验，对以前的定价方式、计价模式等进行了改革，受到了招标投标双方的普遍认可，即使是在经济相对落后的地市，也基本上得到了业主和承包商的肯定。

因此，一场取消由国家定价，把定价权交还给企业和市场，实行量价分离，由市场形成价格的工程造价管理的改革势在必行。其指导原则就是"参考量、市场价、竞争费"，具体改革措施就是在工程施工发、承包过程中采用工程量清单计价方法。

工程量清单计价，从名称上来看，只表现出这种计价方式与传统计价方式在形式上的区别。但实质上，工程量清单计价模式是一种与市场经济相适应的、允许承包单位自主报价的、通过市场竞争确定价格的、与国际惯例接轨的计价模式。因此，推行工程量清单计价是我国工程造价管理体制一项重要改革措施，正在引领我国工程造价管理体制发生着重大变革。

3. 工程量清单计价模式的特点

《建设工程工程量清单计价规范》（以下简称《清单计价规范》）的实施，促使由传统定额计价模式向工程量清单计价模式的转变。采用工程量清单计价方法是国际上普遍使用的通行做法，已经有近百年历史，具有广泛的适应性。其主要优势如下：

1）《清单计价规范》的实施，真正把过去传统的以定额为基础的静态价格模式改变为将各种技术、质量、进度、市场等因素充分细化的"动态价格"模式，有效反映工程的个别成本而不是依据法定定额的社会平均成本。

2）提供一个平等的竞争条件。采用施工图预算来投标报价，由于设计图的缺陷，不同施工企业的人员理解不一，计算出的工程量也会有所不同，报价相去甚远，容易产生纠纷。而工程量清单报价为投标者提供了一个平等竞争的条件，相同的工程量，由企业根据自身的实力来填报不同的单价。投标人的这种自主报价，使得企业的优势体现到投标报价中，可在一定程度上规范建筑市场秩序，确保工程质量。

3）工程量清单综合单价是施工过程中支付工程进度款的依据。当发生工程变更时，综合单价也是合同单价调整或索赔的重要参考标准，综合单价紧密结合工程内容（工程质量、进度要求），能更真实地反映工程实际成本，方便建设工程招标投标和预结算工作。

4）工程量清单计价模式将工程计价同国际惯例接轨，目的在于进一步简化施工投标报价程序，以综合单价报价体现报价人的意志，更适合外资投资工程，避免了以往采用的依据直接费逐项取费等过于复杂的程式。

5）清单计价模式把定价的自主权交给了投标单位。投标人在投标填报综合单价时，必须考虑工程本身的内容、范围、规模、技术特点要求以及招标文件的有关规定、工程现场情况等因素。

6）有利于工程款的拨付和工程造价的最终结算。中标后，业主要与中标单位签订施工合同，中标价就是确定合同价的基础，投标清单上的单价就成了拨付工程款的依据。业主根据施工企业完成的工程量，可以很容易地确定进度款的拨付额。工程竣工后，根据设计变更、工程量增减等，业主也很容易确定工程的最终造价，可在某种程度上减少业主与施工单位之间的纠纷。

7）有利于业主对投资的控制。采用往常的施工图预算形式，业主对因设计变更、工程量的增减所引起的工程造价变化不敏感，往往等到竣工结算时才知道这些变化对项目投资的影响有多大，但此时常常为时已晚。而采用工程量清单报价的方式则可对投资变化一目了然，在要进行设计变更时，能马上知道它对工程造价的影响，业主就能根据投资情况来决定是否变更或进行方案比较，以决定最恰当的处理方法。

由此可见，工程量清单计价模式与传统的定额计价模式相比具有明显的优点。由定额计价模式向工程量清单计价模式的转变，既符合社会主义市场经济的运作规律，也体现了与国际惯例接轨的形势要求。《清单计价规范》的颁布使我国的工程造价管理改革全面步入"政府宏观调控，企业自主报价，市场竞争定价，部门动态监管"的良性轨道。《清单计价规范》的颁布实施，对统一工程量清单编制和计价方法，规范工程量清单计价行为，调整建设工程出资人、发包人和承包人之间的各种关系，以及对整个建筑市场的健康有序发展，都是至关重要的。

5.2　工程量清单及编制

工程量清单是指载明建设工程分部分项工程项目、措施项目、其他项目的名称和相应数量以及规费、税金项目等内容的明细清单。工程量清单应由具有编制能力的招标人或受其委托、具有相应资质的工程造价咨询人，依据《清单计价规范》和相关工程的《工程量计算规范》$^{\ominus}$以及国家或省级、行业建设主管部门颁发的计价依据和办法、招标文件的有关要求、设计文件，还有与建设工程项目有关的标准、规范、技术资料和施工现场实际情况等进行编制。采用工程量清单方式招标，工程量清单必须作为招标文件的组成部分，其准确性和完整性由招标人负责。因此工程量清单编制的准确性非常重要。

5.2.1　工程量清单的编制依据

1）《清单计价规范》和相关工程的《工程量计算规范》。
2）国家或省级、行业建设主管部门颁发的计价定额和办法。
3）拟建工程的招标文件。
4）拟建工程设计文件及相关资料。
5）有关的标准、规范、技术资料。
6）施工现场情况、地勘水文资料、工程特点及常规施工方案。
7）其他相关资料。

5.2.2　工程量清单编制前的准备工作

1）收集与工程量清单编制工作相关的资料。
2）熟悉《清单计价规范》和相关工程的《工程量计算规范》、当地计价定额和办法及相关文件。
3）熟悉设计文件及相关图集，掌握工程全貌，便于清单项目列项的完整、工程量的准确计算及清单项目的准确描述，对设计文件中出现的问题应及时提出。
4）熟悉招标文件、招标设计图，确定工程量清单编制的范围及需要设定的暂估价；收集相关市场价格信息，为暂估价的确定提供依据。
5）了解施工现场情况，选用合理的施工组织设计和施工技术方案，便于措施项目的编制及准确计算，需要进行深化设计的方案应进行深化设计。
6）对《清单计价规范》未列项的新材料、新技术、新工艺，应收集足够的基础资料，为

$\ominus$ 指与 2013 版《建设工程工程量清单计价规范》同时发布实施的 9 本相关工程的工程量计算规范（国家标准），下同。

补充项目的制定提供依据。

5.2.3　工程量清单的编制方法

5.2.3.1　封面的编制

工程量清单封面按《清单计价规范》规定的封面填写，招标人及法定代表人应加盖公章，造价咨询人应加盖单位资质章及法人代表章，编制人应加盖造价人员资质章并签字，复核人应加盖注册造价师资格章并签字。

5.2.3.2　总说明的编制

在编制工程量清单总说明时应包括以下内容。

1. 工程概况

工程概况中要对建设规模、工程特征、计划工期、施工现场实际情况、自然地理条件、环境保护要求等做出描述。其中建设规模是指建筑面积；工程特征应说明基础及结构类型、建筑层数、高度、门窗类型及各部位装饰、装修做法；计划工期是指按工期定额计算的施工天数；施工现场实际情况是指施工场地的地表状况；自然地理条件是指建筑场地所处地理位置的气候及交通运输条件；环境保护要求是针对施工噪声及材料运输可能对周围环境造成的影响和污染提出的防护要求。

2. 工程招标及分包范围

招标范围是指单位工程的招标范围，如建筑工程招标范围为"全部建筑工程"，装饰装修工程招标范围为"全部装饰装修工程"等。工程分包是指特殊工程项目的分包，如招标人自行采购安装"铝合金门窗"等。

3. 工程量清单的编制依据

工程量清单的编制依据包括招标文件、《建设工程工程量清单计价规范》和相关工程的工程量计算规范、施工图（包括配套的标准图集）文件、常规施工方案等。

4. 工程质量、材料、施工等的特殊要求

工程质量的要求，是指招标人要求拟建工程的质量应达到合格标准或附加相关质量奖励；对材料的要求，是指招标人根据工程的重要性、使用功能及装饰装修标准提出的要求，如对水泥的品牌、钢材的生产厂家等的要求；施工要求，一般是指建设项目中对单项工程的施工顺序等的要求。

5. 其他

工程中如果有部分材料由招标人自行采购，应将所采购材料的名称、规格型号、数量予以说明。应说明暂列金额及自行采购材料的金额数量及其他需要说明的事项。

5.2.3.3　分部分项工程项目清单的编制方法

1. 分部分项工程项目清单的标准格式

分部分项工程项目清单是指表示拟建工程分项实体工程项目名称和相应数量的明细清单，必须载明项目编码、项目名称、项目特征、计量单位和工程项目五个部分的要件。其格式见表 5-1，在分部分项工程项目清单的编制过程中，由招标人负责前六项内容填列，金额部分在编制招标控制价或投标报价时填列。

2. 分部分项工程项目清单的内容及其编制方法

分部分项工程项目清单的内容应包括项目编码、项目名称、项目特征、计量单位和工程量。

表 5-1   分部分项工程和单价措施项目清单与计价表

工程名称：   标段：   第   页 共   页

序号	项目编码	项目名称	项目特征描述	计量单位	工程量	金额/元		
						综合单价	合价	其中：暂估价

（1）项目编码   分部分项工程项目清单项目编码以五级编码设置，用 12 位阿拉伯数字表示。第一、二、三、四级编码为全国统一；第五级编码应根据拟建工程的工程量清单项目名称和项目特征设置。各级编码代表的含义如下。

1）第一级表示工程分类顺序码（分两位）。建筑工程为 01，装饰装修工程为 02，安装工程为 03，市政工程为 04，园林绿化工程为 05，矿山工程为 06。

2）第二级表示专业工程顺序码（分两位）。

3）第三级表示分部工程顺序码（分两位）。

4）第四级表示分项工程项目名称顺序码（分三位）。

5）第五级表示工程量清单项目名称顺序码（分三位）。

项目编码结构如图 5-1 所示（以建筑工程为例）。

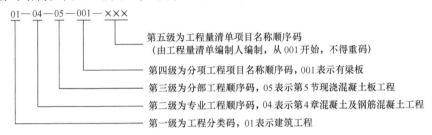

图 5-1   工程量清单项目编码结构

当同一标段（或合同段）的一份工程量清单中含有多个单位工程，且工程量清单是以单位工程为编制对象时，在编制工程量清单时应特别注意对项目编码 10~12 位的设置不得有重码。

（2）项目名称   分部分项工程量清单的项目名称应按计价规范附录的项目名称结合拟建工程的实际确定。计价规范附录表中的“项目名称”为分项工程项目名称，是形成分部分项工程量清单项目名称的基础，在编制分部分项工程量清单时可予以适当调整或细化。例如“墙面一般抹灰”这一分项工程，在形成工程量清单项目名称时可以细化为“外墙面抹灰”、“内墙面抹灰”等。清单项目名称应表达详细、准确。《工程量计算规范》中的分项工程项目名称如有缺陷，招标人可作补充，并报当地工程造价管理机构（省级）备案。

在分部分项工程量清单中所列出的项目，应是在单位工程的施工过程中以其本身构成这个单位工程实体的分项工程，这些分项工程项目名称的列出又分为以下两种情况：

1）在拟建工程的施工图中有体现，并且在《工程量计算规范》附录中也有相对应的附录项目。对于这种情况就可以根据附录中的规定直接列项，计算工程量，确定项目编码等。例如：某拟建工程的一砖半黏土砖外墙这个分项工程，在《房屋建筑与装饰工程工程量计算规范》附录 D 中对应的附录项目是 D.1 节中的“实心砖墙”。因此，在清单编制时就可以直接列出“370 砖外墙”这一项，并依据附录 D 的规定计算工程量，确定其项目编码。

2）在拟建工程的施工图中有体现，在《工程量计算规范》附录中没有相对应的附录项目，并且在附录项目的"项目特征"或"工作内容"中也没有提示。对于这种情况必须编制针对这些分项工程的补充项目，在清单中单独列项并在清单的编制说明中注明。

清单项目的表现形式是由主体项目和辅助项目构成，主体项目即《工程量计算规范》中的项目名称，辅助项目即《工程量计算规范》中的工作内容。对比设计图的内容，确定什么定为主体清单项目，什么定为辅助清单项目。

编制工程量清单时出现附录中未包括的项目，编制人应做补充，并报省级或行业工程造价管理机构备案，省级或行业工程造价管理机构应汇总报住房和城乡建设部标准定额研究所。补充项目的编码由附录的顺序码与"B"和三位阿拉伯数字组成，并应从×B001起顺序编制，不得重码。工程量清单中需附有补充项目的名称、项目特征、计量单位、工程量计算规则、工作内容。

（3）项目特征　项目特征是对项目的准确描述，是确定一个清单项目综合单价不可缺少的重要依据，是区分清单项目的依据，是履行合同义务的基础。分部分项工程量清单的项目特征应按《工程量计算规范》附录中规定的项目特征，结合技术规范、标准图集、施工图，按照工程结构、使用材质及规格或安装位置等，予以详细而准确的表述和说明。凡附录中项目特征未描述到的其他独有特征，由清单编制人视项目具体情况确定，以准确描述清单项目为准。

《工程量计算规范》附录中还有关于各清单项目"工作内容"的描述。工作内容是指完成清单项目可能发生的具体工作和操作程序，但应注意的是，在编制分部分项工程量清单时，工作内容通常无须描述，因为在计价规范中，工程量清单项目与工程量计算规则、工作内容有一一对应关系，当采用计价规范这一标准时，工作内容均有规定。

《工程量计算规范》提出按招标文件中分部分项工程项目清单项目的"特征描述"确定综合单价。

对不同项目特征进行描述，可按不同情况分为必须描述的内容、可不描述的内容、可不详细描述的内容、计价规范规定多个计量单位的描述的内容等几类。具体说明如下。

1）必须描述的内容。具体包括：

① 涉及正确计量的内容必须描述。例如，门窗洞口尺寸或框外围尺寸，若门窗以"樘"计量，一樘门或窗有多大，直接关系到门窗的价格，必须描述。

② 涉及结构要求的内容必须描述。例如，混凝土构件的混凝土强度等级，是使用C20还是C30或C40等，因混凝土强度等级不同，其价格也不同，必须描述。

③ 涉及材质要求的内容必须描述。例如，油漆的品种是调和漆还是硝基清漆等；管材的材质是碳钢管还是塑料管、不锈钢管等，还需要对管材的规格、型号进行描述。

④ 涉及安装方式的内容必须描述。例如，管道工程中钢管的连接方式是螺纹联接还是焊接，塑料管是粘接还是热熔连接等必须描述。

2）可不描述的内容。具体包括：

① 对计量计价没有实质影响的内容可不描述。例如，对正常规格的现浇混凝土柱的高度、断面大小等的特征规定可以不描述，因为混凝土构件是按"m³"计量，对此的描述实质意义不大。

② 应由投标人根据施工方案确定的可以不描述。例如，对石方的预裂爆破的单孔深度及装药量的特征规定，如由清单编制人来描述是很困难的，故应由投标人根据施工要求，在施工方案中确定，自主报价。

③ 应由投标人根据当地材料和施工要求确定的可以不描述。例如，对混凝土构件中的混凝土拌合料使用的石子种类及粒径、砂的种类的特征规定可以不描述。因为混凝土拌合料使用砾石还是碎石，使用粗砂还是中砂、细砂或特细砂，主要取决于工程所在地砂、石子材料的供应情况，石子粒径大小主要取决于钢筋配筋的密度。

④ 应由施工措施解决的可以不描述。例如，对现浇混凝土板、梁标高的特征规定可以不描述。因为同样的板或梁都可以将其归并在同一个清单项目中，不同标高的差异可以由投标人在报价中考虑或在施工措施中解决。但如果此部分内容超出正常水平太多则必须描述，如柱的断面尺寸为 2000mm×2000mm，就应描述清楚，因为大截面的混凝土浇筑报价时还应考虑一定外加剂的费用。

3）可不详细描述的内容。具体包括：

① 无法准确描述的可不详细描述，可以注明由投标人根据某些设计图资料等自行考虑。例如对土壤类别的描述，其表层土与表层土以下的土壤，其类别可能不同，可考虑将土壤类别描述为综合，注明由投标人根据地质勘察资料自行确定土壤类别，决定报价。

② 施工图、标准图集标注明确的可不再详细描述。对这些项目可描述为见××图集××页号及节点大样等。

③ 取决于投标人施工组织设计的内容可不详细描述，应注明由投标人自定。例如，土方工程中的"取土运距""弃土运距"等，因为由清单编制人决定在多远取土或取、弃土运往多远是困难的；其次，由投标人根据在建工程施工情况自主决定取、弃土方的运距可以充分体现竞争的要求。

4）计价规范规定多个计量单位的描述。举例如下：

《房屋建筑与装饰工程工程量计算规范》对 C.1 "混凝土桩"的"预制钢筋混凝土方桩"计量单位有"m""m³""根"三个计量单位，但没有具体的选用规定。在项目特征描述时，若以"根"为计量单位，单桩长度应描述为确定值，只描述单桩长度即可；若以"m"为计量单位，单桩长度可以按范围值描述，并注明根数。

《房屋建筑与装饰工程工程量计算规范》对 D.1 "砖砌体"中的"零星砌砖"的计量单位有"m³""m²""m""个"，但是规定了"砖砌锅台与灶炉可按外形尺寸以'个'计算，砖砌台阶可按水平投影面积以'm²'计算，小便槽、地垄槽可按长度以'm'计算，其他工程量按'm³'计算"，所以在编制该项目清单时，应将零星砌筑的项目具体化，并根据《房屋建筑与装饰工程工程量计算规范》的规定选用计量单位，并按选定的计量单位进行恰当的特征描述。

（4）计量单位　计量单位应采用基本单位，除各专业另有特殊规定外均按以下单位计量。

1）以质量计算的项目——吨或千克（t 或 kg）。

2）以体积计算的项目——立方米（m³）。

3）以面积计算的项目——平方米（m²）。

4）以长度计算的项目——米（m）。

5）以自然计量单位计算的项目——个、套、块、樘、组、台等。

6）没有具体数量的项目——宗、项等。

各专业有特殊计量单位的，再另外加以说明。当计量单位有两个或两个以上时，应根据所编工程量清单项目的特征要求，选择最适宜表现该项目特征并方便计量的单位。

（5）工程量的计算　工程量主要通过工程量计算规则计算得到。工程量计算规则是指对清单项目工程量的计算规定。"工程量计算规范"中，计量单位均为基本计量单位，不得使用扩大单位（如100m、10t），这一点与传统的定额计价模式有很大区别。"工程量计算规范"的工程量计算规则与消耗量定额的工程量计算规则有着原则上的区别："工程量计算规范"的计量原则是以实体安装就位的净值计算；而消耗量定额的工程量计算是在净值的基础上，加上施工操作（或定额）规定的预留量，这个量随施工方法、措施的不同而变化。因此，清单项目的工程量计算应严格按照规范规定的工程量计算规则，不能同消耗量定额的工程量规则相混淆。

另外，对补充项的工程量计算规则必须符合下述原则：工程量计算规则要具有可计算性，不可出现类似于"竣工体积""实铺面积"等不可计算的规则；计算结果要具有唯一性。

工程量的数据精度应遵守下列规定。

1）"t"为单位，应保留三位小数，第四位小数四舍五入。

2）以"m^3""m^2""m""kg"为单位，应保留两位小数，第三位小数四舍五入。

3）以"个""项"等为单位，应取整数。

下面以4.6节给出的示例为例，介绍"工程量计算规范"的工程量计算规则的具体应用（见表5-2）。

表5-2　清单工程量计算表

清单工程量计算式				
序号	分项分部名称	计算式	工程量	单位
1	平整场地(010101001)			
		$S = 11.6 \times 6.5$	75.4	m^2
2	挖一般土方(010101002)			
		$V = (11.1 + 0.6 \times 2) \times (6 + 0.6 \times 2) \times (1.6 - 0.45)$	101.84	m^3
3	基础回填土(010103001)			
	挖方量	$V = 101.84$	101.84	
	埋件量	$V_{垫} = 8.856$	8.86	
		$V_{满} = 29.93$	29.93	
		$V_{柱} = (1.2 + 1.34) \times 0.45$	1.14	
		$V_{砖} = (11.17 + 3.62) \times 0.45$	6.66	
		小计	46.58	
		$V_{回} = 101.84 - 46.58$	55.26	m^3
4	余土外运(010103002)			
		$V = 101.84 - 55.26$	46.58	m^3
5	基础垫层 C10(01050100)			
		$V = (11.1 + 0.6 \times 2) \times (6 + 0.6 \times 2) \times 0.1$	8.86	m^3
6	有梁式满堂基础 C30(010501004)			
	下部体积	$V_1 = (11.1 + 0.5 \times 2) \times (6 + 0.5 \times 2) \times 0.2$	16.94	
	上部体积	$V_2 = 0.1/6 \times [(11.1 + 0.5 \times 2) \times (6 + 0.5 \times 2) + (11.1 + 0.35 \times 2) \times (6 + 0.35 \times 2) + (11.1 + 0.5 \times 2 + 11.1 + 0.35 \times 2) \times (6 + 0.5 \times 2 + 6 + 0.35 \times 2)]$	8.19	
	JL1,JL2	$L = (11.1 - 0.25 \times 2 - 0.4 \times 2 + 6 - 0.25 \times 2) \times 2$	30.60	
	JL3,JL4	$L = (6 - 0.25 \times 2 - 0.4) \times 2 + (4.5 - 0.2 \times 2)$	14.30	
		$V_3 = 30.6 \times 0.5 \times (0.5 - 0.3) + 14.3 \times 0.4 \times (0.5 - 0.3)$	4.20	
	合计	$V = V_1 + V_2 + V_3 = 16.94 + 8.19 + 4.2$	29.33	m^3
7	矩形柱 C30(1.8m 以外)(010502001)			
	正负零以下	$V_{Z1} = 0.5 \times 0.5 \times (1.5 - 0.3) \times 4(根)$	1.20	m^3

（续）

序号	分项分部名称	计算式	工程量	单位
		清单工程量计算式		
8	矩形柱 C30（1.8m 以内）（010502001）			
	正负零以下	$V_{Z2} = 0.4 \times 0.5 \times (1.5 - 0.3) \times 4$（根）	0.96	
		$V_{Z3} = 0.4 \times 0.4 \times (1.5 - 0.3) \times 2$（根）	0.38	
		小计	1.34	m^3
9	矩形柱 C25（1.8m 以外）（010502001）			
	一、二层	$V_{Z1} = 0.5 \times 0.5 \times 3.6 \times 4$（根）$\times 2$（层）	7.20	m^3
10	矩形柱 C25（1.8m 以内）（010502001）			
	一、二层	$V_{Z2} = 0.4 \times 0.5 \times 3.6 \times 4$（根）$\times 2$（层）	5.76	
		$V_{Z3} = 0.4 \times 0.4 \times 3.6 \times 2$（根）$\times 2$（层）	2.30	
		小计	8.06	m^3
11	梯柱 C25（1.2m 以内）（010502001）			
	TZ1	$V = 0.24 \times 0.37 \times (3.6 + 1 - 0.5 + 1.8 + 1 - 0.4)$	0.58	
	TZ2	$V = 0.24 \times 0.24 \times (3.6 + 1 - 0.5 + 1.8 + 1 - 0.4)$	0.37	
		小计	0.95	m^3
12	10cm 以内有梁板 C25（010505001001）			
	一层梁			
	KL1	$V = 0.37 \times 0.5 \times (11.1 - 0.25 \times 2 - 0.4 \times 2)$	1.81	
	KL2	$V = 0.37 \times 0.5 \times (6 - 0.25 \times 2) \times 2$	2.04	
	KL3	$V = 0.37 \times 0.5 \times (11.1 - 0.25 \times 2 - 0.4 \times 2)$	1.81	
	KL4	$V = 0.24 \times 0.5 \times (6 - 0.25 \times 2 - 0.4) \times 2$	1.22	
	KL5	$V = 0.24 \times 0.5 \times (4.5 - 0.2 \times 2)$	0.49	
		小计	7.38	
	一层板	$V = (3.06 \times 5.76 + 4.26 \times 3.66 + 3.06 \times 5.76) \times 0.1$	5.08	
	二层梁			
	KL1	$V = 0.37 \times 0.65 \times (11.1 - 0.25 \times 2 - 0.4 \times 2)$	2.36	
	KL2	$V = 0.37 \times 0.65 \times (6 - 0.25 \times 2) \times 2$	2.65	
	KL3	$V = 0.37 \times 0.65 \times (11.1 - 0.25 \times 2 - 0.4 \times 2)$	2.36	
	KL4	$V = 0.24 \times 0.5 \times (6 - 0.25 \times 2 - 0.4) \times 2$	1.22	
	KL5	$V = 0.24 \times 0.5 \times (4.5 - 0.2 \times 2)$	0.49	
		小计	9.08	
	二层板	$V = (3.06 \times 5.76 + 4.26 \times 3.66 + 4.26 \times 1.86 + 3.06 \times 5.76) \times 0.1$	5.88	
	合计	$V = 7.38 + 5.08 + 9.08 + 5.88$	27.42	m^3
13	现浇阳台 C25（010505008）			
		$V = 1.2 \times 4.56 \times 0.1$	0.55	m^3
14	阳台栏板 C25（010505006）			
		$V = (1.17 \times 2 + 4.5) \times 0.9 \times 0.06$	0.37	m^3
15	挑檐栏板 C25（010505006）			
		$V_{栏板} = 0.2 \times 0.06 \times (11.6 + 0.57 \times 2 + 6.5 + 1.17 + 0.57) \times 2$	0.50	m^3
16	挑檐天沟 C25（010505007）			
		$V_{板} = 4.56 \times 1.2 \times 0.1 + (11.6 \times 2 + 0.6 \times 4 - 4.56 + 6.5 \times 2) \times 0.6 \times 0.1$	2.59	m^3
17	10cm 以内平板 C25（010505003）			
	梯平板	$V = (1.05 - 0.24 - 0.12) \times (2.1 - 0.24) \times 0.1$	0.13	m^3
18	现浇整体楼梯 C25（010506001）			
		$S = (2.43 + 1.02 - 0.12 + 0.24) \times (2.1 - 0.24)$	6.64	m^2
19	混凝土压顶 C25（010507005）			
		$V = 0.3 \times 0.06 \times (11.1 + 0.13 \times 2 + 6 + 0.13 \times 2) \times 2 - 0.24 \times 0.24 \times 0.06 \times 8$	0.61	m^3
20	预制过梁 C25（010510003）			
	GL24	$V = 0.37 \times 0.24 \times 2.9 \times 2$	0.52	

（续）

序号	分项分部名称	计算式	工程量	单位
		清单工程量计算式		
20	预制过梁 C25（010510003）			
	GL18	$V = 0.37 \times 0.18 \times (2 \times 8 + 2.3 \times 2)$	1.37	
		小计	1.89	m³
21	现浇过梁 C25（010503005）			
	GL12	$V = 0.24 \times 0.12 \times (0.9 + 0.25) \times 6$	0.20	m³
22	女儿墙构造柱 C25（010502002）			
		$V = 0.24 \times 0.24 \times 0.6 \times 8 + 0.24 \times 0.03 \times 0.6 \times 2 \times 8$	0.35	m³
23	240mm 外墙 M5.0 混合砂浆（010401003）			
	女儿墙	$V = (11.1 + 0.13 \times 2 + 6 + 0.13 \times 2) \times 2 \times 0.24 \times 0.6$	5.07	
	扣构造柱及压顶	$V = 0.61 + 0.35$	-0.96	
		小计	4.11	m³
24	砖基础 M5.0 水泥砂浆（010401001）			
	370mm 砖基础 M5.0 水泥砂浆			
	正负零以下	$L = (11.1 - 0.25 \times 2 - 0.4 \times 2 + 6 - 0.25 \times 2) \times 2$	30.6	
		$V = 30.6 \times 1 \times 0.365$	11.17	
	240mm 砖基础 M5.0 水泥砂浆（010301001）			
	正负零以下	$L_{净} = 4.5 - 0.4 + 6 \times 2 - 0.25 \times 4 - 0.4 \times 2$	14.30	
		$V = 14.3 \times 1 \times 0.24$	3.43	
	合计	$V = 3.43 + 11.17$	14.60	m³
25	370mm 外墙 M5.0 混合砂浆（010401003）			
	一、二层	$S = 30.6 \times (3.6 \times 2 - 0.5 - 0.65)$	185.13	
	扣门窗			
	C - 1	$S = 1.5 \times 1.8 \times 8$	21.6	
	C - 2	$S = 1.8 \times 1.8 \times 2$	6.48	
	M - 1	$S = 2.4 \times 2.7$	6.48	
	MC - 1	$S = 0.9 \times 2.7 + 1.5 \times 1.8$	5.13	
		小计	39.69	
	扣过梁	$V = (0.52 + 1.37) / 0.37 \times 0.365$	-1.86	
	扣梯柱	$V = 0.58 / 0.37 \times 0.365$	-0.57	
	合计	$V = (185.13 - 39.69) \times 0.365 - 1.86 - 0.57$	50.66	m³
26	240mm 内墙 M5.0 混合砂浆（010401003）			
	一、二层	$S = 14.3 \times (3.6 \times 2 - 0.5 \times 2)$	88.66	
	扣门窗			
	M - 2	$S = 0.9 \times 2.4 \times 4$	8.64	
	M - 3	$S = 0.9 \times 2.1 \times 2$	3.78	
		小计	-12.42	
	扣过梁	$V = 0.2$	-0.2	
	扣梯柱	$V = 0.37$	-0.37	
	合计	$V = (88.66 - 12.42) \times 0.24 - 0.2 - 0.37$	17.73	m³
27	镶板门双扇带亮（010801002）			
	M - 1	$S = 2.4 \times 2.7$	6.48	m²
28	胶合板门单扇带亮（010801002）			
	M - 2	$S = 0.9 \times 2.4 \times 4$	8.64	m²
29	胶合板门单扇不带亮（010801001）			
	M - 3	$S = 0.9 \times 2.1 \times 2$	3.78	m²
30	塑钢窗（010807001）			
	C - 1	$S = 1.5 \times 1.8 \times 8$	21.6	
	C - 2	$S = 1.8 \times 1.8 \times 2$	6.48	
	MC - 1	$S_{窗} = 1.5 \times 1.8$	2.7	
		小计	30.78	m²

（续）

清单工程量计算式				
序号	分项分部名称	计算式	工程量	单位
31	塑窗门(010802001)			
	MC-1	$S_{门} = 0.9 \times 2.7$	2.43	m²
32	木门油漆(011401001)			
		$S = 6.48 + 8.64 + 3.78$	18.9	m²
33	门锁安装(010801006)			
		$N = 7$	7	套
34	外墙红色彩釉砖(011204003)			
		$S = (11.6 + 6.5) \times 2 \times 0.9$	32.58	
	门口侧面	$S = 0.45 \times 2 \times 0.12$	0.11	
	扣 M-1 及台阶	$S = 2.4 \times 0.45 + 2.7 \times 0.45 + 0.3 \times 2 \times 0.3 + 0.3 \times 2 \times 0.15$	-2.57	
	小计		30.12	m²
35	外墙白色彩釉砖(011204003)			
		$S = (11.6 + 6.5) \times 2 \times (7.1 - 0.45)$	240.73	
	女儿墙	$S = (11.6 + 6.5) \times 2 \times 0.54$	19.55	
	小计		260.28	
	扣门窗洞口			
	M-1	$S = 2.4 \times (2.7 - 0.45)$	5.4	
	C-1	$S = 1.5 \times 1.8 \times 8$	21.6	
	C-2	$S = 1.8 \times 1.8 \times 2$	6.48	
	MC-1	$S = 0.9 \times 2.7 + 1.5 \times 1.8$	5.13	
	小计		-38.61	
	加门窗侧			
	M-1	$S = (2.25 \times 2 + 2.4) \times 0.12$	0.83	
	C-1	$S = (1.5 \times 2 + 1.8 \times 2) \times 8 \times 0.12$	6.34	
	C-2	$S = 1.8 \times 4 \times 2 \times 0.12$	1.73	
	MC-1	$S = (2.4 + 1.5 + 2.7 \times 2) \times 0.12$	1.12	
	小计		10.01	
	合计	$S = 260.28 - 38.61 + 10.01$	231.68	m²
36	零星抹灰 1:2 水泥砂浆(011203001)			
	阳台外侧	$S = (1.2 \times 2 + 4.56) \times 1$	6.96	
	挑檐外侧	$S = (11.6 + 0.6 \times 2 + 6.5 + 0.6 + 1.2) \times 2 \times 0.3$	12.66	
	压顶	$S = (11.1 + 0.13 \times 2 + 6 + 0.13 \times 2) \times (0.3 + 0.06 + 0.03 \times 2)$	7.40	
	小计		27.02	m²
37	绿色仿石涂料(011407001)			
		$S = 6.96 + 12.66$	19.62	m²
38	水泥砂浆台阶(011107004)			
	1:2 水泥砂浆,100mm 厚 C15 混凝土垫层	$S = (2.7 + 0.3 \times 4) \times 1.6 - 2.1 \times 0.7$	4.77	m²
39	混凝土台阶 C15(010507004)			
		同上	4.77	m²
40	水泥砂浆平台(011101001)			
	1:2 水泥砂浆,100mm 厚 C15 混凝土垫层	$S = 2.1 \times 0.7$	1.47	m²
41	混凝土垫层 C15(010501001)			
		$V = 1.47 \times 0.1$	0.147	m³
42	散水(010507001)			
	80mm 厚混凝土 C10 垫层一次抹光	$S = (11.6 \times 2 + 0.55 \times 4 + 6.5 \times 2 - 3.9) \times 0.55$	18.98	m²
43	零星 1:3 水泥砂浆抹灰(011203001)			
	阳台内侧	$S = (4.56 - 0.06 \times 2 + 1.2 \times 2 - 0.06 \times 2) \times 0.9$	6.05	

（续）

序号	分项分部名称	计算式	工程量	单位
		清单工程量计算式		
43	零星 1:3 水泥砂浆抹灰（011203001）			
	挑构栏板内侧	$S = (11.6 + 0.54 \times 2 + 6.5 + 0.54 + 1.14) \times 2 \times 0.2$	8.34	
	合计		14.39	m²
44	耐擦洗白色涂料（011407001）			
	阳台内侧涂料	同上	6.05	m²
45	墙面 1:2.5 水泥砂浆抹灰（011201001）			
	女儿墙内侧	$S = (11.1 + 0.02 + 6 + 0.02) \times 2 \times 0.54$	18.51	m²
46	屋面排水管（010902004）			
	水落管 DN100	$L = (7.2 + 0.45) \times 4$	30.6	m
47	卷材防水 4mm SBS（010902001）			
	天沟屋面卷材防水			
	SBS 防水 4mm	$S_{平} = (11.6 \times 2 + 0.54 \times 4 + 6.5 \times 2) \times 0.54 + 0.6 \times (4.56 - 0.06 \times 2)$	23.38	
		$S_{外侧} = (11.6 \times 2 + 0.54 \times 4 + 6.5 \times 2 + 1.14 \times 2 + 0.54 \times 2) \times 0.2$	8.34	
		$S_{内侧} = (11.6 \times 2 + 6.5 \times 2) \times 0.25$	9.05	
		小计	40.77	m²
	平屋面卷材防水			
	4mm SBS 防水	$S_{平} = 11.12 \times 6.02$	66.94	
		$S_{侧} = (11.12 \times 2 + 6.02 \times 2) \times 0.25$	8.57	
		小计	75.51	m²
	合计		116.28	m²
48	防水下找平层 20mm 厚 1:2 水泥砂浆（011101006）			
		$S = 23.38 + 66.94$	90.32	m²
49	水泥炉渣找坡平均厚 50mm（011001001）			
	天沟处保温屋面	$S = (11.6 \times 2 + 0.54 \times 4 + 6.5 \times 2) \times 0.54 + 0.6 \times (4.56 - 0.06 \times 2)$	23.38	
	平屋面处	$S = 11.12 \times 6.02$	66.94	m²
		$V = (23.38 + 66.94) \times 0.05$	4.52	m³
50	100mm 1:10 水泥砂浆珍珠岩找坡（011001001）			
	平屋面	$S_{平} = 11.12 \times 6.02$	66.94	m²
		$V = 66.94 \times 0.1$	6.69	m³
51	1:2 水泥砂浆找平层硬基上（011101006）			
	1:2 水泥砂浆找平层硬基上	$S = 11.12 \times 6.02$	66.94	m²
52	楼梯栏杆（011503001）			
	不锈钢栏杆，扶手	$L = 3.024 \times 2 + 0.99$	7.04	m
53	素土垫层（010404001）			
	接待室	$V = (4.5 - 0.24) \times (3.9 - 0.24) \times (0.45 - 0.245)$	3.20	
	图形培训室、钢筋培训室	$V = (3.3 - 0.24) \times (6 - 0.24) \times 2 \times (0.45 - 0.23)$	7.76	
	楼梯间	$V = (4.5 - 0.24) \times (2.1 - 0.24) \times (0.45 - 0.22)$	1.82	
	小计		12.77	m³
54	150mm 厚 3:7 灰土（010404001）			
	接待室	$V = (4.5 - 0.24) \times (3.9 - 0.24) \times 0.15$	2.34	
	图形培训室、钢筋培训室	$V = (3.3 - 0.24) \times (6 - 0.24) \times 2 \times 0.15$	5.29	
	楼梯间	$V = (4.5 - 0.24) \times (2.1 - 0.24) \times 0.15$	1.19	
	小计		8.81	m³
55	50mm 厚 C15 细石混凝土随打随压光（010501001）			
	接待室	$V = (4.5 - 0.24) \times (3.9 - 0.24) \times 0.05$	0.78	m³

（续）

清单工程量计算式				
序号	分项分部名称	计算式	工程量	单位
56	1.5mm 厚聚氨酯防潮层（010904002）			
	接待室	$S = (4.5-0.24) \times (3.9-0.24) + (4.5 \times 2 - 0.24 \times 2 + 3.9 \times 2 - 0.24 \times 2) \times 0.3$	20.34	m²
57	35mm 厚 C15 细石混凝土随打随压光（011101003）			
	接待室	$S = (4.5-0.24) \times (3.9-0.24)$	15.59	m²
58	硬实木复合地板地面（011104002）			
	接待室			
	9.5mm 厚硬木复合地板	$S = (4.5-0.24) \times (3.9-0.24)$	15.59	m²
59	50mm 厚 C10 混凝土垫层（010501001）			
	钢筋、培训室	$V = (3.3-0.24) \times (6-0.24) \times 2 \times 0.05$	1.76	
	楼梯间	$V = (4.5-0.24) \times (2.1-0.24) \times 0.05$	0.40	
	小计		2.16	m³
60	铺砖地面（011102003）			
	图形培训室，钢筋培训室	$S = (3.3-0.24) \times (6-0.24) \times 2$	35.25	m²
61	水泥地面（011101001）			
	楼梯间	$S = (4.5-0.24) \times (2.1-0.24)$	7.92	m²
62	铺砖楼面（011102003）			
	会客室、阳台	$S = 4.26 \times 3.66 + 4.44 \times 1.14 + 0.9 \times 2 \times 0.24 + 0.9 \times 0.37$	21.42	m²
63	20mm 厚 1:2.5 水泥砂浆抹面压实赶光（011101001）			
	清单培训室及预算培训室	$S = 3.06 \times 5.76 \times 2$	35.25	m²
64	1:2 水泥砂浆楼梯面（011101001）			
		$S = (2.43 + 1.02 - 0.12 + 0.24) \times (2.1-0.24)$	6.64	m²
65	1:2 水泥砂浆楼梯平台（011101001）			
		$S = (1.05 - 0.24 - 0.12) \times (2.1-0.24)$	1.28	m²
66	大理石踢脚线（011105002）			
	图形培训室	$L = 3.06 \times 2 + 5.76 \times 2 - 0.9$	16.74	
	钢筋培训室	$L = 3.06 \times 2 + 5.76 \times 2 - 0.9$	16.74	
	会客室	$L = 4.26 \times 2 + 3.66 \times 2 - 0.9 \times 4$	12.24	
	合计	$S = (16.74 \times 2 + 12.24) \times 0.12$	5.49	m²
67	水泥踢脚线（011105001）			
	楼梯间	$L = 4.26 \times 2 + 1.86 \times 2$	12.24	
	楼梯间梯段	$L = 1.86 \times 2 + 0.93 \times 2 + 0.9 \times 2 + 3.024 \times 2$	13.43	
	清单培训室	$L = 3.06 \times 2 + 5.76 \times 2$	17.64	
	预算培训室	$L = 3.06 \times 2 + 5.76 \times 2$	17.64	
	合计		60.95	m²
68	胶合板墙裙（011207001）			
	接待室			
	5mm 厚胶合板衬板，3mm 厚胶合板	$S = (4.26 \times 2 + 3.66 \times 2 - 0.9 \times 3 - 2.4) \times 1.2$	12.89	m²
69	木墙面油漆（011404001）			
	同上		12.89	m²
70	高聚物改性沥青涂膜防潮层（2.5mm 厚）（010903002）			
	同上		12.89	m²
71	水泥砂浆墙面（011201001）			
	一层			
	图形培训室	$L = 3.06 \times 2 + 5.76 \times 2$	17.64	
	钢筋培训室	$L = 3.06 \times 2 + 5.76 \times 2$	17.64	
	接待室	$L = 4.26 \times 2 + 3.66 \times 2$	15.84	

（续）

清单工程量计算式

序号	分项分部名称	计算式	工程量	单位
71	水泥砂浆墙面(011201001)			
	楼梯间	$L = 4.26 \times 2 + 1.86 \times 2$	12.24	
		小计	63.36	
	二层			
	清单培训室	$L = 3.06 \times 2 + 5.76 \times 2$	17.64	
	预算培训室	$L = 3.06 \times 2 + 5.76 \times 2$	17.64	
	会客室	$L = 4.26 \times 2 + 3.66 \times 2$	15.84	
	楼梯间	$L = 4.26 \times 2 + 1.86 \times 2$	12.24	
		小计	63.36	
	一、二层	$S = 63.36 \times 2 \times (3.6 - 0.1)$	443.52	
	扣门窗	$S = 6.48 + 8.64 \times 2 + 3.78 \times 2 + 28.08 + 2.43 + 2.7$	−64.53	
	扣墙裙	$S = 12.89$	−12.89	
	合计	$S = 443.52 - 64.53 - 12.89$	366.10	m²
72	墙面白色涂料(011407001)			
		同上	366.10	m²
73	轻钢龙骨纸面石膏板吊顶(011302001)			
	接待室			
	轻钢龙骨,石膏板,水性耐擦洗涂料	$S = 4.26 \times 3.66$	15.59	m²
74	刮腻子、涂耐擦洗白色涂料			
		同上	15.59	m²
75	刮腻子喷涂顶棚(011407002)			
	一层	$S = 3.06 \times 5.76 \times 2 + 4.26 \times 1.86$	43.17	
	二层	$S = 3.06 \times 5.76 \times 2 + 4.26 \times 1.86 + 4.26 \times 3.66$	58.77	
	阳台底	$S = 4.56 \times 1.2$	5.47	
	挑檐底	$S = (11.6 \times 2 + 0.6 \times 4 + 6.5 \times 2) \times 0.6 + 4.56 \times 0.6$	25.90	
		小计	133.31	m²
76	现浇圆钢 φ10mm 以内(010515001)			
		$G = 0.789 + 1.404 + 1.928 - 0.201$	3.920	t
77	现浇圆钢 φ10mm 以外(010515001)			
		$G = 2.85 + 0.249$	3.099	t
78	现浇螺纹钢 φ10mm 以外(010515001)			
		$G = 0.221 + 0.215 + 4.499 + 0.138 + 1.752 + 9.928$	16.753	t
79	砌体拉结筋(010515003)			
		$G = 0.201$	0.201	t
80	电渣压焊 φ22mm(010516003)			
		$N = 12 \times 2 + 12 \times 2$	48	个
81	电渣压焊 φ25mm(010516003)			
		$N = 14 \times 4 \times 2 + 16 \times 4 \times 2$	240	个
82	基础防潮层(010703003)			
		$S = 30.6 \times 0.365 + 15.1 \times 0.24$	14.79	m²
	措施清单			
1	综合脚手架(011701001)			
		同建筑面积	153.54	m²
2	垂直运输费(011703001)			
		同建筑面积	153.54	m²
3	塔式起重机 60kN(011705001)			
		$N = 1$	1	台
4	基础模板(此处含垫层模板)(011702001)			
		$V = 29.33$	29.33	m³

（续）

	措施清单				
5	矩形柱 1.8m 以外模板（011702002）				
	±0.000 以下	$V_{Z1} = 1.2$		1.2	m³
6	矩形柱 1.8m 以内模板（011702002）				
	±0.000 以下	$V_{Z2,3} = 1.344$		1.344	m³
7	矩形柱 1.8m 以外模板（011702002）				
	一、二层	$V_1 = 7.2$		7.2	m³
8	矩形柱 1.8m 以内模板（011702002）				
	一、二层	$V_{2,3} = 8.06$		8.06	m³
9	梯柱 1.2m 以内模板（011702003）				
		$V = 0.95$		0.95	m³
10	过梁模板（011702009）				
		$V_{现} = 0.2$			
		$V_{预} = 1.89$			
		$V = 2.09$		2.09	m³
11	有梁板模板（011702014）				
		$V = 27.42$		27.42	m³
12	阳台模板（011702023）				
		$V = 0.55$		0.55	m³
13	挑檐模板（011702022）				
		$V = 2.59$		2.59	m³
14	栏板模板（011702021）				
		$V = 0.87$		0.87	m³
15	楼梯平板模板（011702016）				
		$V = 0.13$		0.13	m³
16	楼梯模板（011702024）				
		$S = 6.64$		6.64	m²
17	压顶模板（011702025）				
		$V = 0.61$		0.61	m³
18	散水模板（011702029）				
		$V = 1.52$		1.52	m³
19	台阶模板（011702027）				
		$V = 0.48$		0.48	m³
20	女儿墙构造柱模板				
		$V = 0.35$		0.35	m³

钢筋统计汇总表（含措施钢筋）/mm										
构件类型	合计/t	级别	6	8	10	12	16	18	20	22	25
柱	2.114	Φ		0.211	1.904						
	4.969	Φ								0.653	4.317
构造柱	0.014	Φ		0.014							
	0.05	Φ				0.05					
砌体加筋	0.201	Φ	0.201								
过梁	0.047	Φ	0.047								
	0.165	Φ				0.165					
梁	0.812	Φ		0.812							
	4.189	Φ				0.006	0.215			1.099	2.869
圈梁	0.033	Φ	0.033								
现浇板	1.845	Φ	0.401	0.313	0.024	1.108					
基础梁	1.673	Φ				1.673					
	2.742	Φ									2.742
筏板基础	0.249	Φ					0.249				
	4.499	Φ						4.499			

（续）

钢筋统计汇总表（含措施钢筋）/mm										
构件类型	合计/t	级别	6	8	10	12	16	18	20	22	25
楼梯	0.136	Φ	0.042	0.025		0.069					
	0.138	Φ							0.138		
其他	0.095	Φ	0.065	0.03							
合计	7.22	Φ	0.789	1.404	1.928	2.85	0.249				
	16.754	Φ				0.221	0.215	4.499	0.138	1.752	9.928

5.2.3.4　措施项目清单的编制方法

1. 措施项目清单的标准格式

措施项目清单的编制需考虑多种因素，除工程本身的因素外，还涉及水文、气象、环境、安全等因素。措施项目清单应根据拟建工程的实际情况列项。若出现清单计价规范中未列的项目，可根据工程实际情况补充。

措施项目清单的标准格式见表5-3、表5-4。

表5-3　总价措施项目清单与计价表

工程名称：　　　　　　　　　　标段：　　　　　　　　第　页　共　页

序号	项目编码	项目名称	计算基础	费率（%）	金额/元	调整费率（%）	调整后金额/元

注：本表适用于以"项"计价的措施项目；计算基础可以为"定额基价"、"定额人工费"或"定额人工费+定额机械费"。

表5-4　单价措施项目清单与计价表

工程名称：　　　　　　　　　　标段：　　　　　　　　第　页　共　页

序号	项目编码	项目名称	项目特征	计量单位	工程量	金额/元		
						综合单价	合价	其中:暂估价

注：本表适用于以综合单价形式计价的措施项目。

2. 措施项目清单的内容及其编制方法

措施项目清单是指为完成工程项目施工，发生于该工程施工前和施工过程中的技术、生活、文明、安全等方面的非工程实体项目清单。拟建工程可能发生的措施项目名称，见表5-5。其中"通用措施项目"所列内容是指各专业工程的"措施项目清单"中均可列的措施项目，"专业措施项目"是指各专业工程中"措施项目清单"所特有的措施项目。当招标人对措施项目有特殊要求时，可以根据实际情况将其在措施项目清单中列项，并在清单编制说明中说明。

表5-5　措施项目一览表

序号	项目名称
	通用措施项目
1	安全文明施工（含环境保护、文明施工、安全施工、临时设施）
2	夜间施工
3	二次搬运
4	冬雨季施工
5	大型机械设备进出场及安拆
6	施工排水
7	施工降水

（续）

序号	项目名称
	通用措施项目
8	地上、地下设施，建筑物的临时保护设施
9	已完工程及设备保护
	专业措施项目
	建筑工程
1.1	混凝土、钢筋混凝土模板及支架
1.2	脚手架
1.3	垂直运输机械
	装饰装修工程
2.1	脚手架
2.2	垂直运输机械
2.3	室内空气污染测试

　　对于《工程量计算规范》提供的拟建工程可能发生的措施项目以及实际操作中遇到的清单中未包含的措施项目，可将它们放在总价措施项目清单与计价表和单价措施项目清单与计价表措施项目表中编制。

　　有些可以计算工程量的措施项目，典型的是混凝土、钢筋混凝土模板及支架，与完成的工程实体具有直接关系，并且是可以精确计量的项目，用分部分项工程项目清单的方式采用综合单价，更有利于措施费的确定和调整。这些措施项目可列入单价措施项目清单与计价表中。

　　另外一些措施项目费用的发生与使用时间、施工方法或者两个以上的工序相关，并大都与实际完成的实体工程量的大小关系不大，如大型机械设备进出场及安拆、安全文明施工和二次搬运等，对于这些措施项目可以列入总价措施项目清单与计价表中。

5.2.3.5　其他项目清单的编制方法

　　1. 其他项目清单的标准格式

　　其他项目清单是指分部分项工程量清单、措施项目清单所包含的内容以外，因招标人的特殊要求而发生的与拟建工程有关的其他费用项目和相应数量的清单。

　　工程建设标准的高低、工程的复杂程度、工程的工期长短、工程的组成内容、发包人对工程管理的要求等都直接影响其他项目清单的具体内容。其他项目清单的标准格式见表 5-6 ~ 表 5-12。

表 5-6　其他项目清单与计价汇总表

序号	项目名称	金额/元	结算金额/元	备注
1	暂列金额			明细详见表 5-7
2	暂估价			
2.1	材料（工程设备）暂估价			明细详见表 5-8
2.2	专业工程暂估价			明细详见表 5-9
3	计日工			明细详见表 5-10
4	总承包服务费			明细详见表 5-11
5	索赔与现场签证			明细详见表 5-12
	合计			

　　注：材料（工程设备）暂估价进入清单项目综合单价，此处不汇总。

表 5-7　暂列金额明细表

工程名称：　　　　　　　　　　　标段：　　　　　　　　　第　页　共　页

序号	项目名称	计量单位	暂定金额/元	备注
合计				

注：此表由招标人填写，如不能详列，也可只列暂定金额总额，投标人应将上述暂列金额计入投标总价中。

表 5-8　材料（工程设备）暂估单价及调整表

工程名称：　　　　　　　　　　　标段：　　　　　　　　　第　页　共　页

序号	材料（工程设备）名称、规格、型号	计量单位	数量		暂估/元		确认/元		差额/±元		备注
			暂估	确认	单价	合价	单价	合价	单价	合价	

注：此表"暂估单价"由招标人填写，并在备注栏说明暂估价的材料、工程设备拟用在哪些清单项目上，投标人应将上述材料、工程设备暂估单价计入工程量清单综合单价报价中。

表 5-9　专业工程暂估价及结算价表

工程名称：　　　　　　　　　　　标段：　　　　　　　　　第　页　共　页

序号	工程名称	工程内容	暂估金额/元	结算金额/元	差额/±元	备注
合计						

注：此表"暂估金额"由招标人填写，投标人应将"暂估金额"计入投标总价中。

表 5-10　计日工表

工程名称：　　　　　　　　　　　标段：　　　　　　　　　第　页　共　页

序号	项目名称	单位	暂定数量	实际数量	综合单价/元	合价/元	
						暂定	实际
一	人工						
1							
2							
…							
人工小计							
二	材料						
1							
2							
…							

（续）

序号	项目名称	单位	暂定数量	实际数量	综合单价/元	合价/元	
						暂定	实际
材料小计							
三	施工机械						
1							
2							
…							
施工机械小计							
四	企业管理费和利润						
总计							

注：此表项目名称、暂定数量由招标人填写，编制招标控制价时，单价由招标人按有关规定确定；投标时，单价由投标人自主报价，按暂定数量计算合价计入投标总价中。结算时，按发承包双方确认的实际数量计算合价。

表 5-11 总承包服务费计价

工程名称：　　　　　　　　　　标段：　　　　　　　　第 页 共 页

序号	项目名称	项目价值/元	服务内容	计算基础	费率（%）	金额/元
1	发包人发包专业工程					
2	发包人供应材料					
合计						

注：此表项目名称、服务内容由招标人填写，编制招标控制价时，费率及金额由招标人按有关计价规定确定；投标时，费率及金额由投标人自主报价，计入投标总价中。

表 5-12 索赔与现场签证计价汇总表

工程名称：　　　　　　　　　　标段：　　　　　　　　第 页 共 页

序号	签证及索赔项目名称	计量单位	数量	单价/元	合价/元	索赔及签证依据
—	本页小计	—	—	—		—
—	合　计	—	—	—		—

2. 其他项目清单的内容及其编制方法

其他项目清单的内容包括暂列金额、暂估价、计日工和总承包服务费。

（1）暂列金额 暂列金额是指招标人在工程量清单中暂定并包括在合同价款中的一笔款项，用于工程合同签订时尚未确定或者不可预见的所需材料、工程设备、服务的采购及施工中可能发生的工程变更、合同约定调整因素出现时的合同价款调整以及发生的索赔、现场签证确认等的费用。此部分费用由招标人支配，实际发生了才给予支付，编制人在确定暂列金额时应根据施工图的深度、暂估价设定的水平、合同价款约定调整的因素及工程实际情况合理确定，一般为分部分项工程量清单的10%～15%，不同专业预留的暂列金额可以分开列项，比例也可以根据不同专业的情况具体确定。

暂列金额由招标人填写，列出项目名称、计量单位、暂定金额等，如不能详列，也可只列暂定金额总额，投标人再将暂列金额计入投标总价中。

（2）暂估价 暂估价是指从招标阶段直至签订合同协议时，招标人在工程量清单中提供的用于支付必然要发生但暂时不能确定价格的材料、工程设备的单价以及专业工程的金额，包括材料（工程设备）暂估价、专业工程暂估价。暂估价类似于 FIDIC 合同条款中的 Prime Cost Items，在招标阶段预见肯定要发生，只是因为标准不明确或者需要由专业承包人完成，暂时无法确定价格。

一般而言，为方便合同管理和计价，需要纳入分部分项工程项目清单项目综合单价中的暂估价最好只是材料费或工程设备费，以方便投标人组价。

以"项"为计量单位给出的专业工程暂估价一般应是综合暂估价，应当包括除规费、税金以外的管理费、利润等。总承包招标时，专业工程设计深度往往是不够的，一般需要交由专业设计人设计。国际上，出于提高可建造性考虑，一般由专业承包人负责设计，以发挥其专业技能和专业施工经验的优势。这类专业工程交由专业分包人完成，是国际工程的良好实践，目前在我国工程建设领域也已经比较普遍。合理确定这类暂估价的实际开支金额的最佳途径就是通过施工总承包人与工程建设项目招标人共同组织招标。

（3）计日工 计日工是指在施工过程中，承包人完成发包人提出的工程合同范围以外的零星项目或工作，按合同中约定的单价计价的一种方式。所谓零星工作一般是指工程合同范围以外的或者因变更而产生的、工程量清单中没有相应项目的额外工作，尤其是那些时间不允许事先商定价格的额外工作。计日工为额外工作和变更的计价提供了一个方便快捷的途径。计日工对完成零星工作所消耗的人工工时、材料数量、施工机械台班进行计量，并按照计日工表中填报的适用项目的单价进行计价支付。

编制计日工表时，一定要给出暂定数量，并且需要根据经验，尽可能估算一个比较贴近实际的数量。当然，尽可能把项目列全，防患于未然，也是值得充分重视的工作。

（4）总承包服务费 总承包服务费是为了解决招标人在法律、法规允许的条件下进行专业工程发包以及自行采购供应材料、设备时，要求总承包人对发包的专业工程提供协调和配合服务（如分包人使用总包人的脚手架、水电接驳等），对供应的材料、设备提供收发和保管服务，以及对施工现场进行统一管理，对竣工资料进行统一汇总整理等情况发生时招标人向总承包人支付的费用。招标人应当按投标人的投标报价向投标人支付该项费用。

（5）索赔及现场签证 索赔是在工程合同履行过程中，合同当事人一方因非己方的原因而遭受损失，按合同约定或法律法规规定应由对方承担责任，从而向对方提出补偿的要求。现场签证是发包人现场代表（或其授权的监理人、工程造价咨询人）与承包人现场代表就施工过程中涉及的责任事件所做的签认证明。

5.2.3.6 规费、税金项目清单的编制方法

1. 规费、税金项目清单的标准格式

规费、税金项目清单的标准格式见表 5-13。

表 5-13 规费、税金项目计价表

工程名称： 标段： 第 页 共 页

序号	项目名称	计算基础	计算基数	计算费率（%）	金额/元
1	规费	定额人工费			
1.1	社会保障费	定额人工费			
（1）	养老保险费	定额人工费			
（2）	失业保险费	定额人工费			
（3）	医疗保险费	定额人工费			
（4）	工伤保险费	定额人工费			
（5）	生育保险费	定额人工费			
1.2	住房公积金	定额人工费			
1.3	工程排污费	按工程所在地环境保护部门收取标准,按实计入			
2	税金	分部分项工程费 + 措施项目费 + 其他项目费 + 规费 - 按规定不计税的工程设备金额			
	合计				

2. 规费、税金项目清单内容及其编制方法

规费项目清单应按照下列内容列项：社会保障费，包括养老保险费、失业保险费、医疗保险费、工伤保险费、生育保险费；住房公积金；工程排污费。出现未包含在上述规范中的项目，应根据省级政府或省级有关权力部门的规定列项。

税金项目清单应包括营业税、城市建设维护税和教育费附加。如国家税法发生变化，税务部门依据职权增加了税种，应对税金项目清单进行补充。

计算基础和费率均应按照国家或地方相关权力部门的规定进行填写。

5.2.4 工程量清单成果文件

1）工程量清单封面。

2）总说明。

3）分部分项工程项目清单表。

4）措施项目清单表：单价措施项目清单与计价表；总价措施项目清单与计价表。

5）其他项目清单表：暂列金额明细表；材料（工程设备）暂估单价及调整表；专业工程暂估价及结算表；计日工表；总承包服务费计价表、索赔与现场签证计价汇总表。

6）规费、税金项目计价表。

5.2.5　工程量清单编制示例

工程量清单的编制以4.6节为例，具体的编制详见5.3节招标控制价的编制示例中的相关表格。

5.3　工程量清单计价

5.3.1　招标控制价的编制

招标控制价是在工程采用招标发包的过程中，由招标人根据国家或省级、行业建设主管部门发布的有关计价依据和办法，以及拟定的招标文件和招标工程量清单，结合工程具体情况编制的招标工程的最高投标限价；招标控制价应由具有编制能力的招标人或其委托具有相应资质的工程造价咨询人编制和复核。

5.3.1.1　招标控制价的编制依据

1）《清单计价规范》及当地相关规定。

2）国家或省级、行业建设主管部门颁发的计价定额和计价办法。

3）建设工程设计文件及其相关资料。

4）工程造价管理机构发布的工程造价信息及市场价格。

5）拟定的招标文件及招标工程量清单。

6）施工现场情况、工程特点及常规施工方案。

7）与建设项目相关的标准、规范、技术资料。

8）其他相关的资料。

5.3.1.2　招标控制价编制前的准备工作

1）收集与招标控制价编制工作相关的资料。

2）熟悉《清单计价规范》、当地消耗量定额相关计价文件规定等。

3）熟悉设计文件、招标文件及工程量清单，对出现的问题应及时提出，便于招标控制价的准确编审。

4）对比《清单计价规范》和消耗量定额的计算规则，对需要重新计算的定额工程量进行计算。

5）进行现场踏勘，充分了解施工现场情况，确定拟采用的施工组织设计方案，以便对工程量清单进行报价。

6）对材料设备价格进行市场询价，为招标控制价编审提供准确的价格信息；对出现的新材料、新技术、新工艺，应进行市场调研，充分了解其施工方法及市场价格。

7）收集类似项目造价经济指标，为招标控制价的最后审定提供参考依据。

5.3.1.3　招标控制价的编制方法

1. 封面的编写

招标控制价的封面应按《清单计价规范》的有关规定填写，招标人及法定代表人应盖章，造价咨询人应盖单位资质章及法人代表章，编制人应盖造价人员资格章并签字，复核人应盖注册造价工程师资格章并签字。

2. 总说明的编写

招标控制价总说明应根据委托的项目实际情况填写，并应对以下内容进行说明：

1）工程概况。

2）招标控制价包含的范围。

3）招标控制价的编审依据。

4）其他需要说明的事项。

3. 分部分项工程费的确定

分部分项工程费应根据招标文件中的分部分项工程项目清单及有关要求，按《清单计价规范》有关规定确定综合单价。这里所说的综合单价，是指完成一个规定清单项目所需的人工费、材料和工程设备费、施工机具使用费和企业管理费、利润，以及一定范围内的风险费用。

工程量清单每个项目的综合单价，均应按各地方建设工程计价办法的规定，对其组成的各子目（包括主要项目和相关项目）在基价的基础上计算各子目的合价，其他项目清单中的材料暂估价也要计入材料费中去。

分部分项工程费就等于综合单价乘以清单给出的工程量。综合单价的确定方法如下。

（1）消耗量定额的套用 根据每个清单项目的特征描述及工作内容，套用完成一个清单项目所需要的所有定额子目及每个定额子目在此工程量清单项目下的数量，定额子目的选择按地方消耗量定额的相关规定进行，数量按当地消耗量定额的计算规则计算。

（2）人工费、材料和工程设备费和施工机具使用费的编制 具体如下：

1）工程量清单项目的人工费、材料和工程设备费和施工机具使用费由其套用的所有定额子目的人工费、材料和工程设备费、施工机具使用费组成，每个定额子目的人工费、材料和工程设备费、施工机具使用费应由"量"和"价"两个因素组成，即由工程量清单中所需要消耗的人工数量、材料数量和机械台班数量以及人工单价、材料单价和机械台班单价所组成的费用。

2）人工数量、材料数量和机械台班数量按每个定额子目数量与该定额子目单个计量单位消耗量的乘积计算，每个定额子目单个计量单位的人、材、机消耗量应采用地方定额的消耗量标准。

3）人、材、机的单价按工程造价管理机构发布的工程造价信息确定。工程造价信息没有发布的，参照市场价格，如材料、设备价格为暂估价的，应按暂估价格确定。

（3）企业管理费的确定 企业管理费、利润及风险费用包括在清单的报定价中，费率应参考地方费用定额标准进行确定，不得上调或下浮。

以吉林省为例，《吉林省建设工程费用定额》（JLJD—FY—2014）中规定，企业管理费取费方法见表 5-14。

表 5-14 企业管理费计费基数和费率

工程类型	建筑工程			安装工程			装饰工程	市政工程			
	一类	二类	三类	一类	二类	三类		道路、桥涵、隧道工程	管道及其他工程	人工土石方工程	机械土石方工程
计费基数	人工费 + 机具费			人工费			人工费	人工费 + 机具费	人工费		人工费 + 机具费
费率（%）	13.75	12.76	11.95	27.65	24.18	21.17	26.75	13.73	26.68	16.21	12.74

（4）利润率的确定　以吉林省为例，《吉林省建设工程费用定额》（JLJD—FY—2014）中的建设行业的平均利润为人工费的16%。

（5）风险费用的确定　编制人应根据招标文件、设计图、合同条款、材料设备价格水平及工程实际情况合理确定，风险费用可按费率计算。

（6）计算综合单价　每个清单项目的人工费、材料和工程设备费、施工机具使用费、企业管理费、利润和风险费之和为单个清单项目合价，单个清单项目合价除以清单工程量，即得到单个清单项目的综合单价。所有清单项目合价的合计形成了分部分项工程费。

4．措施项目费的确定

招标控制价中的措施项目费应根据拟建工程的施工组织设计及招标人提供的工程量清单进行计价；可以计算工程量的单价措施项目，宜采用分部分项工程项目清单的方式编制，与之相对应，应采用综合单价计价；以"项"为计量单位的，按项以总价计价，其价格组成与综合单价相同，应包括除规费、税金以外的全部费用。措施项目费的计算主要有以下几种方法。

（1）费率法　这种方法主要适用于施工过程中必须发生，但在投标时很难具体分析预测，又无法单独列出项目内容的总价措施项目。如安全文明施工费、夜间施工费、二次搬运费、冬雨季施工的计价均采用这种方法。这里需要注意，措施项目清单中的安全文明施工费应按照国家或省级、行业建设主管部门的规定计价，不得作为竞争性费用。

基数及费率要按各地建设工程计价办法的要求确定。以吉林省为例，《吉林省建设工程费用定额》中规定，实行工程量清单计价的工程，措施项目清单中所列环境保护、文明施工、安全施工和临时设施费，应当按表5-15中相应计费基数和费率计算。

（2）实物量法　这种方法是最基本，也是最能反映投标人个别成本的计价方法，是按投标人现在的水平，预测将要发生的每一项费用的合计数，并考虑一定的浮动因数及其他社会环境影响因数，如大型机械设备进出场及安拆费。

表5-15　安全文明施工费计费基数和费率

工程类别	建筑工程	装饰工程	安装工程	市政工程	
				道路、桥涵、隧道、机械土石方工程	管道、人工土石方及其他工程
计费基数	人工费＋机具费	人工费	人工费	人工费＋机具费	人工费
费率	9.06	5.93	5.15	7.89	8.85

（3）综合单价法　这种方法与分部分项工程项目综合单价的计算方法一样，主要是指一些与实体项目紧密联系的项目，如混凝土、模板等。

（4）分包计价法　分包计价法是在分包价格的基础上增加投标人的管理费及风险费进行计价的方法，这种方法适用于可以分包的独立项目，如室内空气污染测试等。

不同的措施项目的特点不同，不同的地区的费用确定方法也不一样，但基本上可归纳为两种：其一，以分部分项工程费为基数，乘以一定费率计算；其二，按实计算。前一种方法中措施项目费一般已包含管理费和利润等。

5．其他项目费的确定

1）暂列金额可根据工程的复杂程度、设计深度、工程环境条件进行估算，一般以分部分项工程费的10%～15%作为参考。

2）材料和工程设备暂估价应按工程造价管理机构发布的工程造价信息中的材料和工程设

备单价计算，工程造价信息未发布的材料和工程设备单价，其单价参考市场价格估算。这部分已经计入工程量清单综合单价中，此处不再汇总。专业工程暂估价应分不同的专业，按有关计价规定进行估算。

3）计日工包括人工、材料和施工机械。人工单价、材料单价和机械台班单价应按省级、行业建设主管部门或其授权的工程造价管理机构公布的单价计算；未发布单价的，应按市场调查确定的单价计算，并计取一定的企业管理费用和利润。

4）总承包服务费的参考标准如下：

① 招标人仅要求对分包的专业工程进行总承包管理和协调时，以分包的专业工程估算造价的1.5%计算。

② 招标人要求对分包的专业工程进行总承包管理和协调，并同时要求提供配合服务时，根据招标文件列出的配合服务内容和提出的要求，按分包的专业工程估算造价的3%~5%计算。

③ 招标人自行供应材料的，按供应材料价值的1%计算。

6. 规费和税金的确定

规费和税金应按国家或省级、行业建设主管部门的规定计算，不得作为竞争性费用。因此，投标人在投标报价时必须按照国家或省级、行业建设主管部门的有关规定计算规费和税金。

（1）规费的计算　规费是指政府和有关权力部门规定必须缴纳的费用（简称规费）。包括以下几方面。

1）工程排污费是指施工现场按规定缴纳的工程排污费。

2）社会保障费。包括：

① 养老保险费，是指企业按规定的标准为职工缴纳的基本养老保险费。

② 失业保险费，是指企业按照规定标准为职工缴纳的失业保险费。

③ 医疗保险费，是指企业按照规定标准为职工缴纳的基本医疗保险费。

④ 工伤保险费，是指企业按照规定标准为职工缴纳的工伤保险费。

⑤ 生育保险费，是指企业按照规定标准为职工缴纳的生育保险费。

3）住房公积金是指企业按规定标准为职工缴纳的住房公积金。

4）危险作业意外伤害保险是指按照建筑法规定，企业为从事危险作业的建筑安装施工人员支付的意外伤害保险费。

规费的计算按照各地建设工程计价办法的要求确定取费基数和费率。以吉林省为例，《吉林省建设工程费用定额》（JLJD—FY—2014）中的工程排污费按人工费的0.3%计取。

（2）税金的计算　建筑安装工程税金是指国家税法规定的应计入建筑安装工程费用的营业税、城市维护建设税及教育费附加。

1）营业税。营业税是按计税营业额乘以营业税税率确定。其中建筑安装企业营业税税率为3%。计算公式为：

$$应纳营业税 = 计税营业额 \times 3\%$$

计税营业额是含税营业额，指从事建筑、安装、修缮、装饰及其他工程作业收取的全部收入，包括建筑、修缮、装饰工程所用原材料及其他物资和动力的价款。当安装的设备的价值作为安装工程产值时，亦包括所安装设备的价款。但建筑安装工程总承包方将工程分包或转包给他人的，其营业额中不包括付给分包或转包方的价款。营业税的纳税地点为应税劳务的发生地。

2）城市维护建设税。城市维护建设税是为筹集城市维护和建设资金，稳定和扩大城市、乡镇，维护建设的资金来源，而对有经营收入的单位和个人征收的一种税。

城市维护建设税是按应纳营业税额乘以适用税率确定。计算公式为：

$$应纳税额 = 应纳营业税额 × 适用税率$$

城市维护建设税的纳税地点在市区的，其适用税率为营业税的7%；所在地为县镇的，其适用税率为营业税的5%；所在地为农村的，其适用税率为营业税的1%。其纳税地点与营业税纳税地点相同。

3）教育费附加。教育费附加是按应纳营业税额乘以5%确定。计算公式为：

$$应纳税额 = 应纳营业税额 × 5\%$$

建筑安装企业的教育费附加要与其营业税同时缴纳。即使办有职工子弟学校的建筑安装企业，也应当先缴纳教育费附加，教育部门可根据企业的办学情况，酌情返还给办学单位，作为对办学经费的补助。

4）税金的综合计算。为了简化计算，可以直接将三种税合并为一个综合税率。

按下式计算应纳税额：应纳税额 = 不含税工程造价 × 综合税率（%）

综合税率的计算因工程所在地的不同而不同，见表5-16。

表 5-16　税金计税基数和税率

工程所在地	市区	县城、镇	市区、县城、镇以外
计税基数	不含税工程造价		
税率(%)	3.48	3.41	3.28

5.3.1.4　招标控制价编制成果文件

1）招标控制价封面。

2）总说明。

3）建设项目招标控制价汇总表。

4）单项工程招标控制价汇总表。

5）单位工程招标控制价汇总表。

6）分部分项工程和单价措施项目清单与计价表。

7）综合单价分析表。

8）总价措施项目清单与计价表。

9）其他项目清单与计价汇总表。

10）暂列金额明细表。

11）材料（工程设备）暂估单价及调整表。

12）专业工程暂估价及结算价表。

13）计日工表。

14）总承包服务费计价表。

15）索赔与现场签证计价汇总表。

16）规费、税金项目计价表。

5.3.1.5　招标控制价的编制示例

下面以4.6节为例，说明招标控制价的编制方法。

<u>　某企业培训楼　</u> 工程

招 标 控 制 价

招标控制价(小写)：<u>　　　　　　395881　　　　　　</u>

　　　　(大写)：<u>　　叁拾玖万伍仟捌佰捌拾壹圆整　　</u>

招 标 人：<u>　　　　　　</u>　　造价咨询人：<u>　　　　　　</u>
　　　　　　　(单位盖章)　　　　　　　　　　　　(单位资质专用章)

法定代表人　　　　　　　　　　法定代表人
　　　　　　：<u>　　　　　　</u>　　　　　　　：<u>　　　　　　</u>
或其授权人　　(签字或盖章)　　或其授权人　　(签字或盖章)

编 制 人：<u>　　　　　　</u>　　复 核 人：<u>　　　　　　</u>
　　　　(造价人员签字盖专用章)　　　　　　(造价工程师签字盖专用章)

编 制 时 间：　年　月　日　复核时间：　年　月　日

总 说 明

单位工程招标控制价汇总表

工程名称：其企业培训楼工程　　　　　　　　标段：

序号	汇总内容	金额/元	其中:暂估价/元
1	分部分项工程	274673.83	
2	措施项目	92264.02	
2.1	其中:安全文明施工费	12220.14	
3	其他项目		—
3.1	其中:暂列金额		
3.2	其中:专业工程暂估价		
3.3	其中:计日工		
3.4	其中:总承包服务费		
4	规费	15630.27	—
5	税金	13313.37	—
	招标控制价合计 = 1 + 2 + 3 + 4 + 5	395881.49	0

注：本表适用于单位工程招标控制价或投标报价的汇总，如无单位工程划分，单项工程也使用本表汇总。

分部分项工程和单价措施项目清单与计价表

工程名称：其企业培训楼工程　　　　　　　　标段：

序号	项目编码	项目名称	项目特征	计量单位	工程量	综合单价	合价	其中：暂估价
1	010101001001	平整场地	1. 土壤类别：一二类	m²	75.40	0.82	61.83	
2	010101002001	挖一般土方	1. 土壤类别：一二类 2. 挖土深度：1.15m 3. 弃土运距：200m	m³	101.84	2.89	294.32	
3	010103001001	回填方	1. 密实度要求：夯 2. 填方材料品种：普通黏土 3. 填方来源、运距：场内取土	m³	55.26	19.19	1060.44	
4	010103002001	余方弃置	1. 废弃料品种：普通黏土 2. 运距：5km	m³	46.58	12.32	573.87	
5	010501001001	垫层	1. 混凝土种类：商品混凝土 2. 混凝土强度等级：C10	m³	8.86	432.83	3834.87	
6	010501004001	满堂基础	1. 混凝土种类：商品混凝土 2. 混凝土强度等级：C30	m³	29.33	452.14	13261.27	
7	010502001001	矩形柱1.8m以外	1. 混凝土种类：商品混凝土 2. 混凝土强度等级：C30	m³	1.20	558.21	669.85	
8	010502001002	矩形柱1.8m以内	1. 混凝土种类：商品混凝土 2. 混凝土强度等级：C30	m³	1.34	565.46	757.72	
9	010502001003	矩形柱1.8m以外	1. 混凝土种类：商品混凝土 2. 混凝土强度等级：C25	m³	7.20	547.85	3944.52	
10	010502001004	矩形柱1.8m以内	1. 混凝土种类：商品混凝土 2. 混凝土强度等级：C25	m³	8.06	575.35	4637.32	
11	010502001005	矩形柱（梯柱）	1. 混凝土种类：商品混凝土 2. 混凝土强度等级：C25	m³	0.95	623.79	592.60	
12	010505001001	有梁板100mm以内	1. 混凝土种类：商品混凝土 2. 混凝土强度等级：C25	m³	27.42	484.07	13273.20	
13	010505008001	阳台板	1. 混凝土种类：商品混凝土 2. 混凝土强度等级：C25	m³	0.55	657.29	361.51	
14	010505006001	栏板（阳台）	1. 混凝土种类：商品混凝土 2. 混凝土强度等级：C25	m³	0.37	673.32	249.13	
15	010505006002	栏板（挑檐）	1. 混凝土种类：商品混凝土 2. 混凝土强度等级：C25	m³	0.50	622.84	311.42	
16	010505007001	天沟（檐沟）、挑檐板	1. 混凝土种类：商品混凝土 2. 混凝土强度等级：C25	m³	2.59	617.25	1598.68	
17	010505003001	平板（梯平板）	1. 混凝土种类：商品混凝土 2. 混凝土强度等级：C25	m³	0.13	369.69	48.06	
18	010506001001	直形楼梯	1. 混凝土种类：商品混凝土 2. 混凝土强度等级：C25	m²	6.64	145.93	968.98	
19	010507005001	扶手、压顶	1. 断面尺寸：300mm×60mm 2. 混凝土种类：商品混凝土 3. 混凝土强度等级：C25	m³	0.61	623.87	380.56	
20	010510003001	过梁	1. 单件体积：0.26m³以内 2. 安装高度：3.6m以内 3. 混凝土强度等级：C25	m³	1.89	1263.26	2387.56	
21	010503005001	过梁	1. 混凝土种类：商品混凝土 2. 混凝土强度等级：C25	m³	0.20	622.05	124.41	
22	010502002001	构造柱	1. 混凝土种类：商品混凝土 2. 混凝土强度等级：C25	m³	0.35	707.66	247.68	
23	010401003001	实心砖墙	1. 砖品种、规格、强度等级：红砖240mm×115mm×63mm 2. 墙体类型：240mm女儿墙	m³	4.11	443.56	1823.03	
			本页小计				51462.83	

分部分项工程和单价措施项目清单与计价表

工程名称：某企业培训楼工程　　　　　　　标段：

序号	项目编码	项目名称	项目特征	计量单位	工程量	金额/元		
						综合单价	合价	其中：暂估价
23	010401003001	实心砖墙	3. 砂浆强度等级、配合比：M5.0 混合砂浆	m³	4.11	443.56	1823.03	
24	010401001001	砖基础	1. 砖品种、规格、强度等级：240mm×115mm×53mm 2. 基础类型：红砖条基 3. 砂浆强度等级：M5.0 水泥砂浆	m³	14.60	372.10	5432.66	
25	010401003002	实心砖墙	1. 砖品种、规格、强度等级：红砖240mm×115mm×53mm 2. 墙体类型：370mm 外墙 3. 砂浆强度等级、配合比：M5.0 混合砂浆	m³	50.66	439.24	22251.90	
26	010401003003	实心砖墙	1. 砖品种、规格、强度等级：红砖240mm×115mm×53mm 2. 墙体类型：240mm 内墙 3. 砂浆强度等级、配合比：M5.0 混合砂浆	m³	17.73	427.69	7582.94	
27	010801002001	木质门带套	门代号及洞口尺寸：镶板门双扇带亮	m²	6.48	263.18	1705.41	
28	010801002002	木质门带套	门代号及洞口尺寸：胶合板门单扇带亮	m²	8.64	353.90	3057.70	
29	010801001001	木质门	门代号及洞口尺寸：胶合板门单扇不带亮	m²	3.78	268.84	1016.22	
30	010807001001	金属(塑钢、断桥)窗	1. 窗代号及洞口尺寸：C-1,C-2,MC-1 2. 框、扇材质：塑钢窗	m²	30.78	278.81	8581.77	
31	010802001001	金属(塑钢)门	1. 门代号及洞口尺寸：MC-1 2. 门框或扇外围尺寸：塑钢门	m²	2.43	238.22	578.87	
32	011401001001	木门油漆	1. 门类型：胶合板门及镶板门 2. 腻子种类：聚氨酯 3. 油漆品种、刷漆遍数：聚氨酯漆两遍	m²	18.90	70.75	1337.18	
33	010801006001	门锁安装	锁品种：执手锁	套	7	156.21	1093.47	
34	011204003001	块料墙面	1. 墙体类型：砖墙 2. 安装方式：12mm 厚1:3 水泥砂浆扫毛；6mm 厚1:0.2:2.5 水泥石膏砂浆(内掺建筑胶) 3. 面层材料品种、规格、颜色：6~10mm 厚红色彩釉面砖 4. 缝宽、嵌缝材料种类：1:1 水泥(或水泥掺色)砂浆(细砂)勾缝	m²	30.12	128.05	3856.87	
35	011204003002	块料墙面	1. 墙体类型：砖墙 2. 安装方式：12mm 厚1:3 水泥砂浆扫毛；6mm 厚1:0.2:2.5 水泥石膏砂浆(内掺建筑胶) 3. 面层材料品种、规格、颜色：6~10mm 厚白色彩釉面砖	m²	231.68	126.24	29247.28	
			本页小计				85742.27	

分部分项工程和单价措施项目清单与计价表

工程名称：某企业培训楼工程　　　　　　标段：

序号	项目编码	项目名称	项目特征	计量单位	工程量	综合单价	合价	其中：暂估价
35	011204003002	块料墙面	4. 缝宽、嵌缝材料种类:1:1 水泥(或水泥掺色)砂浆(细砂)勾缝	m²				
36	011203001001	零星项目一般抹灰	1. 基层类型、部位:女儿墙、阳台栏板外侧及压顶 2. 底层厚度、砂浆配合比:1:2 水泥砂浆 20mm 厚	m²	27.02	106.61	2880.60	
37	011407001001	墙面喷刷涂料	1. 基层类型:抹灰面 2. 喷刷涂料部位:阳台及挑檐栏板外侧 3. 涂料品种、喷刷遍数:绿色仿石涂料	m²	19.62	25.85	507.18	
38	011107004001	水泥砂浆台阶面	面层厚度、砂浆配合比:1:2 水泥砂浆 20mm 厚	m²	4.77	58.32	278.19	
39	010507004001	台阶	1. 踏步高、宽:150mm × 300mm (100mm 厚) 2. 混凝土种类:商品混凝土 3. 混凝土强度等级:C15	m²	4.77	53.18	253.67	
40	011101001001	水泥砂浆楼地面	面层厚度、砂浆配合比:20mm 厚1:2 水泥砂浆	m²	1.47	28.74	42.25	
41	010501001002	垫层(平台处)	1. 混凝土种类:商品混凝土 2. 混凝土强度等级:C15	m³	0.15	596.33	89.45	
42	010507001001	散水、坡道	1. 垫层材料种类、厚度:商品混凝土80mm 厚 C10 2. 面层厚度:一次压光 3. 变形缝填塞材料种类:沥青砂浆	m²	18.98	72.17	1369.79	
43	011203001002	零星项目一般抹灰	1. 基层类型、部位:挑檐、阳台栏板内侧 2. 底层厚度、砂浆配合比:1:3 水泥砂浆	m²	14.39	105.58	1519.30	
44	011407001002	墙面喷刷涂料	1. 基层类型:抹灰面 2. 喷刷涂料部位:阳台栏板内侧 3. 涂料品种、喷刷遍数:耐擦洗白色涂料	m²	6.05	30.66	185.49	
45	011201001001	墙面一般抹灰	1. 墙体类型:女儿墙内侧 2. 面层厚度、砂浆配合比:1:2.5水泥砂浆	m²	18.51	35.28	653.03	
46	010902004001	屋面排水管	1. 排水管品种、规格:PVC DN100 排水管 2. 雨水斗、山墙出水口品种、规格:DN100	m	30.60	58.43	1787.96	
47	010902001001	屋面卷材防水	卷材品种、规格、厚度:4mm 厚 SBS 防水	m²	116.28	58.84	6841.92	
48	011101006001	平面砂浆找平层	找平层厚度、砂浆配合比:1:2 水泥砂浆(硬基上)	m²	90.32	20.33	1836.21	
49	011001001001	保温隔热屋面	保温隔热材料品种、规格、厚度:50mm 厚水泥炉渣找坡	m²	90.4	16.56	1497.02	
50	011001001002	保温隔热屋面	保温隔热材料品种、规格、厚度:100mm 厚 1:10 水泥珍珠岩	m²	66.94	26.36	1764.54	
51	011101006002	平面砂浆找平层	找平层厚度、砂浆配合比:1:2 水泥砂浆(填料上)	m²	66.94	21.74	1455.28	
			本页小计				22961.88	

分部分项工程和单价措施项目清单与计价表

工程名称：某企业培训楼工程　　　　　　　　标段：

序号	项目编码	项目名称	项目特征	计量单位	工程量	综合单价	合价	其中：暂估价
52	011503001001	金属扶手、栏杆、栏板	1. 扶手材料种类、规格:60mm不锈钢扶手 2. 栏杆材料种类、规格:竖条形不锈钢栏杆	m	7.04	286.46	2016.68	
53	010404001001	垫层	垫层材料种类、配合比、厚度:素土垫层	m³	12.77	46.08	588.44	
54	010404001002	垫层	垫层材料种类、配合比、厚度:3:7灰土垫层100mm厚	m³	8.81	143.41	1263.44	
55	010501001003	垫层(50mm厚细混凝土)	1. 混凝土种类:商品混凝土 2. 混凝土强度等级:C15	m³	0.78	496.32	387.13	
56	010904002001	楼(地)面涂膜防水	1. 防水膜品种:聚氨酯 2. 涂膜厚度、遍数:1.5mm厚	m²	20.34	47.60	968.18	
57	011101003001	细石混凝土楼地面	面层厚度、混凝土强度等级:35mm厚细混凝土C15	m²	15.59	46.05	717.92	
58	011104002001	竹、木(复合)地板	面层材料品种、规格、颜色:9.5mm厚硬木复合地板	m²	15.59	115.37	1798.62	
59	010501001004	垫层	1. 混凝土种类:商品混凝土 2. 混凝土强度等级:C10	m³	2.16	438.86	947.94	
60	011102003001	块料楼地面(图形、钢筋培训室)	1. 找平层厚度、砂浆配合比:20mm厚1:3水泥砂浆找平 2. 面层材料品种、规格、颜色:10mm地砖	m²	35.25	245.17	8642.24	
61	011101001002	水泥砂浆楼地面(楼梯间地面)	面层厚度、砂浆配合比:20mm厚1:2.5水泥砂浆	m²	7.92	101.43	803.33	
62	011102003002	块料楼地面	1. 找平层厚度、砂浆配合比:35mm厚C15细混凝土找平层 2. 结合层厚度、砂浆配合比:6mm厚建筑胶水泥砂浆 3. 面层材料品种、规格、颜色:10mm厚铺地砖	m²	21.42	248.58	5324.58	
63	011101001003	水泥砂浆楼地面(清单、预算室)	1. 素水泥浆遍数:一道 2. 面层厚度、砂浆配合比:20mm厚1:2.5水泥砂浆抹面压实赶光	m²	35.25	27.83	981.01	
64	011106004001	水泥砂浆楼梯面层	面层厚度、砂浆配合比:20mm厚1:2水泥砂浆	m²	6.64	101.58	674.49	
65	011101001004	水泥砂浆楼地面	面层厚度、砂浆配合比:20mm厚1:2水泥砂浆	m²	1.28	28.60	36.61	
66	011105002001	石材踢脚线	1. 踢脚线高度:120mm 2. 粘贴层厚度、材料种类:5mm厚1:3水泥砂浆打底扫毛或划出纹道,12mm厚1:2水泥砂浆内掺建筑胶 3. 面层材料品种、规格、颜色:10mm厚大理石板,稀水泥擦缝 4. 防护材料种类:涂防污剂	m²	5.49	171.59	942.03	
67	011105001001	水泥砂浆踢脚线	1. 踢脚线高度:150mm 2. 底层厚度、砂浆配合比:10mm厚1:3水泥砂浆打底扫毛或划出纹道,素水泥浆一道	m	60.95	9.90	603.41	
			本页小计				26696.05	

分部分项工程和单价措施项目清单与计价表

工程名称：某企业培训楼工程　　　　　　　　　标段：

序号	项目编码	项目名称	项目特征	计量单位	工程量	综合单价	合价	其中：暂估价
67	011105001001	水泥砂浆踢脚线	3. 面层厚度、砂浆配合比：8mm 厚 1:2.5 水泥砂浆罩面压实赶光	m	60.95	9.90	603.41	
68	011207001001	墙面装饰板	1. 基层材料种类、规格：5mm 厚胶合板衬层背满涂建筑胶，用胀管螺栓与墙体固定 2. 面层材料品种、规格、颜色：3mm 厚胶合板，建筑胶粘贴	m²	12.89	68.84	887.35	
69	011404001001	木护墙、木墙裙油漆	油漆品种、刷漆遍数：聚氨酯调和漆三遍	m²	12.89	48.18	621.04	
70	010903002001	墙面涂膜防水	1. 防水膜品种：高聚物改性沥青涂膜防潮层 2. 涂膜厚度、遍数：2.5mm 厚	m²	12.89	47.73	615.24	
71	011201001002	墙面一般抹灰	1. 墙体类型：砖墙 2. 底层厚度、砂浆配合比：9mm 厚 1:3 水泥砂浆打底扫毛或划出纹道 3. 面层厚度、砂浆配合比：5mm 厚 1:2.5 水泥砂浆找平	m²	366.10	34.74	12718.31	
72	011407001003	墙面喷刷涂料	1. 基层类型：抹灰面 2. 喷刷涂料部位：内墙 3. 涂料品种、喷刷遍数：喷水性耐擦洗涂料	m²	366.10	36.22	13260.14	
73	011302001001	吊顶天棚（接待室）	1. 吊顶形式、吊杆规格、高度：U 形轻钢龙骨 2. 龙骨材料种类、规格、中距：CB50×20，或 CB60×27，中距 1200mm，龙骨吸顶件用膨胀螺栓 3. 面层材料品种、规格：9.5mm 纸面石膏板，用自攻螺钉与龙骨固定，中距大于 200mm 4. 防护材料种类：满刮氯偏乳液防潮涂料两遍	m²	15.59	77.93	1214.93	
74	011407002001	天棚喷刷涂料（接待室）	1. 基层类型：石膏板 2. 喷刷涂料部位：天棚 3. 刮腻子要求：满刮 2mm 耐水腻子找平 4. 涂料品种、喷刷遍数：水性耐擦洗涂料	m²	15.59	41.85	652.44	
75	011407002002	天棚喷刷涂料	1. 基层类型：混凝土板 2. 喷刷涂料部位：天棚 3. 腻子种类：素水泥浆一道，满刮 3mm 厚底基防裂腻子分遍找平 4. 刮腻子要求：满刮 2mm 厚面层耐水腻子找平 5. 涂料品种、喷刷遍数：水性耐擦洗涂料	m²	133.31	44.72	5961.62	
76	010515001001	现浇构件钢筋	钢筋种类、规格：φ10mm 以内圆钢	t	3.92	3090.01	12112.84	
77	010515001002	现浇构件钢筋	钢筋种类、规格：φ10mm 以外圆钢	t	3.099	2277.61	7058.31	
78	010515001003	现浇构件钢筋	钢筋种类、规格：φ10mm 以外螺纹钢	t	16.753	1832.14	30693.84	
			本页小计				85796.06	

分部分项工程和单价措施项目清单与计价表

工程名称：某企业培训楼工程　　　　　　　标段：

序号	项目编码	项目名称	项目特征	计量单位	工程量	综合单价	合价	其中：暂估价
						金额/元		
79	010515003001	钢筋网片	钢筋种类、规格:砌体拉结筋	t	0.201	3859.20	775.70	
80	010516003001	机械连接	1.连接方式:电渣压焊 2.规格:φ22mm	个	48	3.03	145.44	
81	010516003002	机械连接	1.连接方式:电渣压焊 2.规格:φ25mm	个	240	3.31	794.40	
82	010903003001	墙面砂浆防水（防潮）	防水层做法:20mm 厚防水砂浆	m²	14.79	20.23	299.20	
		分部小计					274673.83	
		单价措施						
83	011701001001	综合脚手架	1.建筑结构形式:砖混结构 2.檐口高度:7.2m	m²	153.54	25.30	3884.56	
84	011703001001	垂直运输	1.建筑物建筑类型及结构形式:砖混结构 2.地下室建筑面积:0 3.建筑物檐口高度、层数:7.2m、2 层	m²	153.54	17.32	2659.31	
85	011705001001	大型机械设备进出场及安拆	1.机械设备名称:塔式起重机 2.机械设备规格型号:2t	台次	1	26357.85	26357.85	
86	011702001001	基础（此处含垫层模板）	基础类型:满堂基础	m³	29.33	113.91	3340.98	
87	011702002001	矩形柱（1.8m 以外）		m³	1.20	452.38	542.86	
88	011702002002	矩形柱（1.8m 以内）		m³	1.34	736.45	986.84	
89	011702002003	矩形柱（1.8m 以外）		m³	7.20	452.38	3257.14	
90	011702002004	矩形柱（1.8m 以内）	部位:梯柱	m³	8.06	762.88	6148.81	
91	011702002005	矩形柱		m³	0.95	1050.54	998.01	
92	011702009001	过梁	形式:现浇及预制	m³	2.09	407.77	852.24	
93	011702014001	有梁板	支撑高度:3.6m	m³	27.42	672.60	18442.69	
94	011702023001	雨篷、悬挑板、阳台板	1.构件类型:阳台 2.板厚度:100mm 厚	m³	0.55	1613.96	887.68	
95	011702022001	天沟、檐沟	构件类型:挑檐	m³	2.59	1799.76	4661.38	
96	011702021001	栏板(阳台及挑檐)	部位:阳台、挑檐	m³	0.87	2450.51	2131.94	
97	011702016001	平板	支撑高度:1.8m	m³	0.13	610.54	79.37	
98	011702024001	楼梯	类型:整体楼梯	m²	6.64	210.41	1397.12	
99	011702025001	其他现浇构件	构件类型:压顶	m³	0.61	764.56	466.38	
100	011702029001	散水	厚度:80mm 厚 C15	m³	1.52	308.80	469.38	
101	011702027001	台阶	台阶踏步宽:300mm 宽	m³	0.48	456.77	219.25	
102	011702003002	构造柱		m³	0.35	657.89	230.26	
		分部小计					78014.05	
		本页小计					80028.79	
		合计					352687.88	

注：为计取规费等的使用，可在表中增设"其中：定额人工费"。

总价措施项目清单与计价表

工程名称：某企业培训楼工程　　　　　　　　标段：

序号	项目编码	项目名称	计算基础	费率（%）	金额/元	调整费率(%)	调整后金额/元	备注
1	011707001001	安全文明施工(含环境保护、文明施工、安全施工、临时设施、扬尘污染防治增加费)	(人工费＋机具费)×费率	9.06	12220.14			
2	011707002001	夜间施工	按规定记取					
3	011707003001	非夜间施工照明	按规定记取					
4	011707004001	二次搬运	人工费×费率	0.30	332.27			
5	011707005001	雨季施工	人工费×费率	0.38	420.87			
6	011707005002	冬季施工	按规定记取	150				
7	011707006001	地上、地下设施、建筑物的临时保护设施	按规定记取					
8	011707007001	已完工程及设备保护	按规定记取					
9	01B001	工程定位复测费	(人工费＋机具费)×费率	1.18	1276.69			
	合计				14249.97			

其他项目清单与计价汇总表

工程名称：某企业培训楼工程　　　　　　标段：

序号	项目名称	金额/元	结算金额/元	备注
1	暂列金额			
2	暂估价			
2.1	材料暂估价			
2.2	专业工程暂估价			
3	计日工			
4	总承包服务费			
5	索赔与现场签证			
	合计			

注：材料（工程设备）暂估单价进入清单项目综合单价，此处不汇总。

规费、税金项目计价表

工程名称：某企业培训楼工程　　　　　　　　　标段：

序号	项目名称	计算基础	计算基数	计算费率(%)	金额/元
1	规费	1.1 + 1.2 + 1.3 + 1.4 + 1.5	15630.27		15630.27
1.1	社会保险费	(1) + (2) + (3)	14365.09		14365.09
(1)	养老保险费、失业保险费、医疗保险费、住房公积金	人工费×核定的费率	110756.27	11.94	13224.30
(2)	生育保险费	人工费×费率	110756.27	0.42	465.18
(3)	工伤保险费	人工费×费率	110756.27	0.61	675.61
1.2	工程排污	人工费×费率	110756.27	0.30	332.27
1.3	防洪基础设施建设资金、副食品价格调节基金	税前工程造价	382166.84	0.105	401.28
1.4	残疾人就业保障金	人工费×费率	110756.27	0.48	531.63
1.5	其他规费	按相关文件规定计取			
2	税金	分部分项工程量清单合计 + 措施项目清单合计 + 其他项目清单合计 + 规费	382568.12	3.48	13313.37
		合计			28943.64

编制人（造价人员）：

分部分项工程和单价措施项目清单综合单价分析表

工程名称：某企业培训楼工程

序号	编码	清单/定额名称	单位	数量	综合单价/元	人工费	材料费	机械费	管理费	利润	合价/元
1	010101001001	平整场地	m²	75.40	0.82	0.14		0.59	0.08	0.02	61.83
	A1-0002	平整场地 机械	1000m²	0.0754	822.77	136.08		588.91	78.43	19.35	62.04
2	010101002001	挖一般土方	m³	101.84	2.89	1.08		1.40	0.27	0.15	294.32
	A1-0003	人工挖土方 一、二类土 1.5m 以内	100m³	0.023	2378.44	1905.12			202.37	270.95	54.70
	A1-0023	挖掘机挖土方 一、二类土 斗容量 1.8m³	1000m³	0.1134	2117.48	583.20		1253.24	198.10	82.94	240.12
3	010103001001	回填方	m³	55.26	19.19	13.23		2.41	1.67	1.88	1060.44
	A1-0178	土、石方回填土 夯填	100m³	0.691	1534.90	1058.40		192.62	133.35	150.53	1060.62
4	010103002001	余方弃置	m³	46.58	12.32	0.42		10.64	1.20	0.06	573.87
	A1-0311	自卸汽车运土方 载质量 10t 运距 1km 以内	1000m³	0.0338	10348.71	583.20		8677.89	1004.68	82.94	349.79
	A1-0312	自卸汽车运土方 载质量 10t 运距每增加 1km	1000m³	0.1352	1658.04			1495.57	162.47		224.17
5	010501001001	垫层	m³	8.86	432.83	90.33	319.01	0.95	9.70	12.85	3834.87
	A4-1262 换	商品混凝土 垫层 混凝土无筋	10m³	0.89	4308.82	899.24	3175.73	9.42	96.54	127.89	3834.85
6	010501004001	满堂基础	m³	29.33	452.14	66.81	367.81	0.83	7.19	9.50	13261.27
	A4-1009 换	商品混凝土 现浇满堂基础 有梁式混凝土	10m³	2.93	4526.08	668.79	3681.91	8.32	71.94	95.12	13261.41
7	010502001001	矩形柱 1.8m 以外	m³	1.20	558.21	152.18	366.24	1.79	16.36	21.64	669.85
	A4-1020 换	商品混凝土 现浇矩形柱 周长 1.8m 以外 混凝土	10m³	0.12	5582.06	1521.72	3662.38	17.95	163.59	216.42	669.85
8	010502001002	矩形柱 1.8m 以内	m³	1.34	565.46	165.87	356.44	1.74	17.81	23.59	757.72
	A4-1019 换	商品混凝土 现浇矩形柱 周长 1.8m 以内 混凝土	10m³	0.13	5828.58	1709.78	3674.11	17.95	183.57	243.17	757.72
9	010502001003	矩形柱 1.8m 以外	m³	7.20	547.85	152.17	355.88	1.79	16.36	21.64	3944.52
	A4-1020	商品混凝土 现浇矩形柱 周长 1.8m 以外 混凝土	10m³	0.72	5478.53	1521.72	3558.85	17.95	163.59	216.42	3944.54
10	010502001004	矩形柱 1.8m 以内	m³	8.06	575.35	171.83	358.83	1.80	18.45	24.44	4637.32
	A4-1019	商品混凝土 现浇矩形柱 周长 1.8m 以内 混凝土	10m³	0.81	5725.05	1709.78	3570.58	17.95	183.57	243.17	4637.29
11	010502001005	矩形柱（梯柱）	m³	0.95	623.79	195.18	378.02	1.89	20.94	27.76	592.60
	A4-1018	商品混凝土 现浇矩形柱 周长 1.2m 以内 混凝土	10m³	0.10	5925.96	1854.23	3591.16	17.95	198.91	263.71	592.60

分部分项工程和单价措施项目清单综合单价分析表

工程名称：某企业培训楼工程

序号	编码	清单/定额名称	单位	数量	综合单价/元	人工费	材料费	机械费	管理费	利润	合价/元
							其中/元				
12	010505001001	有梁板100mm以内	m³	27.42	484.07	95.58	363.16	1.43	10.31	13.59	13273.20
	A4-1037换	商品混凝土现浇有梁板100mm以内混凝土	10m³	2.74	4844.28	956.48	3634.30	14.32	103.15	136.03	13273.33
13	010505008001	阳台板	m³	0.55	657.29	210.35	391.56	2.80	22.65	29.91	361.51
	A4-1048	商品混凝土现浇阳台　混凝土	10m³	0.06	6025.14	1928.21	3589.39	25.70	207.61	274.23	361.51
14	010505006001	栏板（阳台）	m³	0.37	673.32	238.57	375.49		25.35	33.92	249.13
	A4-1044	商品混凝土现浇栏板直形　混凝土	10m³	0.04	6228.34	2206.85	3473.21		234.42	313.86	249.13
15	010505006002	栏板（挑檐）	m³	0.5	622.84	220.68	347.32		23.44	31.38	311.42
	A4-1044	商品混凝土现浇栏板直形　混凝土	10m³	0.05	6228.34	2206.85	3473.21		234.42	313.86	311.42
16	010505007001	天沟（檐沟）、挑檐板	m³	2.59	617.25	201.51	363.03	2.39	21.66	28.66	1598.68
	A4-1046	商品混凝土现浇天沟、挑檐板　混凝土	10m³	0.26	6148.81	2007.32	3616.35	23.85	215.81	285.48	1598.69
17	010505003001	平板（梯平板）	m³	0.13	369.69	76.85	272.46	1.08	8.31	10.92	48.06
	A4-1040	商品混凝土现浇平板100mm以内混凝土	10m³	0.01	4805.82	999.27	3542.41	14.32	107.70	142.12	48.06
18	010506001001	直形楼梯	m²	6.64	145.93	45.09	89.02	0.56	4.85	6.41	968.98
	A4-1049	商品混凝土现浇直形楼梯混凝土	10m²	0.66	1468.12	453.60	895.60	5.62	48.79	64.51	968.96
19	010507005001	扶手、压顶	m³	0.61	623.87	212.74	358.28		22.59	30.26	380.56
	A4-1051	商品混凝土现浇压顶　混凝土	10m³	0.06	6342.68	2162.84	3642.50		229.74	307.60	380.56
20	010510003001	过梁	m³	1.89	1263.26	255.23	833.72	100.03	37.97	36.30	2387.56
	A4-0068	预制过梁混凝土	10m³	0.19	4779.66	1314.09	2788.23	316.48	173.97	186.89	908.14
	A4-0243	外购预制混凝土构件安装三类构件	10m³	0.19	7786.44	1224.72	5505.14	678.59	203.81	174.18	1479.42
21	010503005001	过梁	m³	0.2	622.05	212.60	355.20	1.35	22.75	30.25	124.41
	A4-1029	商品混凝土现浇过梁　混凝土	10m³	0.02	6220.74	2125.85	3551.76	13.51	227.28	302.34	124.41
22	010502002001	构造柱	m³	0.35	707.66	238.97	407.06	2.03	25.60	33.97	247.68
	A4-1021	商品混凝土现浇构造柱混凝土	10m³	0.04	6191.89	2090.88	3561.76	17.84	224.04	297.37	247.68
23	010401003001	实心砖墙	m³	4.11	443.56	182.20	211.18	4.43	19.83	25.91	1823.03
	A3-0009	砖外墙　1砖	10m³	0.41	4446.41	1826.42	2116.99	44.41	198.83	259.76	1823.03
24	010401001001	砖基础	m³	14.6	372.10	126.45	209.42	4.33	13.90	17.98	5432.66

分部分项工程和单价措施项目清单综合单价分析表

工程名称：某企业培训楼工程

序号	编码	清单/定额名称	单位	数量	综合单价/元	人工费	材料费	机械费	管理费	利润	合价/元
24	A3-0001	砖基础	10m³	1.46	3720.97	1264.55	2094.24	43.30	139.03	179.85	5432.62
25	010401003002	实心砖墙	m³	50.66	439.24	176.56	213.65	4.67	19.26	25.11	22251.90
	A3-0008	砖外墙　1砖半	10m³	5.07	4388.97	1764.18	2134.79	46.63	192.46	250.91	22252.08
26	010401003003	实心砖墙	m³	17.73	427.69	170.78	209.69	4.32	18.61	24.29	7582.94
	A3-0003	砖内墙　1砖	10m³	1.77	4284.18	1710.72	2100.44	43.30	186.42	243.30	7583.00
27	010801002001	木质门带套	m²	6.48	263.18	65.32	169.62	3.11	15.73	9.41	1705.41
	B4-0005	无纱镶板门双扇带亮子框制作	100m²	0.065	3435.35	722.56	2379.66	55.12	173.96	104.05	223.30
	B4-0006	无纱镶板门双扇带亮子框安装	100m²	0.065	1588.85	531.30	852.12	1.01	127.91	76.51	103.28
	B4-0007	无纱镶板门双扇带亮子扇制作	100m²	0.065	11630.77	3246.46	6881.34	253.90	781.58	467.49	756.00
	B4-0008	无纱镶板门双扇带亮子扇安装	100m²	0.065	2268.81	1480.66	218.47		356.47	213.21	147.47
	B4-0249	木门五金配件镶板门、半玻门带亮双扇	套	1	475.38	34.50	427.60		8.31	4.97	475.38
28	010801002002	木质门带套	m²	8.64	353.90	62.42	263.25	4.21	15.03	8.99	3057.70
	B4-0033	无纱镶胶合板门单扇带亮子框制作	100m²	0.086	4915.92	1009.80	3435.01	82.59	243.11	145.41	422.77
	B4-0034	无纱镶胶合板门单扇带亮子框安装	100m²	0.086	2392.92	703.06	1417.84	1.52	169.26	101.24	205.79
	B4-0035	无纱镶胶合板门单扇带亮子扇制作	100m²	0.086	9701.98	2810.10	5471.95	338.75	676.53	404.65	834.37
	B4-0036	无纱镶胶合板门单扇带亮子扇安装	100m²	0.086	2471.47	1650.30	186.22		397.31	237.64	212.55
	B4-0254	木门五金配件胶合板门带亮单扇	套	4	345.55	2.10	342.64		0.51	0.30	1382.20
29	010801001001	木质门	m²	3.78	268.84	63.58	175.92	4.87	15.31	9.15	1016.22
	B4-0041	无纱镶胶合板门单扇无亮子框制作	100m²	0.038	5008.79	983.86	3569.99	76.40	236.86	141.68	190.33
	B4-0042	无纱镶胶合板门单扇无亮子框安装	100m²	0.038	2937.29	911.56	1673.49	1.52	219.46	131.26	111.62
	B4-0043	无纱镶胶合板门单扇无亮子扇制作	100m²	0.038	10972.92	3276.76	6029.50	405.93	788.88	471.85	416.97
	B4-0044	无纱镶胶合板门单扇无亮子扇安装	100m²	0.038	1443.19	1042.20			250.91	150.08	54.84
	B4-0252	木门五金配件胶合板门无亮单扇	套	2	121.22	2.10	118.31		0.51	0.30	242.44
30	010807001001	金属（塑钢、断桥）窗	m²	30.78	278.81	32.42	233.32	0.60	7.81	4.67	8581.77
	B4-0242	塑钢窗　单层	100m²	0.308	27863.39	3240.00	23316.64	60.16	780.03	466.56	8581.92
31	010802001001	金属（塑钢）门	m²	2.43	238.22	32.00	193.32	0.59	7.70	4.61	578.87

分部分项工程和单价措施项目清单综合单价分析表

工程名称：某企业培训楼工程

序号	编码	清单/定额名称	单位	数量	综合单价/元	人工费	材料费	机械费	管理费	利润	合价/元
						其中/元					
31	B4-0087	塑钢门（全板）带亮	100m²	0.024	24119.93	3240.00	19573.72	59.62	780.03	466.56	578.88
32	011401001001	木门油漆	m²	18.9	70.75	40.51	14.65		9.75	5.83	1337.18
	B5-0014	门油漆 单层木门润油粉、刮腻子聚氨酯漆三遍	100m²	0.189	7074.66	4051.06	1464.96		975.29	583.35	1337.11
33	010801006001	门锁安装	套	7	156.21	43.20	96.39		10.40	6.22	1093.47
	B4-0283	其他门五金配件 L形执手杆锁	把	7	156.21	43.20	96.39		10.40	6.22	1093.47
34	011204003001	块料墙面	m²	30.12	128.05	55.70	50.19	0.72	13.41	8.02	3856.87
	B2-0159	墙面镶贴块料 194mm×94mm面砖（水泥砂浆粘贴）灰缝10mm	100m²	0.301	12813.44	5573.86	5022.55	72.48	1341.91	802.64	3856.85
35	011204003002	块料墙面	m²	231.68	126.24	55.74	48.32	0.72	13.42	8.03	29247.28
	B2-0159	墙面镶贴块料 194mm×94mm面砖（水泥砂浆粘贴）灰缝10mm	100m²	2.317	12622.95	5573.86	4832.06	72.48	1341.91	802.64	29247.38
36	011203001001	零星项目一般抹灰	m²	27.02	106.61	70.75	8.22	0.41	17.03	10.19	2880.60
	B2-0100 换	一般抹灰 水泥砂浆 零星项目	100m²	0.27	10668.53	7080.46	822.79	41.07	1704.62	1019.59	2880.50
37	011407001001	墙面喷刷涂料	m²	19.62	25.85	6.91	14.90	1.39	1.66	0.99	507.18
	B5-0270	喷刷、涂料外墙喷硬质复层凹凸花纹涂料（浮雕型）抹灰面	100m²	0.196	2587.72	691.20	1491.00	139.58	166.41	99.53	507.19
38	011107004001	水泥砂浆台阶面	m²	4.77	58.32	32.97	12.11	0.56	7.94	4.75	278.19
	B1-0274	水泥砂浆台阶面 水泥砂浆面层台阶20mm	100m²	0.048	5795.24	3276.00	1203.29	55.51	788.70	471.74	278.17
39	010507004001	台阶	m²	4.77	53.18	13.76	35.76	0.23	1.49	1.96	253.67
	A4-1052 换	商品混凝土 现浇台阶混凝土	10m³	0.05	5073.61	1312.34	3411.26	21.62	141.75	186.64	253.68
40	011101001001	水泥砂浆楼地面	m²	1.47	28.74	14.49	8.29	0.39	3.49	2.09	42.25
	B1-0001	水泥砂浆面层楼地面 20mm	100m²	0.015	2816.46	1420.20	812.10	37.74	341.91	204.51	42.25
41	010501001002	垫层（平台处）	m³	0.15	596.33	111.67	455.60	1.20	12.00	15.87	89.45
	A4-1017	商品混凝土 现浇基础垫层混凝土	10m³	0.02	4472.31	837.27	3416.84	9.19	89.93	119.08	89.45
42	010507001001	散水、坡道	m²	18.98	72.17	20.64	46.32	0.08	2.20	2.94	1369.79
	A4-1056 换	商品混凝土 现浇散水混凝土	10m³	0.15	4569.50	1037.61	3262.20	10.74	111.38	147.57	685.43

分部分项工程和单价措施项目清单综合单价分析表

工程名称：某企业培训楼工程

序号	编码	清单/定额名称	单位	数量	综合单价/元	人工费	材料费	机械费	管理费	利润	合价/元
						其中/元					
42	A7 - 0186	变形缝 沥青砂浆	100m	0.369	1854.75	639.63	1056.21		67.94	90.97	684.40
43	011203001002	零星项目 一般抹灰	m²	14.39	105.58	70.85	7.06	0.41	17.06	10.20	1519.30
	B2 - 0100 换	一般抹灰 水泥砂浆 零星项目	100m²	0.144	10550.79	7080.46	705.05	41.07	1704.62	1019.59	1519.31
44	011407001002	墙面喷刷涂料	m²	6.05	30.66	10.38	16.29		2.50	1.49	185.49
	B5 - 0229	抹灰面油漆 乳胶漆 三遍	100m²	0.061	3040.90	1029.00	1615.99		247.73	148.18	185.49
45	011201001001	墙面一般抹灰	m²	18.51	35.28	19.82	7.40	0.43	4.77	2.85	653.03
	B2 - 0020 换	墙面一般抹灰 水泥砂浆 砖墙	100m²	0.185	3529.95	1982.86	740.89	43.30	477.37	285.53	653.04
46	010902004001	屋面排水管	m	30.6	58.43	25.32	26.82		2.69	3.60	1787.96
	A7 - 0109	屋面排水管 PVC 排水管 φ100mm	100m	0.306	4271.97	1804.01	2019.76		191.63	256.57	1307.22
	A7 - 0111	屋面排水管 塑料水斗	10 个	0.4	246.17	116.64	100.55		12.39	16.59	98.47
	A7 - 0112	屋面排水管 塑料弯头	10 个	0.4	186.82	126.36	29.07		13.42	17.97	74.73
	A7 - 0105	屋面排水管 铸铁 落水口 φ100mm	10 个	0.4	768.91	314.01	376.89		33.35	44.66	307.56
47	010902001001	屋面卷材防水	m²	116.28	58.84	7.46	49.53		0.79	1.06	6841.92
	A7 - 0065	屋面卷材防水 SBS 改性沥青 防水卷材 厚度 4mm	100m²	1.163	5882.89	745.47	4952.21		79.19	106.02	6841.80
48	011101006001	平面砂浆找平层	m²	90.32	20.33	9.77	6.42	0.38	2.35	1.41	1836.21
	B1 - 0288	楼地面找平层 水泥砂浆 混凝土或硬基 层上 20mm	100m²	0.903	2033.59	977.40	642.39	37.74	235.31	140.75	1836.33
49	011001001001	保温隔热屋面	m²	90.32	16.56	3.48	12.21		0.37	0.49	1497.02
	A8 - 0207	保温隔热屋面 屋面保温 水泥石灰炉渣	10m³	0.45	3326.32	698.90	2453.78		74.24	99.40	1496.84
50	011001001002	保温隔热屋面	m²	66.94	26.36	7.00	17.63		0.74	0.99	1764.54
	A8 - 0203	保温隔热屋面 屋面保温 现浇水泥珍珠岩	10m³	0.67	2633.52	698.90	1760.98		74.24	99.40	1764.46
51	011101006002	平面砂浆找平层	m²	66.94	21.74	10.15	7.22	0.47	2.44	1.46	1455.28
	B1 - 0289	楼地面找平层 水泥砂浆 在填充材料 上 20mm	100m²	0.669	2175.17	1015.20	722.74	46.63	244.41	146.19	1455.19
52	011503001001	金属扶手、 栏杆、栏板	m	7.04	286.46	47.79	213.29	7.00	11.5	6.88	2016.68
	B1 - 0201	不锈钢管栏杆 直线型竖条式	100m	0.07	22907.73	3682.80	17364.66	443.32	886.63	530.32	1603.54

分部分项工程和单价措施项目清单综合单价分析表

工程名称：某企业培训楼工程

序号	编码	清单/定额名称	单位	数量	综合单价/元	人工费	材料费	机械费	管理费	利润	合价/元
						其中/元					
52	B1-0216	不锈钢扶手 直形 φ60mm	100m	0.07	5901.86	1123.20	4085.97	260.54	270.41	161.74	413.13
53	010404001001	垫层	m³	12.77	46.08	49.01	-16.29	1.07	5.32	6.97	588.44
	A4-0247	垫层 素土	10m³	1.28	459.69	488.97	-162.54	10.63	53.09	69.54	588.40
54	010404001002	垫层	m³	8.81	143.41	78.74	43.93	1.06	8.48	11.20	1263.44
	A4-0248	垫层 灰土	10m³	0.88	1435.68	788.27	439.78	10.63	84.89	112.11	1263.40
55	010501001003	垫层（50mm 厚细混凝土）	m³	0.78	496.32	92.23	380.10	0.96	9.90	13.12	387.13
	A4-1262	商品混凝土 垫层 混凝土 无筋	10m³	0.08	4839.07	899.24	3705.98	9.42	96.54	127.89	387.13
56	010904002001	楼(地)面涂膜防水	m²	20.34	47.60	3.73	42.94		0.40	0.53	968.18
	A7-0141	墙、地面涂膜防水 聚氨酯 二遍	100m²	0.203	4768.95	373.28	4302.93		39.65	53.09	968.10
57	011101003001	细石混凝土楼地面	m²	15.59	46.05	21.46	15.87	0.47	5.17	3.09	717.92
	B1-0018 换	细石混凝土面层 商品混凝土 厚度4cm 无筋	100m²	0.156	4913.97	2225.86	1780.38	51.34	535.87	320.52	766.58
	B1-0020	细石混凝土面层 商品混凝土 每增减0.5cm	100m²	-0.156	312.27	81.60	194.83	4.44	19.65	11.75	-48.71
58	011104002001	竹、木(复合)地板	m²	15.59	115.37	16.04	93.16		3.86	2.31	1798.62
	B1-0118	木质地板 长条复合地板 铺在混凝土面上	100m²	0.156	11529.88	1602.76	9310.46		385.86	230.80	1798.66
59	010501001004	垫层	m³	2.16	438.86	91.59	323.45	0.96	9.83	13.03	947.94
	A4-1262 换	商品混凝土 垫层 混凝土 无筋	10m³	0.22	4308.82	899.24	3175.73	9.42	96.54	127.89	947.94
60	011102003001	块料楼地面(图形、钢筋培训室)	m²	35.25	245.17	30.19	202.54	0.83	7.27	4.35	8642.24
	B1-0058	陶瓷地砖楼地面 周长2400mm以内	100m²	0.353	24482.20	3014.26	20225.04	83.17	725.68	434.05	8642.22
61	011101001002	水泥砂浆楼地面 (楼梯间地面)	m²	7.92	101.43	65.48	10.27	0.50	15.76	9.43	803.33
	B1-0002 换	水泥砂浆面层 楼梯 20mm	100m²	0.079	10169.13	6564.30	1029.26	49.95	1580.36	945.26	803.36
62	011102003002	块料楼地面	m²	21.42	248.58	29.04	207.63	0.73	6.99	4.18	5324.58
	B1-0293	楼地面找平层 商品混凝土 厚30mm	100m²	0.207	2160.42	765.30	1072.05	28.62	184.25	110.20	447.21
	B1-0294	楼地面找平层 商品混凝土 每增减5mm	100m²	0.207	354.01	133.50	168.68	0.47	32.14	19.22	73.28
	B1-0058	陶瓷地砖楼地面周长 2400mm以内	100m²	0.214	24482.20	3014.26	20225.04	83.17	725.68	434.05	5239.19

分部分项工程和单价措施项目清单综合单价分析表

工程名称：某企业培训楼工程

序号	编码	清单/定额名称	单位	数量	综合单价/元	人工费	材料费	机械费	管理费	利润	合价/元
							其中/元				
62	B1-0288	楼地面找平层 水泥砂浆 混凝土或硬基层上 20mm	100m²	-0.214	2033.59	977.40	642.39	37.74	235.31	140.75	-435.19
63	011101001003	水泥砂浆楼地面 （清单、预算室）	m²	35.25	27.83	14.22	7.76	0.38	3.42	2.05	981.01
	B1-0001换	水泥砂浆面层 楼地面 20mm	100m²	0.353	2778.90	1420.20	774.54	37.74	341.91	204.51	980.95
64	011106004001	水泥砂浆 楼梯面层	m²	6.64	101.58	65.25	10.73	0.50	15.71	9.40	674.49
	B1-0002	水泥砂浆面层 楼梯 20mm	100m²	0.066	10219.15	6564.30	1079.28	49.95	1580.36	945.26	674.46
65	011101001004	水泥砂浆楼地面	m²	1.28	28.60	14.42	8.25	0.38	3.47	2.08	36.61
	B1-0001	水泥砂浆面层 楼地面 20mm	100m²	0.013	2816.46	1420.20	812.10	37.74	341.91	204.51	36.61
66	011105002001	石材踢脚线	m²	5.49	171.59	47.93	104.44	0.77	11.54	6.90	942.03
	B1-0136	石材踢脚线 直线形 大理石 水泥砂浆	100m²	0.055	17127.53	4784.40	10425.05	77.29	1151.84	688.95	942.01
67	011105001001	水泥砂浆踢脚线	m	60.95	9.90	6.41	0.97	0.06	1.54	0.92	603.41
	B1-0003	水泥砂浆面层 踢脚线 底层 12mm 面层 8mm	100m	0.61	989.27	640.50	96.78	5.56	154.20	92.23	603.45
68	011207001001	墙面装饰板	m²	12.89	68.84	22.75	28.50	8.84	5.48	3.28	887.35
	B2-0296	夹板、卷材基层 胶合板基层 5mm	100m²	0.129	2597.66	658.80	1391.00	294.38	158.61	94.87	335.10
	B2-0317	墙面、墙裙面层 胶合板面	100m²	0.129	4281.10	1614.60	1456.53	588.76	388.71	232.50	552.26
69	011404001001	木护墙、 木墙裙油漆	m²	12.89	48.18	29.34	7.55		7.06	4.23	621.04
	B5-0148	其他木材面油漆 润油粉、刮腻子 聚氨酯漆三遍	100m²	0.129	4814.31	2932.20	753.94		705.93	422.24	621.05
70	010903002001	墙面涂膜防水	m²	12.89	47.73	3.74	43.06		0.40	0.53	615.24
	A7-0141	墙、地面涂膜防水 聚氨酯 二遍	100m²	0.129	4768.95	373.28	4302.93		39.65	53.09	615.19
71	011201001002	墙面一般抹灰	m²	366.1	34.74	19.83	6.85	0.43	4.77	2.86	12718.31
	B2-0020	墙面一般抹灰 水泥砂浆 砖墙	100m²	3.661	3474.15	1982.86	685.09	43.30	477.37	285.53	12718.86
72	011407001003	墙面喷刷涂料	m²	366.1	36.22	10.28	21.99		2.48	1.48	13260.14
	B5-0259	喷刷、涂料 墙面钙塑涂料 （成品） 内墙 及天棚面	100m²	3.661	3622.37	1028.10	2198.70		247.52	148.05	13261.50
73	011302001001	吊顶天棚 （接待室）	m²	15.59	77.93	32.42	32.85	0.18	7.81	4.67	1214.93

分部分项工程和单价措施项目清单综合单价分析表

工程名称：某企业培训楼工程

序号	编码	清单/定额名称	单位	数量	综合单价/元	人工费	材料费	机械费	管理费	利润	合价/元
73	B3-0051	天棚吊顶 装配式U形轻钢天棚龙骨(不上人型)面层600mm×600mm	100m²	0.156	4489.61	1944.00	1779.55	18.10	468.02	279.94	700.38
	BJ	防潮液	m²	15.59	2.20		2.20				34.30
	B3-0123	天棚吊顶 石膏板天棚面层 U形轻钢龙骨	100m²	0.156	3078.26	1296.00	1283.63		312.01	186.62	480.21
74	011407002001	天棚喷刷涂料(接待室)	m²	15.59	41.85	14.07	22.37		3.39	2.03	652.44
	B5-0259	喷刷、涂料 墙面钙塑涂料(成品)内墙及天棚面	100m²	0.156	3622.37	1028.10	2198.70		247.52	148.05	565.09
	B5-0320	喷刷、涂料 刮腻子二遍 墙面 石灰砂浆石膏砂浆	100m²	0.156	560.08	378.00	36.65		91.00	54.43	87.37
75	011407002002	天棚喷刷涂料	m²	133.31	44.72	14.60	24.51		3.51	2.10	5961.62
	B5-0259	喷刷、涂料 墙面钙塑涂料(成品)内墙及天棚面	100m²	1.333	3622.37	1028.10	2198.70		247.52	148.05	4828.62
	B5-0321	喷刷、涂料 刮防水腻子二遍 墙面 水泥砂浆 混合砂浆	100m²	1.333	850.21	432.00	252.00		104.00	62.21	1133.33
76	010515001001	现浇构件钢筋	t	3.92	3090.01	1337.85	1357.76	55.94	148.19	190.27	12112.84
	A4-0160	现浇构件钢筋制作安装 圆钢 φ10mm以内	t	3.92	3090.01	1337.85	1357.76	55.94	148.19	190.27	12112.84
77	010515001002	现浇构件钢筋	t	3.099	2277.61	677.97	1271.24	144.29	87.69	96.42	7058.31
	A4-0161	现浇构件钢筋制作安装 圆钢 φ10mm以外	t	3.099	2277.61	677.97	1271.24	144.29	87.69	96.42	7058.31
78	010515001003	现浇构件钢筋	t	16.753	1832.14	601.43	929.99	136.47	78.71	85.54	30693.84
	A4-0163	现浇构件钢筋制作安装 螺纹钢φ10mm以外	t	16.753	1832.14	601.43	929.99	136.47	78.71	85.54	30693.84
79	010515003001	钢筋网片	t	0.201	3859.20	2012.04	1312.89	31.04	217.11	286.17	775.70
	A4-0169	钢筋网片 制作安装 砌体加固筋	t	0.201	3859.18	2012.04	1312.87	31.02	217.09	286.16	775.70
80	010516003001	机械连接	个	48	3.03	1.47	0.30	0.81	0.24	0.21	145.44
	A4-0186	钢筋电渣压焊接头 钢筋直径 φ22mm	10个	4.8	30.33	14.72	3.02	8.06	2.44	2.09	145.58
81	010516003002	机械连接	个	240	3.31	1.58	0.33	0.91	0.27	0.23	794.40

分部分项工程和单价措施项目清单综合单价分析表

工程名称：某企业培训楼工程

序号	编码	清单/定额名称	单位	数量	综合单价/元	人工费	材料费	机械费	管理费	利润	合价/元
81	A4-0187	钢筋电渣压焊接头 钢筋直径 φ25mm	10 个	24	33.12	15.80	3.32	9.09	2.66	2.25	794.88
82	010903003001	墙面砂浆防水（防潮）	m²	14.79	20.23	9.62	7.81	0.38	1.06	1.37	299.20
	A7-0174	地面防水砂浆 平面	100m²	0.148	2022.05	961.34	780.03	37.74	106.22	136.72	299.26
83	011701001001	综合脚手架	m²	153.54	25.30	9.75	12.81	0.29	1.07	1.39	3884.56
	A10-0005	综合脚手架 混合结构 6 层以内	100m²	1.535	2530.87	974.97	1281.57	28.96	106.71	138.66	3884.89
84	011703001001	垂直运输	m²	153.54	17.32			15.62	1.70		2659.31
	A11-0003	建筑物垂直运输 混合结构 6 层以内 塔式起重机	100m²	1.305	2037.45			1837.80	199.65		2658.87
85	011705001001	大型机械设备 进出场及安拆	台次	1	26357.85	8221.50	1105.46	13519.58	2342.02	1169.28	26357.85
	A13-0001	塔式起重机 固定式基础 （带配重）	10m³	0.4	4097.62	1113.75	2468.85	214.96	141.66	158.40	1639.05
	A13-0003	特、大型机械安装、拆卸费 塔式起重机 60kN·m 以内	台次	1	12537.70	6480.00	64.89	3953.41	1117.80	921.60	12537.70
	A13-0037	特、大型机械场外运输费 塔式起重机 60kN·m	台次	1	12181.10	1296.00	53.03	9480.19	1167.56	184.32	12181.10
86	011702001001	基础（此处含垫层模板）	m³	29.33	113.91	51.77	46.61	2.41	5.76	7.36	3340.98
	A9-0009	模板 满堂基础 有梁式	10m³	2.93	989.11	465.62	384.03	21.45	51.79	66.22	2898.09
	A9-0017	模板 基础垫层	10m³	0.89	497.71	173.07	271.91	8.78	19.34	24.61	442.96
87	011702002001	矩形柱 （1.8m 以外）	m³	1.2	452.38	264.68	107.14	13.34	29.57	37.64	542.86
	A9-0020	模板 现浇矩形柱 周长 1.8m 以外	10m³	0.12	4523.75	2646.81	1071.45	133.41	295.64	376.44	542.85
88	011702002002	矩形柱 （1.8m 以内）	m³	1.34	736.45	421.13	188.46	20.05	46.91	59.90	986.84
	A9-0019	模板 现浇矩形柱 周长 1.8m 以内	10m³	0.13	7591.11	4340.93	1942.59	206.66	483.55	617.38	986.84
89	011702002003	矩形柱 （1.8m 以外）	m³	7.2	452.38	264.68	107.14	13.34	29.56	37.64	3257.14
	A9-0020	模板 现浇矩形柱 周长 1.8m 以外	10m³	0.72	4523.75	2646.81	1071.45	133.41	295.64	376.44	3257.10
90	011702002004	矩形柱 （1.8m 以内）	m³	8.06	762.88	436.25	195.22	20.77	48.60	62.04	6148.81
	A9-0019	模板 现浇矩形柱 周长 1.8m 以内	10m³	0.81	7591.11	4340.93	1942.59	206.66	483.55	617.38	6148.80
91	011702002005	矩形柱	m³	0.95	1050.54	631.19	230.39	28.99	70.20	89.77	998.01

分部分项工程和单价措施项目清单综合单价分析表

工程名称：某企业培训楼工程

序号	编码	清单/定额名称	单位	数量	综合单价/元	其中/元					合价/元
						人工费	材料费	机械费	管理费	利润	
91	A9-0018	模板 现浇矩形柱周长1.2m以内	10m³	0.1	9980.05	5996.30	2188.65	275.43	666.86	852.81	998.01
92	011702009001	过梁	m³	2.09	407.77	214.91	137.29	1.95	23.04	30.56	852.24
	A9-0029	现浇过梁 模板	10m³	0.02	9467.55	5514.21	2389.24	175.11	604.75	784.24	189.35
	A9-0068	预制过梁 模板	10m³	0.19	3488.82	1783.62	1258.67	3.07	189.79	253.67	662.88
93	011702014001	有梁板	m³	27.42	672.60	336.16	233.48	17.53	37.61	47.81	18442.69
	A9-0037	模板 现浇有梁板100mm以内	10m³	2.74	6730.87	3364.07	2336.53	175.43	376.40	478.44	18442.58
94	011702023001	雨篷、悬挑板、阳台板	m³	0.55	1613.96	764.33	620.82	35.11	85.00	108.71	887.68
	A9-0048	模板 阳台	10m³	0.06	14794.65	7006.37	5690.85	321.78	779.19	996.46	887.68
95	011702022001	天沟、檐沟	m³	2.59	1799.76	896.23	654.51	23.77	97.78	127.46	4661.38
	A9-0046	模板 现浇天沟、挑檐板	10m³	0.26	17928.35	8927.82	6519.94	236.80	974.06	1269.73	4661.37
96	011702021001	栏板（阳台及挑檐）	m³	0.87	2450.51	1101.05	1034.56	37.30	121.01	156.60	2131.94
	A9-0044	模板 现浇栏板直形	10m³	0.09	23688.18	10643.40	10000.77	360.55	1169.73	1513.73	2131.94
97	011702016001	平板	m³	0.13	610.54	321.31	192.38	15.38	35.77	45.69	79.37
	A9-0040	模板 现浇平板100mm以内	10m³	0.01	7936.63	4176.63	2501.17	199.50	465.32	594.01	79.37
98	011702024001	楼梯	m²	6.64	210.41	102.71	78.52	3.31	11.27	14.61	1397.12
	A9-0049	现浇直形楼梯模板	10m²	0.66	2116.89	1033.29	789.96	33.30	113.38	146.96	1397.15
99	011702025001	其他现浇构件	m³	0.61	764.56	456.82	187.64	5.97	49.16	64.97	466.38
	A9-0051	现浇压顶 模板	10m³	0.06	7773.07	4644.27	1907.73	60.64	499.91	660.52	466.38
100	011702029001	散水	m³	1.52	308.80	152.86	111.93	5.45	16.83	21.74	469.38
	A9-0056	现浇散水 模板	10m³	0.15	3129.23	1548.99	1134.22	55.19	170.53	220.30	469.38
101	011702027001	台阶	m³	0.48	456.77	292.81	88.00	2.90	31.42	41.65	219.25
	A9-0052	现浇台阶 模板	10m³	0.05	4385.07	2810.97	844.86	27.85	301.61	399.78	219.25
102	011702003002	构造柱	m³	0.35	657.89	325.26	243.26	7.71	35.40	46.26	230.26
	A9-0021	模板 构造柱	10m³	0.04	5756.50	2846.07	2128.46	67.55	309.65	404.77	230.26

5.3.2　投标报价的编制

投标报价是指投标人投标时响应招标文件要求所报出的对已标价工程量清单汇总后标明的总价。对于承包人来讲，投标报价是工程投标的核心，报价过高，会失去中标机会，投标过低，即使中标，也会给工程带来亏本的风险，所以投标报价的编制与确定对施工企业来讲至关重要；而对于发包人来讲，选择合理的中标价格对工程投资的控制能够起到很大的作用，合理中标价的选择，可避免投资风险。

1. 编制依据

1）《清单计价规范》。

2）国家或省级、行业建设主管部门颁发的计价办法。

3）企业定额，国家或省级、行业建设主管部门颁发的计价定额。

4）招标文件、招标工程量清单及其补充通知、答疑纪要。

5）建设工程设计文件及相关资料。

6）施工现场情况、工程特点及投标时拟订的投标施工组织设计或施工方案。

7）与建设项目相关的标准、规范等技术资料。

8）市场价格信息或工程造价管理机构发布的工程造价信息。

9）其他的相关资料。

2. 编制前的准备工作

1）收集与投标报价编制工作相关的资料。

2）熟悉《清单计价规范》、企业消耗量定额及相关计价文件、规定等。

3）熟悉招标文件，全面了解承包人在合同条件中约定的权利和义务，对业主提出的条件应加以分析，以便在投标报价中进行考虑，对有疑问的事项应及时提出。

4）熟悉设计文件、核实招标工程量清单，了解清单工程量与设计图工程量之间的差异，对设计文件和招标工程量清单中出现的疑问应及时提出，以便合理确定投标报价。

5）复核招标控制价，对招标控制价不合理的地方提出疑问，便于确定合理的投标报价。

6）根据当地行业的社会平均消耗量定额或企业定额的计算规则，结合《工程量计算规范》的计算规则，对需要重新计算的定额工程量进行重新计算。

7）进行现场调查，了解现场的地形、地貌、气候和地质情况，以及工程现场的交通运输条件、生产生活条件，确定拟采用的施工组织设计或施工方案，以便进行合理报价。

8）了解当地的劳务工资水平和材料设备市场价格，对出现的新材料、新技术、新工艺，应进行市场调研，充分了解其施工方法及市场价格。

9）对相关专业工程应要求专业分包公司进行报价，并签订意向合作协议，协助承包人进行投标报价工作。

10）收集同类工程成本指标，为最后投标报价的确定提供决策依据。

3. 投标报价编制方法

（1）封面的编制　投标总价的封面按《清单计价规范》规定的封面填写，投标人及法定代表人应盖章，编制人应加盖造价人员资质章并签字。

（2）总说明的编制　具体如下：

1）工程概况（同工程量清单）。

2）投标报价包含的范围，根据招标文件及答疑文件等提供的招标范围进行确定。

3）投标报价的编制依据包括：《清单计价规范》、招标工程量清单、招标文件、施工图设计（包括配套的标准图集）文件、施工组织设计、材料设备价格的选用等。

4）其他需要说明的事项。

（3）分部分项工程费的编制　分部分项工程费应采用综合单价法，即每个编码项目费用中包括完成招标工程量清单中一个规定计量单位项目所需要的人工费、材料和工程设备费、施工机具使用费、企业管理费和利润，以及招标文件划分的应由投标人承担的风险范围及其费用。

1）消耗量定额的套用。根据招标工程量清单中每个清单项目的项目名称、项目特征及工作内容，套用完成一个清单项目内容所需要的所有消耗量定额子目，消耗量定额子目可根据企业定额进行选择确定，也可以根据当地行业的社会平均消耗量定额的相关规定进行选择。

2）定额工程量的计算。根据企业定额或当地行业的社会平均消耗量定额的计算规则，计算每个清单项目下定额子目的定额工程量。如定额子目的计算规则与《工程量计算规范》的计算规则一致，则定额工程量应与清单工程量一致；如定额工程量的计算规则与《工程量计算规范》工程量的计算规则不一致，应重新计算定额子目工程量。

3）人工、材料、机械台班数量的计算。每个清单项目的人工消耗量、材料消耗量和机械台班消耗量是按清单项目下每个定额子目工程量与每个定额子目单个计量单位所需要消耗量（定额消耗）的乘积汇总计算得出的，每个定额子目单个计量单位的人、材、机消耗量，应按企业消耗量定额或当地行业的社会平均消耗量定额中的消耗量标准进行确定，如工程实际情况与定额消耗量有较大差异，应根据定额相关规定进行调整。

4）人工、材料、机械台班单价的确定。人工单价应根据当地的劳务工资水平，参考工程造价管理机构发布的工程造价信息进行确定。材料、机械台班的单价应根据供应情况及市场价格，并参考工程造价管理机构发布的工程造价信息进行合理确定。如材料、工程设备在招标文件中设定为暂估价的，应按给定的暂估价格进行确定。

5）人工费、材料和工程设备费和施工机具使用费的计算。每个清单项目的人工费、材料和工程设备费和施工机具使用费由其套用的所有定额子目的人工费、材料和工程设备费、施工机具使用费组成。每个定额子目的人工费、材料和工程设备费、施工机具使用费都是由"量"和"价"两个因素组成的，用上述第3）条所计算的人工消耗量、材料消耗量和施工机具台班消耗量与上述第4）条所选用的人工单价、材料单价和机械台班的乘积，便形成了人工费、材料和工程设备费和施工机具使用费，每个清单项目下所有定额子目的人工费、材料和工程设备费和施工机具使用费之和，便形成了该清单项目的人工费、材料和工程设备费和施工机具使用费。

6）企业管理费和利润的计算。企业管理费和利润这两项费用应包括在清单的综合单价中，通常是按清单项目的人工费或人工费、材料和工程设备费、施工机具使用费之和乘以相应的费率得出，其计算的基数按当地的费用定额的相关规定执行，费率应结合企业的具体情况参考当地的费用定额标准合理确定。

7）风险费的计算。编制人应根据招标文件、施工图、合同条款、材料设备价格水平及项目周期等实际情况合理确定风险费用。风险费用通常按费率计算，可以人工费、材料和工程设备费、施工机具使用费三者之和作为计算基数，也可以材料和工程设备费作为计算基数。

8）综合单价的计算。每个清单项目的人工费、材料和工程设备费、施工机具使用费、企业管理费、利润和风险费之和为单个清单项目合价，单个清单项目合价除以清单工程量，即得到单个清单项目的综合单价。所有清单项目合价的合计形成了分部分项工程费。

（4）措施项目费的编制　"总价措施项目清单与计价表"中的措施项目，应根据《建筑安装工程费用项目组成》（建标［2013］44 号）的规定，以"人工费"或"人工费、材料和工程设备费、施工机具使用费三者之和"作为计算基数，按一定的费率计算措施项目费用，费率应根据项目及公司的实际情况并参考当地计价的相关规定进行确定，没有规定的应根据实际经验进行计算。总价措施项目清单中未列的措施项目，根据招标文件、合同条件的要求，实际肯定会发生的项目，报价时应进行增加，并将其费用计入措施项目费中。安全文明施工费应按照国家或省级、行业建设主管部门的规定计价，不得作为竞争性费用。

"单价措施项目清单与计价表"中的措施项目，应按综合单价进行计算，综合单价计价的计算方法同分部分项工程费计算方法，根据特征描述找到定额中与之相对应的项进行定额工程量的计算，选用单价组合人工费、材料和工程设备费、施工机具费，并计算企业管理费、利润和风险费用，确定综合单价。

（5）其他项目费的编制　具体如下：

1）暂列金额按招标工程量清单给定的金额进行计价。

2）材料、工程设备暂估价按招标工程量清单给定的单价计算，计入综合单价中。专业工程暂估价按招标工程量清单给定的金额计入。

3）计日工包括人工、材料和施工机械。人工单价、材料单价和机械台班单价，按市场价格并参考工程造价信息颁布的价格计取。根据工程实际情况，参考当地费用定额的规定计取企业管理费、利润及风险费用，形成综合单价，再按招标工程量清单中给定的项目和数量计算合价。

4）总承包服务费应根据招标工程量清单要求的服务内容，是仅提供总承包管理和协调，还是同时要求提供配合服务，报价时进行区分。同时还应对发包人独立供应材料计取一定的总承包服务费用。在计算总承包服务费时，还应看招标文件对此部分费用的约定，是费率固定，还是总承包服务费价格固定。如属于总承包服务费价格固定，在报价时还应考虑暂估价价格设定的合理性，并据此调整总承包服务费用。

（6）规费和税金的编制　规费和税金的计算基础和费率按照当地规定的规费、税金计取标准确定，规费、税金不得作为竞争性费用。

4. 投标报价文件的成果文件

1）投标报价封面。

2）总说明。

3）建设项目投标报价汇总表。

4）单项工程投标报价汇总表。

5）单位工程投标报价汇总表。

6）分部分项工程和单价措施项目清单与计价表。

7）综合单价分析表。

8）总价措施项目清单与计价表。

9）其他项目清单与计价汇总表。

10）暂列金额明细表。

11）材料（工程设备）暂估单价及调整表。

12）专业工程暂估价及结算价表。

13）计日工表。

14）总承包服务费计价表。

15）索赔与现场签证计价汇总表。

16）规费、税金项目计价表。

本 章 小 结

工程量清单计价模式是一种与市场经济相适应的、由承包人自主报价的、通过市场竞争确定价格的、与国际惯例接轨的计价模式。《建设工程工程量清单计价规范》的颁布，使我国的工程造价管理改革全面步入"政府宏观调控，企业自主报价，市场竞争定价，部门动态监管"的良性轨道。由招标人或委托有资质的中介机构编制招标工程量清单，并作为招标文件的一部分提供给投标人，招标人根据招标工程量清单编制招标控制价，投标人依据招标工程量清单编制投标报价，招标人再根据招标文件中的规定对投标报价进行审查和确认。

思 考 题

1. 工程量清单计价模式具有哪些特点？

2. 何谓工程量清单？工程量清单有哪些类型？

3. 工程量清单的编制依据有哪些？

4. 分部分项工程项目清单的项目特征如何描述？

5. 《工程量计算规范》的工程量计算规则与计价定额的工程量计算规则有什么原则区别？

6. 招标控制价与投标报价的编制依据有何不同？

7. 分部分项工程项目清单计价的综合单价如何构成？

作 业 题

图5-2为某接待室工程的平面图、立面图、主墙剖面图和基础详图。工程施工图设计说明如下：

（1）结构类型及标高。本工程为砖混结构工程。室内地坪标高±0.000，室外地坪标高-0.300m。

（2）基础。M5水泥砂浆砌砖基础，C10混凝土基础垫层200mm厚，位于-0.060m处做20mm厚1:2水泥砂浆防潮层（加质量分数为6%的防水粉）。

（3）墙、柱。M5混合砂浆砌砖墙、砖柱。

（4）屋面。预制空心屋面板上铺30mm厚1:3水泥砂浆找平层，40mm厚C20混凝土刚性屋面，20mm厚1:2水泥砂浆防水层（加质量分数为6%防水粉）。

（5）门、窗。实木装饰门：M-1、M-2洞口尺寸均为900mm×2400mm，塑钢推拉窗：C-1洞口尺寸1500mm×1500mm，C-2洞口尺寸1100mm×1500mm。

（6）现浇构件。圈梁：C20混凝土；矩形梁：C20混凝土。

问题：

（1）依据《清单计价规范》编制计算分项工程工程量，编制工程量清单。

（2）依据地方建设行政主管部门颁布的预算定额编制招标控制价。

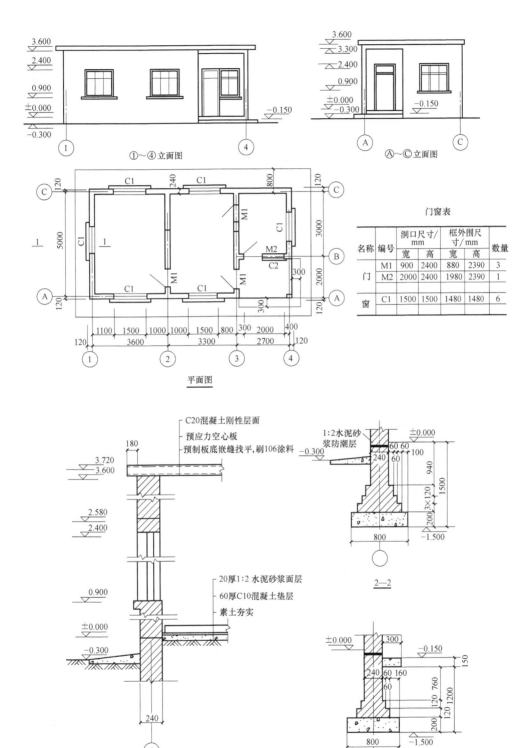

门窗表

名称	编号	洞口尺寸/mm		框外围尺寸/mm		数量
		宽	高	宽	高	
门	M1	900	2400	880	2390	3
	M2	2000	2400	1980	2390	1
窗	C1	1500	1500	1480	1480	6

图 5-2　某接待室工程的平面图、立面图、主墙剖面图和基础详图

第 6 章
投资估算和设计概算

主要内容　本章主要介绍了建设工程投资估算和设计概算的概念、作用及编制依据、方法和步骤。

学习要求　要求熟悉投资估算和设计概算的编制方法和步骤，了解投资估算和设计概算的概念、作用、编制依据及设计概算的审查方法。

6.1　投资估算

6.1.1　建设项目投资估算的概念及作用

1. 投资估算的概念

投资估算是指在项目投资决策过程中，依据现有的资料和特定的方法，对建设项目的投资数额进行的估计，对拟建项目全部投资费用进行的预测和估算。

与投资决策过程中的各个工作阶段相对应，投资估算也按相应阶段进行编制。

2. 投资估算的作用

投资估算是项目建设前期编制项目建议书和可行性研究报告的重要组成部分，是项目决策的重要依据之一。投资估算的准确与否不仅影响到可行性研究工作的质量和经济评价结果，而且也直接关系到下一段设计概算和施工图预算的编制，对建设项目资金筹措方案也有直接的影响。因此，全面准确地估算建设项目的工程造价，是可行性研究乃至整个决策阶段造价管理的重要任务。

1）项目建议书阶段的投资估算，是项目主管部门审批项目建议书的依据之一，并对项目的规划、规模起参考作用。

2）项目可行性研究阶段的投资估算，是项目投资决策的重要依据，也是研究、分析、计算项目投资经济效果的重要条件。当可行性研究报告被批准之后，其投资估算额就作为设计任务书中下达的投资限额，也就是建设项目投资的最高限额，不得随意突破。

3）项目投资估算对工程设计概算起控制作用，设计概算不得突破批准的投资估算额，并应控制在投资估算额以内。

4）项目投资估算可作为项目资金筹措及制订建设贷款计划的依据，建设单位可根据批准的项目投资估算额进行资金筹措和向银行申请贷款。

5）项目投资估算是核算建设项目资产投资需求额和编制固定资产投资计划的重要依据。

6.1.2　投资估算的阶段划分与精度要求

投资估算贯穿于整个建设项目投资决策过程中，由于投资决策过程可划分为项目规划阶段、项目建议书阶段、初步可行性研究阶段和详细可行性研究阶段，因此投资估算工作也可划分为四个相应的阶段。不同阶段所具备的条件和掌握的资料不同，对投资估算的要求也各不相同，因此投资估算的准确程度在不同阶段也不尽相同，每个阶段所起的作用也不一样。

1. 项目规划阶段的投资估算

建设项目规划阶段是指有关部门根据国民经济发展规划、地区发展规划和行业发展规划的要求，编制一个建设项目的建设规划。此阶段是按项目规划的要求和内容，粗略地估算建设项目所需要的投资额。其对投资估算精度的要求为误差控制在 ±30% 以内。

2. 项目建议书阶段的投资估算

在项目建议书阶段，是按项目建议书中的产品方案、项目建设规模、产品主要生产工艺、企业车间组成、初选建厂地点等，估算建设项目所需要的投资额。其对投资估算精度的要求为误差控制在 ±30% 以内。此阶段项目投资估算的意义是可据此判断一个项目是否需要进行下一阶段的工作。

3. 初步可行性研究阶段的投资估算

初步可行性研究阶段，是在掌握了更详细、更深入的资料的条件下，估算建设项目所需的投资额。其对投资估算精度的要求为误差控制在 ±20% 以内。此阶段项目投资估算的意义是据以确定是否进行详细可行性研究。

4. 详细可行性研究阶段的投资估算

详细可行性研究阶段的投资估算经审查批准之后，便是工程设计任务书中规定的项目投资限额，并可据此列入项目年度基本建设计划。其对投资估算精度的要求为误差控制在 ±10% 以内。

6.1.3　投资估算的内容

根据国家规定，从满足建设项目投资设计和投资规模的角度，建设项目投资的估算包括建设投资、建设期贷款利息和流动资金估算。

建设投资估算的内容按照费用的性质划分，包括建筑安装工程费、设备及工器具购置费、工程建设其他费用、基本预备费、涨价预备费。其中，建筑安装工程费、设备及工器具购置费直接形成实体固定资产，被称为工程费用；工程建设其他费用可分别形成固定资产、无形资产及其他资产。基本预备费、涨价预备费，在可行性研究阶段为简化计算，一并计入固定资产。

建设期贷款利息是债务资金在建设期内发生并应计入固定资产原值的利息，包括借款利息及手续费、承诺费、管理费等。建设期贷款利息单独估算，以便对建设项目进行融资前和融资后财务分析。

流动资金是指生产经营性项目投产后，用于购买原材料、燃料、支付工资及其他经营费用所需要的周转资金。它是伴随着建设投资而发生的长期占用的流动资产投资，流动资金 = 流动资产 – 流动负债。其中，流动资产主要考虑现金、应收账款、预付账款和存货；流动负债主要考虑应付账款和预收账款。因此，流动资金的概念，实际上就是财务中的营运资金。

6.1.4　投资估算编制依据及步骤

1. 建设项目投资估算依据

1）国家、行业和地方政府的有关规定。

2）工程勘察与设计文件，图示计量或有关专业提供的主要工程量和主要设备清单。

3）行业部门、项目所在地工程造价管理机构或行业协会等编制的投资估算指标、概算指标（定额）、工程建设其他费用定额（规定）、综合单价、价格指数和有关造价文件等。

4）类似工程的各种技术经济指标和参数。

5）工程所在地的同期的人工、材料、机械市场价格，建筑、工艺及附属设备的市场价格和有关费用。

6）政府有关部门、金融机构等部门发布的价格指数、利率、汇率、税率等有关参数。

7）与项目建设相关的工程地质资料、设计文件、图样等。

2. 建设项目投资估算的步骤

1）分别估算各单项工程所需的建筑工程费、设备及工器具购置费、安装工程费。

2）在汇总各单项工程费用的基础上，估算工程建设其他费用和基本预备费。

3）估算涨价预备费。

4）估算建设期贷款利息。

5）估算流动资金。

6）汇总得到建设项目总投资估算。

6.1.5　投资估算的方法

编制投资估算首先应分清项目的类型，然后根据该类项目的投资构成列出项目费用名称，进而依据有关规定、数据资料选用一定的估算方法，对各项费用进行估算。具体估算时，一般可分为动态、静态及铺底流动资金三部分的估算，其中静态投资部分的估算，又因民用建设项目与工业生产项目的出发点及具体方法不同而有显著的区别，一般情况下，工业生产项目的投资估算从设备费用入手，而民用建设项目则往往从建筑工程投资估算入手。

6.1.5.1　固定资产投资的估算方法

1. 静态投资部分的估算

不同的投资阶段的投资估算，其方法和允许误差都是不同的。项目规划和项目建议书阶段，投资估算的精度低，可采取简单的匡算法，如生产能力指数法、单位生产能力法、比例估算法、系数法等。在可行性研究阶段，投资估算精度要求高，须采用相对详细的投资估算方法，即指标估算法。

（1）单位生产能力估算法　依据调查的统计资料，利用相近规模的单位生产能力投资乘以建设规模，即得到拟建项目静态投资。其计算公式为：

$$C_2 = \left(\frac{C_1}{Q_1}\right) Q_2 f \tag{6-1}$$

式中　C_1——已建类似项目的静态投资额；

C_2——拟建项目静态投资额；

Q_1——已建类似项目的生产能力；

Q_2——拟建项目的生产能力；

f——不同时期、不同地点的定额、单价、费用变更等的综合调整系数。

这种方法主要用于建设投资与其生产能力之间为线性关系的类型项目。但是，这是比较理想化的，因此，估算结果精确度较差。使用这种方法时要注意拟建项目的生产能力和类似项目的可比性，否则误差很大。

这种方法主要用于新建项目或装置的估算，十分简便迅速。但要求估价人员掌握足够的典型工程的历史数据，而且这些数据均应与单位生产能力的造价有关，同时新建装置与所选取装置的历史资料相类似，仅存在规模大小和时间上的差异。

单位生产能力估算法估算误差较大，可达 $\pm 30\%$。此法只能粗略地估算，由于误差大，应用该估算法时需要小心，尤其应注意以下几点：

1）地方性。地方性差异主要表现为：两地经济情况不同；土壤、地质、水文情况不同；气候、自然条件差异；材料、设备的来源、运输状况不同等。

2）配套性。一个工程项目或装置，均有许多配套装置和设施，这些配套工程各不相同，由此可能产生种种差异。如公用工程、辅助工程、厂外工程和生活福利工程等，均随地方和工程规模的变化而各不相同，它们并不与主体工程的变化呈线性关系。

3）时间性。工程建设项目的兴建，不一定是在同一时间建设，时间差异或多或少存在，在这段时间内可能在技术、标准、价格等方面发生变化。

【例6-1】　已知 1997 年建设污水处理能力 10 万 m^3/日的污水处理厂的建设投资为 16000 万元，2005 年拟建污水处理能力 16 万 m^3/日的污水处理厂一座，工程条件与 1997 年的已建项目类似，调整系数 f 为 1.25，试估算该项目的建设投资。

【解】：根据式（6-1），该项目的建设投资为：

$$C_2 = \left(\frac{C_1}{Q_1}\right)Q_2 f = \left(\frac{16000}{10}\right)万元 \times 16 \times 1.25 = 32000\ 万元$$

（2）生产能力指数法　又称指数估算法，该方法根据已建成的、性质类似的建设项目的生产能力和投资额与拟建项目的生产能力来估算拟建项目投资额，其计算公式为：

$$C_2 = C_1 \left(\frac{Q_2}{Q_1}\right)^x f \qquad (6\text{-}2)$$

式中　x——生产能力指数；

其他符号含义同式（6-1）。

式（6-2）表明，建设项目的投资额与生产能力呈非线性关系，且单位造价随工程规模（或容量）的增大而减小。在正常情况下，$0 \leqslant x \leqslant 1$。若已建类似项目的规模和拟建项目的规模相差不大，$Q_2/Q_1$ 的比值在 0.5～2 之间，则指数 x 的取值近似为 1；一般认为 Q_2/Q_1 的比值在 2～50 之间，且拟建项目规模的扩大仅靠增大设备规模来达到时，则 n 取值在 0.6～0.7之间；若靠增加相同规格设备的数量来达到时，则 n 取值在 0.8～0.9 之间。

采用生产能力指数法，计算简单、速度快，但要求类似项目的资料可靠、条件基本相同，否则误差就会增大。对于建设内容复杂多变的项目，在实践中往往应用于分项装置的工程费用估算。生产能力指数法与单位生产能力估算法相比精确度略高，其误差可控制在 $\pm 20\%$ 以内，尽管估价误差仍较大，但有它独特的好处，即：不需要详细的工程设计资料，只知道工艺流程及规模就可以。因此，在总承包工程报价时，承包商大都采用这种方法估价。

【例6-2】　已知建设年产 15 万 t 聚酯项目的装置投资为 20000 万元，现拟建年产 60 万 t 聚酯项目，工程条件与上述项目类似，生产能力指数 n 为 0.8，调整系数 f 为 1.1，试估算该项目的装置投资。

【解】：$C_2 = C_1 \left(\frac{Q_2}{Q_1}\right)^x f = 20000\ 万元 \times \left(\frac{60}{15}\right)^{0.8} \times 1.1 = 66691\ 万元$

（3）系数估算法　系数估算法也称因子估算法，它是以拟建项目的主体工程费或主要设备购置费为基数，以其他工程费与主体工程费的百分比为系数估算项目的静态投资的方法。这种方法简单易行，但是精度较低，一般用于项目建议书阶段。系数估算法的种类很多，在我国国内常用的方法有设备系数法和主体专业系数法，朗格系数法是世行项目投资估算常用的方法。

1）设备系数法。以拟建项目的设备购置费为基数，根据已建成的同类项目的建筑安装费和其他工程费等与设备价值的百分比，求出拟建项目建筑安装工程费和其他工程费，进而求出项目的静态投资。其计算公式如下：

$$C = E\ (1 + F_1 P_1 + F_2 P_2 + F_3 P_3 + \cdots)\ + I \tag{6-3}$$

式中　　　　　　　C——拟建项目投资额；

　　　　　　　　　E——拟建项目设备费；

P_1、P_2、P_3、$\cdots$——已建项目中建筑安装费及其他工程费等与设备费的比例；

F_1、F_2、F_3、$\cdots$——由于时间因素引起的定额、价格、费用标准等变化的综合调整系数；

　　　　　　　　　I——拟建项目的其他费用。

【例6-3】　某项目设备费为45644.3万元，该类项目的建筑工程费用是设备费的10%，安装工程费是设备费的20%，其他工程费是设备费的10%，这三项的综合调整系数定为1.0，其他投资费用估算为1000万元。试用设备系数法估算该项目的静态投资。

【解】：$C = E\ (1 + F_1 P_1 + F_2 P_2 + F_3 P_3 + \cdots)\ + I$

$= 45644.3$ 万元 $\times (1 + 1 \times 10\% + 1 \times 20\% + 1 \times 10\%) + 1000$ 万元

$= 64902.02$ 万元

2）主体专业系数法。以在拟建项目中投资比重较大，并与生产能力直接相关的专业（多数为工艺专业，民建项目为土建专业）确定为主体专业，先详细估算出主体专业投资；根据已建同类项目的有关统计资料计算出拟建项目各专业（如总图、土建、采暖、给水排水、管道、电气、自控等）与主体专业投资的百分比，以主体专业投资为基数求出拟建项目各专业投资，然后加总，即为项目总投资。其计算式为：

$$C = E\ (1 + F_1 P_1' + F_2 P_2' + F_3 P_3' + \cdots)\ + I \tag{6-4}$$

式中　P_1'、P_2'、P_3'、$\cdots$——拟建项目中各专业工程费用与设备投资的比重；

其他符号含义同式（6-3）。

3）朗格系数法。这种方法是以设备费为基数乘以适当系数来推算项目的静态投资。该方法的基本原理是，将总成本费用中的直接成本和间接成本分别计算，再合为项目静态投资。其计算式为：

$$C = E(1 + \sum K_i) K_c \tag{6-5}$$

式中　C——总建设费用；

　　　E——主要设备费；

　　　K_i——管线、仪表、建筑物等项费用的估算系数；

　　　K_c——管理费、合同费、应急费等项费用的总估算系数。

静态投资与设备购置费之比为朗格系数K_L。即：

$$K_L = (1 + \sum K_i) K_c \tag{6-6}$$

朗格系数包含的内容见表6-1。

表 6-1　朗格系数包含的内容

项　目		固体流程	固流流程	流体流程
朗格系数		3.1	3.63	4.74
内容	（a）包括基础、设备、绝热、油漆及设备安装费	$E \times 1.43$		
	（b）包括上述费用在内和配套工程费	（a）×1.1	（a）×1.25	（a）×1.6
	（c）装置直接费	（b）×1.5		
	（d）包括上述费用在内和间接费, 总费用	（c）×1.31	（c）×1.35	（c）×1.38

应用朗格系数法进行工程项目或装置估价的精度仍不是很高, 其原因如下:

1) 装置规模大小发生变化的影响。

2) 不同地区自然地理条件的影响。

3) 不同地区经济地理条件的影响。

4) 不同地区气候条件的影响。

5) 主要设备材质发生变化时, 设备费用变化较大而安装费变化不大所产生的影响。

尽管如此, 由于朗格系数法是以设备购置费为计算基础的, 而设备费用在一项工程中所占的比重对于石油、石化、化工工程占 45%～55%, 几乎占一半左右, 同时一项工程中每台设备所含有的管道、电气、自控仪表、绝热、油漆、建筑等, 都有一定的规律。所以, 只要对各种不同类型工程的朗格系数掌握得准确, 估算精度仍可较高。朗格系数法估算误差在 10%～15%。

【例 6-4】　在北非某地建设一座年产 30 万套汽车轮胎的工厂, 已知该工厂的设备到达工地的费用为 2204 万美元。试估算该工厂的投资。

【解】: 轮胎工厂的生产流程基本上属于固体流程, 因此, 在采用朗格系数法时, 全部数据应采用固体流程的数据。现计算如下:

(1) 设备到达现场的费用为 2204 万美元。

(2) 根据表 6-1 计算费用（a）:

(a) $= E \times 1.43 = 2204$ 万美元 $\times 1.43 = 3151.72$ 万美元

则设备基础、绝热、刷油及安装费用为 (3151.72 − 2204) 万美元 = 947.72 万美元

(3) 计算费用（b）:

(b) $= E \times 1.43 \times 1.1 = 2204$ 万美元 $\times 1.43 \times 1.1 = 3466.89$ 万美元

则其中配管（管道工程）的费用为: (3466.89 − 3151.72) 万美元 = 315.17 万美元

(4) 计算费用（c）:

(c) $= E \times 1.43 \times 1.1 \times 1.5 = 2204$ 万美元 $\times 1.43 \times 1.1 \times 1.5 = 5200.34$ 万美元

则电气、仪表、建筑等工程费用为: (5200.34 − 3466.89) 万美元 = 1733.45 万美元

(5) 计算投资 C:

$C = E \times 1.43 \times 1.1 \times 1.5 \times 1.31 = 2204$ 万美元 $\times 1.43 \times 1.1 \times 1.5 \times 1.31 = 6812.45$ 万美元

则间接费用为: (6812.45 − 5200.34) 万美元 = 1612.11 万美元

由此估算出该工厂的总投资为 6812.45 万美元。

（4）比例估算法　根据统计资料，先求出已有同类企业主要设备投资占项目静态投资的比例，然后再估算出拟建项目的主要设备投资，即可按比例求出拟建项目的静态投资。其表达式为：

$$I = \frac{1}{K} \sum_{i=1}^{n} Q_i P_i \tag{6-7}$$

式中　I——拟建项目的静态投资；

　　　K——已建项目主要设备投资占拟建项目投资的比例；

　　　n——设备种类数；

　　　Q_i——第i种设备的数量；

　　　P_i——第i种设备的单价（到厂价格）。

（5）指标估算法　这种方法是把建设项目以单项工程或单位工程，按建设内容纵向划分为各个主要生产设施、辅助及公用设施、行政及福利设施以及各项其他基本建设费用，按费用性质横向划分为建筑工程、设备购置、安装工程等，根据各种具体的投资估算指标，进行各单位工程或单项工程投资的估算，在此基础上汇集编制成拟建项目的各个单项工程费用和拟建项目的工程费用投资估算。再按相关规定估算工程建设其他费用、基本预备费等，形成拟建项目静态投资。

1）建筑工程费用估算。建筑工程费用是指为建造永久性建筑物和构筑物所需要的费用，一般采用单位建筑工程投资估算法、单位实物工程量投资估算法、概算指标投资估算法等进行估算。

① 单位建筑工程投资估算法。以单位建筑工程量投资乘以建筑工程总量计算。例如，一般工业与民用建筑以单位建筑面积（m²）的投资、工业窑炉砌筑以单位容积（m³）的投资、水库以水坝单位长度（m）的投资、铁路路基以单位长度（km）的投资、矿井掘进以单位长度（m）的投资，乘以相应的建筑工程量计算建筑工程费。

② 单位实物工程量投资估算法。以单位实物工程量的投资乘以实物工程总量计算。土石方工程按每立方米投资、矿井巷道衬砌工程按每延长米投资、路面铺设工程按每平方米投资，乘以相应的实物工程总量计算建筑工程费。

③ 概算指标投资估算法。对于没有上述估算指标且建筑工程费占总投资比例较大的项目，可采用概算指标估算法。采用此种方法，应占有较为详细的工程资料、建筑材料价格和工程费用指标，投入的时间和工作量大。

2）设备及工器具购置费估算。设备购置费根据项目主要设备表及价格、费用资料编制，工器具购置费按设备费的一定比例计取。对于价值高的设备应按单台（套）估算购置费，价值较小的设备可按类估算，国内设备和进口设备应分别估算。

3）安装工程费估算。安装工程费通常按行业或专门机构发布的安装工程定额、取费标准和指标估算投资。具体可按安装费费率、每吨设备安装费或单位安装实物工程量的费用估算，即：

$$安装工程费 = 设备原价 \times 安装费费率 \tag{6-8}$$

$$安装工程费 = 设备吨位 \times 每吨安装费 \tag{6-9}$$

$$安装工程费 = 安装工程实物量 \times 安装费用指标 \tag{6-10}$$

4）工程建设其他费用估算。工程建设其他费用的计算应结合拟建项目的具体情况，有合同或协议明确的费用按合同或协议列入。合同或协议中没有明确的费用，根据国家和各行业部门、工程所在地地方政府的有关工程建设其他费用定额和计算办法估算。

5）基本预备费估算。基本预备费是指在初步设计及概算内难以预料的工程费用，内容包括：

① 在批准的初步设计范围内，技术设计、施工图设计及施工过程中所增加的工程费用；设计变更、局部地基处理等增加的费用。

② 一般自然灾害造成的损失和预防自然灾害所采取的措施费用。实行工程保险的工程项目费用应适当降低。

③ 竣工验收时为鉴定工程质量对隐蔽工程进行必要的挖掘和修复费用。

$$基本预备费 = (设备及工器具购置费 + 建筑安装工程费用 + $$
$$工程建设其他费用) \times 基本预备费费率 \qquad (6\text{-}11)$$

基本预备费在工程费用和工程建设其他费用的基础之上乘以基本预备费率。基本预备费率的大小，应根据建设项目的设计阶段和具体的设计深度，以及在估算中所采用的各项估算指标与设计内容的贴近度、项目所属行业主管部门的具体规定确定。

使用指标估算法，应注意以下事项：

① 使用指标估算法应根据不同地区、时间进行调整。在有关部门颁布有定额或材料价差系数（物价指数）时，可以根据其调整。

② 使用指标估算法进行投资估算决不能生搬硬套，必须对工艺流程、定额、价格及费用标准进行分析，经过实事求是地调整与换算后，才能提高其精确度。

2. 动态投资部分的估算

（1）价差预备费的估算　具体如下：

1）价差预备费的内容。价差预备费是指针对建设项目在建设期间由于材料、人工、设备等价格可能发生变化引起工程造价的变化而事先预留的费用，亦称价格变动不可预见费。价差预备费的内容包括：人工、设备、材料、施工机械的价差费，建设安装工程费及工程建设其他费用调整，利率、汇率调整等增加的费用。

2）价差预备费的测算方法。价差预备费一般是根据国家规定的综合投资价格指数，以估算年份价格水平的投资额为基数，采用复利方法计算。其计算公式为：

$$PF = \sum I_t \left[(1+f)^m (1+f)^{0.5} (1+f)^{t-1} - 1 \right] \qquad (6\text{-}12)$$

式中　PF——价差预备费；

$\quad\quad\ t$——建设期年份数；

$\quad\quad\ I_t$——建设期中第 t 年的投资计划额，包括工程费用、工程建设其他费用及基本预备费，即第 t 年的静态投资；

$\quad\quad\ f$——年均投资价格上涨率；

$\quad\quad\ m$——建设前期年限（从编制估算到开工建设，单位：年）。

【例 6-5】　某建设项目，建设前期为 2 年，建设期为 3 年，各年投资计划额如下：第 1 年为 6000 万元，第 2 年为 8000 万元，第 3 年为 5000 万元，年均投资价格上涨率为 6%，求建设项目建设期间涨价预备费。

【解】：建设期间各年涨价预备费为：

$$PF_1 = I_1 \left[(1+f)^m (1+f) - 1 \right] = 6000 \ 万元 \times \left[(1+6\%)^2 \times (1+6\%)^{0.5} - 1 \right]$$
$$= 940.90 \ 万元$$

$$PF_2 = I_2 \left[(1+f)^m (1+f)^{0.5} (1+f)^{t-1} - 1 \right] = 8000 \ 万元 \times \left[(1+6\%)^2 \times (1+6\%)^{0.5} \times \right.$$
$$\left. (1+6\%)^1 - 1 \right] = 1809.81 \ 万元$$

$$PF_3 = I_3 \left[(1+f)^m (1+f)^{0.5} (1+f)^{t-1} - 1 \right] = 5000 \text{万元} \times \left[(1+6\%)^2 \times (1+6\%)^{0.5} \times (1+6\%)^2 - 1 \right] = 1499 \text{万元}$$

建设期间涨价预备费为：

$$PF = \sum I_t \left[(1+f)^m (1+f)^{0.5} (1+f)^{t-1} - 1 \right] = (940.90 + 1809.81 + 1499) \text{万元} = 4249.71 \text{万元}$$

（2）建设期利息的估算　在建设投资分年计划的基础上可拟订初步融资方案，对采用债务融资的项目应估算建设期贷款利息。建设期贷款利息是指筹措债务资金时在建设期内发生并按规定允许在投产后计入固定资产原值的利息，即资本化利息。

建设期贷款利息包括银行借款和其他债务资金的利息，以及其他融资费用。其他融资费用是指某些债务融资中发生的手续费、承诺费、管理费、信贷保险费等融资费用，一般情况下应将其单独计算并计入建设期贷款利息；在项目前期研究的初期阶段，也可作粗略估算并计入建设投资；对于不涉及国外贷款的项目，在可行性研究阶段，也可作粗略估算并计入建设投资。

估算建设期贷款利息，需要根据项目进度计划，提出建设投资分年计划，列出各年投资额，并明确其中的外汇和人民币。

计算建设期时，为了简化计算，通常假定借款均在每年的年中支用，即当年贷款按半年计息，其余各年份按全年计息，计算式如下：

$$q_j = \left(P_{j-1} + \frac{1}{2} A_j \right) i \tag{6-13}$$

式中　q_j——建设期第 j 年应计利息；

P_{j-1}——建设期第 $j-1$ 年末贷款累计金额与利息累计金额之和；

A_j——建设期第 j 年贷款金额；

i——年利率。

对于多种借款资金来源，每笔借款的年利率各不相同的项目，既可分别计算每笔借款的利息，也可先计算出各笔借款加权平均的年利率，并以此利率计算全部借款的利息。

【例6-6】　某新建项目，建设期为3年，分年均衡进行贷款，第1年为600万元，第2年为600万元，第3年为400万元，年利率为12%，建设期内只计息不支付，计算建设期贷款利息。

【解】：在建设期，各年利息计算如下：

$$q_1 = \left(\frac{1}{2} A_1 \right) \times 12\% = \frac{1}{2} \times 600 \text{万元} \times 12\% = 36 \text{万元}$$

$$q_2 = \left(P_1 + \frac{1}{2} A_2 \right) \times 12\% = \left(600 + 36 + \frac{1}{2} \times 600 \right) \text{万元} \times 12\% = 112.32 \text{万元}$$

$$q_3 = \left(P_{j-1} + \frac{1}{2} A_3 \right) \times 12\% = \left(600 + 36 + 600 + 112.32 + \frac{1}{2} \times 400 \right) \text{万元} \times 12\% = 185.80 \text{万元}$$

所以，建设期贷款利息 $= q_1 + q_2 + q_3 = (36 + 112.32 + 185.80) \text{万元} = 334.12 \text{万元}$

6.1.5.2　流动资金估算

项目运营需要流动资金投资，是指生产经营性项目投产后，为进行正常生产运营，用于购买原材料、燃料，支付工资及其他经营费用等所需的周转资金。流动资金估算一般采用分项详细估算法。个别情况或者小型项目采用扩大指标法。

1. 分项详细估算法

流动资金的显著特点是在生产过程中不断周转，其周转额的大小与生产规模及周转速度直接相关。分项详细估算法是根据周转额与周转速度之间的关系，对构成流动资金的各项流动资产和流动负债分别进行估算。流动资产的构成要素一般包括存货、库存现金、预付账款、应收账款；流动负债的构成要素一般包括应付账款和预收账款。流动资金等于流动资产和流动负债的差额，计算式为：

$$流动资金 = 流动资产 - 流动负债 \tag{6-14}$$

$$流动资产 = 应收账款 + 预付账款 + 存货 + 现金 \tag{6-15}$$

$$流动负债 = 应付账款 + 预收账款 \tag{6-16}$$

$$流动资金本年增加额 = 本年流动资金 - 上年流动资金 \tag{6-17}$$

估算的具体步骤，首先计算各类流动资产和流动负债的年周转次数，然后再分项估算占用资金额。

（1）周转次数计算　周转次数是指流动资金的各个构成项目在一年内完成多少个生产过程。周转次数可用 1 年天数（通常按 360 天计算）除以流动资金的最低周转天数计算，则各项流动资金年平均占用额度为流动资金的年周转额度除以流动资金的年周转次数。即：

$$周转次数 = \frac{360}{流动资金最低周转天数} \tag{6-18}$$

各类流动资产和流动负债的最低周转天数，可参照同类企业的平均周转天数并结合项目特点确定，或按部门（行业）规定。在确定最低周转天数时应考虑储存天数、在途天数，并考虑适当的保险系数。

（2）应收账款估算　应收账款是指企业对外赊销商品、提供劳务尚未收回的资金。计算公式为：

$$应收账款 = \frac{年经营成本}{应收款周转次数} \tag{6-19}$$

（3）预付账款估算　预付账款是指企业为购买各类材料、产成品或服务所预先支付的款项，计算公式为：

$$预付账款 = 外购商品或服务年费用金额 \div 预付账款周转次数 \tag{6-20}$$

（4）存货估算　存货是企业为销售或者生产耗用而储备的各种物资，主要的原材料、辅助材料、燃料、低值易耗品、维修备件、包装物、商品、在产品、自制半成品和产成品等。为简化计算，仅考虑外购原材料、燃料、其他材料、在产品和产成品，并分项进行计算。计算公式为：

$$存货 = 外购原材料、燃料 + 其他材料 + 在产品 + 产成品 \tag{6-21}$$

$$外购原材料、燃料 = \frac{年外购原材料、燃料费用}{分项周转次数} \tag{6-22}$$

$$其他材料 = \frac{年其他材料费用}{其他材料周转次数} \tag{6-23}$$

$$在产品 = \frac{年外购原材料、燃料 + 年工资及福利费 + 年修理费 + 年其他制造费用}{在产品周转次数} \tag{6-24}$$

$$产成品 = \frac{年经营成本 - 年其他营业费用}{产成品周转次数} \quad (6-25)$$

（5）现金需要估算　项目流动资金中的现金是指货币资金，即企业生产运营活动中停留于货币形态的那部分资金，包括企业库存现金和银行存款。计算公式为：

$$现金 = \frac{年工资及福利费 + 年其他费用}{现金周转次数} \quad (6-26)$$

$$年其他费用 = 制造费用 + 管理费用 + 营业费用 - 以上三项费用中所含的$$
$$工资及福利费、折旧费、摊销费、修理费 \quad (6-27)$$

（6）流动负债估算　流动负债是指在一年或者超过一年的一个营业周期内，需要偿还的各种债务，包括短期借款、应付票据、应付账款、预收账款、应付工资、应付福利费、应付股利、应交税金、其他暂收应付款、预提费用和一年内到期的长期借款等。在可行性研究中，流动负债的估算可以只考虑应付账款和预收账款两项。计算公式为：

$$应付账款 = \frac{外购原材料、燃料动力费及其他材料年费用}{应付账款周转次数} \quad (6-28)$$

$$预收账款 = \frac{预收的营业收入年金额}{预收账款周转次数} \quad (6-29)$$

【例6-7】　已知某项目达到生产能力后，销售收入可达4500万元，全厂定员1500人，工资与福利按照每人每年12000元估算，年其他费用为1800万元（其中：其他制造费用为1200万元），年外购原材料、燃料及动力费分别为5000万元，年经营成本为4500万元，年修理费占年经营成本的10%，各项流动资金的最低周转天数分别为：应收账款36天，现金40天，应付账款36天，存货为36天，试估算该项目的流动资金。

【解】：（1）应收账款估算：

应收账款 = 年经营成本 ÷ 应收款周转次数

周转次数 = 360 ÷ 流动资金最低周转天数

应收账款 = 4500万元 ÷ (360 ÷ 36) = 450万元

（2）现金估算：

现金 = (年工资及福利费 + 年其他费用) ÷ 现金周转次数

现金 = (1500 × 1.2 + 1800)万元 ÷ (360 ÷ 40) = 40万元

（3）存货：

存货 = 外购原材料、燃料 + 其他材料 + 在产品 + 产成品

外购原材料、燃料 = 年外购原材料、燃料费用 ÷ 分项周转次数

其他材料 = 年其他材料费用 ÷ 其他材料周转次数

在产品 = (年外购原材料、燃料 + 年工资及福利费 + 年修理费 + 年其他制造费用) ÷
　　　　　在产品周转次数

产成品 = (年经营成本 - 年其他营业费用) ÷ 产成品周转次数

外购原材料、燃料 = 5000万元 ÷ (360 ÷ 36) = 500万元

在产品 = (1500 × 1.2 + 5000 + 4500 × 0.1 + 1200)万元 ÷ (360 ÷ 36) = 845万元

产成品 = 4500万元 ÷ (360 ÷ 36) = 450万元

存货 = (500 + 845 + 450)万元 = 1795万元

（4）流动资产估算：

流动资产＝应收账款＋预付账款＋存货＋现金

流动资产＝（450＋40＋1795）万元＝2285万元

（5）流动负债估算：

流动负债＝应付账款＋预收账款

应付账款＝外购原材料、燃料动力费及其他材料年费用÷应付账款周转次数

应付账款＝5000万元÷（360÷36）＝500万元

（6）流动资金估算：

流动资金＝流动资产－流动负债

流动资金＝（2285－500）万元＝1785万元

2. 扩大指标估算法

扩大指标估算法是根据现有同类企业的实际资料，求得各种流动资金率指标，亦可依据行业或部门给定的参考值或经验确定比率。将各类流动资金率乘以相对应的费用基数来估算流动资金。一般常用的基数有营业收入、经营成本、总成本费用和建设投资等，究竟采用何种基数依行业习惯而定。扩大指标估算法简便易行，但准确度不高，适用于项目建议书阶段的估算。扩大指标估算法计算流动资金的计算公式为：

$$年流动资金额 = 年费用基数 \times 各类流动资金率（\%） \tag{6-30}$$

6.2 设计概算

6.2.1 设计概算的概念与作用

1. 设计概算的概念

设计概算是设计文件的重要组成部分。设计概算是在初步设计或扩大初步设计阶段，由设计单位按照设计图及说明书、设备清单、概算定额或概算指标、各项费用定额等资料或参照类似工程决算文件，用科学的方法计算和确定建筑安装工程全部建设费用的文件。其特点是编制工作相对简略，无须达到施工图预算的准确程度。采用两阶段设计的建设项目，初步设计阶段必须编制设计概算；采用三阶段设计的建设项目，扩大初步设计阶段必须编制修正概算。

2. 设计概算的作用

1）设计概算是编制建设项目投资计划、确定和控制建设项目投资的依据。国家规定，编制年度固定资产投资计划，确定计划投资总额及其构成数额，要以批准的初步设计概算为依据，没有批准的初步设计文件及其概算，建设工程就不能列入年度固定资产投资计划。设计概算一经批准，将作为控制建设项目投资的最高限额。竣工结算不能突破施工图预算，施工图预算不能突破设计概算。如果由于设计变更等原因建设费用超过概算，必须重新审查批准。

2）设计概算是签订建设工程合同和贷款合同的依据。在国家颁布的合同法中明确规定，建设工程合同价款是以设计概预算价为依据，且总承包合同不得超过设计总概算的投资额。银行贷款或各单项工程的拨款累计总额不能超过设计概算，如果项目投资计划所列支投资额与贷款突破设计概算时，必须查明原因，之后由建设单位报请上级主管部门调整或追加设计概算总投资，凡未批准之前，银行对其超支部分不予拨付。

3）设计概算是控制施工图设计和施工图预算的依据。设计单位必须按照批准的初步设计

和总概算进行施工图设计，施工图预算不得突破设计概算，如确需突破总概算时，应按规定程序报批。

4）设计概算是衡量设计方案技术经济合理性和选择最佳设计方案的依据。设计部门在初步设计阶段要选择最佳设计方案，设计概算是从经济角度衡量设计方案经济合理性的重要依据。因此，设计概算是衡量设计方案技术经济合理性和选择最佳设计方案的依据。

5）设计概算是考核建设项目投资效果的依据。通过设计概算与竣工决算对比，可以分析和考核投资效果的好坏，同时还可以验证设计概算的准确性，有利于加强设计概算管理和建设项目的造价管理工作。

6.2.2　设计概算编制原则和依据

1. 设计概算的编制原则

1）严格执行国家的建设方针和经济政策的原则。设计概算是一项重要的技术经济工作，要严格按照党和国家的方针、政策办事，坚决执行勤俭节约的方针，严格执行规定的设计标准。

2）要完整、准确地反映设计内容的原则。编制设计概算时，要认真了解设计意图，根据设计文件、设计图准确计算工程量，避免重算和漏算。设计修改后，要及时修正概算。

3）要坚持结合拟建工程的实际，反映工程所在地当时价格水平的原则。为提高设计概算的准确性，要求实事求是地对工程所在地的建设条件、可能影响造价的各种因素进行认真的调查研究，在此基础上正确使用定额、指标、费率和价格等各项编制依据，按照现行工程造价的构成，根据有关部门发布的价格信息及价格调整指数，考虑建设期的价格变化因素，使概算尽可能地反映设计内容、施工条件和实际价格。

2. 设计概算的编制依据

1）国家、行业和地方政府有关建设和造价管理的法律、法规、规定。

2）批准的建设项目的设计任务书（或批准的可行性研究文件）和主管部门的有关规定。

3）初步设计项目一览表。

4）能满足编制设计概算的各专业设计图、文字说明和主要设备表，其中包括：

①土建工程中，建筑专业设计提交建筑平、立、剖面图和初步设计文字说明；结构专业设计提交结构平面布置图、构件截面尺寸、特殊构件配筋率。

②给水排水、电气、采暖通风、空气调节、动力等专业设计的平面布置图或文字说明和主要设备表。

③室外工程有关各专业提交平面布置图；总图专业设计提交建设场地的地形图和场地设计标高及道路、排水沟、挡土墙、围墙等构筑物的截面尺寸。

5）正常的施工组织设计。

6）当地和主管部门的现行建筑工程和专业安装工程的概算定额（或预算定额、综合预算定额）、单位估价表、材料及构配件预算价格、工程费用定额和有关费用规定的文件等资料。

7）现行的有关原价及运杂费率。

8）现行的有关其他费用定额、指标和价格。

9）资金筹措方式。

10）建设场地的自然条件和施工条件。

11）类似工程的概预算及技术经济指标。

12）建设单位提供的有关工程造价的其他资料。

13）有关合同、协议等其他资料。

6.2.3　设计概算编制的方法

建设项目设计概算的编制，一般首先编制单位工程的设计概算，然后逐级汇总，形成单项工程综合概算及建设项目总概算。因此，下面分别介绍单位工程设计概算、单项工程综合概算和建设项目总概算的编制方法。

6.2.3.1　单位工程概算的编制内容和方法

1. 单位工程概算的内容

单位工程概算书是计算一个独立建筑物或构筑物（即单项工程）中每个专业工程所需工程费用的文件，分为建筑工程概算书和设备及安装工程概算书两大类。单位工程概算文件应包括：建筑（安装）工程直接工程费汇总表，建筑（安装）工程人工、材料、机械台班价差表，建筑（安装）工程费用构成表。

2. 单位建筑工程概算的编制方法

建筑工程概算的编制方法有概算定额法、概算指标法、类似工程预算法等；设备及安装工程概算的编制方法有：预算单价法、扩大单价法、设备价值百分比法和综合吨位指标法等。单位工程概算投资由直接费、间接费、利润和税金组成。

（1）概算定额法　概算定额法又叫扩大单价法或扩大结构定额法。它是采用概算定额编制建筑工程概算的方法，是根据初步设计图资料和概算定额的项目划分计算出工程量，然后套用概算定额单价，计算汇总后，再计取有关费用，便可得出单位工程概算造价。

概算定额法要求初步设计达到一定深度，建筑结构比较明确，能按照初步设计的平面、立面、剖面图计算出楼地面、墙身、门窗和屋面等分布工程项目的工程量时，方可采用。

概算定额法编制设计概算的步骤：

1）列出单位工程中分项工程或扩大分项工程的项目名称，并计算其工程量。

2）确定各分部分项工程项目的概算定额单价。

3）计算分部分项工程的人工费、材料费、施工机具使用费，合计得到单位人工费、材料费、施工机具使用费总和。

4）按照有关规定标准计算措施项目费和其他项目费。

5）按照一定的取费标准和计算基础计算企业管理费、规费和利税。

6）计算单位工程概算造价。

7）计算单位工程建筑工程经济技术指标。

【例6-8】　某市拟建一座 $5600m^2$ 教学楼，请按给出的扩大单价和工程量（见表6-2）编制出该教学楼土建工程设计概算造价和平方米造价。按有关规定标准计算得到措施费为672000 元，各项费率分别为：企业管理费与规费费率为5%，利润率为7%，综合税率为3.413%（以直接费为计算基础）。

表6-2　某教学楼土建工程量和扩大单价

分部工程名称	单位	工程量	扩大单价/元
土石方工程	$10m^3$	120	980
基础工程	$10m^3$	160	2500
混凝土及钢筋混凝土	$10m^3$	150	6800
砌筑工程	$10m^3$	280	3300

（续）

分部工程名称	单位	工程量	扩大单价/元
地面工程	$100m^2$	40	1100
楼面工程	$100m^2$	90	1800
卷材屋面	$100m^2$	40	4500
门窗工程	$100m^2$	35	5600

【解】：根据已知条件表6-2所列数据及扩大单价，求得该教学楼土建工程造价，列入表6-3。

表6-3 某教学楼土建工程概算造价计算表

序 号	分部工程或费用名称	单 位	工 程 量	单价/元	合价/元
1	土石方工程	$10m^3$	120	980	117600
2	基础工程	$10m^3$	160	2500	400000
3	混凝土及钢筋混凝土	$10m^3$	150	6800	1020000
4	砌筑工程	$10m^3$	280	3300	924000
5	地面工程	$100m^2$	40	1100	44000
6	楼面工程	$100m^2$	90	1800	162000
7	卷材屋面	$100m^2$	40	4500	18000
8	门窗工程	$100m^2$	35	5600	196000
A	直接工程费小计	1~8项之和			3043600
B	措施费				672000
C	直接费小计	A+B			3715600
D	企业管理费与规费	C×5%			185780
E	利润	(C+D)×7%			273097
F	税金	(C+D+E)×3.413%			133134
	概算造价	C+D+E+F			4174477
	平方米造价	4174477÷5600			745.4

（2）概算指标法 概算指标法采用直接工程费指标，是用拟建的厂房、住宅的建筑面积（或体积）乘以技术条件相同或基本相同工程的概算指标，得出直接工程费，然后按规定计算出措施费、间接费、利润和税金等，编制出单位工程概算的方法。

当初步设计深度不够，不能准确地计算出工程量，而工程设计技术比较成熟又有类似工程概算指标时，可采用概算指标法。

由于拟建工程往往与类似工程的概算指标的技术条件不尽相同，而且概算指标编制年份的设备、材料、人工等价格与拟建工程当时当地的价格也不会一样，因此，必须对其进行调整。其调整方法具体如下：

1）设计对象的结构特征与概算指标有局部差异时的调整。

$$\begin{matrix} 结构变化修正概算指标的 \\ 人工、材料、机械消耗量 \end{matrix} = \begin{matrix} 原概算指标的人工、 \\ 材料、机械消耗量 \end{matrix} + \begin{matrix} 换入结构 \\ 构件工程量 \end{matrix} \times \begin{matrix} 相应定额人工、 \\ 材料、机械消耗量 \end{matrix} - \begin{matrix} 换出结构 \\ 构件工程量 \end{matrix} \times \begin{matrix} 相应定额人工、 \\ 材料、机械消耗量 \end{matrix}$$

(6-31)

2）设备、人工、材料、机械台班费用的调整。

$$\begin{aligned}\text{设备、人工、材料、}\atop\text{机械修正概算费用} &= {\text{原概算指标的设备、人}\atop\text{工、材料、机械费用}} + {\Sigma\,(\text{换入设备、人工、材料、}\atop\text{机械消耗量×拟建地区相应单价})} - \\ &\quad {\Sigma\,(\text{换出设备、人工、材料、机械消耗量×}\atop\text{原概算指标设备、人工、材料、机械单价})}\end{aligned}\qquad(6\text{-}32)$$

【例 6-9】 某市一栋普通办公楼为框架结构，面积为 2700m², 建筑工程直接费为 378 元/m², 其中毛石基础为 39 元/m²。而今拟建一栋办公楼，面积为 3000m², 采用钢筋混凝土结构，带形基础造价为 51 元/m², 其他结构相同。求该拟建新办公楼的建筑工程直接费。

【解】 调整后的概算指标 = (378 - 39 + 51)元/m² = 390 元/m²

拟建新办公楼的建筑工程直接费 = (390 元/m² × 3000m²) = 1170000 元

然后计算出措施费、间接费、利润和税金，再按照一定的计价程序汇总，便可求出新建办公楼的建筑工程造价。

（3）类似工程预算法　类似工程预算法是利用技术条件与设计对象相类似的已完工程或在建工程的工程造价资料来编制拟建工程设计概算的方法。

类似工程预算法在拟建工程初步设计与已完工程或在建工程的设计相类似而又没有可用的概算指标时采用，但必须对建筑结构差异和价差进行调整。建筑结构差异的调整方法与概算指标法的调整方法相同。类似工程造价的价差调整常用的两种方法是：

1）类似工程造价资料有具体的人工、材料、机械台班的用量时，可以类似工程预算造价资料中的主要材料用量、工日数量、机械台班用量，乘以拟建工程所在地的主要材料预算价格、人工单价、机械台班单价，计算出直接工程费，再乘以当地的综合费率，即可得出所需的造价指标。

2）类似工程造价资料只有人工、材料、机械台班费用和措施费、间接费时，可按下式调整：

$$D = AK \qquad(6\text{-}33)$$

$$K = a\%K_1 + b\%K_2 + c\%K_3 + d\%K_4 + e\%K_5$$

式中　　　　　　　　D——拟建工程单方概算造价；

　　　　　　　　　　A——类似工程单方概算造价；

　　　　　　　　　　K——综合调整指数；

$a\%$、$b\%$、$c\%$、$d\%$、$e\%$——类似工程预算的人工费、材料费、机械台班费、措施费、间接费占预算造价的比重，如：$a\%$ = 类似工程人工费（或工资标准）÷（类似工程预算造价×100%），$b\%$、$c\%$、$d\%$、$e\%$ 类同；

K_1、K_2、K_3、K_4、K_5——拟建工程地区与类似工程预算造价在人工费、材料费、机械台班费、措施费和间接费之间的差异系数，如：K_1 = 拟建工程概算的人工费（或工资标准）÷类似工程预算人工费（或地区工资标准），K_2、K_3、K_4、K_5 类同。

【例 6-10】 某单位拟建设砖混结构办公楼，类似工程单位造价为 560 元/m², 其中人工费、材料费、机械费、间接费和其他费所占单位工程造价比例分别为：18%、55%、6%、3%、18%, 拟建工程与类似工程预算造价在这几方面的差异系数分别为：1.91、1.03、1.79、1.02、0.88。应用类似工程预算法确定拟建工程单位工程概算造价。

【解】：拟建工程差异系数 = 18% × 1.91 + 55% × 1.03 + 6% × 1.79 + 3% × 1.02 + 18% × 0.88 = 1.21

拟建工程概算指标 = 560 元/m² × 1.21 = 677.8 元/m²

3. 单位设备及安装工程概算的编制方法

设备及安装工程概算包括设备购置费概算和设备安装工程费概算两大部分。

（1）设备购置费概算　设备购置费是根据初步设计的设备清单计算出设备原价，并汇总出设备总原价，然后按有关规定的设备运杂费率乘以设备总原价，两项相加即为设备购置费概算。

（2）设备安装工程费概算的编制方法　设备安装工程费概算应根据初步设计深度和要求所明确的程度而采用编制方法。其主要编制方法有：

1）预算单价法。当初步设计较深，有详细的设备清单时，可直接按安装工程预算定额单价编制安装工程预算。概算编制程序基本同于安装工程施工图预算。该法具有计算比较具体、精确性较高之优点。

2）扩大单价法。当初步设计深度不够，设备清单不完备，只有主体设备或仅有成套设备重量时，可采用主体设备、成套设备的综合扩大安装单价来编制概算。

上述两种方法的具体操作与建筑工程概算相类似。

3）设备价值百分比法又叫安装设备百分比法。当初步设计深度不够，只有设备出厂价而无详细规格、重量时，安装费可按占设备费的百分比计算。其百分比值（即安装费率）由相关管理部门制定，或由设计单位根据已完类似工程确定。该法常用于价格波动不大的定型产品和通用设备产品。计算表达式为：

$$\text{设备安装费} = \text{设备原价} \times \text{安装费率（\%）} \qquad (6\text{-}34)$$

4）综合吨位指标法。当初步设计提供的设备清单有规格和设备（重量）时，可采用综合吨位指标编制概算，其综合吨位指标由相关主管部门或由设计院根据已完类似工程资料确定。该法常用于设备价格波动较大的非标准设备和引进设备的安装工程概算。数学表达式为：

$$\text{设备安装费} = \text{设备吨重} \times \text{每吨设备安装费指标} \qquad (6\text{-}35)$$

6.2.3.2　单项工程综合概算的编制内容

单项工程是指在一个建设项目中，具有独立的设计文件，建成后可以独立发挥生产能力或工程效益的项目。它是建设项目的组成部分，如生产车间、办公楼、食堂、图书馆、学生宿舍、住宅楼、一个配水厂等。单项工程是一个复杂的综合体，是具有独立存在的意义的一个完整工程，如输水工程、净水厂工程、配水工程等。

单项工程综合概算是确定一个单项工程所需建设费用的综合性文件。它由该单项工程内各专业单位工程概算汇总编制而成，是建设项目总概算的组成部分。

单项工程综合概算文件一般包括编制说明、综合概算表两大部分。当建设项目只有一个单项工程时，此时综合概算文件除包括上述两大部分外，还应包括工程建设其他费用、建设期贷款利息、预备费和固定资产投资方向调节税的概算。

1. 编制说明

其内容为：

1）工程概括。简述建设项目性质、特点、生产规模、建设周期、建设地点等主要情况。引进项目要说明引进内容以及与国内配套工程等主要情况。

2）编制依据。包括国家和有关部门的规定、设计文件。现行概算定额或概算指标、设备材料的预算价格和费用指标等。

3）编制方法。说明设计概算是采用概算定额法还是采用概算指标法或其他方法。

4）其他必要的说明。

2. 综合概算表

综合概算表是根据单项工程所辖范围内的各单位工程概算等基础资料，按照国家或部委所规定的统一表格进行编制的。

1）综合概算表的项目组成。工业建设项目综合概算表由建筑工程和设备及安装工程两大部分组成；民用工程综合概算表仅建筑工程一项。

2）综合概算的费用组成。一般应包括建筑工程费用、安装工程费用、设备购置及工器具生产家具购置费。当编制总概算时，还应包括工程建设其他费用、建设期贷款利息、预备费和固定资产投资方向调节税等费用项目。

6.2.3.3 建设项目总概算的编制内容

建设项目总概算是设计文件的重要组成部分，是确定整个建设项目从筹建到竣工交付使用所预计花费的全部费用的文件。它是由各单项工程综合概算、工程建设其他费用、建设期贷款利息、预备费、固定资产投资方向调节税和经营性项目的铺底流动资金概算组成，并按照主管部门规定的统一表格进行编制的。

设计总概算文件一般应包括：编制说明、总概算表、各单项工程综合概算书、工程建设其他费用概算表、主要建筑安装材料汇总表。独立装订成册的总概算文件宜加封面、签署页和目录。

1）编制说明。编制说明的内容与单项工程综合概算文件相同。

2）总概算表。

3）工程建设其他费用概算表。

4）主要建筑安装材料汇总表。针对每一个单项工程列出钢材、水泥、木材等主要建筑安装材料的消耗量。

若干个单位工程概算汇总后称为单项工程概算，若干个单项工程概算和工程建设其他费用、预备费、建设期贷款利息等概算文件汇总成为建设项目总概算。单项工程概算和建设项目总概算仅是一种归纳、汇总性文件，因此，最基本的计算文件是单位工程预算书。建设项目若为一个独立单项工程，则建设项目总概算书与单项工程综合概算书可合并编制。

6.2.4 设计概算的审查

1. 审查设计概算的意义

1）审查设计概算，有利于合理分配投资资金、加强投资计划管理，有助于合理确定和有效控制工程造价。设计概算编制偏高或偏低，不仅影响工程造价的控制，也会影响投资计划的真实性，影响投资资金的合理分配。

2）审查设计概算，有利于促进概算编制单位严格执行国家有关概算的编制规定和费用标准，从而提高概算的编制质量。

3）审查设计概算，有利于促进设计的技术先进性与经济合理性。概算中的技术经济指标是概算的综合反映，与同类工程对比，便可看出它的先进性与合理程度。

4）审查设计概算，有利于核定建设项目的投资规模，可以使建设项目总投资力求做到准确、完整，防止任意扩大投资规模或出现漏项，从而减少投资缺口、缩小概算与预算之间的差距，避免故意压低概算投资，搞钓鱼项目，最后导致实际造价大幅度地突破概算。

5）经审查的概算，有利于为建设项目投资的落实提供可靠的依据；打足投资，不留缺口，有助于提高建设项目的投资效益。

2. 审查设计概算的编制依据

1）审查设计概算编制的合法性。采用的各种编制依据必须经过国家和授权机关的批准，符合国家的编制规定，未经批准的不能采用。不能以情况特殊为由，擅自提高概算定额、指标或费用标准。

2）审查编制依据的时效性。各种依据，如定额、指标、价格、取费标准等，都应根据国家有关部门的现行规定进行，注意有无调整和新的规定，如有，应执行新的调整办法和规定。

3）审查编制依据的适用范围。各种编制依据都有规定的适用范围，如各主管部门规定的各种专业定额及其取费标准，只适用于该部门的专业工程；各区规定的各种定额及其取费标准，只适用于该地区范围内，特别是地区的材料预算价格的区域性更强。

3. 审查概算编制深度

1）审查编制说明。审查编制说明可以检查概算的编制方法、深度和编制依据等重大原则问题，若编制说明有差错，具体概算必有差错。

2）审查概算编制的完整性。一般大中型项目的设计概算，应有完整的编制说明和"三级概算"（即总概算表、单项工程综合概算表、单位工程概算表），并按有关规定的深度进行编制。审查是否有符合规定的"三级概算"，各级概算的编制、核对、审核是否按规定签署，有无随意简化，有无把"三级概算"简化为"二级概算"甚至"一级概算"。

3）审查概算的编制范围。审查概算编制范围及具体内容是否与主管部门批准的建设项目范围及具体工程内容一致；审查分期建设项目的建筑范围及具体工程内容有无重复交叉，是否重复计算或漏算；审查其他费用应列的项目是否符合规定，静态投资、动态投资和经营性项目铺底流动资金是否分别列出等。

4. 审查设计概算的内容

1）审查概算的编制是否符合党的方针、政策，是否根据工程所在地的自然条件进行编制。

2）审查建设规模（投资规模、生产能力等）、建设标准（用地指标、建筑标准等）、配套工程、设计定员等是否符合原批准的可行性研究报告或立项批文的标准。对总概算投资超过批准投资估算10%以上的，应查明原因，重新上报审批。

3）审查编制方法、计价依据和程序是否符合现行规定，包括定额或指标的适用范围和调整方法是否正确。进行定额或指标的补充时，要求补充定额或指标的项目划分、内容组成、编制原则等要与现行的规定相一致等。

4）审查工程量是否正确。工程量的计算是否是根据初步设计图、概算定额、工程量计算规则和施工组织设计的要求进行，有无多算、重算和漏算，尤其对工程量大、造价高的项目要重点审查。

5）审查材料用量和价格。审查主要材料（钢材、木材、水泥、砖）的用量数据是否正确，材料预算价格是否符合工程所在地的价格水平，材料价差调整是否符合现行规定及其计算是否正确等。

6）审查设备规格、数量和配置是否符合设计要求，是否与设备清单相一致，设备预算价格是否真实，设备原价和运杂费的计算是否正确，非标准设备原价的计价方法是否符合规定，进口设备的各项费用的组成及其计算程序、方法是否符合国家主管部门的规定。

7）审查建筑安装工程的各项费用的计取是否符合国家或地方有关部门和现行规定，计算程序和取费标准是否正确。

8）审查综合概算、总概算的编制内容、方法是否符合现行规定和设计文件的要求，有无设计文件外项目，有无将非生产性项目以生产性项目列入。

9）审查总概算文件的组成内容，是否完整地包括了建设项目从筹建到竣工投产为止的全部费用组成。

10）审查工程建设其他各项费用。这部分费用内容多、弹性大，而它的投资约占项目总投资25%以上，要按国家和地区规定逐项审查，不属于总概算范围的费用项目不能列入概算，审查具体费率或计取标准是否按国家、行业有关部门规定计算，有无随意列项、有无多列、交叉计列和漏项等。

11）审查项目的"三废"（废水、废气、废渣）治理。拟建项目必须同时安排"三废"的治理方案和投资，对于未作安排或漏项或多算、重算的项目，要按国家有关规定核实投资，以达到"三废"排放国家标准。

12）审查技术经济指标。技术经济指标的计算方法和程序是否正确，综合指标和单项指标与同类型工程指标相比，是偏高还是偏低，其原因是什么，并予以纠正。

13）审查投资经济效果。设计概算是初步设计经济效果的反映，要按照生产规模、工艺流程、产品品种和质量，从企业的投资效益和投产后的运营效益全面分析，是否达到了先进可靠、经济合理的要求。

5. 审查设计概算的方法

采用适当方法审查设计概算，是确保审查质量、提高审查效率的关键。较常用的方法有：

1）对比分析法。对比分析法主要是通过建设规模、标准与立项批文对比；工程数量与设计图对比；综合范围、内容与编制方法、规定对比；各项取费与规定标准对比；材料、人工单价与市场信息对比；引进设备、技术投资与报价要求对比；技术经济指标与同类工程对比等。通过以上对比，容易发现设计概算存在的主要问题和偏差。

2）查询核实法。查询核实法是对一些关键设备和设施、重要装置、引进工程图不全、难以核算的较大投资进行多方查询核对、逐项落实的方法。主要设备的市场价向设备供应部门或招标代理公司查询核实；重要生产装置、设施向同类企业（工程）查询了解；引进设备价格及有关税费向进出口公司调查落实；复杂的建筑安装工程向同类工程的建设、承包、施工单位征求意见；深度不够或不清楚的问题直接向原概算编制人员、设计者询问清楚。

3）联合会审法。联合会审法前，可先采取多种形式分头审查，包括设计单位自审，主管、建设、承包单位初审，工程造价咨询公司评审，邀请同行专家预审，审批部门复审等，经层层审查把关后，由有关单位和专家进行联合会审。在会审会上，由设计单位介绍概算编制情况及有关问题，各有关单位、专家汇报初审和预审意见。然后进行认真分析、讨论，结合对各专业技术方案的审查意见所产生的投资增减，逐一核实原概算出现的问题。经过充分协商，认真听取设计单位意见后，实事求是地处理、调整。

通过以上复审后，对审查中发现的问题和偏差，按照单项、单位工程的顺序，先按设备费、安装费、建筑费和工程建设其他费用分类整理。然后按照静态投资部分、动态投资部分和铺底流动资金三大类，汇总核增或核减的项目及其投资额。最后将具体审核数据，按照"原编概算""审核结果""增减投资""增减幅度"四栏列表，并按照原总概算表汇总顺序，将增减项目逐一列出，相应调整所属项目投资合计数，再依次汇总审核后的总投资及增减投资额。对于差错较多、问题较大或不能满足要求的，需按会审意见修改之后重新报批；对于无重大原则问题、深度基本满足要求、投资增减不多的，当场核定概算投资额，并提交审批部门复核后，正式下达审批概算。

本　章　小　结

投资估算是编制建设项目建议书和可行性研究阶段，对建设项目总投资的粗略估算，作为建设项目投资决策时一项重要的参考性经济指标，投资估算是判断项目可行性的重要依据之一；作为工程造价的目标限额，投资估算是控制初步设计概算和整个工程造价的目标限额；投资估算也是作为编制投资计划、筹措资金和申请贷款的依据。

建设投资估算的内容包括建筑安装工程费、设备及工器具购置费、工程建设其他费用、基本预备费、价差预备费。其中，建筑安装工程费、设备及工器具购置费直接形成实体固定资产，被称为工程费用；工程建设其他费用可分别形成固定资产、无形资产及其他资产。

建设期贷款利息是债务资金在建设期内发生并应计入固定资产原值的利息，包括借款利息及手续费、承诺费、管理费等。建设期贷款利息单独估算，以便对建设项目进行融资前和融资后财务分析。

编制建设投资估算应分别估算各单项工程所需的建筑工程费、设备及工器具购置费、安装工程费；在汇总各单项工程费用的基础上，估算工程建设其他费用和基本预备费；在上述静态投资估算基础上估算涨价预备费；估算建设期贷款利息；估算流动资金，最后汇总得到建设项目总投资估算。

静态投资部分的估算方法主要有单位生产能力估算法、生产能力指数法、系数估算法、比例估算法、指标估算法。动态投资部分的估算方法主要有分项详细估算法、扩大指标估算法。

设计概算是初步设计文件的重要组成部分，它是在投资估算的控制下由设计单位根据初步设计或扩大初步设计的设计图及说明，利用国家或地区颁发的概算指标、概算定额或综合指标预算定额、设备材料预算价格等资料，按照设计要求，概略地计算建筑物或构筑物造价的文件。

建筑工程概算的编制方法有概算定额法、概算指标法、类似工程预算法等；设备及安装工程概算的编制方法有预算单价法、扩大单价法、设备价值百分比法和综合吨位指标法等。审查设计概算的方法较常用的有对比分析法、查询核实法、联合会审法。

思　考　题

1. 投资估算的内容与作用有哪些？
2. 如何编制建设项目的投资估算？
3. 什么是设计概算？设计概算的作用是什么？
4. 设计概算的编制依据是什么？
5. 单位建筑工程概算的编制方法有哪些？各自的适用条件有哪些？
6. 审查设计概算的方法有哪些？

第7章
施工预算

主要内容 施工预算概述，施工预算的编制方法及施工预算与施工图预算的对比。

学习要求 理解施工预算的概念；了解施工预算的作用和意义；掌握施工预算的编制方法和步骤；掌握施工预算与施工图预算对比的目的、意义和方法。

施工预算是在施工图预算控制下，以施工定额为依据编制的。通常，单位工程开工前，施工企业内部应编制施工预算，确定工程材料用量、施工所需工种、人工数量、机械台班消耗量和直接费用，用以编制施工进度计划，提出各类构件（配件）和需外加工项目的委托书等，以便有组织、有计划地进行施工，达到节约资金、降低成本、提高经济效益的目的。

7.1 施工预算概述

7.1.1 施工预算的概念

施工预算是施工企业在单位工程开工之前编制的单位工程或分部、分项、分段工程的人工、材料、施工机械台班消耗量和必需的现场经费的企业内部预算，也叫计划成本。施工预算是根据施工图、施工定额、单位工程施工组织设计和降低工程成本的技术组织措施，并结合施工现场实际情况，在施工图预算控制下编制的技术经济文件。它是企业计划成本的依据，反映了完成工程项目所消耗的实物与金额数量指标，是与施工图预算和实际成本对比的基础资料，是施工承包企业实行全面经济核算制，提高企业综合效益的有效措施。

7.1.2 施工预算的作用

编制施工预算是加强企业管理、实行经济核算的重要措施，它对提高施工企业的管理水平有着重要的作用，具体表现在以下几个方面。

1. 施工预算是编制施工作业计划的依据

施工作业计划是施工承包企业计划管理的中心环节，要求施工预算必须在开工之前编制好，它为施工作业计划的编制和形象进度的安排提供了单位工程或分部、分项、分段、分层的工程量，以及人工、材料、施工机械台班和构配件的消耗量等数据，施工计划部门根据施工预算提供的数据，进行备料和按时组织材料进场及安排各工种的劳动力计划进场时间等，使施工作业计划编制得更具体、准确、可靠。

2. 施工预算是基层施工单位签发施工任务单和限额领料的依据

施工任务单是施工作业计划落实到班组的计划文件，也是记录班组完成任务情况和结算班组工人工资的依据。施工任务单的内容可分为两部分。一部分是下达给班组的工程内容，包括工程名称、计量单位、工程量、定额指标、平均技术等级、质量要求以及开工、竣工日期等；另一部分是班组实际完成工程任务情况的记载及工人工资结算，包括实际完成的工程量、实用工日数、实际平均技术等级、工人完成工程的工资额以及实际开、竣工日期等。第一部分的内容均来源于施工预算。

限额领料单是随施工任务单同时签发的，是施工班组为完成规定任务所需消耗材料数量的标准额度，是考核班组材料节约、超支情况的依据，是开展班组经济核算的基础。限额领料单主要包括各种材料消耗定额和限额领用的材料品种、规格、质量、数量等数据，这些数据也均来源于施工预算。

施工预算中确定的人工、材料、机械台班消耗量，作为签发工程施工任务的数量和领取施工用料的最高限额，不能突破。因此可以有效地控制人工、材料、机械台班的消耗数量。

3. 施工预算是计算计件工资，实行按劳分配的依据

社会主义的分配原则是按劳分配，把工人的劳动成果和个人生活资料分配的多少直接联系起来，很好地体现了多劳多得的按劳分配原则。施工预算是衡量工人劳动成果的尺度，是计算应得报酬的依据。

4. 施工预算是企业进行"两算"对比，进行经济活动分析的依据

经济活动分析主要是应用施工预算的人工、材料、机械台班消耗数量及直接费与施工图预算的人工、材料、机械汇总数量及直接费对比，分析超支或节约的原因，改进技术操作和施工管理，有效地控制施工中的人力、物力消耗，降低工程成本。

施工企业开展经济活动分析，是提高和加强企业经营管理的有效手段。由于施工预算中的工料消耗量是考虑采用施工技术组织措施以后计算的，因而其额定的工料消耗量包括了技术组织因素。通过经济活动分析，可以找出企业管理中的薄弱环节和技术组织措施中存在的问题，从而提出加强和改进的意见，促进实施施工技术组织节约措施，提出应该加强和改进的具体办法。经济活动分析主要是应用"两算"对比的结果，分析亏盈的原因，有效控制施工中的人力、物力消耗，降低活劳动和物化劳动的消耗。

7.1.3　施工预算的意义

1）编制施工预算，是施工企业从事生产经营活动的一项重要制度，也是不断降低施工成本，提高劳动生产率，创"优质低耗"工程，改善施工企业内部管理机制，不断提高施工项目管理水平的有效途径和做法。

2）施工预算制度，是促进施工成本计划管理的有效工具。在社会主义市场经济条件下，立足于施工企业节约、挖潜，强化企业内部的经济观念，有效地推行施工预算制度，对于健全和完善施工企业项目管理机制，不断改善和提高企业经营管理，建立以项目为基点的全面经济核算，创"优质低耗"工程，对于提高企业的竞争力，推进企业技术与管理创新，做到有计划、有组织的科学施工，不断提高经济效益，都有着极其重要的意义。

7.1.4　施工预算与施工图预算的区别与联系

施工预算，是施工企业内部在工程施工前，以单位工程为对象，根据施工劳动定额与补

充定额编制的，用来确定一个单位工程中各楼层、各施工段上每一分部分项工程的人工、材料、机械台班需要量和直接费的文件。施工预算由说明书和表格组成。说明书包括工程性质、范围及地点，图纸会审及现场勘察情况，工期及主要技术措施，降低成本措施以及尚存问题等。表格主要包括施工预算工料分析表、工料汇总表及按分部工程的两算对比表等。施工预算可作为施工企业编制工作计划、安排劳动力和组织施工的依据，是向班组签发施工任务单和限额领料卡的依据，是计算工资和奖金、开展班组经济核算的依据，是开展基层经济活动分析，进行"两算"对比的依据。

施工图预算是由设计单位根据设计图与预算定额编制而成的预算文件，是确定工程预算造价，签订建筑安装合同，实行建设单位和施工单位投资包干和办理工程结算的依据。实行招标的工程，预算是工程价款标底的主要依据。

施工图预算是确定建筑工程造价的具体文件，是控制投资、加强施工管理和经济核算的基础。正确编制施工图预算，有利于建设单位合理使用投资，有利于施工单位进行经营管理，加强经济核算，多快好省地完成生产任务。

施工图预算经施工单位审定后，施工单位可与建设单位签订工程施工合同。施工图预算可直接作为建筑工程的包干投资额。单位工程竣工后，施工单位即据此与建设单位进行结算。建设银行根据审定后的施工图预算和办理工程建设建筑安装的拨款，监督建设与施工单位双方按工程进度办理预支和结算。

施工单位根据施工图预算编制材料计划、劳动力计划、机械台班计划、财务计划及施工计划等，进行施工准备，组织施工力量，组织材料备料，推行先进的施工方法，提高劳动生产率，加强建筑企业内部经济核算，从而降低工程成本。

施工图预算和施工预算的具体区别与联系如下：

（1）"两算"的作用不同　施工图预算是确定工程造价、对外签订工程合同、办理工程拨款和贷款、考核工程成本、办理竣工结算的依据。在实行招标、投标的情况下，它也是招标者计算标底和投标者进行报价的基础。

施工预算是为达到降低成本的目的，按照施工定额的规定，结合挖掘企业内部潜力而编制的一种供企业内部使用的预算，是编制生产计划和企业内部实行定额管理、确定承包任务的基础。施工预算的编制构成了本企业建筑产品的计划成本，它是企业控制各项成本支出的依据。

（2）"两算"的编制方法不同　施工图预算编制时采用的单位估价法，定额项目的综合程度较大，其主要任务是用来确定工程造价的。施工预算的编制一般是采用实物法或实物金额法，定额项目按工种划分，其综合程度较小。由于施工预算要满足按工种实行定额管理和班组核算的要求，所以，预算项目划分较细，并要求分层、分段进行编制。

（3）"两算"的使用定额不同　施工预算的编制依据是施工定额，施工图预算使用的是预算定额，两种定额的项目划分不同。即使是同一定额项目，在两种定额中各自的工、料、机械台班耗用数量都有一定的差别。

（4）"两算"的工程项目粗细程度不同　施工预算比施工图预算的项目多、划分细，具体表现如下。

1）施工预算的工程量要分层、分段、分工程项目计算，其项目要比施工图预算多。如砌砖基础，预算定额仅列了一项；而施工定额根据不同深度及砖基础墙的厚度，共划分了六个项目。

2）施工定额的项目综合性小于预算定额。如现浇钢筋混凝土工程，预算定额每个项目中都包括了模板、钢筋、混凝土三个项目；而施工定额中模板、钢筋、混凝土则分别列项计算。

（5）"两算"的计算范围不同　施工预算一般只计算工程所需工料的数量，有条件的地区可计算工程的直接费；而施工图预算要计算整个工程的直接工程费、现场经费、间接费、利润及税金等各项费用。

（6）"两算"所考虑的施工组织及施工方法不同　施工预算所考虑的施工组织及施工方法要比施工图预算细得多。如吊装机械，施工预算要考虑的是采用塔式起重机还是卷扬机或别的机械，而施工图预算对一般民用建筑是按塔式起重机考虑的，即使是用卷扬机作吊装机械也按塔式起重机计算。

（7）"两算"的计量单位不同　施工预算与施工图预算的工程量计量单位也不完全一致。如门窗安装施工预算分门窗框、门窗扇安装两个项目，门窗框安装以"樘"为单位计算，门窗扇安装以"扇"为单位计算工程量，但施工图预算门窗安装包括门窗框以"m^2"计算。

综上所述，施工图预算和施工预算在其作用、编制方法、粗细程度、计算范围和计量单位上均有所不同。施工图预算是确定建筑企业各项工程收入的依据；而施工预算则是建筑企业控制各项成本支出的尺度，这是"两算"最大的区别。

7.2　施工预算的编制

7.2.1　施工预算的编制依据

1）经过会审的施工图和会审记录以及有关的标准图。施工预算中的人工、材料、机械台班消耗量，是根据会审后的施工图和说明书的技术要求计算的，只有这样才能避免差错、计算准确完整。

2）施工定额和有关补充定额或全国统一劳动定额和地区材料消耗定额。在编制施工预算时，根据施工定额所规定的建筑工程单位产品的人工、材料和机械台班消耗量的标准进行套用，使工程施工的费用控制在合理范围内。在目前全国和地区尚无统一施工定额的情况下，编制施工预算时，人工部分可执行现行的《建筑安装工程统一劳动定额》，材料部分可执行地区颁发的《建筑安装材料消耗定额》，施工机械部分可根据施工组织设计所规定的实际进场机械，按其种类、型号、台数和工期等进行计算。

3）经批准的施工组织设计或施工方案。施工组织设计中规定了完成工程所采用的施工方法、技术组织措施、现场平面布置图等，是编制施工预算的重要依据。施工预算的编制应按经批准的施工组织设计或施工方案计算各项消耗量。

4）人工工资标准、机械台班单价、材料预算价格或实际采购价格。

5）经过审核批准的施工图预算书。施工图预算书中的许多数据可为施工预算的编制提供许多有利条件和可比数据，并且施工预算的消耗量必须受施工图预算的控制，做到施工预算不超过施工图预算。因此施工图预算书是编制施工预算的重要依据之一。施工预算的计算项目划分比施工图预算的分项工程项目划分更细，但有的工程量还是相同的（如土方工程量、门窗制作工程量等），为了减少重复计算，施工预算与施工图预算工程量相同的计算项目，可以照抄使用。

6）其他有关费用的规定。在按定额计算出人工费的基础上，给内部承包单位一定幅度的在定额以外实际要发生的带有包干性质的费用。该项费用的计算，应根据本地区和本企业的有关规定执行。

7）其他工具书或资料。

7.2.2 施工预算的编制内容

施工预算的内容是以单位工程为对象，进行人工、材料、机械台班耗用量及其费用总额编制的。它由编制说明和计算表格等部分组成。

1. 编制说明部分

应简明扼要地说明施工预算的编制依据、编制时间，对施工图的审查意见、存在问题及处理方法等。

1）编制依据。包括工程施工图、施工方案及技术措施、施工用人工、材料、机械台班耗用量和定额。

2）工程概况及施工工期。工程概况应说明结构性质、形式、建筑面积、建设地点、工程开竣工时间。

3）对设计图和说明书的审查意见及编制中的处置方法。

4）施工技术措施。包括新技术、新工艺、新材料、材料代用，特殊工艺的施工方案和施工方法；工程质量、安全的保证措施，机械化施工程度和部署；工程事故预见、防治及处理方法等。

5）降低成本措施。包括施工中采取的相应措施、减少材料的损耗、节约工时等，达到降低成本的目的。

6）工程中尚存的和必须进一步落实解决的问题。主要是对施工中存在的问题、设计图存在的问题以及对问题的处理意见应做简要说明。

2. 表格部分

1）分部（项）工程人工、材料、机械分析表。它是将分部（项）工程的工程量乘以施工定额中的人工、材料、机械定额的单位消耗量编制而成的，并按分部工程进行汇总，见表7-1。

2）材料汇总表。它是将分析表中的各种材料按规格、品种和分部工程列成表，见表7-2。

3）机械汇总表。它是根据分析表中的各种施工机具数量，按种类、规格等分别汇总而成的，见表7-3。

4）人工汇总表。它是将分析表中的人工按分部工程汇总而成，见表7-4。

表 7-1　分部（项）工程人工、材料、机械分析表

工程名称：

定额编号	分部分项工程名称	单位	工料名称　　工程量　　工料用量	人工		材料		机械	
				单位用量	合计用量	单位用量	合计用量	单位用量	合计用量

表7-2　单位工程材料汇总表

工程名称：

序号	分部工程名称	材料名称	规格	单位	数量	单位/元	金额/元
1							
2							

表7-3　单位工程机械汇总表

工程名称：

序号	分部工程名称	机械名称	规格	单位	数量	单位/元	金额/元
1							
2							

表7-4　单位工程人工汇总表

工程名称：

序号	分部工程名称	工种名称	规格	单位	数量	单位/元	金额/元
1							
2							

5）预制钢筋混凝土构件加工一览表，见表7-5。

6）预制钢筋混凝土构件钢筋明细表，见表7-6。

7）预制钢筋混凝土构件预埋件明细表，见表7-7。

8）金属构件加工一览表，见表7-8。

9）金属结构构件加工材料明细表，见表7-9。

10）门窗加工一览表，见表7-10。

11）门窗五金明细表，见表7-11。

12）木材加工明细表，见表7-12。

13）"两算"对比表，见表7-13。

施工预算还附有拟采用的技术组织措施、质量安全保证体系及合理化建议等内容，以保证施工人员按这些措施进行施工，达到降低成本的目的。

表7-5　预制钢筋混凝土构件加工一览表

工程名称：

序号	构件名称	构件代号	形状尺寸/mm	件数	混凝土体积/m³	钢筋质量/kg	备注
1							
2							
3							

表7-6　预制钢筋混凝土构件钢筋明细表

工程名称：

钢筋代号	钢筋简图	规格	长度/mm	数量	质量/kg	备注
1						
2						
3						

表 7-7 预制钢筋混凝土构件预埋件明细表

工程名称：

预埋件代号	形状尺寸	钢板规格	数量	钢筋规格	数量	钢板质量/kg	钢筋质量/kg	汇总	备注
1									
2									
3									

表 7-8 金属构件加工一览表

工程名称：

构件名称	构件代号	标准图集	数量	备注
1				
2				
3				

表 7-9 金属结构构件加工材料明细表

工程名称：

工料名称	规格	简图	单位	数量	说明
1					
2					
3					

表 7-10 门窗加工一览表

工程名称：

构件名称	门窗编号	标准图集	樘数/个	备注
1				
2				
3				

表 7-11 门窗五金明细表

工程名称：

五金名称	规格	数量	汇总	备注
1				
2				
3				

表 7-12 木材加工明细表

工程名称：

序号	材料种类	规格	单位	数量	木材体积	备注
1						
2						
3						

表 7-13 施工预算与施工图预算对比表

工程名称：

序号	项目	单位	施工图预算			施工预算			数量差(%)		金额差(%)	
			数量	单价/元	合计/元	数量	单价/元	合计/元	节约	超支	节约	超支
1												
2												
3												

7.2.3　施工预算的编制要求

1. 编制深度合适

对于施工预算的编制深度，应满足下面两点要求。

1）能反映出经济效果，以便为经济活动分析提供可靠的数据。

2）施工预算的项目，要能满足签发施工任务单和限额领料单的要求，尽量做到不重复计算，以便为加强定额管理，贯彻按劳分配，实行队组经济核算创造条件。

2. 编制内容要紧密结合现场实际

按所承担的工程任务范围和采取的施工技术措施，结合企业实际情况，挖掘企业内部潜力，实事求是地进行编制，反对多算和少算，以便使企业的计划成本通过编制施工预算建立在一个可靠的基础上，为施工企业在计划阶段进行成本预测分析、降低成本额度创造条件。

3. 要保证其及时性

编制施工预算是加强企业管理，实行经济核算的重要措施。施工企业内部编制的各种计划，开展工程定包、贯彻按劳分配、进行经济活动分析和成本预测等，无一不依赖施工预算所提供的资料。因此，必须采取各种有效措施，使施工预算能在单位工程开工前编制完毕，以保证使用。

7.2.4　施工预算的编制方法和步骤

1. 编制特点

施工预算的编制内容、步骤及工程量计算等与施工图预算的编制方法基本相似。但是，施工预算也有其自己的特点：

1）施工预算是施工企业内部进行项目成本与经济核算的技术经济文件，其内容组成一般只包括直接费和必要时所涉及的部分管理费（如现场经费等）。因此，注重直接费计算是施工预算与施工图预算的一个不同的基本特点。

2）施工预算采用的定额反映承包企业内工、料、机平均先进的消耗水平，应接近于现场实际成本消耗水平，符合施工现场的实际。所以，与施工图预算比，施工预算更接近实际消耗水平。

3）施工预算项目的划分比施工图预算项目的划分更细，并应与施工组织设计规定的施工方案、施工段的划分、技术组织措施、施工顺序和施工进度计划、作业计划相适应。

4）施工预算与现场的实际施工应紧密联系，应符合施工项目组织与现场管理的特征，更有利于项目成本的计划与控制和以项目为基点的经济活动分析与经济核算。因此，施工预算的实践性是其区别于施工图预算的最本质的特征。

2. 施工预算的编制方法

1）实物法。根据施工图和施工定额，结合施工组织设计或施工方案所确定的施工技术措施，算出工程量后，套用施工定额，分析汇总人工、材料数量，但不进行计价，通过实物消耗数量来反映其经济效果。

2）实物金额法。这是通过实物数量来计算人工费、材料费和施工机具使用费的一种方法，是根据实物法算出的人工和各种材料的消耗量，分别乘以所在地区的工资标准和材料单价，求出人工费、材料费和施工机具使用费，以各项费用的多少反映其经济效果。

3）单位估价法。根据施工图和施工定额的有关规定，结合施工技术措施，列出工程项目，计算工程量，套用施工定额单价，逐项计算和汇总直接费，并分析汇总人工和主要材料消耗量，同时列出明细表，最后汇编成册。

三种编制方法的主要区别在于计价方法的不同。实物法只计算实物消耗量，运用这些实物消耗量可向施工班组签发施工任务单和限额领料单；实物金额法是先分析、汇总人工和材料实物消耗量，再进行计价；单位估价法则是按分项工程分析进行计价。

以上各种方法的机械台班和机械费，均按照施工组织设计或施工方案要求根据实际进场的机械数量计算。

3. 施工预算的编制步骤

施工预算的编制步骤如图 7-1 所示。

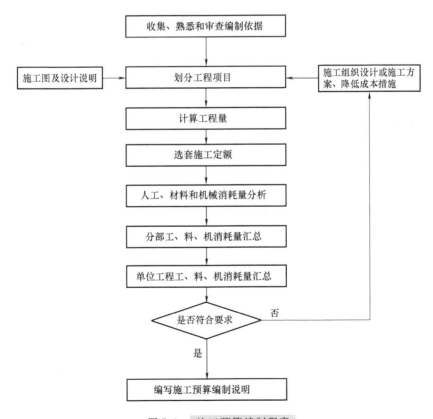

图 7-1　施工预算编制程序

（1）收集、熟悉和审查编制依据，进行施工条件分析　在编制施工预算之前，编制者应收集到全部依据资料，认真审查施工图及有关设计标准图集、施工组织设计和技术组织措施等资料，掌握施工定额、现场经费定额和标准的内容及使用方法等基础资料，查看资料是否齐全、内容有无错误。熟悉和掌握施工现场情况，进行施工条件分析，特别应注意节约资源和提高劳动生产率措施的分析。

熟悉设计文件的目的在于了解设计意图，对整个工程的内容、特点、技术要求、空间位置关系、工艺流程，该工程采用的新工艺、新设备、新材料等作详细具体的了解；发现施工图中影响计算工程量的疑难问题，在设计交底和图纸会审中取得答案，以利于编制施工预算。

在编制施工预算之前对施工方案详细地了解，因为施工方案中包括了主要工程量，技术要求和质量标准，主要工序和施工方法，需要配备的施工机械的品种、规格、数量，需要采取的特殊措施和专用机具的制作、配制等内容，因此，熟悉了施工方案中的内容，也就了解了该工程采取什么方法和选择什么样的机械施工，从而掌握工程量的工、料、机械的消耗数量，便于编制施工预算。

（2）划分分部分项、排列工程预算细目　根据已会审的施工图及设计说明的要求，并根据施工组织设计或施工方案中规定的施工方法、施工顺序、施工层、施工段及施工作业方式等，按照施工定额的分部分项顺序，把工程项目划分为施工预算分部分项，排列分项细目应与施工进度图表分项相适应，并依次填入工程量计算表中，见表7-14。

表7-14　施工预算工程量计算表

工程名称：

序号	分部(项)工程名称	部位与编号	单位	计算式	数量
一	人力土方工程				
1	挖地槽、三类土、上宽1.5m内		m^3		
2	地槽回填土		m^3		
3	房心就地回填土及打夯		m^3		
4	地坪原土打夯		m^2		
二	架子工程				
1	单排外架子(4步)		m		
2	护身栏杆		m		
3	里架子(工具式,1步)		m		
4	卷扬机架		座		

施工预算项目的划分，与划分施工图预算工程细目相比有着不同的特点。施工预算划分分部分项一般不按预算定额分部分项划分和排列，而应按照建筑物或构筑物的结构部位和施工顺序划分其分部分项。例如，一幢砖混住宅建筑工程的分部分项，可按砖混基础工程、主体结构工程、屋面工程、装饰工程和其他工程来划分和排列细目。分部子项的划分，一般按工作内容，比施工图预算所划分的子项更细、作业性更强。划分子项是以人工消耗定额、材料消耗定额和机械台班消耗定额为依据，同时还必须考虑到施工现场分层分段工序流水作业，工序作业的工、料、机数量统计，应满足限额用工、用料作业计划，达到控制现场施工作业消耗和实际成本目标的目的。因此，施工预算各分部分项子项的划分，应以施工定额分项名称及其规定的工作内容范围作为依据，并考虑施工作业顺序。例如前述砖结构基础工程分部分项中，其子项可划分为挖土方、做垫层、砌砖基础、做防潮层和土方回填夯实、外运土等。

如果在基础土方施工中支护土方时，还应增加土方支撑子项。再如在施工图预算中，现浇钢筋混凝土框架分项是按柱、梁、板划分，而在施工预算子项中，还须将柱、梁、板细分为支模、扎筋、浇混凝土等分部分项子项。此外，一般建筑工程中的脚手架定额项目为计算基数，脚手架工程划分为综合脚手架项目和室内天棚装饰工程的满堂脚手架项目等；而在施工预算中，墙体可划分为外架子、里架子和斜道工程、满堂架子、独立柱架子等分部分项子项。在其他分部工程中，同样有上述分项的特点。

施工预算分部分项工程的划分，仍可按施工图预算"先分部，后分项"的步骤进行，对预算工程细目的基本要求，与施工图预算划项排序相同，如划分项目的工程分项名称、定额号、内容、范围，必须与施工预算定额相应的规定一致，不能有漏项、错项、重项等。

（3）计算分项工程量　工程量计算是编制施工预算中一项最基本、最细致的工作，要求做到不重、不漏、不错，准确、完整。

施工预算项目划分、列出后，就要进行分项工程量的计算。施工预算工程量的计算通常按施工定额的有关规定进行，计算的单位和工程项目应与施工定额规定的相一致。所计算的各项工程量，按所排列的工程项目列项顺序填写在各分部工程的工程量计算表中，并注意单位的统一，相应流水段和施工图预算的项目划分界限及计算方法。分项工程工程量计算表及其汇总表分别见表 7-14 和表 7-15。

表 7-15　施工预算工程量计算汇总表

工程名称：

序　号	分项工程名称	单　位	数　量	备　注
一	人力土方工程			
1	平整场地	100m³		
2	人工挖地槽	100m³		
3	原土打夯	100m²		
4	回填土	100m³		
5	土方外运	100m³		
二	架子工程			
1	木制外脚手架	100m²		
2	木制里脚手架	100m²		
3	满堂脚手架	100m²		
4	金属龙门架	座		
三	砌体工程			
1	毛石基础	10m³		
2	砖基础	10m³		
3	外墙	10m³		

（4）套用定额，计算施工预算直接费　工程量计算之后，按所列工程项目名称套用施工定额，逐项计算其人工、材料和机械台班消耗量。如果用货币形式来体现该单位工程的计划成本时，按照本企业自身内部的人工单价、材料价格和机械台班单价分别乘以施工预算中的人工、材料、机械台班消耗量即可获得该单位工程的总的人工费、材料费和机械台班费，三者之和即为该单位工程的计划成本。

为了正确使用定额，还必须熟悉定额的性质、特点、具体内容规定，并掌握定额的使用方法，因此，在选套定额之前，应熟悉以下内容。

1）定额的说明，即对定额的适用范围、使用方法等都有十分详细的叙述，只有弄懂了定额的说明，才能掌握定额的使用方法。

2）定额中的施工工序，即定额内包括的施工内容，只有掌握了定额中包含的施工工序，才能正确计算工程量。

3）定额中规定的计量单位、项目划分和计算方法，便于准确完整地确定工程量的单位和数量。

4）定额中的人工、材料、机械消耗量及其计算方法，在定额允许情况下，便于在某些工程施工的方法、材料质量规格及使用机械与定额不一致时对定额进行补充或调整。

5）定额中的增减系数或换算规定，便于准确编制施工预算。

由于大部分施工企业还没有施工定额，或者施工定额不全、不配套，在编制施工预算时，经常会遇到定额缺项，给编制施工预算带来诸多不便，这时就应根据实际情况进行处理：

1）参考类似定额，在材质、规格型号相差不大、施工工序大致差不多的情况下使用此法。

2）工程的施工方案超出定额的工程内容，但施工方案又能满足编制施工预算进行估工估料的要求，应按施工方案计算，无定额可套的工程，可以按施工方案计算人工、材料、机械的消耗量。

3）劳动定额与预算定额相结合，用劳动定额来计算人工消耗量，用预算定额来计算材料消耗量，在计算机械台班时参照预算定额并结合实际情况确定施工机械的规格型号和数量。

4）若使用预算定额来编制施工预算时，其人工、材料、机械应考虑一定的成本降低额度。

5）可采用统计、试验、观测办法来解决材料（或人工）用量的合理取定，这个方法是自行补充编制施工项目中的工时定额、材料消耗定额的方法。

人工消耗量的确定以施工定额为主要依据，再结合本企业的实际工效水平，按分部工程逐一计算所列项目的用工量；材料消耗量的确定也以施工定额为依据，结合本企业及工程的实际情况加以适当调整，主要借助于有效的技术和管理措施来调整损耗率。比如对于模板、脚手架等周转性材料，如能合理制定施工方案，加强管理以降低损耗，并增加周转次数，就能降低其消耗量；施工机械台班的确定也是以定额为主要依据，适当调整其消耗量，主要在于精心编制施工作业计划，应尽可能安排得集中紧凑，便于连续施工，并加强工序间的衔接和机具的调配，以达到合理降低机械台班的消耗和停滞时间等目的。

一般在划分和确定分部分项细目时，已基本确定了应采用的定额分项（包括分项定额基价与人工、材料、机械台班的消耗量和费用），确定了计算直接费和进行工、料、机分析的基数。本步骤要求计算直接费，可用下式分步进行：

$$某分项直接费 = 某分项定额基价 \times 某分项工程量 \qquad (7\text{-}1)$$

$$某分部工程直接费 = \Sigma 该分部分项直接费 \qquad (7\text{-}2)$$

$$单位工程直接费 = \Sigma 分部工程直接费 \qquad (7\text{-}3)$$

计算施工预算工程直接费的程序和步骤，可按以上三式"先分项、后分部、再单位工程"的程序进行，并将其计算结果分别填写在施工预算表中，见表7-16。

表 7-16 施工预算表

工程名称：

序号	定额编号	分部(项)工程名称	单位	数量	预算价值/元		其　中		
					单价	合价	人工	材料	机械
一									
1									
2									
3									
...									
		人工、材料、机械分项合计							
	直接费			小写			大写		
				合计：			合计：		

审核：　　　　　　　　　　　　　　　　　　　　　　　　　　　制表：

（5）人工、材料和机械台班消耗量分析　第五步包括图 7-1 中所示的三个步骤，即分析和计算各分部（项）的工、料、机耗用量，统计分部工程耗用量和单位工程耗用量。其具体程序与上述费用计算一样，按"先分项、后分部、再单位工程"的步骤进行。其计算式分别为：

$$\begin{matrix}\text{某分项人工（或材料}\\\text{或机械台班）需用量}\end{matrix}=\begin{matrix}\text{某分项人工（或材料或}\\\text{机械台班）定额用量}\end{matrix}\times\begin{matrix}\text{某分项}\\\text{工程量}\end{matrix} \tag{7-4}$$

$$\begin{matrix}\text{某分部人工（或材料}\\\text{或机械台班）需用量}\end{matrix}=\begin{matrix}\sum\text{该分部分项人工（或}\\\text{材料或机械台班）需用量}\end{matrix} \tag{7-5}$$

$$\begin{matrix}\text{单位工程人工（或材料}\\\text{或机械台班）需用量}\end{matrix}=\begin{matrix}\sum\text{分部人工（或材料}\\\text{或机械台班）需用量}\end{matrix} \tag{7-6}$$

工、料、机的分析、统计与汇总，可按施工预算工程细目分项，以各分项相应的工、料、机定额消耗量为依据，逐项进行。具体操作可按表 7-1 ~ 表 7-16 进行。

（6）分部工程人工、材料、机械台班消耗量汇总　将表中所列各分项工程各自消耗的人工、材料和机械台班消耗量，相同（同一类别）部分相加汇总，得出每一分部工程中各工种人工以及各种材料、机械台班消耗的总数量。

（7）单位工程人工、材料、机械台班消耗量汇总　将各分部工程中各种人工、材料和机械台班消耗量汇总，即为单位工程的各工种人工、各种材料和各类型机械台班的总使用数量。

（8）编制"两算"对比说明　编制施工图预算和施工预算对比说明，确定降低成本技术措施。

（9）编写施工预算编制说明　编制施工预算说明时，应简单明了地将编制依据、考虑因素、存在问题和处理方法等加以说明，然后将编制说明和有关计算表格装订成册，组成施工预算文件。

写编制说明的目的是让审核者或使用施工预算的人能够清楚地了解施工预算的编制过程和表中所包含的施工内容，以及施工预算中还未解决的问题，一般来讲，施工预算的编制说明应包含以下几方面的内容：

1）编制依据：编制施工预算是根据哪些施工图（施工图号）、使用的是何种定额、采用的施工方案是什么以及在哪些项目中估算的，其估算依据是什么等。

2）施工预算中遗留的问题。由于施工图不全，图中某些问题未解决；定额问题；以及设备、材料等原因造成施工预算编制不全、不准确，留在以后处理等。

3）其他需要进行说明的问题。

7.2.5　编制施工预算应注意的问题

1）编制施工预算的主要目的，是有利于施工企业在现场施工中能有效地进行施工活动经济分析、项目成本控制与项目经济核算。因此，划分项目应与施工作业安排尽可能一致，采用定额应符合本企业接近平均先进的消耗水平，使其能够有效地降低实际成本。

2）施工预算必须在开工前编出。为了充分发挥施工预算的作用，满足施工准备和管理工作的需要，施工预算的及时性是很重要的，否则会给施工和管理带来很多麻烦。

3）施工的内容应该完整。封面、编制说明、预算表格等都应按要求填写清楚。

4）施工预算的工程量的工序应该齐全，特别是一些容易遗漏的辅助工序，应仔细分析，力争提全。

5）在计算材料消耗量时，应按规定的材料损耗系数进行计算，除非有特殊要求，否则，不能随意加大或减小系数。

6）在利用施工图材料表的时候，要弄清其材料表主要是为建设单位备料所用，其数量与工程量的要求相差较大，因此，在编制施工预算时不能抄材料表，要核实后才能使用。

7）当实际施工方法与定额不一致时，其工料的变化应本着经济合理的原则进行适当调整。

8）当施工定额中只给出砌筑砂浆和混凝土强度等级，而没有给出原材料配合比时，应按定额附录中的砂浆配合比表与混凝土配合比表的使用说明进行换算，求得原材料用量。

9）对于外加工的预制混凝土构件、钢结构构件、钢木门窗制作等成品、半成品，可不作工料分析，并应与现场施工细目分开，单列分项，以便于进行班组施工经济核算。

10）在人工分析中应包括其他用工，如各工种搭接和单位工程之间转移作业地点影响工效的用工、临时停电、停水、个别材料超运距及其他不能计算的直接用工等，即未包括在施工任务书中的直接用工。

7.2.6　施工预算的修正和调整

在施工过程中，由于多种因素的影响，必然会使原来编制的预算与实际情况不同，这就要根据实际情况对施工预算作适当的调整。施工预算的调整，有的是局部调整，有的则是全部调整。施工预算作局部调整时，编制补充施工预算只需更正原预算与实际不符部分，并在编制说明中说明更正理由。如果原施工预算已全部或大部分不能使用时，则应当重新编制施工预算，并在编制说明中说明理由，声明原施工预算作废。

一般有如下几种情况时应对施工预算做调整或修正：

（1）材料代用　在施工过程中，可能某些材料一时难以购买，但为了保证施工进度，及时安排施工，在有关主管部门同意代用材料的情况下，根据现有库存材料，选择近似品种、规格的材料来代替原设计的材料。应注意的一点是，材料代用应附在施工预算后面。

（2）设计变更　在施工中可能会发现设计不合理，各专业之间如果按照施工图无法施工或施工相当困难，会造成人工、材料等的浪费，需与建设单位和设计单位联系，凡要变更设计的应由设计单位提出设计变更通知单，由此引起的返工、停工等损失应向建设单位办理签证手续，因而也需对施工预算进行调整和修正。

（3）施工现场条件的变化　如长时间的停水、停电、停工等待设备，进度跟不上，现场较狭小等，都会影响到施工班组的工作效率，这类情况的发生要根据具体情况酌情处理。

（4）笔误　由于在编制施工图预算时把图看错或计算失误造成多算、少算、漏算或重复计算，这时也要编制补充预算来调整或修正原施工预算。

7.3　施工预算与施工图预算的对比

施工预算与施工图预算的对比也称为"两算"对比。前者是确定建筑企业收入的依据（预算成本），后者是建筑企业控制各项成本支出的尺度（计划成本）。"两算"对比一般是在完成施工图预算和施工预算的编制后进行的。"两算"对比时，一般不进行间接费及其他各项费用的对比。必要时，为了掌握企业和现场间接费的支出，也可以企业间接费的支出水平为依据，进行某些间接费（或现场经费）项目的分析对比。这里应着重强调，为了充分发挥"两算"对比的作用，应提倡在"两算"对比的基础上，更加注重施工图预算成本、施工预算成本（计划成本）和实际成本（即"三项成本"）对比分析。

7.3.1　"两算"对比的目的

"两算"都是在单位工程开工前编制的，并且在开工前进行对比分析。其目的在于找出超支的原因，以便研究提出解决的措施，防止人工、材料消耗量和施工机械费的超支，避免发生预算成本的亏损，为确定降低成本计划额度提供依据。

通过"两算"对比，并在完工后加以总结，可以取得经验教训，积累资料，这对于改进和加强施工组织管理，提高劳动生产率，降低工程成本，提高经营管理水平，取得更大经济效益，都有实际意义。所以"两算"对比是建筑企业运用经济规律，加强企业管理的重要手段之一。

7.3.2　"两算"对比分析的意义

施工企业为了进行经济分析，找出节约或超支的原因，研究确定必要的施工措施，以降低工程成本，必须进行"两算"对比分析。通过"两算"对比分析，找出企业计划与社会平均水平的差异，做到"先算后作"，做到胸中有数，从而控制实际成本的消耗；通过对各分项"费差"（即价格的差异）和"量差"（即工、料、机消耗数量的差异）的分析，可以找到主要问题和主要影响因素，采取防止超支的措施，尽可能地减少人工、材料和机具设备的消耗。对于制订人工、材料、机械设备消耗和资金运用等计划，有效地控制实际成本消耗，促进施工项目经济效益的不断提高，改善施工企业与现场施工的项目管理等，都有着十分重要的意义。

7.3.3　"两算"对比的方法

"两算"对比分析方法是以上述技术经济指标为基础，对"两算"各分项子项、各分部分项和单位工程的"费差""量差"进行的逐项分析研究，或选择主要的项目或分部进行分析研究。

1. 实物对比法

将施工预算所计算的工程量,套用施工定额的工料消耗指标,算出分部工程并汇总为单位工程的人工和主要材料耗用量,填入"两算"对比表,再与施工图预算的工料用量进行对比,算出节约和超支的数量差和百分率。

2. 金额对比法

将施工预算所算出的人工、材料和施工机械台班耗用量,按分部工程汇总后,分别乘以相应的工资标准、材料预算价格和机械台班单价,提出分部工程的人工费、材料费和机械费,将它们填入"两算"对比表,并按单位工程进行汇总,再与施工图预算相应的人工费、材料费和机械费、工程直接费分别进行对比分析,算出节约或超支的金额差和百分率。

此外,还可以通过企业已经掌握的有可比性的其他同类技术经济指标,进行辅助性的对比分析。其具体对比的内容有直接费、人工费、工日数(折合成一级工工日数)、材料费、机械费、主要材料与机械台班用量。对于以上各项目的对比方法,是将施工图预算中的数额与施工预算数额进行比较,计算出节约或超出额,并求其降低率。

7.3.4 "两算"对比的内容

"两算"对比的内容是比较直接费,而不进行间接费的比较。通常比较直接费中的两个内容:一是人工、材料、机械台班、脚手架等实物量;一是直接费金额。"两算"对比的方法通常有实物量对比法和实物金额对比法两种。在比较过程中又以施工预算所包含的内容为准。

1. 实物量对比法

实物量对比法是将施工预算计算的分项工程量,套用劳动定额中人工,材料消耗定额中材料消耗指标,机械台班消耗定额中机械台班消耗量或施工定额中人工、材料、机械的消耗指标,与施工图预算的人工、材料、机械消耗量指标进行对比分析的方法。其基本方法如下:

(1) 人工消耗节约或超出数量的对比　计算式为:

$$节约或超出的工日数 = 施工图预算工日数 - 施工预算工日数 \qquad (7-7)$$

计算结果为正值,表示计划工日节约数量;为负值时,表示其超出数量。

$$计划工日降低(超出)率 = \frac{计划工日节约数(或超出数)}{施工图预算工日数} \times 100\% \qquad (7-8)$$

(2) 材料和机械消耗节约(或超出)数量　计算式为:

$$
\begin{aligned}
材料和机械节约(或超出)数量 =\ & 施工图预算某种材料或机械消耗量 - \\
& 施工预算某种材料或机械消耗量 \qquad (7-9)
\end{aligned}
$$

计算结果为正值,表示材料和机械节约量;为负值时,表示其超出数量。

$$某种材料或机械降低率(超出率) = \frac{材料或机械节约量(超出量)}{施工图预算材料或机械消耗量} \times 100\% \qquad (7-10)$$

2. 实物金额对比法

实物金额对比法是将施工图预算的人工费、材料费和机械费,与施工预算的人工费、材料费和机械费进行对比,分析其节约或超支的原因。其基本指标为:

(1) 人工费节约或超出额　计算式为:

$$人工费节约或超出额 = 施工图预算人工费 - 施工预算人工费 \qquad (7-11)$$

计算结果为正值,表示计划人工费节约额;为负值时,表示其超出额。

(2) 材料费节约或超出额　计算式为:

$$材料费节约或超出额 = 施工图预算材料费 - 施工预算材料费 \tag{7-12}$$

计算结果为正值，表示计划材料费节约额；为负值时，表示其超出额。

（3）机械费节约或超出额　计算式为：

$$机械费节约或超出额 = 施工图预算机械费 - 施工预算机械费 \tag{7-13}$$

计算结果为正值，表示计划机械费节约额；为负值时，表示其超出额。

对上述三项指标的分析与对比，一般简称"工、料、机"分析。

以上两种对比方法，主要是将施工图预算和施工预算各个被选择的经济指标进行对比，计算出其差额和降低或超出率，从中得出计划数值与实际数值的降低或超出信息，以便总结经验，提高项目管理水平。

本章先简述了施工预算的一些基本概念和作用，接着介绍施工预算的编制方法和步骤，同时提出了编制施工预算应注意的问题和施工预算的修正和调整。最后介绍了施工预算与施工图预算对比的目的、意义、方法和内容。

1. 什么是施工预算？其作用是什么？
2. 简述施工预算与施工图预算的区别与联系。
3. 简述施工预算的编制步骤和编制方法。
4. 什么是"两算"对比，对比的方法和内容是什么？

第 8 章

工程结算与竣工决算

主要内容　工程结算与竣工决算的内容与方法。

学习要求　了解工程结算，熟悉工程结算方式，掌握工程预付款的计算方法；了解竣工决算的内容，熟悉竣工财务决算报表的结构，并且能够结合工程实际，熟练地进行竣工决算的编制。

8.1　工程结算

8.1.1　工程结算概述

工程结算是指承包人在工程实施过程中，依据承包合同中关于付款条件的规定和已经完成的工程量，并按照规定的程序向发包人收取工程价款的一项经济活动。

1. 工程结算的分类

根据工程结算的内容不同，工程结算可分为以下几种。

（1）建设工程价款结算

简称"工程价款结算"。根据《建设工程价款结算暂行办法》的规定，工程价款结算是指对建设工程的承发包合同价款进行约定和依据合同约定进行工程预付款、工程进度款、工程竣工价款结算的活动。在实际工作中常把工程价款结算称为工程结算。

中国建设工程造价管理协会发布的《建设项目工程结算编审规程》的术语中对工程结算的定义是建设项目、单项工程、单位工程或专业工程施工已完工、结束、中止，经发包人或有关机构验收合格且点交后，按照施工承发包合同的约定，由承包人在原合同价格基础上编制调整价格并提交发包人审核确认后的过程价格。它是表达该工程最终工程造价和结算工程价款依据的经济文件，包括：竣工结算、分阶段结算、专业分包结算和合同中止结算。不难看出，此定义是针对建设工程价款结算而言的。

（2）设备、工器具和材料价款的结算

它是指发包人、承包人为了采购机械设备、工器具和材料，同有关单位之间发生的货币收付结算。

（3）劳务供应结算

它是指发包人、承包人及有关部门之间，互相提供咨询、勘察、设计、建筑安装工程施工、运输和加工等劳务而发生的结算。

（4）其他货币资金结算

它是指发包人、承包人及主管部门和银行等之间，资金调拨、缴纳、存款、贷款和账户清理而发生的结算。

2．工程结算的作用

1）通过工程结算办理已完工程的工程价款，确定施工企业的货币收入，补充施工生产过程中的资金消耗。

2）工程结算是统计施工企业完成生产计划和建设单位完成建设投资任务的依据。

3）竣工结算是施工企业完成该工程项目的总货币收入，是企业内部编制工程决算、进行成本核算、确定工程实际成本的重要依据。

4）竣工结算是建设单位编制竣工决算的主要依据。

5）竣工结算的完成，标志着施工企业和建设单位双方所承担的合同义务和经济责任的结束。

3．工程结算的编制依据

工程结算的分类不同，编制依据有所不同。主要有以下资料：

1）国家有关法律、法规、规章制度和相关的司法解释。

2）国务院建设行政主管部门以及各省、自治区、直辖市和有关部门发布的工程造价计价标准、计价办法、有关规定及相关解释。

3）施工承发包合同、专业分包合同及补充合同，有关材料、设备采购合同。

4）招标投标文件，包括招标答疑文件、投标承诺、中标报价书及其组成内容。

5）工程竣工图或施工图、图纸会审记录，经批准的施工组织设计，以及设计变更、工程洽商和相关会议纪要。

6）经批准的开、竣工报告或停工、复工报告。

7）《建设工程工程量清单计价规范》或工程预算定额、费用定额及价格信息、调价规定等。

8）工程预算书。

9）影响工程造价的相关资料。

10）结算编制委托合同。

4．工程结算的内容

1）按照工程承包合同或协议办理工程预付款。

2）月末（或阶段完成）呈报已完工程月（或阶段）报表和工程价款结算单，同时按规定抵扣工程预付款，办理工程结算。

3）跨年度工程年终进行已完工程、未完工程盘点和年终结算。

4）单位工程竣工时，办理单位工程竣工结算。

5）单项工程竣工时，办理单项工程竣工结算。

8.1.2　工程结算方式

由于工程建设周期长，产品具有不可分割的特点，只有整个单项或单位工程完工才能进行竣工验收。但一个工程项目从施工准备开始就要采购建筑材料和支付各种费用，施工期间更要支付人工费、材料费、施工机械费以及各项施工管理费。所以工程建设是一个不断消耗、投入的过程，为了补偿施工中的资金消耗，同时也为反映工程建设进度与实际投资完成情况，不可能等到工程全部竣工之后才结算、支付工程价款。一般在工程开工之前、施工准备阶段，建设单位先支付一部分资金，主要用于材料的准备，称为工程预付款。工程开工之后，按工程实际完成情况定期由建设单位拨付已完工程部分的价款，称为工程进度款，工程进度款是一种中间结算。对跨年度工程，每年年终为统计该年建设完成情况，需要对工程实际完成情况进行盘点，同时进行工程价款的年终结算。

工程价款结算，实质上是施工企业与建设单位之间的商品货币结算，通过结算实现施工企业的工程价款收入，弥补施工企业在一定时期内为生产建筑产品的消耗。根据工程性质、规模、资金来源和施工工期，以及承包内容不同，采用的结算方式也不同。按工程结算的时间和对象，可分为按月结算、分段结算、年终结算、竣工后一次结算和目标结款方式等。

1. 按月结算

采取月初预支，月末结算，竣工后清算的办法。在月初（或月中），承包人提出已完工程月报表以及工程价款结算清单，经监理工程师审核签证并经过发包人确认后，办理已完工程的工程价款月终结算；同时，扣除本月预支款，并办理下月预支款。本期收入额为月终结算的已完工程价款金额。

此外，还有月初（或月中）不实行预支月终结算、分句预支按月结算都属于按月结算之类。

2. 分段结算

当年开工、当年不能竣工的工程按照工程形象进度，划分为若干施工阶段，按阶段进行工程价款结算。一般以审定的施工图预算为基础，测算每个阶段的预支款数额。在施工开始时，办理第一阶段的预支款，待该阶段完成后，计算其工程价款，办理阶段结算，同时办理下阶段的预支款。

3. 年终结算

年终结算是指单位工程或单项工程不能在本年度竣工，而要转入下年度继续施工。为了正确统计施工企业本年度的经营成果和建设投资完成情况，由施工企业、建设单位对正在施工的工程进行已完成和未完成工程量盘点，结清本年度的工程价款。

4. 竣工后一次结算

建设工程项目或单项工程全部建筑安装工程建设期在12个月以内，或者工程承包合同价在100万元以下的，可以实行工程价款每月月中预支，竣工后一次结算。

5. 目标结款方式

即在工程合同中，将承包工程的内容分解成不同的控制界面，以业主验收控制界面作为支付工程价款的前提条件。也就是说，将合同中的工程内容分解成不同的验收单元，当承包商完成单元工程内容并经业主（或其委托人）验收后，业主支付构成单元工程内容的工程价款。

目标结款方式下，承包商要想获得工程价款，必须按照合同约定的质量标准完成界面内的工程内容；要想尽早获得工程价款，承包商必须充分发挥自己组织实施能力，在保证质量的前提下，加快施工进度。这意味着承包商拖延工期时，则业主推迟付款，增加承包商的财务费用、运营成本，降低承包商的收益，客观上使承包商因延迟工期而遭受损失。同样，当承包商积极组织施工，提前完成控制界面内的工程内容，则承包商可提前获得工程价款，增加承包收益，客观上承包商因提前工期而增加了有效利润。同时，因承包商在界面内质量达不到合同约定的标准而业主不予验收，承包商也会因此而遭受损失。可见，目标结款方式实质上是运用合同手段、财务手段对工程的完成进行主动控制。

目标结款方式中，对控制界面的设定应明确描述，便于量化和质量控制，同时要适应项目资金的供应周期和支付频率。

6. 其他结算方式

结算双方约定的其他结算方式。

8.1.3　工程预付款及其计算

《标准施工招标文件》对预付款的解释是用于支付承包人为合同工程施工购置材料、工程设备、施工设备，修建临时设施以及组织施工队伍进场等所需的费用。预付款的额度和预付办法在专用合同条款中约定。预付款必须专用于合同工程。

施工企业承包工程，一般都实行包工包料，这就需要有一定数量的备料周转金，用以提前储备材料和订购构配件，保证施工的顺利进行。

工程开工之前，业主为使承包商顺利地进行施工准备，往往要向承包商支付一部分预付款，但是否给预付款，以及给多少预付款，则由业主与承包商在合同条件中约定，工程施工中，由承包商负责建筑材料采购的，业主应在双方签订工程施工合同后，按照合同价的一定比例向承包商支付预付款，材料价款在工程款结算时应陆续抵扣。如果由业主负责供应材料，业主可以不提供预付款。

1. 工程预付款的支付期限及违约责任

按照现行的《建设工程价款结算暂行办法》的规定，在具备施工条件的前提下，发包人应在双方签订合同后的 1 个月内或不迟于约定的开工日期前的 7 天内预付工程款，发包人不按约定预付，承包人应在预付时间到期后 10 天内向发包人发出要求预付的通知，发包人收到通知后仍不按要求预付，承包人可在发出通知 14 天后停止施工，发包人应从约定应付之日起向承包人支付应付款的利息（利率按同期银行贷款利率计），并承担违约责任。

如果承包人滥用工程预付款，发包人有权立即收回。《标准施工招标文件》规定，除专用合同条款另有约定外，承包人应在收到预付款的同时向发包人提交预付款保函，预付款保函的担保金额应与预付款金额相同。保函的担保金额可根据预付款扣回的金额相应递减。

2. 工程预付款数额

确定工程预付款数额的原则，应该是保证施工所需材料和构件的正常储备。预付工程备料款数额太少，备料不足，可能造成施工生产停工待料；预付数额太多，会造成资金积压浪费，不便于施工企业管理和资金核算。工程预付款的数额一般由下列因素决定：施工工期，主要材料（包括构配件）占年度建筑安装工作量比重（简称主材所占比重），材料储备期。工程预付款由下列公式计算：

$$工程预付款 = \frac{年度建安工作量 \times 主要材料所占比重}{年度施工日历天数} \times 材料储备天数 \qquad (8-1)$$

或
$$工程预付款 = 工程预付款额度 \times 年度建安工作量 \qquad (8-2)$$

材料储备天数可根据材料储备定额或当地材料供应情况确定。工程预付款额度一般不得超过当年建安工作量的 30%，大量采用预制构件以及工期在 6 个月以内的工程可以适当增加，具体额度由建设主管部门根据工程类别、施工工期分类确定，也可由甲、乙双方根据施工工程实际测算后确定额度，列入施工合同条款。《建设工程价款结算暂行办法》规定，包工包料工程的预付款按合同约定拨付，原则上预付比例不低于合同金额的10%，不高于合同金额的30%，对重大工程项目，按年度工程计划逐年预付。计价执行《建设工程工程量清单计价规范》的工程，实体性消耗和非实体性消耗部分应在合同中分别约定预付款比例。

【例8-1】 某住宅工程计划完成的年度建筑安装工作量为600万元，计划工期为210天，预算价值中材料费占60%，材料储备期为70天。试确定工程预付款数额。

【解】：工程预付款 $= \dfrac{600\ 万元 \times 60\%}{210\ 天} \times 70\ 天 = 120\ 万元$

3. 工程预付款的扣回

工程预付款属于预支性质，随着工程的进展，未完工程比例的减少，所需材料储备量也随之减少，工程预付款应以抵扣工程价款的方式陆续扣回，工程预付款的扣回是随着工程价款的结算，以冲减工程价款的方法逐渐抵扣，待到工程竣工时，全部工程预付款抵扣完。扣回的方法有两种：

1）采用等比率或等额扣款的方式扣回工程预付款。发包人和承包人通过洽商，用合同的形式确定扣款比率或扣款额。在承包人完成金额累计达到合同总价的一定比例后，由承包人开始向发包人还款，发包人从每次应付给承包人的金额中扣回工程预付款，发包人至少在合同规定的完工前3个月将工程预付款的总计金额逐次扣回。当发包人一次付给承包人的余额少于规定扣回的金额时，其差额应转入下一次支付中作为债务结转。

2）工程进度达到起扣点时，应自起扣点开始，在每次结算的工程价款中扣回工程预付款。

① 确定工程预付款起扣点。确定工程预付款开始抵扣时间，应该以未施工工程所需主要材料及构配件的价值刚好等于工程预付款为原则。起扣点为工程预付款开始扣回的累计完成工程金额，工程预付款的起扣点可按下式计算：

$$起扣点进度 = \left[1 - \frac{工程预付款的额度（\%）}{主材所占比重（\%）} \right] \times 100\% \tag{8-3}$$

或

$$起扣点金额 = 工程总造价 - \frac{工程预付款}{主材所占比重} \tag{8-4}$$

【例8-2】 某工程计划完成年度建筑安装工作量为850万元，按本地区规定工程备料款额度为25%，材料比例为50%。试计算预付款起扣点进度及金额。

【解】：预付款数额为　$850\ 万元 \times 25\% = 212.5\ 万元$

起扣点进度为　$1 - \dfrac{25\%}{50\%} = 50\%$

起扣点金额为　$850\ 万元 \times 50\% = 425\ 万元$

或

$850\ 万元 - \dfrac{212.5\ 万元}{50\%} = 425\ 万元$

② 应扣工程预付款数额。工程进度达到起扣点后，在每次结算的工程价款中扣回工程预付料款，扣回的数量为本期工程价款数额和材料比的乘积。一般情况下，工程预付款的起扣点与工程价款结算间隔点不一定重合。因此，第一次扣回工程预付款数额计算式与其后各次工程预付款扣回数额计算式略有不同。具体计算方法如下：

第一次扣回工程预付款数额 =（累计完成工程费用 - 起扣点金额）× 主材比重

第二次及其以后各次扣回工程预付款数额 = 本期完成的工程费用 × 主材比重

【例 8-3】　某建设项目计划完成年度建筑安装工程产值为 850 万元，主要材料所占比重为 50%，起扣点为 425 万元，8 月份累计完成建安产值为 525 万元，当月完成建安产值为 112 万元，9 月份完成建安产值为 110 万元。求 8、9 月份月终结算时应抵扣的工程款数额。

【解】：8 月份应扣回的工程预付款数额为：

$$（525-425）万元×50\% =50 万元$$

9 月份应扣回的工程预付款数额为：

$$110 万元×50\% =55 万元$$

8.1.4　工程进度款的计量与支付

承包人在施工过程中，按照工程施工的进度和合同规定，按逐月（或形象进度或控制界面等）完成的工程数量计算各项费用，向发包人收取工程进度款。

1. 工程量的计量与确认

1）承包人应当按照合同约定的方法和时间，向发包人提交已完工程量的报告。发包人接到报告后 14 天内核实已完工程量，并在核实前 1 天通知承包人，承包人应提供条件并派人参加核实。承包人收到通知后不参加核实，以发包人核实的工程量作为工程价款支付的依据。发包人不按约定时间通知承包人，致使承包人未能参加核实，核实结果无效。

2）发包人收到承包人报告后 14 天内未核实完工程量，从第 15 天起，承包人报告的工程量即视为被确认，作为工程价款支付的依据。双方合同另有约定的，按合同执行。

3）对承包人超出设计图（含设计变更）范围和因承包人原因造成返工的工程量，发包人不予计量。

2. 工程进度款支付

1）根据确定的工程计量结果，承包人向发包人提出支付工程进度款申请，14 天内，发包人应按不低于工程价款的 60%、不高于工程价款的 90% 向承包人支付工程进度款。按约定时间发包人应扣回的预付款，与工程进度款同期结算抵扣。

2）发包人超过约定的支付时间不支付工程进度款，承包人应及时向发包人发出要求付款的通知，发包人收到承包人通知后仍不能按要求付款，可与承包人协商签订延期付款协议，经承包人同意后可延期支付，协议应明确延期支付的时间和从工程计量结果确认后第 15 天起计算应付款的利息（利率按同期银行贷款利率计）。

3）发包人不按合同约定支付工程进度款，双方又未达成延期付款协议，导致施工无法进行，承包人可停止施工，由发包人承担违约责任。

3. 工程进度款的计算

工程进度款的收取，一般是月初收取上期完成的工程进度款，当累计工程价款未达到起扣点时，此时工程进度款额应等于施工图预算中所完成建筑安装工程费用之和。当累计完成工程价款总和达到起扣点时，就要从每期工程进度款中减去应扣的预付款数额，按下式计算：

本期应收取的工程进度款 = 本期完成工程费用总和 - 本期应抵扣的工程预付款数额

按照有关规定，工程项目总造价中应预留出一定比例的尾留款作为质量保证金，待工程项目保修期结束后最后拨付。有关尾留款应如何扣除，一般有两种做法：

1）当工程进度款拨付累计额达到该建筑安装工程造价的一定比例（一般为 95%）时，停止支付，预留造价部分作为质量保证金。

2）国家颁布的《标准施工招标文件》中规定，质量保证金的扣除应从第一个付款周期开始，在发包人的进度付款中，按专用合同条款的约定扣留质量保证金，直至扣留的质量保证金总额达到专用合同条款约定的金额或比例为止。质量保证金的计算额度不包括预付款的支付、扣回以及价格调整的金额。

因此，在进行工程进度款结算时，质量保证金的扣除方法的不同，进度款的计算方法也不同，具体怎么计算将在实例中介绍。

8.1.5　工程竣工结算

工程竣工结算是指承包人按照合同规定的内容全部完成所承包的工程，经验收合格，并符合合同要求之后，承发包人进行的最终工程价款结算。它分为单位工程竣工结算、单项工程竣工结算、建设项目竣工结算。

1. 工程竣工结算编制与审查的相关规定

1）单位工程竣工结算由承包人编制，发包人审查；实行总承包的工程，由具体承包人编制，在总承包人审查的基础上，发包人审查。

2）单项工程竣工结算或建设项目竣工总结算由总（承）包人编制，发包人可直接进行审查，也可以委托具有相应资质的工程造价咨询机构进行审查。政府投资项目，由同级财政部门审查。单项工程竣工结算或建设项目竣工总结算经发、承包人签字盖章后有效。

承包人应在合同约定期限内完成项目竣工结算编制工作，未在规定期限内完成的并且提不出正当理由延期的，责任自负。

承包人如未在规定时间内提供完整的工程竣工结算资料，经发包人催促后14天内仍未提供或没有明确答复，发包人有权根据已有资料进行审查，责任由承包人自负。

3）工程竣工结算审查期限。单项工程竣工后，承包人应在提交竣工验收报告的同时，向发包人递交竣工结算报告及完整的结算资料，发包人应在规定的期限内进行核对（审查）并提出审查意见，工程竣工结算审查的期限见表8-1。

建设项目竣工总结算在最后一个单项工程竣工结算审查确认后15天内汇总，送发包人后30天内审查完成。

表8-1　工程竣工结算审查期限

序号	工程竣工结算报告金额	审查时间
1	500万元以下	从接到竣工结算报告和完整的竣工结算资料之日起20天
2	500万~2000万元	从接到竣工结算报告和完整的竣工结算资料之日起30天
3	2000万~5000万元	从接到竣工结算报告和完整的竣工结算资料之日起45天
4	5000万元以上	从接到竣工结算报告和完整的竣工结算资料之日起60天

发包人收到竣工结算报告及完整的结算资料后，在本办法规定或合同约定期限内，对结算报告及资料没有提出意见，则视同认可。

2. 工程竣工结算价款的支付与违约责任

发包人收到承包人递交的竣工结算报告及完整的结算资料后，应按规定的期限（合同约定有期限的，从其约定）进行核实，给予确认或者提出修改意见。发包人根据确认的竣工结算报告向承包人支付工程竣工结算价款，保留5%左右的质量保证（保修）金，待工程交付使用1年质保期到期后清算（合同另有约定的，从其约定），质保期内如有返修，发生费用应在质量保证（保修）金内扣除。

根据确认的竣工结算报告，承包人向发包人申请支付工程竣工结算款。发包人应在收到申请后 15 天内支付结算款，到期没有支付的应承担违约责任。承包人可以催告发包人支付结算价款，如达成延期支付协议，发包人应按同期银行贷款利率支付拖欠工程价款的利息。如未达成延期支付协议，承包人可以与发包人协商将该工程折价，或申请人民法院将该工程依法拍卖，承包人就该工程折价或者拍卖的价款优先受偿。

3. 工程竣工结算书的编制

（1）工程竣工结算书的编制方法　　工程结算的编制应区分施工发承包合同类型，采用相应的编制方法。

1）采用总价合同的，应在合同价基础上对设计变更、工程洽商以及工程索赔等合同约定可以调整的内容进行调整。

2）采用单价合同的，应计算或核定竣工图或施工图以内的各个分部分项工程量，依据合同约定的方式确定分部分项工程项目价格，并对设计变更、工程洽商、施工措施以及工程索赔等内容进行调整。

3）采用成本加酬金合同的，应依据合同约定的方法计算各个分部分项工程以及设计变更、工程洽商、施工措施等内容的工程成本，并计算酬金及有关税费。

（2）工程竣工结算编制程序　　工程结算应按准备、编制和定稿三个工作阶段进行，并实行编制人、校对人和审核人分别署名盖章确认的内部审核制度。

1）结算编制准备阶段。具体如下：

① 收集与工程结算编制相关的原始资料。

② 熟悉工程结算资料内容，进行分类、归纳、整理。

③ 召集相关单位或部门的有关人员参加工程结算预备会议，对结算内容和结算资料进行核对与充实完善。

④ 收集建设期内影响合同价格的法律和政策性文件。

2）结算编制阶段。具体如下：

① 根据竣工图、施工图以及施工组织设计进行现场踏勘，对需要调整的工程项目进行观察、对照、必要的现场实测和计算，做好书面或影像记录。

② 按既定的工程量计算规则计算需调整的分部分项、施工措施或其他项目工程量。

③ 按招标文件、施工承发包合同规定的计价原则和计价办法对分部分项、施工措施或其他项目进行计价。

④ 对于工程量清单或定额缺项以及采用新材料、新设备、新工艺的，应根据施工过程中的合理消耗和市场价格，编制综合单价或单位估价分析表。

⑤ 工程索赔应按合同约定的索赔处理原则、程序和计算方法，提出索赔费用，经发包人确认后作为结算依据。

⑥ 汇总计算工程费用，包括编制分部分项费、施工措施项目费、其他项目费、零星工作项目费或直接费、间接费、利润和税金等表格，初步确定工程结算价格。

⑦ 编写编制说明。

⑧ 计算主要技术经济指标。

⑨ 提交结算编制的初步成果文件待校对、审核。

3）结算编制定稿阶段。具体如下：

① 由结算编制受托人单位的部门负责人对初步成果文件进行检查、校对。

② 由结算编制受托人单位的主管负责人审核批准。

③ 在合同约定的期限内，向委托人提交经编制人、校对人、审核人和受托人单位盖章确认的正式结算编制文件。

4. 工程竣工结算编制要求

1）工程结算一般经过发包人或有关单位验收合格且点交后方可进行。

2）工程结算应以施工承发包合同为基础，按合同约定的工程价款调整方式对原合同价款进行调整。

3）工程结算应核查设计变更、工程洽商等工程资料的合法性、有效性、真实性和完整性。对有疑义的工程实体项目，应视现场条件和实际需要核查隐蔽工程。

4）建设项目由多个单项工程或单位工程构成的，应按建设项目划分标准的规定，将各单项工程或单位工程竣工结算汇总，编制相应的工程结算书，并撰写编制说明。

5）实行分阶段结算的工程，应将各阶段工程结算汇总，编制工程结算书，并撰写编制说明。

6）实行专业分包结算的工程，应将各专业分包结算汇总在相应的单项工程或单位工程结算内，并撰写编制说明。

7）工程结算编制应采用书面形式，由电子文本要求的应一并报送与书面形式内容一致的电子版本。

8）工程结算应严格按工程结算编制程序进行编制，做到程序化、规范化、结算资料必须完整。

5. 工程竣工结算编制文件组成

1）工程结算文件一般由工程结算汇总表、单项工程结算汇总表、单位工程结算汇总表和分部分项（措施、其他、零星）工程结算表及结算编制说明等组成。

2）工程结算汇总表、单项工程结算汇总表、单位工程结算汇总表应当按表格所规定的内容详细编制。

3）工程结算编制说明可根据委托工程的实际情况，以单位工程、单项工程或建设项目为对象进行编制，并应说明工程概况，编制范围，编制依据，编制方法，有关材料、设备、参数和费用说明，其他有关问题的说明等内容。

4）工程结算文件提交时，受托人应当同时提供与工程结算相关的附件，包括所依据的发承包合同调价条款、设计变更、工程洽商、材料及设备定价单、调价后的单价分析表等与工程结算相关的书面证明材料。

8.1.6　工程价款结算案例

【例 8-4】　某项工程业主与承包商签订了施工合同，双方签订的关于工程价款的合同内容有：

（1）建筑安装工程造价 660 万元，建筑材料及设备费占施工产值的比重为 60%。

（2）预付工程款为建筑安装工程造价的 20%，工程实施后，预付工程款从未施工工程尚需的主要材料及构件的价值相当于工程款数额时起扣。

（3）工程进度款逐月计算。

（4）工程保修金为建筑安装工程造价的 3%，竣工结算月一次扣留。

（5）材料价差调整按有关规定计算（规定上半年材料价差上调 10%，在 6 月份一次调增）。

工程各月实际完成产值见表8-2。

表8-2 各月实际完成产值 （单位：万元）

月 份	2	3	4	5	6
完成产值	55	110	165	220	110

求：

（1）该工程的预付工程款、起扣点为多少？

（2）该工程2月至5月每月拨付工程款为多少？累计工程款为多少？

（3）6月份办理工程竣工结算，该工程结算造价为多少？业主应付工程结算款为多少？

【解】：（1）预付工程款：660万元×20% = 132万元

起扣点：660万元 - 132万元÷60% = 440万元

（2）各月拨付工程款为：

2月：工程款55万元，累计工程款55万元

3月：工程款110万元，累计工程款165万元

4月：工程款165万元，累计工程款330万元

5月：工程款220万元 - (220 + 330 - 440)万元×60% = 154万元

累计工程款484万元。

（3）工程结算总造价为：(660 + 660×0.6×10%) 万元 = 699.6万元

业主应付工程结算款：

(699.6 - 484 - 699.6×3% - 132) 万元 = 62.6万元

【例8-5】 某项工程业主与承包商签订了施工合同，合同中含有两个子项工程，估算工程量A项为2300m³，B项为3200m³。经协商合同价A项为180元/m³，B项为160元/m³。承包合同规定：

（1）开工前业主应向承包商支付合同价20%的预付款。

（2）业主自第一个月起，从承包商的工程款中按5%的比例扣留保修金。

（3）当子项工程实际工程量超过估算工程量10%时，可进行调价，调整系数为0.9。

（4）根据市场情况规定价格调整系数平均按1.2计算。

（5）工程师签发月度付款最低金额为25万元。

（6）预付款在最后两个月扣除，每月扣50%。

承包商每月实际完成并经工程师签证确认的工程量见表8-3。

表8-3 某工程每月实际完成并经工程师签证确认的工程量 （单位：m³）

月份 项目	1月	2月	3月	4月
A项	500	800	800	600
B项	700	900	800	600

求预付款、每月工程量价款、工程师应签证的工程款、实际签发的付款凭证金额各是多少？

【解】：（1）预付款金额为：(2300×180 + 3200×160) 元×20% = 18.52万元

（2）第一个月，工程量价款为：(500×180 + 700×160) 元 = 20.2万元

应签证的工程款为：20.2万元×1.2×（1-5%）=23.028万元

由于合同规定工程师签发的最低金额为25万元，故本月工程师不予签发付款凭证。

（3）第二个月，工程量价款为：（800×180+900×160）元=28.8万元

应签证的工程款为：28.8万元×1.2×0.95=32.832万元

本月工程师实际签发的付款凭证金额为：23.028万元+32.832万元=55.86万元

（4）第三个月，工程量价款为：（800×180+800×160）元=27.2万元

应签证的工程款为：27.2万元×1.2×0.95=31.008万元

应扣预付款为：18.52万元×50%=9.26万元

应付款为：31.008万元-9.26万元=21.748万元

因本月应付款金额小于25万元，故工程师不予签发付款凭证。

（5）第四个月，A项工程累计完成工程量为2700m³，比原估算工程量2300m³超出400m³，已超过估算工程量的10%，超出部分的单价应进行调整。则：

超过估算工程量10%的工程量为：2700m³-2300 m³×（1+10%）=170m³

这部分工程量单价应调整为：180元/m³×0.9=162元/m³

A项工程工程量价款为：（600-170）m³×180元/m³+170m³×162元/m³=10.494万元

B项工程累计完成工程量为3000m³，比原估算工程量3200m³减少200m³，不超过估算工程量，其单价不予进行调整。

B项工程工程量价款为：600m³×160元/m³=9.6万元

本月完成A、B两项工程量价款合计为：10.494万元+9.6万元=20.094万元

应签证的工程款为：20.094万元×1.2×0.95=22.907万元

本月工程师实际签发的付款凭证金额为：（21.748+22.907-18.52×50%）万元=35.395万元

8.2　竣工决算

8.2.1　竣工决算的概念及作用

1. 竣工决算概念

竣工决算是以实物数量和货币指标为计量单位，综合反映竣工项目从筹建开始到项目竣工交付使用为止的全部费用、投资效果和财务情况的总结文件，是竣工验收报告的重要组成部分。竣工决算是正确核定新增固定资产价值，考核分析投资效果，建立健全经济责任制的依据，是反映建设项目实际造价和投资效果的文件。通过竣工决算与概算、预算的对比分析，还可以考核投资控制的工作成效，为工程建设提供重要的技术经济方面的基础资料，提高未来工程建设的投资效益。

必须指出，施工企业为了总结经验，提高经营管理水平，在单位工程竣工后，往往也编制单位工程竣工成本决算，核算单位工程的实际成本、预算成本和成本降低额，作为实际成本分析、反映经营成果、总结经验和提高管理水平的手段。它与建设工程竣工决算，在概念的内涵上是不同的。

2. 竣工决算的作用

（1）为加强建设工程的投资管理提供依据　建设单位项目竣工决算全面反映出建设项目从筹建到竣工投产或交付使用的全过程中各项费用实际发生数额和投资计划的执行情况，通过把竣工决算的各项费用数额与设计概算中的相应费用指标对比，得出节约或超支的情况，分析节约或超支的原因，总结经验和教训，加强投资的计划管理，提高建设工程的投资效果。

（2）为"三算"对比提供依据　设计概算和施工图预算是在建筑施工前，在不同的建设阶段根据有关资料进行计算，确定拟建工程所需要的费用。而建设单位项目竣工决算所确定的建设费用，是人们在建设活动中实际支出的费用。因此，它在"三算"对比中具有特殊的作用，能够直接反映出固定资产投资计划完成情况和投资效果。

（3）为竣工验收提供依据　在竣工验收之前，建设单位向主管部门提出验收报告，其中主要组成部分是建设单位编制的竣工决算文件。并以此作为验收的主要依据，审查竣工决算文件中的有关内容和指标，为建设项目验收结果提供依据。

（4）为确定建设单位新增固定资产价值提供依据　在竣工决算中，详细地计算了建设项目所有的建筑工程费、安装工程费、设备费和其他费用等新增固定资产总额及流动资金，可作为建设主管部门向企事业使用单位移交财产的依据。

8.2.2　竣工决算的内容和编制

根据财政部《关于进一步加强中央基本建设项目竣工财务决算工作的通知》（财办建[2008]91号）的文件要求，财政部按规定对中央级大中型项目、国家确定的重点小型项目竣工财务决算的审批实行"先审核、后审批"的办法，即对需先审核后审批的项目，先委托财政投资评审机构或经财政部认可的有资质的中介机构对项目单位编制的竣工财务决算进行审核，再按规定批复项目竣工财务决算。

文件还要求，项目建设单位应在项目竣工后 3 个月内完成竣工财务决算的编制工作，并报主管部门审核。主管部门收到竣工财务决算报告后，对于按规定由主管部门审批的项目，应及时审核批复，并报财政部备案。对于按规定报财政部审批的项目，一般应在收到决算报告后 1 个月内完成审核工作，并将经其审核后的决算报告报财政部（经济建设司）审批。以前年度已竣工尚未编报竣工财务决算的基建项目，主管部门应督促项目建设单位抓紧编报。

8.2.2.1　竣工决算的编制依据

1）建设工程计划任务书和有关文件。

2）建设工程总概算书和单项工程综合概预算书。

3）设计图交底或图纸会审的会议纪要，建设工程项目设计图及说明，其中包括总平面图、建筑工程施工图、安装工程施工图、设计变更记录、工程师现场签证及有关资料。

4）设计变更通知书、现场工程变更签证、施工记录，各种验收资料，停（复）工报告。

5）关于材料、设备等价差调整的有关规定，其他施工中发生的费用记录。

6）竣工图。

7）各种结算材料，包括建筑工程的竣工结算文件、设备安装工程结算文件、设备购置费用结算文件、工器具和生产用具购置费用结算文件等。

8）国家和地方主管部门颁发的有关建设工程竣工决算的文件。

8.2.2.2　竣工决算的编制内容

建设项目竣工决算应包括从筹划到竣工投产全过程的全部实际费用，即建筑工程费用、安装工程费用、设备工器具购置费用和工程建设其他费用，以及预备费和投资方向调节税支出费用等费用。

竣工决算的内容包括竣工财务决算说明书、竣工财务决算报表、工程竣工图和工程造价对比分析四个部分，前两个部分又称为建设项目竣工财务决算，是竣工决算的核心内容和重要组成部分。

1. 竣工财务决算说明书

竣工决算说明书主要反映竣工工程建设成果和经验，是对竣工决算报表进行分析和补充说明的文件，是全面考核分析工程投资与造价的书面总结，其内容主要包括：

1）基本建设项目概况。

2）会计账务处理、财产物资清理及债权债务的清偿情况。

3）基本建设支出预算、投资计划和资金到位情况。

4）基建结余资金形成等情况。

5）概算、项目预算执行情况及分析，主要分析决算与概算的差异及原因。

6）尾工及预留费用情况。

7）历次审计、核查、稽查及整改情况。

8）主要技术经济指标的分析、计算情况。

9）基本建设项目管理经验、问题和建议。

10）预备费动用情况。

11）招标投标情况、本工程中政府采购情况、合同（协议）履行情况。

12）征地拆迁补偿情况、移民安置情况。

13）需说明的其他事项。

14）编表说明。

2. 建设项目竣工财务决算报表

建设项目竣工财务决算报表按大、中型建设项目和小型建设项目分别制定。具体包括报表如下：

大、中型建设项目竣工财务决算报表
{
建设项目竣工财务决算审批表（见表8-4）
大、中型建设项目概况表（见表8-5）
大、中型建设项目竣工财务决算表（见表8-6）
大、中型建设项目交付使用资产总表（见表8-7）
建设项目交付使用资产明细表（见表8-8）
}

小型建设项目竣工财务决算报表
{
建设项目竣工财务决算审批表（同表8-4）
小型建设项目竣工财务决算总表（见表8-9）
建设项目交付使用资产明细表（同表8-8）
}

（1）建设项目竣工财务决算审批表　建设项目竣工财务决算审批表作为竣工决算上报有关部门审批时使用，其格式按照中央级项目审批要求设计的，地方级项目可按审批要求作适当修改，大、中、小型建设项目竣工决算均要填报此表。

1）表中"建设性质"按照新建、改建、扩建、迁建和恢复建设项目等分类填列。

2）表中"主管部门"是指建设单位的主管部门。

3）所有建设项目均须先经开户银行签署意见后，按下列要求报批：

① 中央级小型建设项目由主管部门签署审批意见。

② 中央级大、中型建设项目报所在地财政监察专员办事机构签署意见后，再由主管部门签署意见报财政部审批。

表 8-4 建设项目竣工财务决算审批表

建设项目法人（建设单位）		建设性质	
建设项目名称		主管部门	

开户银行意见：
盖 章 年 月 日

专员办审批意见：
盖 章 年 月 日

主管部门或地方财政部门审批意见：
盖 章 年 月 日

③ 地方级项目由同级财政部门签署审批意见即可。

4）已具备竣工验收条件的项目，3 个月内应及时填报此审批表，如 3 个月内不办理竣工验收和固定资产移交手续的视同项目已正式投产，其费用不得从基建投资中支付，所实现的收入作为经营收入，不再作为基建收入管理。

（2）大、中型建设项目概况表 大、中型建设项目概况表用来反映建设项目总投资、基建投资支出、新增生产能力、主要材料消耗和主要技术经济指标等方面的设计或概算数与实际完成数的情况，为全面考核和分析投资效果提供依据，可按下列要求填写：

1）建设项目名称、建设地址、主要设计单位和主要施工单位，要按全称名填列。

2）表中各项目的设计、概算、计划指标是指经批准的设计文件和概算、计划等确定的数字填列。

3）表中所列新增生产能力、完成主要工程量的实际数据，根据建设单位统计资料和施工单位提供的有关资料填列。

4）表中基建支出是指建设项目从开工起至竣工为止发生的全部基本建设支出，包括形成资产价值的交付使用资产，如固定资产、流动资产、无形资产、递延资产的支出，还包括不形成资产价值按照规定应核销的非经营项目的待核销基建支出和转出投资。上述支出，应根据国家财政部门历年批准的"基建投资表"中的有关数据填列。按照国家财政部印发的《基本建设财务管理若干规定》的规定，需要注意以下几点：

① 建设成本包括建筑安装工程投资支出、设备投资支出、待摊投资支出和其他投资支出。

② 建筑安装工程投资支出是指建设单位按项目概算内容发生的建筑工程和安装工程的实际成本，其中不包括被安装设备本身的价值以及按照合同规定支付给施工企业的预付备料款和预付工程款。

③ 设备投资支出是指建设单位按照项目概算内容发生的各种设备的实际成本，包括需要安装设备、不需要安装设备和为生产准备的不够固定资产标准的工具、器具的实际成本。

需要安装设备是指必须将其整体或几个部位装配起来，安装在基础上或建筑物支架上才能使用的设备。不需要安装设备是指不必固定在一定位置或支架上就可以使用的设备。

④ 待摊投资支出是指建设单位按项目概算内容发生的，按照规定应当分摊计入交付使用资产价值的各项费用支出，包括：建设单位管理费、土地征用及迁移补偿费、土地复垦及补

偿费、勘察设计费、研究试验费、可行性研究费、临时设施费、设备检验费、负荷联合试车费、合同公证及工程质量监理费、（贷款）项目评估费、国外借款手续费及承诺费、社会中介机构审计（查）费、招标投标费、经济合同仲裁费、诉讼费、律师代理费、土地使用税、耕地占用税、车船使用税、汇兑损益、报废工程损失、坏账损失、借款利息、固定资产损失、器材处理亏损、设备盘亏及毁损、调整器材调拨价格折价、企业债券发行费用、航道维护费、航标设施费、航测费、其他待摊投资等。

表8-5　大、中型建设项目概况表

建设项目 （单项工程）名称			建设地址			基本 建设 支出	项目	概算 /元	实际 /元	备注
主要设计单位			主要 施工 企业				建筑安装 工程			
占地面积	计划	实际	总投资 /万元	设计	实际		设备工器具			
							待摊投资 其中： 建设单位 管理费			
新增生产能力	能力（效益）名称			设计	实际		其他投资			
							待核销基建 支出			
建设起止时间	设计	从　年　月开工至　年　月　竣工					非经营项目 转出投资			
	实际	从　年　月开工至　年　月　竣工					合计			
设计概算批准文号										
完成主要工程量	建筑面积/m²				设备/台、套、t					
	设计		实际		设计		实际			
收尾工程	工程内容		已完成投资额		尚需投资		完成时间			

　　建设单位要严格按照规定的内容和标准控制待摊投资支出，不得将非法的收费、摊派等计入待摊投资支出。

　　⑤ 其他投资支出是指建设单位按项目概算内容发生的构成基本建设实际支出的房屋购置和基本畜禽、林木等购置、饲养、培育支出以及取得各种无形资产和递延资产发生的支出。

　　⑥ 建设单位管理费是指建设单位从项目开工之日起至办理竣工财务决算之日止发生的管理性质的开支。包括：不在原单位发工资的工作人员工资、基本养老保险费、基本医疗保险费、失业保险费，办公费、差旅交通费、劳动保护费、工具用具使用费、固定资产使用费、

零星购置费、招募生产工人费、技术图书资料费、印花税、业务招待费、施工现场津贴、竣工验收费和其他管理性质开支。

业务招待费支出不得超过建设单位管理费总额的 10%。

施工现场津贴标准比照当地财政部门制定的差旅费标准执行。

⑦ 待核销基建支出是指非经营性项目发生的江河清障、航道清淤、飞播造林、补助群众造林、退耕还林（草）、封山（沙）育林（草）、水土保持、城市绿化、取消项目可行性研究费、项目报废及其他经财政部门认可的不能形成资产部分的投资，做待核销处理。在财政部门批复竣工决算后，冲销相应的资金。形成资产部分的投资，计入交付使用资产价值。

⑧ 非经营性项目为项目配套的专用设施投资，包括专用道路、专用通信设施、送变电站、地下管道等，产权归属本单位的，计入交付使用资产价值；产权不归属本单位的，作转出投资处理，冲销相应的资金。

5）表中"初步设计和概算批准日期、文号"，按最后经批准的日期和文件号填列。

6）表中收尾工程是指全部工程项目验收后尚遗留的少量收尾工程，在表中应明确填写收尾工程内容、完成时间，这部分工程的实际成本可根据实际情况进行估算并加以说明，完工后不再编制竣工决算。

（3）大、中型建设项目竣工财务决算表　大、中型建设项目竣工财务决算表见表 8-6。此表反映竣工的大、中型建设项目从开工到竣工为止全部资金来源和资金运用的情况，它是考核和分析投资效果，落实结余资金，并作为报告上级核销基本建设支出和基本建设拨款的依据。在编制该表前，应先编制出项目竣工年度财务决算，根据编制出的竣工年度财务决算和历年财务决算编制项目的竣工财务决算。此表采用平衡表形式，即资金来源合计等于资金支出合计。具体编制方法见表 8-6。

表 8-6　大、中型建设项目竣工财务决算表　　　　　　　（单位：元）

资金来源	金额	资金占用	金额	补充资料
一、基建拨款		一、基本建设支出		1. 基建投资借款期末余额
1. 预算拨款		1. 交付使用资产		
2. 基建基金拨款		2. 在建工程		2. 应收生产单位投资借款期末数
其中:国债专项资金拨款		3. 待核销基建支出		
3. 专项建设基金拨款		4. 非经营项目转出投资		3. 基建结余资金
4. 进口设备转账拨款		二、应收生产单位投资借款		
5. 器材转账拨款		三、拨付所属投资借款		
6. 煤代油专用基金拨款		四、器材		
7. 自筹资金拨款		其中:待处理器材损失		
8. 其他拨款		五、货币资金		
二、项目资本金		六、预付及应收款		
1. 国家资本		七、有价证券		
2. 法人资本		八、固定资产		
3. 个人资本		固定资产原值		
4. 外商资本		减:累计折旧		
三、项目资本公积金		固定资产净值		

（续）

资金来源	金额	资金占用	金额	补充资料
四、基建借款		固定资产清理		
其中：国债转贷		待处理固定资产损失		
五、上级拨入投资借款				
六、企业债券资金				
七、待冲基建支出				
八、应付款				
九、未交款				
1. 未交税金				
2. 其他未交款				
十、上级拨入资金				
十一、留成收入				
合　计		合　计		

　　注：如果需要的话，可在表中增加一列"补充资料"，其内容包括：基建投资借款期末余额、应收生产单位投资借款期末数、基建结余资金。

　　1）资金来源包括基建拨款、项目资本金、项目资本公积金、基建借款、上级拨入投资借款、企业债券资金、待冲基建支出、应付款和未交款以及上级拨入资金和企业留成收入等。

　　① 预算拨款、自筹资金拨款及其他拨款、项目资本金、基建借款及其他借款等项目，是指自开工建设至竣工止的累计数，应根据历年批复的年度基本建设财务决算和竣工年度的基本建设财务决算中资金平衡表相应项目的数字经汇总后的投资额。

　　② 项目资本公积金是指经营性项目对投资者实际缴付的出资额超过其资金的差额（包括发行股票的溢价净收入）、接受捐赠的财产、外币资本折算差额等，在项目建设期间作为资本公积金、项目建成交付使用并办理竣工决算后，相应转为生产经营企业的资本公积金。

　　③ 基建收入是基建过程中形成的各项工程建设副产品变价净收入、负荷试车的试运行收入以及其他收入。在表中基建收入以实际销售收入扣除销售过程中所发生的费用和税后的实际纯收入填写。

　　工程建设副产品变价净收入包括：煤炭建设中的工程煤收入，矿山建设中的矿产品收入，油（汽）田钻井建设中的原油（汽）收入和森工建设中的路影材收入等。

　　经营性项目为检验设备安装质量进行的负荷试车或按合同及国家规定进行试运行所实现的产品收入，包括：水利、电力建设移交生产前的水、电、热费收入，原材料、机电轻纺、农林建设移交生产前的产品收入，铁路、交通临时运营收入等。

　　其他收入包括：各类建设项目总体建设尚未完成和移交生产，但其中部分工程简易投产而发生的营业性收入等；工程建设期间各项索赔以及违约金等。

　　2）表中"交付使用资产""预算拨款""自筹资金拨款""其他拨款""项目资本金""基建投资借款"等项目，是指自工程项目开工建设至竣工止的累计数，上述有关指标应根据历年批复的年度基本建设财务决算和竣工年度的基本建设财务决算中资金平衡表相应项目的数字进行汇总填写。

　　3）表中其余项目费用办理竣工验收时的结余数，根据竣工年度财务决算中资金平衡表的有关项目期末数填写。

4）资金支出反映建设项目从开工准备到竣工全过程资金支出的情况，内容包括基建支出、应收生产单位投资借款、库存器材、货币资金、有价证券和预付及应收款以及拨付所属投资借款和库存固定资产等，表中资金支出总额应等于资金来源总额。

5）补充材料的"基建投资借款期末余额"反映竣工时尚未偿还的基建投资借款额，应根据竣工年度资金平衡表内的"基建投资借款"项目期末数填写；"应收生产单位投资借款期末数"，根据竣工年度资金平衡表内的"应收生产单位投资借款"项目的期末数填写；"基建结余资金"反映竣工的结余资金，根据竣工决算表中有关项目计算填写。

6）基建结余资金可以按下列公式计算：

基建结余资金 = 基建拨款 + 项目资本 + 项目资本公积金 + 基建投资借款 + 企业债券基金 + 待冲基建支出 - 基本建设支出 - 应收生产单位投资借款

（4）大、中型建设项目交付使用资产总表 大、中型建设项目交付使用资产总表见表 8-7，该表是反映建设项目建成后，交付使用新增固定资产、流动资产、无形资产和递延资产的全部情况及价值，作为财产交接、检查投资计划完成情况和分析投资效果的依据。小型项目不编制"交付使用资产总表"，直接编制"交付使用资产明细表"；大、中型项目在编制"交付使用资产总表"的同时，还需编制"交付使用资产明细表"。大、中型建设项目交付使用资产总表的具体编制方法见表 8-7。

表 8-7　大、中型建设项目交付使用资产总表　　　　　　（单位：元）

序号	单项工程项目名称	总计	固定资产				流动资产	无形资产	递延资产
			合计	建筑安装工程	设备	其他			

交付单位：　　负责人：　　接收单位：　　负责人：
盖　章　　年 月 日　　盖　章　　年 月 日

1）表中各栏目数据应根据"交付使用资产明细表"的固定资产、流动资产、无形资产、其他资产的各相应项目的汇总数分别填列，表中总计栏的总计数应与竣工财务决算表中的交付使用资产的金额一致。

2）表中第 3、4、7、8、9、10 栏的合计数，应分别与竣工财务决算表交付使用的固定资产、流动资产、无形资产、其他资产的数据相符。

（5）建设项目交付使用资产明细表 建设项目交付使用资产明细表见表 8-8，大、中型和小型建设项目均要填列此表，该表反映交付使用的固定资产、流动资产、无形资产和递延资产及其价值的明细情况，是办理资产交接的依据和接收单位登记资产账目的依据，是使用单位建立资产明细账和登记新增资产价值的依据。编制时要做到齐全完整，数字准确，各栏目价值应与会计账目中相应科目的数据保持一致。建设项目交付使用资产明细表的具体编制方法见表 8-8。

1）表中"建筑工程"项目应按单项工程名称填列其结构、面积和价值。其中"结构"是指项目按钢结构、钢筋混凝土结构、混合结构等结构形式填写，"面积"则按各项目实际完成面积填列，"价值"按交付使用资产的实际价值填写。

2）表中"设备"（固定资产）部分要在逐项盘点后根据盘点实际情况填写，"工具、器具和家具"等低值易耗品可分类填写。

3）表中"流动资产""无形资产""其他资产"项目应根据建设单位实际交付的名称和

价值分别填列。

表 8-8　建设项目交付使用资产明细表

单项工程项目名称	建筑工程			设备、工具、器具、家具						流动资产		无形资产		其他资产	
	结构	面积/m²	价值/元	名称	规格型号	单位	数量	价值/元	设备安装费/元	名称	价值/元	名称	价值/元	名称	价值/元
合计															

（6）小型建设项目竣工财务决算总表　小型建设项目竣工财务决算总表见表 8-9，由于小型建设项目内容比较简单，因此可将工程概况与财务情况合并编制一张"竣工财务决算总表"，该表主要反映小型建设项目的全部工程和财务情况。具体编制时可参照大、中型建设项目概况表指标和大、中型建设项目竣工财务决算表指标口径填写。

表 8-9　小型建设项目竣工财务决算总表

建设项目名称			建设地址				资金来源		资金运用	
初步设计概算批准文号							项目	金额/元	项目	金额/元
占地面积	计划	实际		设计		实际	一、基建拨款 其中:预算拨款		一、交付使用资产	
			总投资/万元	固定资产	流动资产	固定资产	流动资产		二、待核销基建支出	
								二、项目资本		三、非经营项目转出投资
								三、项目资本公积		
新增生产能力	能力（效益）名称	设计		实际			四、基建借款		四、应收生产单位投资借款	
							五、上级拨入投资借款			
建设起止时间	设计	从　年　月开工至　年　月　竣工					六、企业债券资金		五、拨付所属投资借款	
	实际	从　年　月开工至　年　月　竣工					七、待冲基建支出		六、器材	
基建支出	项目		概算/元	实际/元			八、应付款		七、货币资金	
	建筑安装工程						九、未交款 其中:未交基建收入 未交包干收入		八、预付及应收款	
	设备工器具								九、有价证券	
	待摊投资　其中:建设单位管理费								十、原有固定资产	
	其他投资						十、上级拨入资金			
	待核销基建支出						十一、留成收入			
	非经营项目转出投资									
	合计						合计		合计	

3. 建设工程竣工图

建设工程竣工图是真实地记录各种地上地下建筑物、构筑物等情况的技术文件，是工程进行交工验收、维护改建和扩建的依据，是国家的重要技术档案。国家规定：各项新建、扩建、改建的基本建设工程，特别是基础、地下建筑、管线、结构、井巷、硐室、桥梁、隧道、港口、水坝以及设备安装等隐蔽部位，都要编制竣工图。为确保竣工图质量，必须在施工过程中（不能在竣工后）及时做好隐蔽工程检查记录，整理好设计变更文件。其具体要求如下：

1）凡按图竣工没有变动的，由施工单位（包括总包和分包施工单位，下同）在原施工图上加盖"竣工图"标志后，即作为竣工图。

2）凡在施工过程中，虽有一般性设计变更，但能将原施工图加以修改补充作为竣工图的，可不重新绘制，由施工单位负责在原施工图（必须是新蓝图）上注明修改的部分，并附以设计变更通知单和施工说明，加盖"竣工图"标志后，作为竣工图。

3）凡结构形式改变、施工工艺改变、平面布置改变、项目改变以及有其他重大改变，不宜再在原施工图上修改、补充者，应重新绘制改变后的竣工图。由设计原因造成的，由设计单位负责重新绘图；由施工原因造成的，由施工单位负责重新绘图；由其他原因造成的，由建设单位自行绘图或委托设计单位绘图。施工单位负责在新图上方盖"竣工图"标志，并附以有关记录和说明，作为竣工图。

4）为了满足竣工验收和竣工决算需要，还应绘制能反映竣工工程全部内容的工程设计平面示意图。

5）重大的改扩建工程项目涉及原有的工程项目变更时，应将相关项目的竣工图资料统一整理归档，并在原图案卷内增补必要的说明。

4. 工程造价比较分析

经批准的概、预算是考核实际建设工程造价的依据，在分析时，可将决算报表中所提供的实际数据和相关资料与批准的概预算指标进行对比，以反映出竣工项目总造价和单方造价是节约还是超支，在比较的基础上，总结经验教训，找出原因，以利改进。

在考核概、预算执行情况时，正确核实建设工程造价，财务部门首先应积累概、预算动态变化资料，如设备材料价差、人工价差和费率价差及设计变更资料等；其次，考查竣工工程实际造价节约或超支的数额。为了便于进行比较分析，可先对比整个项目的总概算，然后对比单项工程的综合概算和其他工程费用概算，最后对比分析单位工程概算，并分别将建筑安装工程费、设备工器具费和其他工程费用逐一与竣工决算的实际工程造价对比分析，找出节约和超支的具体内容和原因。在实际工作中，侧重分析以下内容：

1）主要实物工程量。概预算编制的主要实物工程量的增减必然使工程概预算造价和竣工决算实际工程造价随之增减。因此，要认真对比分析和审查建设项目的建设规模、结构、标准、工程范围等是否遵循批准的设计文件规定，其中有关变更是否按照规定的程序办理，它们对造价的影响如何。对实物工程量出入较大的项目，还必须查明原因。

2）主要材料消耗量。在建筑安装工程投资中，材料费一般占直接工程费70%以上，因此考核材料费的消耗是重点。在考核主要材料消耗量时，要按照竣工决算表中所列三大材料实际超概算的消耗量，查清是在哪一个环节超出量最大，并查明超额消耗的原因。

3）建设单位管理费、建筑安装工程措施项目费、其他项目费和企业管理费。要根据竣工决算报表中所列的建设单位管理费与概算所列的建设单位管理费数额进行比较，确定其节约或超支数额，并查明原因。对于建筑安装工程其他直接费、现场经费和间接费的费用项目的取费标准，国家和各地均有统一的规定，要按照有关规定查明是否多列或少列费用项目，有无重计、漏计、多计的现象以及增减的原因。

以上所列内容是工程造价对比分析的重点，应侧重分析。但对具体项目应进行具体分析，究竟选择哪些内容作为考核、分析重点，还得因地制宜，视项目的具体情况而定。

8.2.2.3 编制步骤与方法

1）收集、整理和分析工程资料。收集和整理出一套较为完整的资料，是编制竣工决算的前提条件。在工程进行过程中，就应注意保存和收集、整理资料，在竣工验收阶段则要系统地整理出所有工料结算的技术资料、经济文件、施工图和各种变更与签证资料，并分析它们的准确性。

2）清理各项财务、债务和结余物资。在收集、整理和分析工程有关资料中，应特别注意建设工程从筹建到竣工投产（或使用）的全部费用的各项账务，债权和债务的清理，做到工程完毕账目清晰，既要核对账目，又要查点库有实物的数量，做到账与物相等、相符，对结余的各种材料、工器具和设备要逐项清点核实、妥善管理，并按规定及时处理、收回资金。对各种往来款项要及时进行全面清理，为编制竣工决算提供准确的数据和结果。

3）填写竣工决算报表。按照建设项目竣工决算报表的内容，根据编制依据中有关资料进行统计或计算各个项目的数量，并将其结果填入相应表格栏目中，完成所有报表的填写，这是编制工程竣工决算的主要工作。

4）编制建设工程竣工决算说明书。按照建设工程竣工决算说明的内容要求，根据编制依据材料填写在报表中的结果编写文字说明。

5）进行工程造价对比分析。

6）清理、装订竣工图。

7）上报主管部门审查。

以上编写的文字说明和填写的表格经核对确认无误后可装订成册，作为建设工程竣工决算文件，并上报主管部门审查，同时把其中财务成本部分送交开户银行签证。竣工决算在上报主管部门的同时，抄送有关设计单位。大、中型建设项目的竣工决算还应抄送国家财政部、建设银行总行和省、市、自治区的财政局和建设银行分行各一份。建设工程竣工决算的文件，由建设单位负责组织人员编写，在竣工建设项目办理验收使用一个月之内完成。

8.2.2.4 竣工决算的编制实例

【例8-6】 某一大、中型建设项目2006年开工建设，2008年年底有关财务核算资料如下：

（1）已经完成部分单项工程，经验收合格后，已经交付使用的资产包括：

1）固定资产价值75540万元。

2）为生产准备的使用期限在一年以内的备品备件、工具、器具等流动资产价值30000万元，期限在一年以上，单位价值在1500元以上的工具60万元。

3）建造期间购置的专利权、非专利技术等无形资产2000万元，摊销期5年。

（2）基本建设支出的未完成项目包括：

1）建筑安装工程支出16000万元。

2）设备工器具投资44000万元。

3）建设单位管理费、勘察设计费等待摊投资2400万元。

4）通过出让方式购置的土地使用权形成的其他投资 110 万元。

（3）非经营项目发生待核销基建支出 50 万元。

（4）应收生产单位投资借款 1400 万元。

（5）购置需要安装的器材 50 万元，其中待处理器材 16 万元。

（6）货币资金 470 万元。

（7）预付工程款及应收有偿调出器材款 18 万元。

（8）建设单位自用的固定资产原值 60550 万元，累计折旧 10022 万元。

（9）反映在资金平衡表上的各类资金来源的期末余额是：

1）预算拨款 52000 万元。

2）自筹资金拨款 58000 万元。

3）其他拨款 450 万元。

4）建设单位向商业银行借入的借款 110000 万元。

5）建设单位当年完成交付生产单位使用的资产价值中，200 万元属于利用投资借款形成的待冲基建支出。

6）应付器材销售商 40 万元贷款和尚未支付的应付工程款 1916 万元。

7）未交税金 30 万元。

根据上述有关资料编制该项目竣工财务决算表见表 8-10。

表 8-10　大、中型建设项目竣工财务决算表

建设项目名称：某建设工程　　　　　　　　　　　　　　　　　　　　（单位：万元）

资金来源	金额	资金占用	金额	补充资料
一、基建拨款	110450	一、基本建设支出	170160	1. 基建投资借款期末余额
1. 预算拨款	52000	1. 交付使用资产	107600	
2. 基建基金拨款		2. 在建工程	62510	
其中:国债专项资金拨款		3. 待核销基建支出	50	2. 应收生产单位投资借款期末数
3. 专项建设基金拨款		4. 非经营性项目转出投资		3. 基建结余资金
4. 进口设备转账拨款		二、应收生产单位投资借款	1400	
5. 器材转账拨款		三、拨付所属投资借款		
6. 煤代油专用基金拨款		四、器材	50	
7. 自筹资金拨款	58000	其中:待处理器材损失	16	
8. 其他拨款	440	五、货币资金	470	
二、项目资本金		六、预付及应收款	18	
1. 国家资本		七、有价证券		
2. 法人资本		八、固定资产	50528	
3. 个人资本		固定资产原值	60550	
三、项目资本公积		减:累计折旧	10022	
四、基建借款		固定资产净值	50528	
其中:国债转贷	110000	固定资产清理		
五、上级拨入投资借款		待处理固定资产损失		
六、企业债券资金				
七、待冲基建支出	200			
八、应付款	1956			
九、未交款	30			
1. 未交税金	30			
2. 其他未交款				
十、上级拨入资金				
十一、留成收入				
合　计	222626	合　计	222626	

8.2.3　新增资产价值的确定

8.2.3.1　新增资产价值的分类

建设项目竣工投入运营后，所花费的总投资形成相应的资产。按照新的财务制度和企业会计准则，新增资产按资产性质可分为固定资产、流动资产、无形资产和其他资产四大类。

8.2.3.2　新增资产价值的确定方法

1. 新增固定资产价值的确定

新增固定资产价值是建设项目竣工投产后所增加的固定资产的价值，它是以价值形态表示的固定资产投资最终成果的综合性指标。新增固定资产价值是投资项目竣工投产后所增加的固定资产价值，即交付使用的固定资产价值，是以价值形态表示建设项目的固定资产最终成果的指标。新增固定资产价值的计算是以独立发挥生产能力的单项工程为对象的。单项工程建成经有关部门验收鉴定合格，正式移交生产或使用，即应计算新增固定资产价值。一次交付生产或使用的工程，一次计算新增固定资产价值；分期分批交付生产或使用的工程，应分期分批计算新增固定资产价值。新增固定资产价值的内容包括：已投入生产或交付使用的建筑、安装工程造价，达到固定资产标准的设备、工器具的购置费用，增加固定资产价值的其他费用。

在计算时应注意以下几种情况：

1）对于为了提高产品质量、改善劳动条件、降低材料消耗、保护环境而建设的附属辅助工程，只要全部建成，正式验收交付使用后就要计入新增固定资产价值。

2）对于单项工程中不构成生产系统，但能独立发挥效益的非生产性项目，如住宅、食堂、医务所、托儿所、生活服务网点等，在建成并交付使用后，也要计算新增固定资产价值。

3）凡购置达到固定资产标准不需安装的设备、工器具，应在交付使用后计入新增固定资产价值。

4）属于新增固定资产价值的其他投资，应随受益工程交付使用的同时一并计入。

5）交付使用财产的成本，应按下列内容计算：

① 房屋、建筑物、管道、线路等固定资产的成本，包括：建筑工程成本和待分摊的待摊投资。

② 动力设备和生产设备等固定资产的成本，包括：需要安装设备的采购成本，安装工程成本，设备基础、支柱等建筑工程成本，或砌筑锅炉及各种特殊炉的建筑工程成本，应分摊的待摊投资。

③ 运输设备及其他不需要安装的设备、工具、器具、家具等固定资产一般仅计算采购成本，不计分摊的"待摊投资"。

6）共同费用的分摊方法。新增固定资产的其他费用，如果是属于整个建设项目或两个以上单项工程的，在计算新增固定资产价值时，应在各单项工程中按比例分摊。一般情况下，建设单位管理费按建筑工程、安装工程、需安装设备价值总额作比例分摊，而土地征用费、地质勘察和建筑工程设计费等费用则按建筑工程造价比例分摊，生产工艺流程系统设计费按安装工程造价比例分摊。

【例8-7】　某工业建设项目及其总装车间的建筑工程费、安装工程费、需安装设备费以及应摊入费用见表8-11，计算总装车间新增固定资产价值。

表 8-11　分摊费用计算表　　　　　　　　　　　　　　　（单位：万元）

项目名称	建筑工程	安装工程	需安装设备	建设单位管理费	土地征用费	建筑设计费	工艺设计费
建设单位竣工决算	3000	600	900	70	80	40	20
总装车间竣工决算	600	300	450				

【解】：计算如下：

$$应分摊的建设单位管理费 = \left(\frac{600+300+450}{3000+600+900} \times 70\right)万元 = 21\ 万元$$

$$应分摊的土地征用费 = \left(\frac{600}{3000} \times 80\right)万元 = 16\ 万元$$

$$分摊的建筑设计费 = \left(\frac{600}{3000} \times 80\right)万元 = 8\ 万元$$

$$应分摊的工艺设计费 = \left(\frac{300}{600} \times 20\right)万元 = 10\ 万元$$

$$总装车间新增固定资产价值 = (600+300+450)万元 + (21+16+8+10)万元$$
$$= 1405\ 万元$$

2. 新增流动资产价值的确定

流动资产是指可以在一年内或者超过一年的一个营业周期内变现或者运用的资产，包括现金及各种存款，其他货币资金、短期投资、存货、应收及预付款项，以及其他流动资产等。

1）货币性资金。货币性资金是指现金、各种银行存款及其他货币资金，其中现金是指企业的库存现金，包括企业内部各部门用于周转使用的备用金；各种存款是指企业的各种不同类型的银行存款；其他货币资金是指除现金和银行存款以外的其他货币资金，根据实际入账价值核定。

2）应收及预付款项。应收账款是指企业因销售商品、提供劳务等应向购货单位或受益单位收取的款项；预付款项是指企业按照购货合同预付给供货单位的购货定金或部分货款。应收及预付款项包括应收票据、应收款项、其他应收款、预付货款和待摊费用。一般情况下，应收及预付款项按企业销售商品、产品或提供劳务时的实际成交金额入账核算。

3）短期投资包括股票、债券、基金。股票和债券根据是否可以上市流通分别采用市场法和收益法确定其价值。

4）存货。存货是指企业的库存材料、在产品、产成品等。各种存货应当按照取得时的实际成本计价。存货的形成，主要有外购和自制两个途径。外购的存货，按照买价加运输费、装卸费、保险费、途中合理损耗、入库前加工整理及挑选费用以及缴纳的税金等计价；自制的存货，按照制造过程中的各项实际支出计价。

3. 新增无形资产价值的确定

根据我国 2001 年颁布的《资产评估准则—无形资产》规定，我国作为评估对象的无形资产通常包括专利权、非专利技术、生产许可证、特许经营权、租赁权、土地使用权、矿产资源勘探权和采矿权、商标权、版权、计算机软件及商誉等。《新会计准则第 6 号—无形资产》对无形资产的规定是：无形资产是指企业拥有或者控制的没有实物形态的可辨认非货币性资产。

（1）无形资产的计价原则　具体如下：

1）投资者按无形资产作为资本金或者合作条件投入时，按评估确认或合同协议约定的金额计价。

2）购入的无形资产，按照实际支付的价款计价。

3）企业自创并依法申请取得的，按开发过程中的实际支出计价。

企业接受捐赠的无形资产，按照发票账单所载金额或者同类无形资产市场价作价。无形资产计价入账后，应在其有效使用期内分期摊销，即企业为无形资产支出的费用应在无形资产的有效期内得到及时补偿。

（2）无形资产的计价方法　具体如下：

1）专利权的计价。专利权分为自创和外购两类。自创专利权的价值为开发过程中的实际支出，主要包括专利的研制成本和交易成本。研制成本包括直接成本和间接成本：直接成本是指研制过程中直接投入发生的费用（主要包括材料费用、工资费用、专用设备费、资料费、咨询鉴定费、协作费、培训费和差旅费等）；间接成本是指与研制开发有关的费用（主要包括管理费、非专用设备折旧费、应分摊的公共费用及能源费用）；交易成本是指在交易过程中的费用支出（主要包括技术服务费、交易过程中的差旅费及管理费、手续费、税金）。由于专利权是具有独占性并能带来超额利润的生产要素，因此，专利权转让价格不按成本估价，而是按照其所能带来的超额收益计价。

2）非专利技术的计价。非专利技术具有使用价值和价值，使用价值是非专利技术本身应具有的。非专利技术的价值在于非专利技术的使用所能产生的超额获利能力，应在研究分析其直接和间接的获利能力的基础上，准确计算出其价值。如果非专利技术是自创的，一般不作为无形资产入账，自创过程中发生的费用按当期费用处理。对于外购非专利技术，应由法定评估机构确认后再进行估价，其方法往往通过能产生的收益采用收益法进行估价。

3）商标权的计价。如果商标权是自创的，一般不作为无形资产入账，而将商标设计、制作、注册、广告宣传等发生的费用直接作为销售费用计入当期损益。只有当企业购入或转让商标时，才需要对商标权计价。商标权的计价一般根据被许可方新增的收益确定。

4）土地使用权的计价。根据取得土地使用权的方式不同，土地使用权可有以下几种计价方式：当建设单位向土地管理部门申请土地使用权并为之支付一笔出让金时，土地使用权作为无形资产核算；当建设单位获得土地使用权是通过行政划拨的，这时土地使用权就不能作为无形资产核算；在将土地使用权有偿转让、出租、抵押、作价入股和投资，按规定补交土地出让价款时，才作为无形资产核算。

本　章　小　结

本章主要介绍工程结算的方式；工程竣工结算的编制方法；结合实际案例讲述工程预付款、起扣点和工程进度款的计算；竣工结算书的编制。工程竣工决算的编制着重介绍竣工决算报表的编制和新增固定资产的确定。

思　考　题

1. 工程结算分为哪几种方式？通常所讲的工程结算指的是什么？

2. 竣工结算的编制依据、作用有哪些？

3. 工程竣工结算的方法有哪几种？

4. 工程备料款与哪些因素有关？如何计算工程备料款数额？

5. 如何确定起扣点？

6. 工程竣工决算的内容包括什么？

作 业 题

1. 某工程建安造价为 1200 万元，材料比重占 60%，预收备料款额度为 30%，每月完成工程费用见表 8-12。计算该工程的备料款数额、起扣点数额（预付工程款从未施工工程尚需的主要材料及构件的价值相当于工程款数额时起扣），每月工程进度款应如何计取？

表 8-12　逐月完成建筑安装费用表　　　　　　　　（单位：万元）

施工月份	3	4	5	6	7
建筑安装费用	240	260	260	240	200

2. 某业主与承包商签订了某建筑安装工程项目总包合同，合同总价为 2200 万元。合同规定：

（1）业主应向承包商支付合同价 25% 的预付工程款。

（2）预付工程款应从未施工工程尚需的主要材料及构件的价值相当于预付工程款时起扣，每月以抵充工程款的方式陆续收回。主要材料比重按 62.5% 考虑。

（3）工程质量保修仅为承包合同总价的 3%，经双方协商，业主从每月承包商的工程款中按 3% 的比例扣留。

（4）当承包商每月实际完成的建安工作量少于计划完成建安工程量的 10% 以上（含 10%）时，业主可按 5% 的比例扣留工程款，在工程竣工将扣留款退还给承包商。

（5）除设计变更和其他不可抗力因素外，合同总价不做调整。

（6）由业主直接提供的材料和设备应在发生当月的工程款中扣回其费用。

承包商在各月计划和实际完成的建安工作以及业主直接提供的材料和设备价值见表 8-13 所示。

表 8-13　工程结算数据表　　　　　　　　　（单位：万元）

月份	1 - 6	7	8	9	10	11	12
计划完成量	1100	200	200	200	190	190	120
实际完成量	1110	180	210	205	195	180	120
业主提供材料设备价值	90.56	35.5	24.4	10.5	21	10.5	5.5

求：（1）预付工程款是多少？

（2）预付工程款从几月份开始起扣？

（3）1 - 6 月以及其他各月应签证的工程款是多少，应签发付款凭证金额是多少？

（4）竣工结算时，应签发付款凭证金额是多少？

参 考 文 献

[1]　中国建设工程造价管理协会. 建设工程造价管理基础知识 ［M］. 北京：中国计划出版社，2007.

[2]　全国注册咨询工程师（投资）资格考试参考教材编写委员会. 项目决策分析与评价 ［M］. 北京：中国计划出版社，2007.

[3]　全国造价工程师执业资格考试培训教材编审组. 工程造价计价与控制 ［M］. 北京：中国计划出版社，2009.

[4]　住房和城乡建设部标准定额研究所，四川省建设工程造价管理总站. GB 50500—2013　建设工程工程量清单计价规范 ［S］. 北京：中国计划出版社，2013.

[5]　四川省建设工程造价管理总站，住房和城乡建设部标准定额研究所. GB 50854—2013　房屋建筑与装饰工程工程量计算规范 ［S］. 北京：中国计划出版社，2013.

[6]　周和生，尹贻林. 建设工程工程量清单计价规范 ［M］. 天津：天津大学出版社，2010.

[7]　严玲，尹贻林. 工程估价学 ［M］. 北京：人民交通出版社，2007.

[8]　北京广联达软件技术有限公司. 建筑工程实例算量和软件应用 ［M］. 北京：中国建材工业出版社，2006.

[9]　北京广联达软件技术有限公司. 工程量清单的编制与投标报价 ［M］. 北京：中国建材工业出版社，2003.

[10]　黄伟典. 工程定额原理 ［M］. 北京：中国电力出版社，2008.

[11]　郭婧娟. 工程造价管理 ［M］. 北京：清华大学出版社，北京交通大学出版社，2005.

[12]　柯洪. 全国造价工程师执业资格考试培训教材：工程造价计价与控制 ［M］. 北京：中国计划出版社，2009.

[13]　徐南. 建筑工程定额与预算 ［M］. 北京：化学工业出版社，2004.

[14]　《建筑工程预决算快学快用》编写组. 建筑工程预决算快学快用 ［M］. 北京：中国建材工业出版社，2010.

[15]　皮振毅. 建筑工程预算小全书 ［M］. 哈尔滨：哈尔滨工程大学出版社，2009.

[16]　张国栋. 全国统一建筑工程基础定额应用手册 ［M］. 北京：中国建材工业出版社，2002.

[17]　住房和城乡建设部标准定额研究所. GB/T 50353—2013　建筑工程建筑面积计算规范 ［S］. 北京：中国计划出版社，2013.

[18]　戎贤. 建筑工程计价与计量问答实录 ［M］. 北京：机械工业出版社，2008.

[19]　《建筑工程》编委会. 建筑工程 ［M］. 天津：天津大学出版社，2009.

[20]　方俊，宋敏. 工程估价 ［M］. 武汉：武汉理工大学出版社，2008.

[21]　黄伟典. 建筑工程计量与计价 ［M］. 北京：中国电力出版社，2007.